辽宁省职业教育“十四五”规划教材

高职高专计算机类专业系列教材

软件工程与项目管理

(第二版)

主　编　王素芬
副主编　张　楠
参　编　栾好利　朱克敌　杨　政

西安电子科技大学出版社

内 容 简 介

本书全面、系统地介绍了软件工程的概念、原理和典型的技术方法，并介绍了UML以及软件项目的管理技术。

全书共12章。第1章概括介绍了软件工程的发展和基本原理以及具有代表性的CASE工具，讨论了软件工程职业道德规范、软件工程发展过程中所使用的技术等；第2章介绍了软件的生命周期，讨论了软件过程的基本活动和常用的软件开发方法，并介绍了典型的软件过程模型和微软公司的软件开发过程案例；第3章主要介绍了软件项目立项的常用方法、可行性分析、软件项目团队的建立以及软件项目立项文档的编写；第4章主要介绍了需求分析的过程、方法和软件需求分析文档的编写；第5章、第6章分别介绍了软件的总体设计和详细设计；第7～9章分别介绍了软件编码、软件测试与调试及软件维护；第10章介绍了面向对象方法学；第11章介绍了统一建模语言(UML)；第12章介绍了软件项目管理。书中将一个完整的“教务管理系统”案例贯穿于始终，并在每章的最后以“图书管理系统”为目标，增设了“实战训练”环节。

本书可作为高职高专学校以及应用型本科院校软件工程课程的教材，也可作为软件开发人员以及软件爱好者的参考书。

图书在版编目(CIP)数据

软件工程与项目管理 / 王素芬主编. 2版. --西安：西安电子科技大学出版社，2024.1
ISBN 978－7－5606－6703－4

Ⅰ. ①软…　Ⅱ. ①王…　Ⅲ. ①软件工程—项目管理　Ⅳ. ①TP311.5

中国国家版本馆CIP数据核字(2024)第002503号

责任编辑　刘小莉
出版发行　西安电子科技大学出版社(西安市太白南路2号)
电　　话　(029)88202421　88201467　　邮　　编　710071
网　　址　www.xduph.com　　电子邮箱　xdupfxb001@163.com
经　　销　新华书店
印刷单位　陕西日报印务有限公司
版　　次　2024年1月第2版　2024年1月第1次印刷
开　　本　787毫米×1092毫米　1/16　印 张 23
字　　数　545千字
定　　价　59.00元
ISBN 978－7－5606－6703－4 / TP

XDUP 7005002-1

前　言

软件工程是一门实践性很强的学科，它涉及的很多知识是软件开发实践的总结。软件工程课程是计算机科学与技术及软件专业学生的必修课，该课程中包含了软件从业人员从程序员向软件工程师及更高层次职位发展所必须具备的专业知识和方法。软件工程的教育培养目标是让受教育者了解和掌握软件开发中的方法学和工程学知识，并将知识应用于实践。初次学习软件工程的学生一般缺乏丰富的软件开发实践经历，如果仅学习书本上的理论知识点，则很难领略软件工程的思想精髓，达不到令人满意的教学效果。本书以一个完整的案例贯穿于全书的始终，在理论知识够用的情况下更注重“实战训练”，实现使学生“学中做、做中学”的教学目标。

本书第一版自 2010 年出版以来，受到了广大读者的欢迎，也得到了许多专家、教师和学生的支持和认可，于 2022 年 1 月被评为辽宁省职业教育“十四五”规划教材。十几年来，软件工程这一学科有了长足的发展，作者也积累了更多的实际教学和软件开发经验，在此基础上，作者针对第一版中的不足进行了认真系统的修订。

第二版在保持原书结构基本不变的前提下，主要考虑知识的更新换代，更新了 CASE 常用工具，将附录中的软件开发过程中的文档由原来的 GB 8567—1988 更改为 GB/T 8567—2006，同时为软件总体设计这一章增加了相关案例并完善了数据库设计的过程，其他章节也都有新知识的介绍。同时，书中融入了二十大精神，以增强学生爱国、强国的意识，激发学生的爱国热情，为实现中华民族伟大复兴而努力学习。

由于作者水平有限，书中难免存在不足之处，恳请读者批评指正。

作　者

2023 年 9 月

前言

目　录

第 1 章　概　述

本章主要内容：

- 软件的基本概念及特性
- 软件的发展及分类
- 软件危机及其表现
- 软件工程诞生的背景及软件工程三要素
- 软件工程涉及的人员
- 软件开发方法与技术

1.1　软　件

1.1.1　软件及软件特性

1. 软件

软件的定义是随着计算机技术的发展而逐步完善的。在 20 世纪 50 年代，人们认为软件就等于程序；60 年代人们认识到软件的开发文档在软件中的作用，提出软件等于程序加文档，但这里的文档仅是指软件开发过程中所涉及的分析、设计、实现、测试、维护等文档，不包括软件管理文档；到了 70 年代人们又给软件的定义中加入了数据。因此，软件是计算机系统中与硬件相互依存的一部分，它包括：

(1) 在运行中能提供所希望的功能与性能的程序；

(2) 使程序能够正确运行的数据及其结构；

(3) 描述软件研制过程和方法所用的文档。

2. 软件的特性

从广义来说，软件与硬件一样也是产品，但两者之间是有差别的，了解并理解这种差别对理解软件工程是非常重要的。

(1) 软件角色的双重性。

软件作为一种产品具有双重性。一方面它是一个产品，利用它来表现计算机硬件的计算潜能，无论它是在主机中，还是驻留在设备(如手机)中，软件就是一个信息转换器，可以产生、管理、获取、修改、显示或传送信息；而另一方面它又是产品交付使用的载体，它可以控制计算机(如操作系统)，可以实现计算机之间的通信，又可以创建其他程序与控制。

(2) 软件是被开发或设计的，而不是传统意义上的被制造。

一般意义上的产品(包括硬件产品)总要经过分析、设计、制造、测试等过程，也就是说要经过一个从无形的设想到一个有形的产品的过程。但软件仅仅是一个逻辑上的产品而不是有形的系统元件，软件是通过人的智力劳动设计开发出来的，而不是制造出来的。而且软件一旦被开发出来，就可以进行大量的复制，因此其研制成本要远远大于生产成本。这也意味着软件的开发不能像制造产品那样进行管理。

(3) 软件不会“磨损”，但会退化。

一般情况下，有形的硬件产品在使用过程中总会有磨损。在使用初期，往往磨损比较严重(这实际上是磨合)，而经过了一段不长时间的磨合后，将进入相对的稳定期。由于任何硬件产品总有一定的生命周期，随着时间的流逝，硬件会受到种种不同的损害，硬件的磨损才真正开始，这也意味着硬件的寿命快要到了。硬件的磨损与时间之间的关系可以用图 1.1 所示的“浴缸曲线”来表达。

由于软件并不是一种有形的产品，因此也就不存在所谓的“磨损”问题，理想情况下，软件的故障率曲线应该如图 1.2 所示。在软件的运行初期，由于未知的错误会引起程序在其生命初期有较高的故障率，然而当修正了这些错误而且也没有引入新的错误时，软件将进入一种比较理想的平稳运行期。这说明软件是不会“磨损”的。但在实际情况中，尽管软件不会“磨损”，但是会退化，如图 1.2 中的实际曲线那样。这是因为软件在其生命周期中会经历多次修改，每次修改都会引入新的错误，而对这些错误又要进行新的修改，使得软件的故障曲线呈现一种锯齿形，导致最后的故障率慢慢升高了，即软件产生了退化，而这种退化缘于修改。

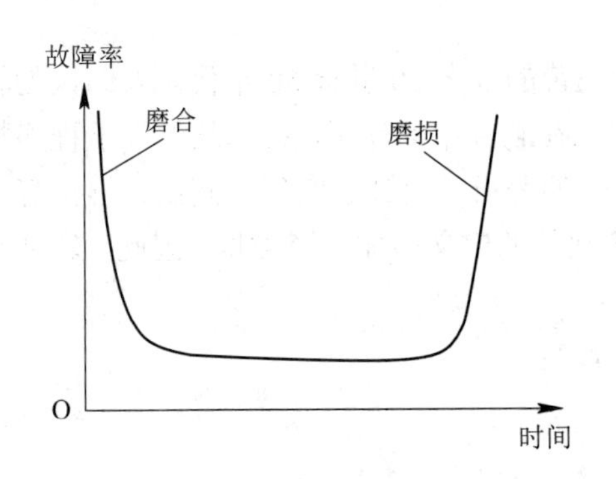

图 1.1　硬件故障率曲线

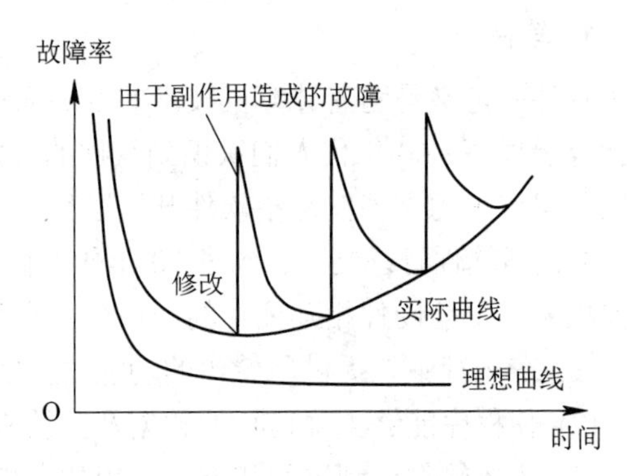

图 1.2　软件故障率曲线

(4) 绝大多数软件都是定制的且是手工的。

在硬件制造业中，构件的复用是非常自然的。但由于软件本身的特殊性，构件复用程度远不如硬件。理想情况下软件构件应该被设计成能够被复用于不同的程序，尽管现在面向对象技术、构件技术已经使软件的复用逐渐流行，但这种复用还不能做到像硬件产品那样拿来即用，还需要进行必要的定制(构件之间的组合、接口的设计、功能的修改与扩充等)，而且软件开发中构件的使用比例也是有限的。整个软件产品的设计基本上还是依赖于人们的智力与手工劳动。

(5) 软件开发过程复杂且费用昂贵。

现代软件的体系结构越来越复杂，规模越来越庞大，所涉及的学科也越来越多，导致软件的开发过程也异常复杂。靠一个人单枪匹马开发一套软件的时代已经一去不复返了，软件的开发需要一个分工明确、层次合理、组织严密的团队才能完成，显然软件的开发成本也会越来越昂贵。

1.1.2 软件的发展及分类

1. 软件的发展

自20世纪40年代出现了世界上第一台计算机以后，就有了程序的概念，可以认为它是软件的前身。经历了几十年的发展，人们对软件有了更深刻的认识。在这几十年中，计算机软件经历了程序设计、程序系统和软件工程三个发展时期。

表1.1列出了三个发展时期主要特征的对比，由此可以看出几十年来软件最根本的变化。

表1.1 计算机软件发展的三个时期及其特点

特点	程序设计(20世纪50至60年代)	程序系统(20世纪60至70年代)	软件工程(20世纪70年代以后)
软件所指	程序	程序及说明书	程序、文档、数据
主要程序设计语言	汇编及机器语言	高级语言	软件语言(包括需求定义语言、软件功能语言、软件设计语言、程序设计语言等)
软件工作范围	程序编写	包括设计和测试	软件生存期
需求者	程序设计者本人	少数用户	市场用户
开发软件的组织	个人	开发小组	开发小组及大中型软件开发机构
软件规模	小型	中小型	大中小型
决定质量的因素	个人程序技术	小组技术水平	管理水平
开发技术和手段	子程序 程序库	结构化程序设计	数据库、开发工具、开发环境、工程化开发方法、标准和规范、网络及分布式开发、面向对象技术
维护责任者	程序设计者	开发小组	专职维护人员
硬件特征	价格高、存储容量小、工作可靠性差	价格降低，速度、容量及工作可靠性有明显提高	向超高速、大容量、微型化及网络化方向发展
软件特征	完全不受重视	软件技术的发展不能满足需要，出现了软件危机	开发技术有进步，但未获突破性进展，价高，未完全摆脱软件危机

2. 软件的分类

软件的应用非常广泛，几乎渗透到了各行各业。因此，要给出一个科学的、统一的、严格的计算机软件分类标准是不现实也是不可能的，但可以从不同的角度对软件进行适当的分类。常用的分类方法及意义如表 1.2 所示。

表 1.2　软件的分类

分类方法	对应类别	典型应用与特征
按功能分类	系统软件	与计算机硬件的接口，并为其他程序服务，如操作系统、驱动程序等
	支撑软件	用于开发软件的工具性软件，如开发平台、数据库管理系统、各种工具软件等
	应用软件	为解决某一领域而开发的软件，如商业软件、嵌入式软件、个人计算机软件、Web 软件、人工智能等
按版权分类	商业软件	版权受法律保护、经授权方可使用且必须购买的软件
	共享软件	与商业软件类似，但可以先试用后购买，其获取途径主要是通过因特网获取
	自由(免费)软件	无须支付许可证费用便可得到和使用的软件，发行渠道类似于共享软件
	公有领域软件	没有版权，任何人均可使用而且可以获得源代码的软件
按工作方式分类	实时软件	用于及时处理实时发生的事件的软件，如控制、订票系统等
	分时软件	多个联机用户同时使用计算机的软件
	交互式软件	能够实现人机通信的软件
	批处理软件	多个作业或多批数据一次运行、顺序处理的软件
按销售方式分类	订制软件	受某个特定的客户委托，在合同的约束下开发的软件
	产品软件	由软件开发机构开发的，可以为众多用户服务的，并直接提供给市场的软件

1.1.3　软件危机及其产生的主要原因

随着社会对计算机应用需求的增长，软件系统规模越来越庞大，生产难度和生产成本越来越高，软件需求量剧增，质量没有可靠的保证，软件开发的生产率低等因素构成软件生产的恶性循环。软件生产的复杂性和高成本，使大型软件的生产出现了很大的困难，因此出现了软件危机。其具体表现如下：

(1) 开发人员和用户之间存在矛盾。用户在开发初期，由于各种原因往往不能准确地提出需求描述；开发人员在还没有准确、完整地了解用户的实际需求后就急于编程。

(2) 大型软件项目需要组织一定的人力共同完成，多数管理人员缺少开发大型软件系统的经验；多数软件开发人员缺乏协同方面的经验；软件项目开发人员不能有效地、独立自主地处理大型软件的全部关系和各个分支，因此容易产生疏漏和错误。

(3) 缺乏有力的方法学和工具方面的支持，过分依靠程序设计人员的技巧和创造性。重编程，轻需求分析；重开发，轻维护；重程序，轻文档。这样做的后果就是在软件系统中“埋藏”了许多故障隐患，直接危害着系统的可靠性和稳定性。

人们把在软件开发与维护过程中遇到的一系列严重问题称为软件危机。

1.1.4 软件危机的表现

软件危机的主要表现如下：

(1) 软件开发进度难以预测；

(2) 软件开发成本难以控制；

(3) 用户对软件产品的功能要求难以满足；

(4) 软件产品的质量无法保证，系统中的错误难以消除；

(5) 软件产品难以维护；

(6) 软件缺少适当的文档资料；

(7) 软件开发的生产速度难以满足社会需求的增长。

1.1.5 解决软件危机的途径

分析了造成软件危机的原因后，人们开始探索用工程的方法进行软件生产的可能性，即用软件工程的概念、原理、技术和方法进行软件的开发、管理、维护和更新。于是，计算机科学的一个领域——“软件工程”诞生了。

1.2 软件工程

1.2.1 软件工程的概念

通俗地说，软件工程即借用传统工程设计的基本思想，采用工程化的概念、原理、技术和方法来开发与维护软件，突出软件生产的科学方法，把经过时间考验而证明正确的管理技术与当前能够得到的最好的技术和方法结合进来，降低开发成本，缩短研制周期，提高软件的可靠性和生产效率。软件工程是指导计算机开发和维护的工程学科。

经过了 50 多年的发展，软件的工程化生产已成为软件产业。软件已成为产品，它涉及产值、市场、版权、法律保护等方面的问题。

软件工程是一门交叉学科，需要用管理学的原理和方法来进行软件生产管理；用工程学的观点来进行费用估算、制订进度和实施方案；用数学方法来建立软件可靠性模型以及分析各种算法。

1.2.2 软件工程的三要素

软件工程以关注软件质量为目标，由方法、工具和过程三个要素构成，如图 1.3 所示。

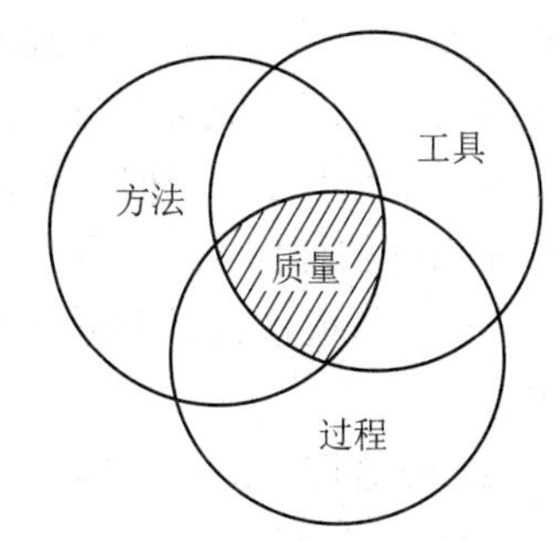

图 1.3 软件工程三要素

软件工程方法为软件开发提供了“如何做”的技术，涉及软件工程的多个方面，如项目计划与估算、软件系统需求分析、数据结构、系统总体结构的设计、算法过程的设计、编码、测试、维护等。

软件工具为软件工程方法提供了自动的或半自动的软件支撑环境。目前，已经推出了许多软件工具，这些软件工具集成起来，建立起称之为计算机辅助软件工程(Computer Aided Software Engineering，CASE)的软件开发支撑系统。CASE 将各种软件工具、开发机器和一个存放开发过程信息的工程数据库组合起来形成一个软件工程环境。

软件工程的过程将软件工程的方法和工具综合起来，以达到合理、及时地进行计算机软件开发的目的。过程定义了方法使用的顺序、要求交付的文档资料、为保证质量和协调变化所需要的管理及软件开发各个阶段完成的里程碑。

1.2.3 软件工程的目标

软件工程研究的对象是大型软件系统的开发过程，它研究的内容是生产流程，各生产步骤的目的、任务、方法、技术、工具、文档和产品规格。

软件工程的基本目标是生产具有正确性、可用性及开销合宜(合算性)的产品。正确性意指软件产品达到预期功能的程度；可用性意指软件基本结构、实现及文档达到用户可用的程度；开销合宜意指软件开发、运行的整个开销满足用户的需求。

在给定成本和进度的前提下，开发出具有适用性、有效性、可修改性、可靠性、可理解性、可维护性、可重用性、可移植性、可追踪性、可互操作性和满足用户需求的产品。追求这些目标有助于提高软件产品的质量和开发效率，降低维护的困难。

(1) 适用性：软件在不同的系统约束条件下，使用户需求得到满足的难易程度。

(2) 有效性：软件系统能最有效地利用计算机的时间和空间资源。各种软件无不把系统的时/空开销作为衡量软件质量的一项重要技术指标。很多场合，在追求时间有效性和空间有效性时会发生矛盾，这时不得不牺牲时间有效性来换取空间有效性，或牺牲空间有效性以换取时间有效性。时/空折中是经常采用的技巧。

(3) 可修改性：允许对系统进行修改而不增加原系统的复杂性。支持软件的调试和维护，是一个难以达到的目标。

(4) 可靠性：能防止因概念、设计、结构等方面的不完善而造成软件系统的失效，具有挽回因操作不当而造成软件系统失效的能力。

(5) 可理解性：系统具有清晰的结构，能直接反映问题的所在。可理解性有助于控制软件的复杂性，并支持软件的维护、移植或重用。

(6) 可维护性：软件交付使用后，能够对它进行修改，以改正潜伏的错误，改进性能和其他属性，使软件产品能适应环境的变化等。软件维护费用在软件开发费用中占有很大的比重。可维护性是软件工程中一项十分重要的目标。

(7) 可重用性：把概念或功能相对独立的一个或一组相关模块定义为一个软部件，可组装在系统的任何位置，降低开发工作量。

(8) 可移植性：软件从一个计算机系统或环境搬到另一个计算机系统或环境的难易程度。

(9) 可追踪性：根据软件需求对软件设计、程序进行正向追踪，或根据软件设计、程序对软件需求进行逆向追踪的能力。

(10) 可互操作性：多个软件元素相互通信并协同完成任务的能力。

1.2.4 软件工程的开发原则

软件工程的目标为软件开发提出了明确的要求。为了达到这些要求，在软件开发过程中必须遵循下列软件工程的原则：抽象、信息隐藏、模块化、局部化、一致性、完整性和可验证性。

(1) 抽象(Abstraction)：抽取事物最基本的特性和行为，忽略其非基本的细节，以控制软件开发过程的复杂性，有利于软件的可理解性和开发过程的管理。

(2) 信息隐藏(Information Hiding)：将模块中的软件设计内容和实现决策封装起来，在系统的结构分析与设计中把模块看成是一个“黑箱”，模块内部的实现细节被隐藏，而外部只提供功能和接口的有关说明，使软件开发人员能够将注意力集中在更高层次的抽象上。

(3) 模块化(Modularity)：将大的、复杂的程序，分成一个个逻辑上相对独立、功能相对简单的小程序，只要定义好这些小程序的接口和设计关系，就可以将复杂的程序分解为若干简单的程序来处理，有助于信息隐藏和抽象，也有助于降低软件系统的复杂性。

(4) 局部化(Localization)：在物理模块内集中逻辑上相互关联的计算资源，从物理和逻辑两个方面保证系统中模块内部的高内聚性和模块之间的低耦合性，有助于模块的独立性。

(5) 一致性(Consistency)：整个软件系统(包括程序和文档)使用一致的概念、符号和术语，一致的程序内部接口和硬、软件接口，一致的系统规格说明与形式化公理系统，一致的系统界面、编码风格和数据组织形式等。一致性原则支持系统的正确性和可靠性。

(6) 完整性(Completeness)：软件系统不丢失任何重要成分，系统具有服从需求的完整功能和实现功能所需的数据。

(7) 可验证性(Verifiability)：大型软件在功能分解和实施中，遵循系统容易检查、测试、评审的原则，以保证软件系统的正确性和可用性。

1.2.5 软件工程涉及的人员

1. 利益相关者

参与软件过程(及每一个软件项目)的利益相关者可以分为以下5类。

(1) 高级管理者：负责定义业务问题，这些问题往往会对项目产生很大的影响。

(2) 项目(技术)管理者：必须计划、激励、组织和控制软件开发人员。

(3) 开发人员：拥有开发产品或应用软件所需的技能。

(4) 客户：阐明待开发软件的需求，包括关心项目成败的其他利益相关者。

(5) 最终用户：软件发布成为产品后直接与软件进行交互的人。

2. 团队负责人

一个具有实战能力的项目经理应该具有以下4种关键品质。

(1) 解决问题：具有实战能力的软件项目经理能够准确地诊断出最为密切相关的技术问题和组织问题；能够系统地制订解决方案，适当地激励其他开发人员来实现该方案；能够将在过去项目中学到的经验应用到新环境中；如果最初的解决方案没有结果，则能够灵活地改变方向。

(2) 管理者的特性：优秀的项目经理必须能够掌管整个项目。必要时要有信心进行项目控制，同时还要允许优秀的技术人员按照他们的本意行事。

(3) 成就：为了优化项目团队的生产效率，一位称职的项目经理必须奖励那些工作积极主动并且做出成绩的人。必须通过自己的行为表明出现可控风险并不会受到惩罚。

(4) 影响和队伍建设：具有实战能力的项目经理必须能够“理解”人。他必须能理解语言和非语言的信号，并对发出这些信号的人的要求做出反应。项目经理必须能在高压力的环境下保持良好的控制能力。

3. 软件团队

作为一种复杂的工程活动，软件工程不是由独立的个人而是由团队进行的。通常情况下，一个团队可以有多个小组，较小的小组由3～4 人组成，较大的小组由10余人组成。

在软件工程团队中，常见的分工角色有：

(1) 需求工程师，又称为需求分析师：承担需求开发任务。软件产品的需求开发工作通常由多个需求工程师来完成，他们共同组成一个需求工程师小组，在首席需求工程师领导下开展工作。他们跟客户一起工作，并把客户想要实现的目标分解为离散的需求。通常一个团队只有一个需求工程师小组。

(2) 软件体系结构师：承担软件体系结构的设计任务。通常也是由多人组成一个小组，并在首席软件体系结构师的领导下开展工作。通常一个团队只有一个软件体系结构师小组。

(3) 软件设计师：承担详细设计任务。在软件体系结构设计完成之后，可以将其部件分配给不同的开发小组。开发小组中负责分配部件详细设计工作的人员就是软件设计师。一个团队可能有一个或多个开发小组。一个小组可能有一个或多个软件设计师。

(4) 程序员：承担软件构造及模块的测试任务。程序员与软件设计师通常是同一批人，也是根据其所分配到的任务开展工作。

(5) 人机交互设计师：承担人机交互设计任务。人机交互设计师与软件设计师可以是同一批人，也可以是不同人员。在有多个小组的软件工程团队中，可以有一个单独的人机交互设计师小组，也可以将人机交互设计师分配到各个小组。

(6) 软件测试人员：承担软件测试任务。软件测试人员通常需要独立于其他的开发人员角色。一个团队可能有一个或多个测试小组。一个小组可能有一个或多个软件测试人员。

(7) 项目管理人员：负责计划、组织、协调和控制软件开发的各项工作。相比于传统意义上的管理者，他们不完全是监督者和控制者，更多的是协调者。通常一个团队只有一个项目管理人员。

(8) 软件配置管理人员：管理软件开发中产生的各种制品，具体工作是对重要制品进行标识、变更控制、状态报告等。通常一个团队只有一个软件配置管理人员。

(9) 质量保证人员：在生产过程中监督和控制软件产品质量的人员。通常一个团队有一个质量保证小组，其由一个或多个人员组成。

(10) 培训和支持人员：负责软件交付与维护任务。他们可以是其他开发人员的一部分，也可以是独立的人员。

(11) 文档编写人员：专门负责写作软件开发过程中各种文档的人员。他们的存在是为了充分利用部分宝贵的人力资源(例如需求工程师和软件体系结构师)，让这些人从繁杂的文档化工作中解放出来。

“最好的”团队结构取决于组织的管理风格、团队里的人员数目与技能水平，以及问题的总体难易程度。Mantei 提出了规划软件工程团队结构时应考虑的 7 个项目因素：

(1) 待解决问题的难度；

(2) 开发程序的规模，以代码行或者功能点来度量；

(3) 团队成员需要共同工作的时间(团队生存期)；

(4) 能够对问题做模块化划分的程度；

(5) 待开发系统的质量要求和可靠性要求；

(6) 交付日期的严格程度；

(7) 项目所需要的友好交流的程度。

软件开发步骤与开发团队中的角色的对应关系如图 1.4 所示。

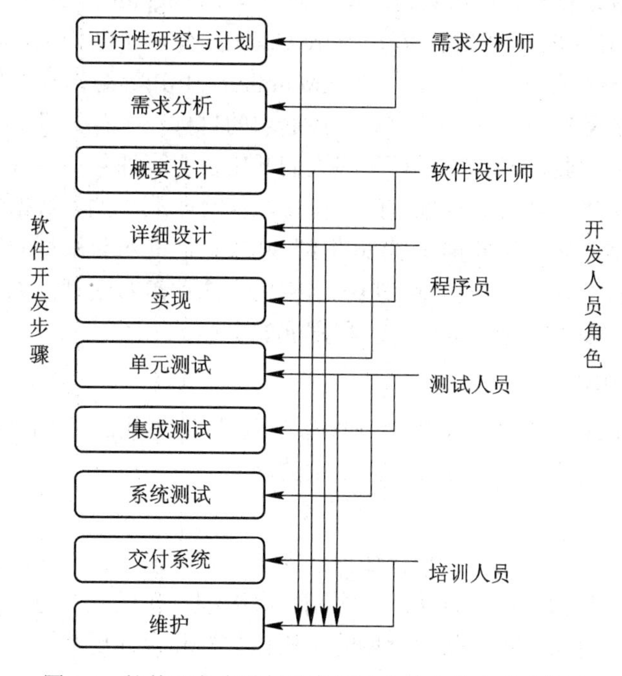

图 1.4 软件开发步骤与开发团队中的角色的对应关系

1.3 软件工程发展中的软件开发方法与技术

从 20 世纪 50 年代开始至今，软件的开发方法与技术都有了迅猛的发展，具体如下。

1. 20 世纪 50 年代

20 世纪 50 年代，人们的主要精力集中在硬件上，所以没有出现专门针对软件开发方法与技术的需求，也就没有出现被普遍使用的软件开发方法与技术。

20 世纪 50 年代的软件工程的特点是：科学计算；以机器为中心进行编程；像生产硬件一样生产软件。

2. 20世纪60年代

由于缺乏正确科学知识的指导，也没有多少经验原则可以遵循，因此，20世纪60年代的软件开发在总体上依靠程序员的个人能力，是“工艺式”的开发。

20世纪60年代的软件工程的特点是：业务应用(批量数据处理和事务计算)；软件不同于硬件；用软件工艺的方式生产软件。

3. 20世纪70年代

基于结构化程序设计理论，20世纪70年代早期开始广泛使用结构化编程方法，它要求使用函数(过程)构建程序，使用块结构和三种基本控制结构(消除 goto 语句)仔细组织函数(过程)的代码，使用程序流程图描述程序逻辑进行程序设计，使用逐步精化(Stepwise Refinement)、自顶向下的软件开发方法进行软件开发。

到了20世纪70年代中后期，结构化方法从编程活动扩展到分析和设计活动，围绕功能分解思想和层次模块结构，使用数据流图(Data Flow Diagram，DFD)、实体关系图(Entity Relationship Diagram，ERD)和结构图(Structure Chart)，建立了结构化设计、结构化分析、Jackson 结构程序设计(Jackson Structured Programming，JSP)等结构分析与设计方法。

控制复杂系统的复杂性是20世纪70年代追求的目标，这需要超越函数(程序)的层次，因为它的粒度太小。因此，20世纪70年代人们开始在更高抽象的模块层次上探索控制复杂性的方法，产生了“低耦合高内聚”的模块化、信息隐藏、抽象数据类型等重要思想，它们逐渐被吸收进结构化方法并推动了20世纪80年代面向对象编程的出现。

20世纪70年代的软件工程的特点是：结构化方法；瀑布模型；强调规则和纪律。它们奠定了软件工程的基础，是后续软件工程发展的支撑。

4. 20世纪80年代

在20世纪80年代重要的技术中，除了少数是延续70年代的工作(如结构化方法)之外，大多数都是为了满足提高生产力的要求而产生的。

1) 结构化方法

20世纪70年代中后期基于结构化编程建立了早期的结构化方法，包括结构化分析与结构化设计。但是这时的结构化方法因为刚刚脱离编程，所以更多地还在关注软件程序的构建。也就是说，20世纪70年代中后期的结构化分析和设计更强调为了最后编程而进行分析与设计，而不是为了解决现实问题而进行分析与设计。

到了20世纪80年代，随着结构化分析与设计向结构化编程的过渡，人们逐步开始将结构化分析与设计的关注点转向问题解决和系统构建，产生了现代结构化方法，代表性的有信息工程(Information Engineering)、Jackson 系统开发(Jackson System Development，JSD)、结构化系统分析与设计方法 (Structured Systems Analysis and Design Method，SSADM)、结构化分析和设计技术(Structured Analysis and Design Technique，SADT)及现代结构化分析(Modern Structured Analysis，MSA)。

相对于早期的结构化方法，20世纪80年代的现代结构化方法更注重系统构建而不是程序构建，所以更重视问题分析、需求规格和系统总体结构组织而不是让分析与设计结果符合结构化程序设计理论，更重视阶段递进的系统化开发过程，而不是一切围绕最后的编程进行。

2) 面向对象编程

最早的面向对象编程思想可追溯到20世纪60年代的Simular-67语言，它是为了仿真而设计的程序设计语言，使用了类、对象、协作、继承、多态(子类型)等最基础的面向对象概念。

相比之下，Simular-67只是使用了面向对象概念的仿真设计语言，20世纪70年代的Smalltalk就是完全基于面向对象思想的程序设计语言，它强化了一切皆是对象和对象封装的思想，发展了继承和多态。

到了20世纪80年代中后期，随着C++的出现和广泛应用，面向对象编程成为程序设计的主流。C++只是在C语言中加入面向对象的特征，并不是纯粹的面向对象语言。但是它在20世纪80年代的成功并非偶然，一方面是因为C++保留了C的各种特性，这种谨慎的设计使得程序员可以顺利地接受它，另一方面是因为面向对象语言支持复用和更适于复杂软件开发的特点符合了20世纪80年代的生产要求。

需要特别指出的是，虽然面向对象的概念起源很早，并且很多思想与结构化思想是完全不同的，但是面向对象本身不像结构化一样有基于数学的程序设计理论的支撑，所以它是在吸收了很多结构化方法中发展出来的方法与技术之后才得到了程序正确性、清晰性和高质量的保障。Booch认为模块化、信息隐藏等设计思想和数据库模型的进步都是促使面向对象概念演进的重要因素。

与结构化方法相比，面向对象方法中的结构和关系(类、对象、方法、继承)能够为领域应用提供更加自然的支持，使得软件的可复用性和可修改性更加强大。可复用性满足了20世纪80年代追求生产力的要求，尤其是提高了图形用户接口(Graphical User Interface，GUI)编程的生产力，这也是推动面向对象编程发展的重要动力。可修改性提高了软件维护时的生产力。面向对象方法也为模块内高内聚和模块间低耦合提供了更好的抽象数据类型的模块化，更加适合于复杂软件系统的开发。

3) 软件复用

提高生产力的一种方式是避免重复生产，所以在20世纪80年代人们为了追求生产力，开始重视软件复用。实践经验表明，软件复用是提高生产力最有效的方法，可以将生产力提高10%～35%。

除了面向对象方法之外，第4代语言、购买商用组件、程序生产器(自动化编程)等都是20世纪80年代提出的能够促进软件复用的技术。

20世纪80年代的软件工程的特点是：追求生产力最大化；现代结构化方法/面向对象编程广泛应用；重视过程的作用。

5. 20世纪90年代

1) 面向对象方法

与结构化编程的成功促进了结构化分析与设计方法的产生一样，面向对象编程的成功也促进了面向对象分析与设计方法在20世纪90年代的产生，并促使面向对象分析与设计方法迅速被广泛使用。

20世纪90年代的面向对象方法的具体进展有：

(1) 出现了对象建模技术(Object Modeling Technology，OMT)、Booch方法、面向对象的

软件工程(Object-Oriented Software Engineering，OOSE)、类-责任-合作者(Class-Responsibility-Collaborator，CRC)卡等一系列面向对象的分析与设计方法。

(2) 统一的面向对象建模语言 UML 的建立和传播。

(3) 设计模式、面向对象设计原则等有效的面向对象实践经验被广泛传播和应用。

2) 软件体系结构

20 世纪 70 年代开发复杂软件系统的初步尝试使得人们明确和发展了独立的软件设计体系，提出了模块化、信息隐藏等最为基础的设计思想。到了 20 世纪 80 年代中期，这些思想逐渐成熟，并且成功融入了软件开发过程。这时，一些新的探索就出现了，其中包括面向对象设计，也包括针对大规模软件系统设计的一些总结与思考。在对大规模系统(尤其是同领域的)的设计经验进行总结时，人们发现越来越需要有一种更高抽象层次的设计体系来进行思想的汇总与提升。

于是，研究者们在 20 世纪 90 年代初期正式提出了“软件体系结构”这一主题，并结合 90 年代之后出现的软件系统规模日益扩大的趋势，在其后的 10 年中对其进行了深入的探索与研究。人们在体系结构的基本内涵、风格、描述、设计、评价等方面开展了卓有成效的工作，在 21 世纪初建立了一个比较系统的软件体系结构方法体系。

软件体系结构使用部件、连接件和配置三个高抽象层次的逻辑单位，关注如何将大批独立模块组织形成一个“系统”而不是各个模块本身，也就是说更重视系统的总体组织。软件体系结构成为大规模软件系统开发中处理质量属性和控制复杂性的主要手段，改变了大规模软件系统的开发方式，提高了大规模软件系统开发的成功率和产品质量。

3) 人机交互

为了吸引更多的用户，赢得市场竞争，人们在 20 世纪 90 年代开始重视人机交互，提出“以用户为中心”(User-Centered Design)的设计方法。人机交互的基本目标是开发更加友好的软件产品，最低标准是让普通人在使用软件产品时比较顺畅，较高标准是让用户在使用产品时感到满足和愉悦。

从 20 世纪 50 年代开始人机交互技术就一直在发展，但是直到 90 年代人们才开始重视如何将人机交互技术融入软件工程，并建立了一些人机交互的软件工程方法，包括快速原型、参与式设计、各种人机交互指导原则等。

4) 需求工程

自“瀑布模型”(指将软件生存周期的各项活动规定为按固定顺序连接的若干阶段工作，形如瀑布流水，最终得到软件产品)起，人们就已经认识到并强调了需求分析的作用。但是，到了 20 世纪 90 年代，随着“以企业为中心”软件系统规模的增长，人们认识到需求处理除了核心的需求分析活动之外，还有其他的活动也需要慎重对待，要进行“需求工程”，即利用工程化的手段进行需求处理，以保证需求处理的正确进行。

相比于传统的需求分析，需求工程将用户价值分析视为基本要求，重视产品分析、问题与目标分析、业务分析、与用户的交流和沟通等。需求工程本质上反映了应用软件与现实之间的联系日益增强的事实。

5) 基于软件复用的大规模软件系统开发技术

在大规模软件系统开发中，为了解决复杂度与开发周期的两难局面，人们充分利用了软件复用思想，建立了多种基于软件复用的大规模软件系统开发技术，其中最为流行的是框架(Framework)和构件(Component)。

框架是领域特定的复用技术。它的基本思想是根据应用领域的共性和差异性特点，建立一个灵活的体系结构，并实现其中比较固定的部分，留下变化的部分等待开发者补充。简单地说，框架开发者完成了框架的总体设计和部分开发工作，然后将未开发的部分留作空白，等待框架的使用者填充。20 世纪 90 年代，很多应用领域都建立了自己的开发框架。

构件是在代码实现层次上进行复用的技术。它的基本思想是给所有的构件定义一个接口标准，就像机械工程定义螺丝和螺母的标准规格一样，这样就可以忽略每个构件内部的因素，实现不同构件之间的通信和交互。构件通常是黑盒的二进制代码，带有专门的说明书，可以像机器零件那样被独立生产、销售和使用。组件对象模型(Component Object Model，COM)和 JavaBean 就是 20 世纪 90 年代产生并流行起来的构件标准。

6) Web 开发技术

Web 应用的开发技术不同于传统软件形式。在 20 世纪 90 年代早期，人们主要使用 HTML 开发静态的 Web 站点。到了 90 年代中后期，动态网页技术(Active Server Page，ASP)、JSP、超文本预处理器(Hypertext Preprocessor，PHP)、JavaScript 等动态 Web 开发技术开始流行。人们建立了 Web 程序的数据描述标准 XML。

20 世纪 90 年代软件工程的特点是：以企业为中心的大规模软件系统开发；追求快速开发、可变更性和用户价值；Web 应用出现。

6. 21 世纪 00 年代

1) 延续 20 世纪 90 年代的技术进展

20 世纪 90 年代产生的一些重要技术，在 21 世纪 00 年代继续得到发展和完善：

(1) 软件体系结构：到了 2000 年，软件体系结构设计方法基本成熟，2000 年之后开始广泛使用。软件体系结构的研究和探索工作继续深入，转向软件体系结构设计决策的描述和产生过程。

(2) 需求工程：2000 年之后的软件需求工程逐渐与系统工程相融合，典型表现是越来越重视系统需求而不是软件需求的分析，包括目标分析、背景环境分析、系统属性分析等。

(3) 人机交互：随着 Web 应用和小型设备应用越来越突出，21 世纪前 10 年人机交互将 Web 的人机交互和小型设备(尤其是移动终端)的人机交互作为工作重点。

(4) 基于复用的大型软件系统开发技术：Struts、Spring 等针对 Web 的开发框架成为软件开发的主流工具；更适应 Web 的 Web Service 构件类型被应用得越来越广泛。

2) Web 技术发展

随着 Web 的发展，21 世纪前 10 年的很多技术进展都与 Web 有关：

(1) 20 世纪 90 年代产生的各种动态 Web 开发技术成为软件开发必不可少的部分。

(2) 适用于 Web 开发的构件中间件平台 .NET 和 J2EE 成为软件开发的主流平台。

(3) 浏览器/服务器模式(Browser/Server，B/S)、N-Tier、面向服务的架构(Service-Oriented Architecture，SOA)、消息总线等适合于 Web 应用的体系结构风格被广泛传播。

(4) 针对 Web 的开发框架成为主流的软件开发工具。

(5) 博客、即时通信等 Web 2.0 技术出现并得到广泛应用。

3) 领域特定的软件工程方法

该方法从20世纪90年代开始出现，在21世纪前10年，软件工程方法分领域深入成为主流。在技术领域方面，下列技术领域都出现了明显的进展：

(1) 以网络为中心的系统；

(2) 信息系统；

(3) 金融和电子商务系统；

(4) 高可信系统；

(5) 嵌入式和实时系统；

(6) 多媒体、游戏和娱乐系统；

(7) 小型移动平台系统。

在应用领域方面，越来越多的领域开始根据自身特点定义参照体系结构、开发框架、可复用构件和领域特定的编程语言。面向应用领域进行软件开发的产品线(Product Line)方法得到了越来越多的关注和使用。

21世纪前10年软件工程的特点是：大规模 Web 应用；大量面向大众的 Web 产品；追求快速开发、可变更性、用户价值和创新。

1.4 计算机辅助软件工程

计算机辅助软件工程(Computer Aided Software Engineering，CASE)是一组工具和方法的集合，用于辅助软件开发、维护、管理过程中的各项活动，促进软件过程的工程化和自动化，实现高效率和高质量的软件开发。如今，CASE 工具已经由支持单一任务的单个工具向支持整个开发过程的集成化软件工程环境的方向发展，同时重视用户界面的设计，不断采用新理论和新技术，成为软件工程领域的一个重要分支。CASE环境的组成构件如图1.5所示。

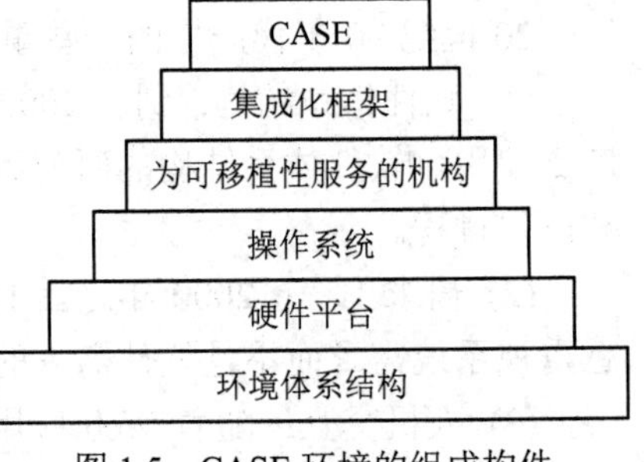

图1.5 CASE环境的组成构件

CASE环境应用应具有以下功能：

(1) 提供一种机制，使环境中的所有工具可以共享软件工程信息。

(2) 每一个信息项的改变，可以追踪到其他相关信息项。

(3) 对所有软件工程信息提供版本控制和配置管理。

(4) 对环境中的任何工具可进行直接的、非顺序的访问。

(5) 在标准的分解结构中提供工具和数据的自动支持。

(6) 使每个工具的用户共享人机界面的所有功能。

(7) 收集能够改善过程和产品的各项度量指标。

(8) 支持软件工程师之间的通信。

目前，市场上有许多商业化的CASE工具，它们在一定程度上促进了软件过程的工程化，表1.3中列举了一些有代表性的产品。

表 1.3 常用的 CASE 工具

类型	工 具	公司名称与网址	说 明
分析设计工具	Rose	IBM Rational Software https://www.ibm.com/	Rational Rose 是一个完全的，具有能满足所有建模环境(如 Web 开发、数据建模、Visual Studio 和 C++)需求能力和灵活性的可视化建模工具
	RSA	IBM Rational Software https://www.ibm.com/	Rational Software Architect (RSA)是 IBM 公司推出的从设计到开发的完整的集成开发环境，支持 UML 建模、模型驱动开发等多种建模相关的活动
	RequisitePro	IBM Rational Software https://www.ibm.com/	RequisitePro 是一种基于团队的需求管理工具，它将数据库和 Word 结合起来，可以有效地组织需求，排列需求优先级以及跟踪需求变更
	Enterprise Architect	Sparx Systems http://sparxsystems.com/	Enterprise Architect 是一个全功能的且基于 UML 的 Visual CASE 工具，主要用于设计、编写、构建并管理以目标为导向的软件系统
	Microsoft Visio	Microsoft http://www.microsoft.com/zh-cn	Microsoft Visio 提供了日常使用中的绝大多数框图的绘画功能，包括信息领域的各种原理图、设计图等，同时提供了部分信息领域的实物图。Visio 支持 UML 静态建模和动态建模，对 UML 的建模提供了单独的组织管理。它是最通用的设计软件，易用性高，特别适用于不善于自己构造图的软件人员
	PowerDesigner	Novalys http:/www.powerdesigner.biz/	PowerDesigner 致力于采用基于实体关系(Entity-Relation)的数据模型，分别从概念数据模型(Conceptual Data Model)和物理数据模型(Physical Data Model)两个层次对数据库进行设计。概念数据模型描述的是独立于数据库管理系统(Database Management，DBMS)的实体定义和实体关系定义。物理数据模型是在概念数据模型的基础上针对目标数据库管理系统的具体化
	StarUML	MKLabs http://staruml.io/	StarUML(简称 SU)是一种创建、生成类图及其他类型的统一建模语言(UML)图表的工具
	UMLet	https://www.umlet.com/	UMLet 是一款简单易用、免费、开源的 UML 建模工具。它能够快速地构建 UML 类图、序列图、活动图等，并且可以将原型导出为 bmp、gif、eps、pdf、jpg、png、svg 等格式
	SmartDraw	SmatDraw http://www.smartdraw.com/	SmartDraw 提供了大量的模板，以目录树的形式放在左边。图形设计都可以纳入模板，并且可以在某个目录里组织。SmartDraw 有许多 Visio 没有的方便功能，如插入表格，专业图、表设计，制作、管理、转换软件，可以轻松设计、制作、管理、转换各种图表、剪辑画、实验公式、流程图等

续表一

类型	工　具	公司名称与网址	说　明
测试工具	Junit	Junit.org http://www.junit.org/	Junit是一个开发源代码的Java测试框架，用于编写和运行可重复的单元测试
	Robot	IBM Rational Software http://www.rational.com	Rational Robot 可以对使用各种集成开发环境(IDE)和语言建立的软件应用程序，创建、修改并执行自动化的功能测试、分布式功能测试、回归测试和集成测试
	Selenium	http://www.selenium.dev/	Selenium是一个开源的用于Web应用程序测试的工具，支持自动录制动作和自动生成.Net、Java、Perl等不同语言的测试脚本
	LoadRunner	Micro Focus http://www.microfocus.com /	LoadRunner 是一种预测系统行为和性能的负载测试工具，它通过模拟上千万用户实施并发负载及实时性能监测的方式来确认和查找问题
	UI Automater	Google https://developer.android.google.cn/	UI Automator是Android官方推出的安卓应用界面自动化测试工具，是理想的针对APK进行自动化功能回归测试的利器
配置管理工具	VSS	Microsoft http://www.microsoft.com/	VSS(Visual SourceSafe)是微软公司为 Visual Studio配套开发的一个小型配置管理工具
	ClearCase	IBM Rational Software http://www.rational.com	ClearCase是目前应用最广的企业级、跨平台配置管理工具之一，它实现了综合软件配置管理，包括版本控制、工作空间管理、过程控制和建立管理
	SVN	http://tortoisesvn.net/	SVN是Subversion的缩写，是一个开放源代码的版本控制系统，通过采用分支管理系统，实现共享资源，实现最终集中式的管理
	Git	http://git-scm.com/	Git是一个开源的分布式版本控制系统，可以有效、高速地处理从很小到非常大的项目版本管理
项目管理工具	MS Project	Microsoft http://www.microsoft.com/	MS Project是国际流行的项目管理软件，适用于国民经济的各个领域
	RUP	IBM Rational Software https://www.ibm.com/	RUP支持对迭代和增加的生命周期的控制，是解决那些集中于需求分析和设计的软件开发技术和组织方面问题的指导方针的扩展集合
	禅道	杭州易软共创网络科技有限公司 https://www.zentao.net/	禅道是一款国产开源项目管理工具，集产品管理、项目管理、质量管理、文档管理、组织管理和事务管理于一体，是一款功能完备的项目管理软件，完美地覆盖了项目管理的核心流程
	华为云DevCloud	华为云计算技术有限公司 https://www.huaweicloud.com/	华为云DevCloud面向开发者提供研发工具与服务，可以让开发团队基于云服务的模式按需使用，随时随地在云端进行项目管理、代码托管、代码检查、编译构建、测试、部署、发布等，从而使软件开发更加简单高效

续表二

类型	工 具	公司名称与网址	说 明
项目管理工具	Teambition	上海汇翼信息科技有限公司 https://www.teambition.com/	Teambition 隶属于上海汇翼信息科技有限公司，通过帮助团队轻松共享和讨论工作中的任务、文件、分享、日程等内容，让团队协作焕发无限可能
	Source Insight	Source Dynamics http:// www.sourceinsight.com/	Source Insight 以工程的方式管理原码，提供非常适合再工程的浏览手段。Source Insight 整个面板分成 3 个部分：左边的树结构提供工程内的所有变量、函数、宏定义，右边的视图区提供程序的阅读和编辑，下边的显示栏显示鼠标在原码触及的函数或者变量定义

1.5 软件工程与其他相关学科的关系

软件工程是一门交叉性的工程学科，如图 1.6 所示。它将计算机科学、数学、工程科学、管理科学等基本原理应用于软件开发的工程实践中，并借鉴传统工程的原则和方法，以系统的、可控的、有效的方式生产高质量的软件。

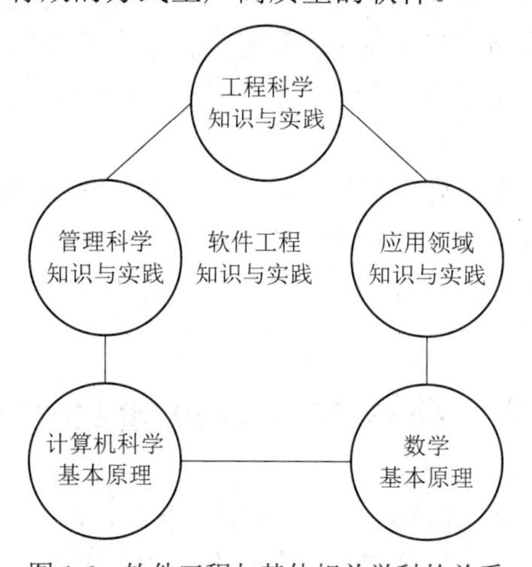

图 1.6 软件工程与其他相关学科的关系

软件工程以计算机科学和数学为基础，将这些学科的基本原理应用于构造软件的模型与算法，力求提出更系统化和更形式化的软件开发方法，并采用适当的方法验证即将开发的软件。

然而，正确的软件开发实践不仅仅需要计算学科的基本原理，更重要的是将工程化的原则和方法应用于软件的分析与评价、规格说明、设计、实现、演化等过程。软件工程运用工程科学的基本原理，结合特定领域的基础知识和相关的专业知识，通过评估成本与确定权衡提出合理的问题解决方案，在软件开发实践的基础上总结制定标准与规范，重用设计和设计制品。

事实证明，成功的软件开发往往离不开规范化的开发管理。软件工程将管理科学应用于软件开发的计划、资源、质量、成本等管理，协调和控制整个过程与项目的进展，组织和建设开发团队，实施风险分析和变更管理，最终实现软件开发的目标。

需要强调的是，由于软件自身的特殊性，使得软件工程与传统工程存在着明显的区别，它更强调抽象、建模、信息组织与表示以及变更管理，另外还包括软件开发过程的质量控制活动，而且持续的演变(即“维护”)也尤为重要。

1.6 软件工程职业道德规范

职业道德是所有从业人员应当具备的最基本的道德素养，也是这些人员在其职业活动中应当遵循的最基本的行为准则。

IEEE-CS 和 ACM 联合制定了《软件工程职业道德和职业行为准则》，包括有关专业软件工程师行为和决断的 8 项原则，要求软件工程人员应履行其实践承诺，使软件的需求分析、规格说明、设计、开发、测试和维护成为一项对社会有益和受人尊敬的职业。软件工程师应当遵循的 8 项原则如下：

(1) 公众：软件工程人员应始终与公众利益保持一致。

(2) 客户和雇主：在与公众利益保持一致的原则下，软件工程人员应满足客户和雇主的最大利益。

(3) 产品：软件工程人员应当确保他们的产品及其改进符合尽可能高的专业标准。

(4) 判断：软件工程人员应当具备公正和独立的职业判断力。

(5) 管理：软件工程管理者和领导者应拥护和倡导合乎道德的有关软件开发和维护的管理方法。

(6) 职业：在与公众利益一致的原则下，软件工程人员应当提高职业的信誉。

(7) 同行：软件工程人员对其同行应持平等和支持的态度。

(8) 自我：软件工程人员应当终身学习专业知识，促进合乎道德的职业实践方法。

1.7 软件项目成败情况统计

在 20 世纪 90 年代出现的大量软件生产状况调查中，以 Standish Group 的 CHAOS 系列最引人注目。Standish Group 是美国的一家咨询公司，它于 1993 年开始展开软件状况的调查，并随后发布了一系列的调查报告，称为 CHAOS 系列。

在 Standish Group 的调查中，将软件项目分为以下 3 种类别：

(1) 在预计的时间之内，在预算的成本之下，完成预期的所有功能，则项目为成功项目(Success)。

(2) 已经完成，软件产品能够正常工作，但在生产中或者超支，或者超期，或者实现的功能不全，则项目为问题项目(Challenged or Faulty)。

(3) 因无法进行而被中途撤销，或者最终产品无法提交使用，则项目为失败项目(Failed or Impaired)。

1.8 全球软件产业的现状、趋势与挑战

目前，美国掌握全球软件产业核心技术。

从产业链角度的竞争格局来看，当前世界软件市场形成了以美国、欧洲、印度、日本、中国等国为主的国际软件产业分工体系，世界软件产业链的上游、中游和下游链条分布逐渐明晰。全球软件市场竞争格局如表1.4所示。

表1.4 全球软件市场竞争格局

产业链领域	主导国家/地区
产业链上游	美国掌握着全球软件产业的核心技术、标准体系及产品市场，大部分操作系统、数据库等平台软件企业均在美国
中间件环节	集中在爱尔兰、印度、日本、以色列、新加坡等国家和地区。其中子模块开发以印度、爱尔兰为代表，而日本在独立的嵌入式软件方面实力强大
应用软件	集中在德国、中国、菲律宾等国家和地区。其中欧洲在应用软件领域厚积薄发，增势强劲，中国发展势头强劲

从全球软件行业的区域竞争状况来看，主要存在国际化竞争日趋激烈、软硬件结合更加紧密、定制和通用产品两极化、资本重要性渐强等发展趋势。

中国的微信、抖音、支付宝、鸿蒙系统等软件的开发和应用，说明我国的软件产品已取得世界领先地位，但在芯片核心技术等“卡脖子”领域，我们还要奋起直追。只有依靠科技自立自强才能赢得未来。

1.9 实 战 训 练

为考查学生对本门课程内容的掌握情况，本书设计了一个简单的管理信息系统——图书管理系统作为学生课后完成的综合练习。该系统的使用对象是教师，教师利用该系统记录学生在该老师所任课程中对应的作业、提问、考勤、实验等的平时成绩与考试成绩，并根据系统设置的比率得出综合成绩。

要求学生在学完本书后，能基本形成一套较为完整的相关软件文档资料，具体要求请参见相应章节后实战训练中的详细说明。

本 章 小 结

随着计算机硬件和软件技术的飞速发展，软件的概念在不断地变化。同时计算机软件的各种特性导致了软件生产的长周期、高成本、低质量等一系列问题，即软件危机问题。为了解决这些问题，人们使用了工程的方法，即软件工程。结构分析和面向对象的开发范例是目前流行的两种开发方式。结构分析方法应用时间较长，已经取得了很大的成功；面向对象的方法是一种新的开发风格，已表现了许多优点，甚至超过了结构分析的方法。计

算机辅助软件工程(CASE)是人们利用计算机作为辅助工具进行软件开发的工程。它包含两个主要的技术领域，即 CASE 工具和集成化 CASE 环境。CASE 工具是用来辅助软件开发、维护和管理的软件。使用 CASE 工具能节省开发时间和费用，提高软件生产率和质量。CASE 工具种类繁多，包括项目管理工具、配置管理工具、分析和设计工具、程序设计工具、测试工具、维护工具等。职业道德是所有从业人员应当具备的最基本的道德素养，也是这些人员在其职业活动中应当遵循的最基本的行为准则，软件工程人员只有遵循本行业的职业道德规范，才能在该行业中长久立足。只有依靠科技自立自强才能赢得未来。

习 题 1

一、选择题

1. 下列属于软件的特点的是(　　)。

A. 软件是一种逻辑实体，具有抽象性

B. 软件在使用过程中没有磨损、老化的问题

C. 软件不同于一般程序，它们有一个显著的特点是规模庞大、复杂程度高

D. 以上都正确

2. 软件工程的出现是由于(　　)。

A. 软件危机的出现　　B. 计算机硬件技术的发展

C. 软件社会化的需要　　D. 计算机软件技术的发展

3. 下列不属于软件工程方法学三要素的是(　　)。

A. 方法　　B. 工具　　C. 过程　　D. 操作

4. 软件危机具有下列表现(　　)。

Ⅰ. 对软件开发成本估计不准；Ⅱ. 软件产品的质量往往靠不住；Ⅲ. 软件常常不可维护；Ⅳ. 软件成本逐年上升。

A. Ⅰ、Ⅱ和Ⅲ　　B. Ⅰ、Ⅲ和Ⅳ

C. Ⅱ、Ⅲ和Ⅳ　　D. 以上都正确

5. 软件危机的主要表现中包括软件质量差，而引起软件质量差的主要原因是(　　)。

A. 没有软件质量标准　　B. 软件开发人员素质较差

C. 用户经常干预软件开发工作　　D. 软件开发人员未遵循国际软件质量标准

6. 计算机辅助软件工程简称(　　)。

A. SA　　B. SD　　C. SC　　D. CASE

7. 从供选择的答案中选出适当字句填入下列关于软件发展过程的叙述中的(　　)内。

有人将软件的发展过程划分为 4 个阶段：

第一阶段(20 世纪 50 年代初至 50 年代末)称为“程序设计的原始时期”，这时既没有(A)，也没有(B)，程序员只能用机器指令编写程序。

第二阶段(20 世纪 50 年代末至 60 年代末)称为“基本软件期”。出现了(A)，并逐渐普及。随着(B)的发展，编译技术也有较大的发展。

第三阶段(20 世纪 60 年代末至 70 年代中期)称为“程序设计方法时代”。这一时期，与

硬件费用下降相反，软件开发费用急剧上升。人们提出了(C)和(D)等程序设计方法，设法降低软件的开发费用。

第四阶段(20 世纪 70 年代中期至现在)称为“软件工程时期”。软件开发技术不再仅仅是程序设计技术，而是包括了与软件开发的各个阶段，如(E)、(F)、编码、单元测试、综合测试、(G)及其整体有关的各种管理技术。

供选择的答案：

A～D. ① 汇编语言；② 操作系统；③ 虚拟存储器概念；④ 高级语言；⑤ 结构式程序设计；⑥ 数据库概念；⑦ 固件；⑧ 模块化程序设计

E～G. ① 使用和维护；② 兼容性的确认；③ 完整性的确认；④ 设计；⑤ 需求定义；⑥ 图像处理

二、填空题

1. 计算机软件不仅仅是程序，还应该有一套 ______________。

2. 开发软件所需的高成本和产品的低质量之间有着尖锐的矛盾，这种现象称作 ______________________。

三、简答题

1. 什么是软件？软件的特点是什么？
2. 软件开发与程序设计有什么不同？
3. 作为一个软件工程人员，应该注重从哪些方面遵守本行业的职业道德规范？
4. CASE 的作用是什么？
5. 软件工程涉及的人员有哪些？
6. 为加快实现科技自立自强，你认为目前能做的有哪些？

第2章 软件生命周期与软件过程

本章主要内容：

- 软件生命周期
- 软件过程
- 软件过程制品
- 典型的软件过程模型

2.1 软件生命周期

从软件出现一个构思之日起，经过软件开发成功投入使用，直到最后决定停止使用并被另一项软件代替之时止，被认为是该软件的一个生命周期或叫软件的生存周期。软件的生命周期可以根据软件所处的状态、特征以及软件开发活动的目的、任务划分为若干个时期，而每一个时期又进一步划分为若干个阶段。

我国国家标准《计算机软件文档编制规范》(GB/T 8567—2006)把软件生命周期划分为可行性与计划研究阶段、需求分析阶段、设计阶段、实现阶段、测试阶段、运行与维护阶段六个阶段。通常，人们把可行性与计划研究阶段、需求分析阶段这两个阶段称为软件定义时期，把设计阶段、实现阶段、测试阶段这三个阶段称为软件开发时期，而把运行与维护阶段称为软件运行与维护时期。软件生命周期各个时期及阶段的关系如图 2.1 所示。

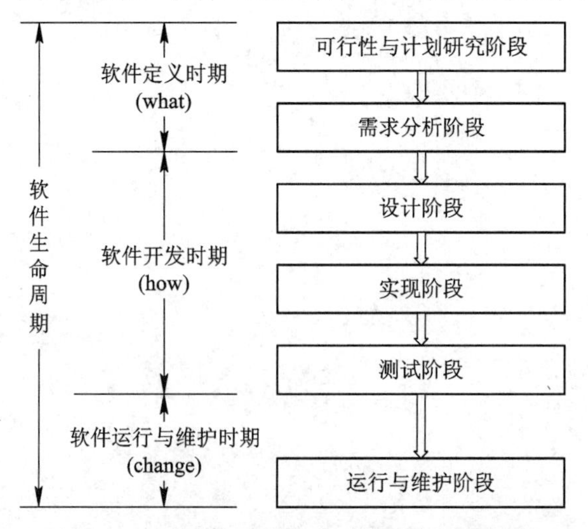

图 2.1 软件生命周期各个时期及阶段的关系

软件生命周期各阶段的主要工作步骤、任务和阶段性成果见 2.1.1 小节。

2.1.1　软件生命周期中时期与阶段的划分以及各阶段的任务

1. 软件定义时期

在软件生命周期中，软件定义时期又可分为可行性与计划研究和需求分析两个阶段。

1) 可行性与计划研究阶段

在可行性与计划研究阶段主要完成以下工作：

(1) 要确定该软件的开发目标和总的要求。

(2) 要进行可行性分析。

(3) 投资-收益分析。

(4) 制订开发计划。

(5) 完成可行性分析报告。

(6) 完成开发计划等文档。

2) 需求分析阶段

在需求分析阶段内，由系统分析人员对被设计的系统进行系统分析，确定该软件的各项功能、性能需求和设计约束，确定文档编制的要求。作为本阶段工作的结果，一般地说软件需求规格说明(也称为软件需求说明、软件规格说明)、数据要求说明和初步的用户手册应该编写出来，主要包括：

(1) 需求调查：对软件的需求及其使用环境进行详细调查，掌握用户的要求和环境所能提供的条件。

(2) 功能、性能与环境约束分析：根据掌握的情况，对软件系统的功能(即回答系统必须做什么)、性能(包括软件的安全性、可靠性、可维护性、精度、错误处理、适应性、用户培训等)和环境约束(指待开发的软件系统必须满足运行环境方面的要求)进行分析研究，与用户取得一致的认识。

(3) 编制软件需求规格说明：把软件系统的功能需求、性能需求、接口需求、设计需求、基本结构、开发标准、验收原则等写成软件需求规格说明，并得到用户的确认。

(4) 制定软件系统的确认测试准则和用户手册概要：根据确认的软件开发标准及验收原则制定具体的软件确认测试准则和用户手册概要或提纲。

2. 软件开发时期

软件开发时期主要包括设计阶段、实现阶段以及测试阶段。

1) 设计阶段

在设计阶段内，系统设计人员和程序设计人员应该在反复理解软件需求的基础上，提出多个设计，分析每个设计能履行的功能并进行相互比较，最后确定一个设计，包括该软件的结构、模块(或 CSCI)的划分、功能的分配以及处理流程。在被设计系统比较复杂的情况下，设计阶段应分解成概要设计阶段和详细设计阶段两个步骤。在一般情况下，应完成的文档包括：软件(结构)设计说明、详细设计说明和测试计划初稿。

(1) 概要设计阶段包括以下工作：

① 建立软件系统的总体结构：根据软件需求规格说明，对软件系统的总体功能进行

模块分解，形成系统的功能结构图。

② 定义功能模块的接口：定义模块的功能和模块之间的关系，给出各模块接口界面的定义。

③ 设计全局数据库和数据结构：从应用问题的领域出发，定义基本数据项和数据结构的属性，设计全局数据库的逻辑结构。

④ 规定设计约束：定义软件系统的边界，并给出系统设计的约束说明。

⑤ 编制概要设计文档：包括概要设计说明书、数据库或数据结构说明书、组装测试计划等文件。

(2) 详细设计阶段包括以下工作：

① 模块详细设计：包括模块的详细功能、算法、数据结构和模块间的接口信息等设计，拟定模块测试方案。

② 编制模块的详细规格说明：把模块详细设计的结果汇总，形成模块详细规格说明书。

2) 实现阶段

在实现阶段内，要完成源程序的编码、编译(或汇编)和排错调试，得到无语法错的程序清单，要开始编写进度日报、周报和月报(是否要有日报或周报，取决于项目的重要性和规模)，并且要完成用户手册、操作手册等面向用户的文档的编写工作，还要完成测试计划的编制。

(1) 编码：根据模块详细规格说明书，将详细设计转化为程序代码。

(2) 单元测试：对模块程序进行测试，验证模块功能及接口与详细设计文档的一致性，并形成单元测试报告。

3) 测试阶段

在测试阶段：该程序将被全面地测试，已编制的文档将被检查审阅。一般要完成测试分析报告。作为开发工作的结束，所生产的程序、文档以及开发工作本身将逐项被评价，最后写出项目开发总结报告。测试阶段包括组装测试阶段和确认测试阶段。

在整个开发过程中(即前五个阶段中)，开发集体要按月编写开发进度月报。

(1) 组装测试阶段包括以下工作：

① 模块程序组装与测试：根据概要设计中各功能模块的说明及制订的组装测试计划，将经过单元测试的模块逐步进行组装和测试。

② 编制组装测试报告：将通过组装测试的软件按概要设计的要求，生成可运行的系统源程序并编写组装测试报告。

(2) 确认测试阶段包括以下工作：

① 软件系统测试：根据软件需求规格说明定义的全部功能和性能要求及软件确认测试准则对软件系统进行总测试。

② 编制确认测试文档：向用户提供以确认测试报告为主的有关文档，包括系统操作手册、源程序清单、项目开发总结报告等。

③ 软件评审：由专家、用户、软件开发人员组成的软件评审小组对软件确认报告、测试结果和软件进行评审，并将得到确认的软件产品交付用户使用。

3. 软件运行与维护时期

在运行和维护阶段，软件将在运行使用中不断地被维护，根据新提出的需求进行必要而且可能的扩充、删改、更新和升级。

(1) 软件的使用阶段：将软件安装在用户确定的运行环境中使用。

(2) 软件的维护阶段：对软件产品进行修改或根据软件需求变化做出响应，并对所有的维护写出维护报告。

(3) 软件的退役阶段：软件一旦完成了其使命，或者由于一个新的软件生命周期的开始，就要终止对软件产品的支持，这使得软件停止使用。

2.1.2 软件生命周期中各阶段所占的百分比

软件生命周期中各阶段所占的百分比和各阶段的参与人员如表 2.1 所示。

表 2.1　软件生命周期中各阶段所占的百分比和各阶段的参与人员

阶　段	系统定义	系统设计	系统编程	系统测试	系统维护
所占百分比	7%	6%	7%	13%	67%
参与人员	用户 系统分析员 管理员	系统分析员 测试工程师 管理员	管理员 程序员	测试工程师 用户 程序员	管理员 用户 程序员 系统分析员

2.1.3 软件生命周期中各阶段的文档

在软件生存周期中，一般应产生以下基本文档：

(1) 可行性分析(研究)报告；

(2) 软件(或项目)开发计划；

(3) 软件需求规格说明；

(4) 接口需求规格说明；

(5) 系统/子系统设计(结构设计)说明；

(6) 软件(结构)设计说明；

(7) 接口设计说明；

(8) 数据库(顶层)设计说明；

(9) (软件)用户手册；

(10) 操作手册；

(11) 测试计划；

(12) 测试报告；

(13) 软件配置管理计划；

(14) 软件质量保证计划；

(15) 开发进度月报；

(16) 项目开发总结报告；

(17) 软件产品规格说明；

(18) 软件版本说明等。

2.1.4 各类人员使用的文档说明

对于使用文档的人员而言，他们所关心的文件的种类因他们所承担的工作而异，各类人员所使用的文档如表 2.2 所示。

表 2.2 各类人员使用的文档

管理人员	开发人员	维护人员	用　　户
可行性分析(研究)报告 项目开发计划 软件配置管理计划 软件质量保证计划 开发进度月报 项目开发总结报告	可行性分析(研究)报告 项目开发计划 软件需求规格说明 接口需求规格说明 软件(结构)设计说明 接口设计说明书 数据库(顶层)设计说明 测试计划 测试报告	软件需求规格说明 接口需求规格说明 软件(结构)设计说明 测试报告	软件产品规格说明 软件版本说明 用户手册 操作手册

这些文档从使用的角度可分为用户文档和开发文档两大类。其中，用户文档必须交给用户。用户应该得到的文档的种类和规模由供应者与用户之间签订的合同规定。

2.2 软件过程的概念

2.2.1 软件过程的定义

软件过程是人们用以开发和维护软件及其相关产品(例如项目计划、设计文档、代码、测试用例、用户手册等)的一系列方法、实践、活动和转换，包括软件工程活动和软件管理活动。

2.2.2 软件过程的基本活动

一般的软件过程包括问题提出、软件需求说明、软件设计、软件实现、软件确认、软件演化等基本活动。

(1) 问题提出：开展技术探索、市场调查等活动，研究系统的可行性和可能的解决方案，确定待开发系统的总体目标和范围。

(2) 软件需求说明：分析、整理和提炼所收集到的用户需求，建立完整的分析模型，编写软件需求规格说明和初步的用户手册。通过评审需求规格说明，确保对用户需求达到共同的理解与认识。

(3) 软件设计：根据软件需求规格说明文档，确定软件的体系结构，再进一步设计每个系统部件的实现算法、数据结构、接口等，编写软件设计说明书，并组织进行设计评审。

(4) 软件实现：将所设计的各个子系统编写成计算机可接受的程序代码。

(5) 软件确认：在设计测试用例的基础上，测试软件的各个组成模块，并将各个模块集成起来，测试整个产品的功能和性能是否满足已有的规格说明。

(6) 软件演化：整个软件过程是一个不断演化的过程，软件开发覆盖从概念的提出到形成一个可运行系统的整个过程，软件维护则是系统投入使用后所产生的修改。

2.2.3　软件过程的制品

在软件过程的不同阶段，会产生不同的软件制品，如需求规格说明书、设计说明书、源程序代码与构件、测试用例、用户手册以及各种开发管理文档等，表 2.3 列出了软件过程的一些基本活动以及所产生的主要过程制品。

表 2.3　软件过程的基本活动及所产生的主要制品

<table>
<tr><td colspan="6">软件过程的基本活动</td></tr>
<tr><td>软件需求</td><td>软件设计</td><td colspan="2">软件实现</td><td>软件测试</td><td>软件实施</td></tr>
<tr><td>构想文档
需求模型
软件需求规格说明</td><td>软件体系结构文档
设计模型</td><td colspan="2">源程序
目标代码
可执行构件</td><td>测试规程
测试用例
软件测试报告</td><td>相关的运行时文件
用户手册</td></tr>
<tr><td colspan="6">开发管理制品</td></tr>
<tr><td colspan="3">计划文档</td><td colspan="3">运行文档</td></tr>
<tr><td colspan="3">工作分解结构
业务案例
发布规格说明
软件开发计划</td><td colspan="3">发布版本说明
状态评估
软件变更申请
实施文档
环境</td></tr>
</table>

2.2.4　软件项目从立项到结题的过程

通常情况下，一个软件项目从立项到结题要经过不同的阶段，每个阶段要完成相应的文档。虽然每个企业最终形成的文档不尽相同，但都是根据企业的实际情况，在国家标准的基础之上进行适当删减的结果，其基本内容如下。

1. 撰写立项申请书

一个项目要通过填报项目申报书，经相关部门的专家评审通过后才予以立项。

2. 签署立项合同

一个项目通过专家评审予以立项后，就要与立项相关部门签署合同，该合同具有法律效力。

3. 撰写开题报告

双方签订好合同后，在一个月内要完成项目开题及开题报告的撰写并在相关专家的参与下完成开题工作。

4. 撰写中期检查报告

项目进展到中期时，要接受相关部门的检查，考核是否按任务书中的进度完成了该时间点应该完成的工作。

5. 撰写项目结题报告书及项目开发总结报告

项目完成时，需要撰写项目结题报告及项目开发总结报告。项目开发总结报告的编制是为了总结本项目开发工作的经验，说明实际取得的开发结果以及对整个开发工作的各个方面的评价。

6. 项目验收

提交项目验收相关文档后，在规定的时间内，相关部门对项目进行验收。

7. 发结题证书

项目验收合格后，由相关部门在规定的时间内颁发结题证书。至此，该项目最终结题。

2.3 几种典型的软件过程模型

所谓软件过程模型就是一种开发策略，这种策略针对软件工程的各个阶段提供了一套范型，使工程的进展达到预期的目的。对一个软件的开发，无论其大小，都需要选择一个合适的软件过程模型，这种选择基于项目和应用的性质、采用的方法、需要的控制以及要交付的产品的特点。一个错误模型的选择，将使开发迷失方向。下面介绍几种常用的软件过程模型。

2.3.1 瀑布模型

瀑布模型规定了各项软件工程活动，包括制订开发计划、进行需求分析和说明、软件设计、程序编码、测试及运行维护。瀑布模型还规定了它们自上而下、相互衔接的固定次序，如同瀑布流水一样逐级下落，如图 2.2 所示。

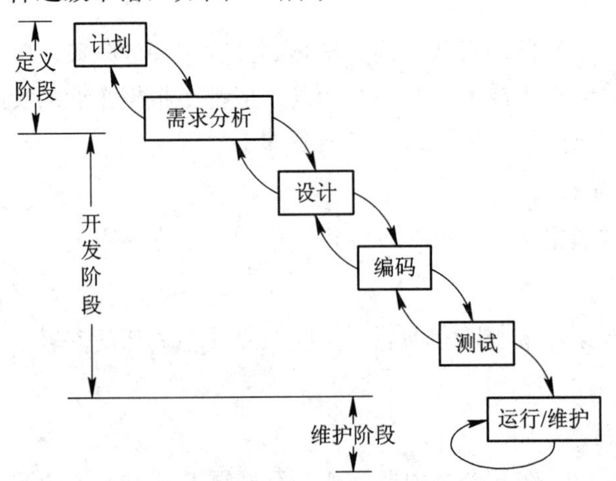

图 2.2 软件生存周期的瀑布模型

瀑布模型的基本思想：根据软件生命周期中各阶段的任务，从可行性研究与计划开始，逐步进行阶段性变换，直至通过确认测试并得到用户确认的软件为止。

瀑布模型的特点如下：

(1) 阶段间的顺序性和依赖性：上一阶段的变换结果是下一阶段变换的输入，相邻两个阶段具有因果关系，每个阶段完成任务后，都必须进行阶段性评审，确认之后再转入下一个阶段。

(2) 文档驱动性：要求每个阶段必须完成规定的文档并通过评审，以便尽早发现问题，改正错误。

瀑布模型的优点：可强迫开发人员采用规范的方法，严格提交文档，做好阶段评审，从而使软件过程易于管理和控制，有利于软件的质量保障。

瀑布模型的缺点：要求软件开发初期就要给出软件系统的全部需求，开发周期比较长，承担的风险也比较大。

软件开发的实践表明，上述各项活动之间并非完全是自上而下，呈线性图式。实际情况是，每项开发活动均处于一个质量环(输入—处理—输出—评审)中。只有当其工作得到确认，才能继续进行下一项活动，在图2.2中用向下的箭头表示；否则返工，在图2.2中由向上的箭头表示。

2.3.2 快速原型模型

快速原型模型的第一步是建造一个快速原型，实现客户或未来的用户与系统的交互，用户或客户对原型进行评价，进一步细化待开发软件的需求。通过逐步调整原型使其满足客户的要求，开发人员可以确定客户的真正需求是什么。第二步则在第一步的基础上开发客户满意的软件产品。

显然，快速原型方法可以克服瀑布模型的缺点，减少由于软件需求不明确带来的开发风险，具有显著的效果，如图2.3所示。

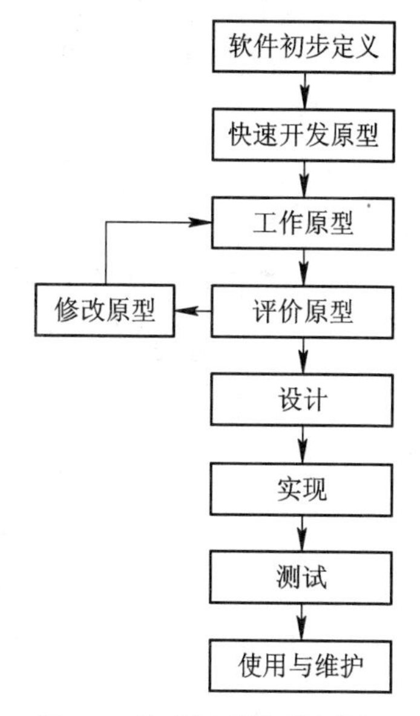

图2.3 快速原型模型结构图

快速原型的关键在于尽可能快速地建造出软件原型，一旦确定了客户的真正需求，所建造的原型将被丢弃。因此，原型系统的内部结构并不重要，重要的是必须迅速建立原型，随之迅速修改原型，以反映客户的需求。

快速原型模型的基本思想：软件开发人员根据用户提出的软件初步定义，快速开发一个原型，向用户展示原型的功能和性能，在反复征求用户对原型意见的过程中，进一步确认用户的需求并对原型进行修改和完善，直到得到用户确认的软件定义，在确认的原型基础上完成软件系统的设计、实现、测试和使用与维护。

快速原型模型的特点如下：

(1) 原型驱动：整个软件过程围绕着原型的快速开发和对原型的评价，通过原型确认用户需求，以及通过原型的反复修改最终得到用户确认的软件定义。

(2) 过程的交互性和迭代性：软件过程是由开发人员与用户之间通过原型的评价和确认而进行的一个交互过程。而且这个过程不是简单的重复，而是不断改进和完善的迭代过程。

快速原型模型的优点：允许用户在软件开发过程中完善对软件系统的需求，开发周期相对有所缩短，成本比较低，有效地发挥用户和开发人员之间的密切配合作用，使软件过程更能体现逐步发展、逐步完善的原则。

快速原型模型的缺点：频繁的需求变化会使开发进程难于管理和控制，原型的快速开发和修改对技术要求比较高，需要有较好的工作基础。

2.3.3 螺旋模型

对于复杂的大型软件，开发一个原型往往达不到要求。螺旋模型将瀑布模型与快速原型模型结合起来，并且加入两种模型均忽略了的风险分析。螺旋模型沿着螺线旋转，如图2.4所示，在笛卡尔坐标的4个象限上分别表达了以下4个方面的活动：

(1) 制订计划——确定软件目标，选定实施方案，弄清项目开发的限制条件；

(2) 风险分析——分析所选方案，考虑如何识别和消除风险；

(3) 实施工程——实施软件开发；

(4) 客户评估——评价开发工作，提出修正建议。

沿螺线自内向外每旋转一圈便开发出更为完善的一个新的软件版本。

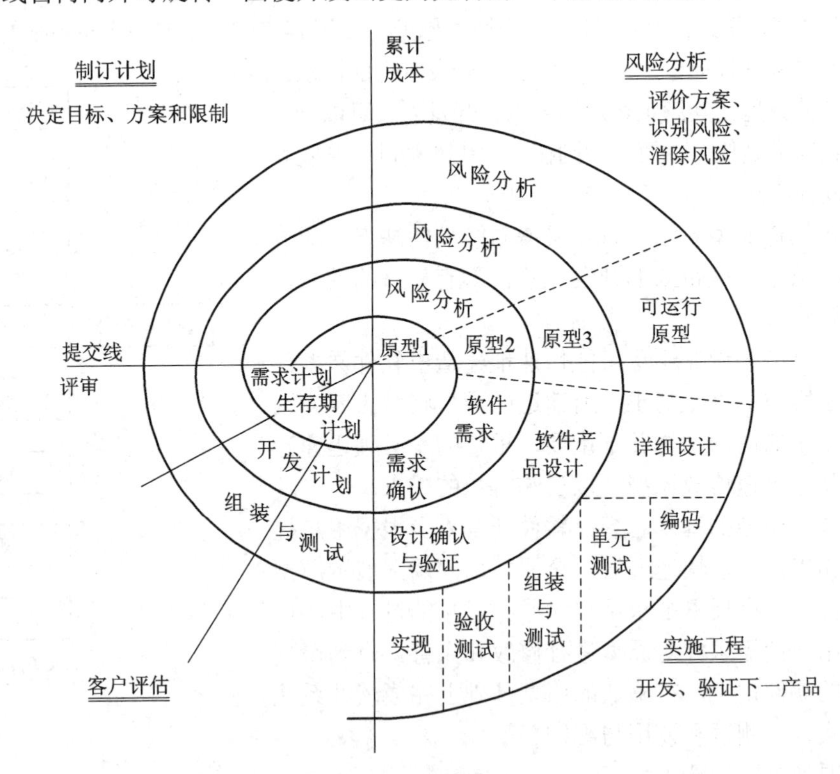

图2.4 螺旋模型

螺旋模型的基本思想：螺旋模型是瀑布模型和快速原型模型的结合，其基本思想是借助构建原型来降低风险，把软件开发的每一个阶段都看作是增加了风险分析的快速原型模型。螺旋模型的每一个周期都包括需求定义、风险分析、工程实现和评审4个部分，软件开发的整个过程就是这4个部分的迭代，每迭代一次，过程就完成一个周期，软件开发就前进一个层次，系统就生成一个新的版本。

螺旋模型的特点如下：

(1) 模型结合性：螺旋模型的每一个周期都应用了原型模型排除风险，在确认了原型之后，又启动瀑布模型继续过程的演化。因此，螺旋模型是瀑布模型和快速原型模型的结合，体现了两个模型的优点。

(2) 过程迭代性：软件开发过程的每个阶段都是一次迭代，这种迭代不是过程的简单重复，而是每旋转一个圈就前进一个层次，得到一个新的版本。

螺旋模型的优点：强调可选方案和约束条件有利于已有软件的重用，有助于把软件质量作为软件开发的一个重要目标，减少过多或测试不足带来的风险。维护被看成是模型的另一个周期，维护和开发之间没有本质的区别。

螺旋模型的缺点：要求软件开发人员具有丰富的风险评估经验和有关的专门知识，开发过程比较复杂，给过程管理和控制带来一定的难度。

2.3.4 增量模型

与建造大厦相同，软件也是一步一步建造起来的。在增量模型中，软件被作为一系列的增量构件来设计、实现、集成和测试，每一个构件是由多种相互作用的模块所形成的提供特定功能的代码片段构成的。

增量模型在各个阶段并不交付一个可运行的完整产品，而是交付满足客户需求的一个子集的可运行产品。整个产品被分解成若干个构件，开发人员逐个构件地交付产品，这样做的好处是软件开发可以较好地适应变化，客户可以不断地看到所开发的软件，从而降低开发风险，如图 2.5 所示。

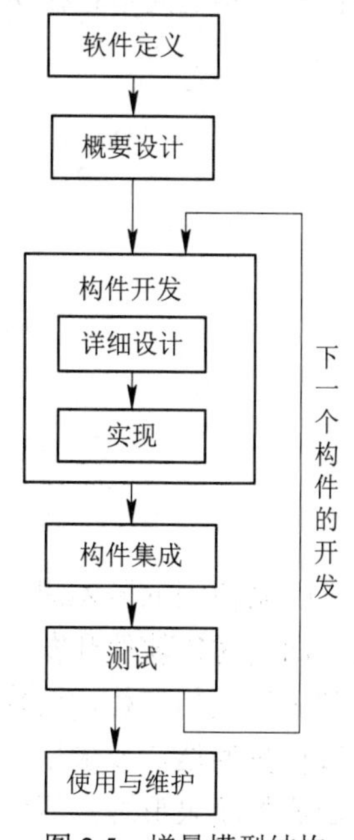

图 2.5　增量模型结构

增量模型也存在以下缺陷：

(1) 由于各个构件是逐渐并入已有的软件体系结构中的，因此加入构件必须不能破坏已构造好的系统部分，这需要软件具备开放式的体系结构。

(2) 在开发过程中，需求的变化是不可避免的。增量模型的灵活性可以使其适应这种变化的能力大大优于瀑布模型和快速原型模型，但也很容易退化为边做边改模型，从而使软件过程的控制失去整体性。

在使用增量模型时，第一个增量往往是实现基本需求的核心产品。核心产品交付用户使用后，经过评价形成下一个增量的开发计划，它包括对核心产品的修改和一些新功能的发布。这个过程在每个增量发布后不断重复，直到产生最终的完善产品。

例如，使用增量模型开发字处理软件。可以考虑，第一个增量发布基本的文件管理、编辑和文档生成功能，第二个增量发布更加完善的编辑和文档生成功能，第三个增量实现拼写和文法检查功能，第四个增量完成高级的页面布局功能。

增量模型的基本思想：把软件产品作为一系列的增量构件来设计、实现、集成和测试。开发时分批逐步向用户提交产品，每次提交一个满足用户需求子集的增量构件，直到最后一次得到满足用户全部需求的完整产品为止。

增量模型的特点：过程渐进性，即软件过程分批次完成，每次提交一个满足用户需求子集的增量构件，产品规模逐渐增大，直到得到满足用户全部需求的完整产品为止。

增量模型的优点：能在较短的时间内向用户提交部分功能的构件，并且在逐步增加产品功能的过程中有充裕的时间学习和适应新的功能，减少一个全新软件可能给用户带来的冲击。

增量模型的缺点：增量构件的划分依赖于系统功能的构成和软件开发人员的经验，每次集成新的增量构件必须不能破坏原有软件系统的结构，因此要求软件系统的体系结构必须具有高度的开放性和可扩充性。

2.3.5 喷泉模型

喷泉模型对软件复用和生存周期中多项开发活动的集成提供了支持，主要支持面向对象的开发方法。“喷泉”一词本身体现了迭代和无间隙特性。系统某个部分常常重复工作多次，相关功能在每次迭代中随之加入演进的系统。所谓无间隙是指在开发活动，即分析、设计和编码之间不存在明显的边界，如图 2.6 所示。

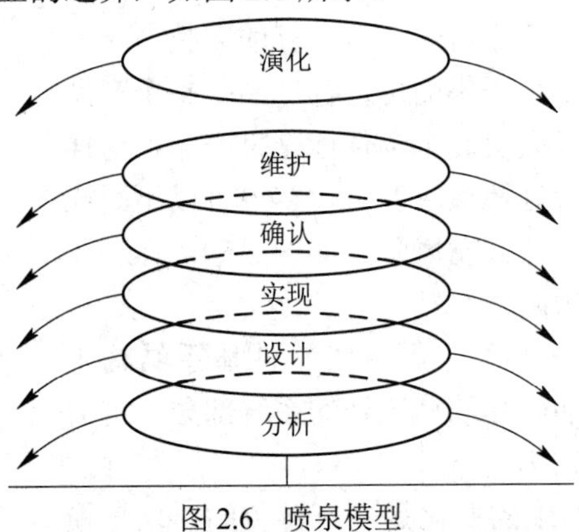

图 2.6　喷泉模型

喷泉模型的基本思想：喷泉模型是典型的面向对象生命周期模型。“喷泉”这个词描述了面向对象软件开发过程的迭代和无缝特性。在喷泉模型中，代表开发过程不同阶段的圆圈之间互相交叠，而且各项开发活动之间是无缝过渡的。每个阶段内的向下箭头代表着阶段自身的迭代或求精，整个软件过程呈现一种开发阶段沿中轴向上，又在每一个阶段向下回流的喷泉形态，所以称为喷泉模型。

喷泉模型的特点：

(1) 过程迭代性：在面向对象的方法中，软件开发各个阶段之间或一个阶段内的各个步骤之间都存在迭代的过程，这一点要比面向数据流或面向数据的方法更为常见。

(2) 阶段间的无间隙过渡性：用面向对象方法开发软件时，在分析、设计、编码等项开发活动之间并不存在明显的边界，不同阶段互相交叠，各项开发活动之间无缝过渡。

喷泉模型的优点：支持面向对象方法的软件开发过程，提供软件复用与生命周期中多项开发活动集成的机制。

喷泉模型的缺点：喷泉模型本身就不是以面向过程为背景的，过程在喷泉模型中已被弱化，取而代之的是无间隙的阶段过渡与重复迭代。

2.3.6 V 形模型

V 形模型是瀑布模型的一个变种，如图 2.7 所示。它同样需要一步一步进行，前一个阶段的任务完成之后才可以进行下一阶段的任务。这个模型强调测试的重要性，它将开发活动与测试活动紧密地联系在一起。每一步都将比前一阶段进行更加完善的测试。

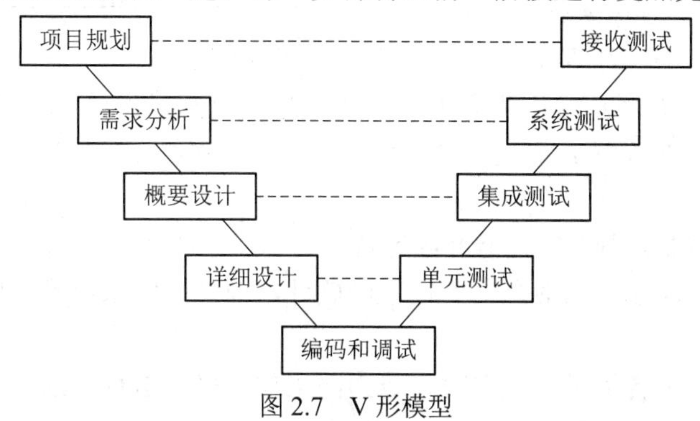

图 2.7　V 形模型

实验证明，一个项目 50%以上的时间花在测试上。通常，大家对测试存在一种误解，认为测试是开发周期的最后一个阶段。其实，早期的测试对提高产品质量、缩短开发周期起着重要作用。V 形模型也正好说明了测试的重要性，测试与开发是并行的，这个模型体现了全过程的质量意识。

V 形模型的特点如下：

(1) 简单易用，只要按照规定的步骤一步一步执行即可。

(2) V 形模型强调测试过程与开发过程的对应性和并行性，例如，单元测试对应详细设计，集成测试对应概要设计，系统测试对应需求分析。

(3) V 形模型没有反映实际的开发过程，实际的开发过程会有很多的迭代过程，比如，实施过程中会发现设计中的问题，然后去修正，测试过程中也会返回前一段，重新做一些事情。

V 形模型使用指南：使用 V 形模型，要求开发过程严格按照顺序进行，一个阶段的输出是下一个阶段的输入。同时，要并行考虑图 2.7 中虚线所对应的过程，例如，需求分析阶段应该有系统测试的准备，概要设计阶段应该有集成测试的准备，详细设计阶段应该有单元测试的准备等。

V 形模型适合的场合：项目的需求在项目开始前很明确，解决方案在项目开始前也很明确，项目对系统的性能安全要求很严格。类似的项目如航天飞机控制系统、公司的财务系统等。

2.3.7 形式化方法模型

形式化方法模型特别适合于那些对安全性、可靠性和保密性要求极高的软件系统开发，它采用形式化的数学方法将系统描述转换成可执行的程序。

形式化方法的过程模型如图 2.8 所示，它首先将软件需求描述提炼成采用数学符号表达的形式化描述，然后经过一系列的形式化转换将形式化描述自动转换成可执行程序，最后将整个系统集成起来进行测试。

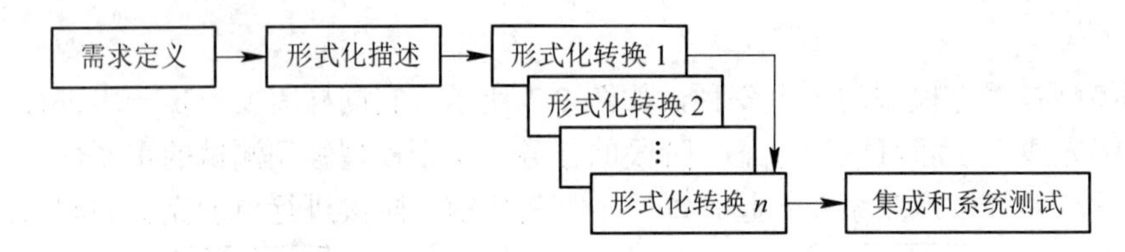

图 2.8　形式化方法的过程模型

由于数学方法具有严密性和准确性，因此形式化方法开发过程所交付的软件系统具有较少的缺陷和较高的安全性。但是，形式化方法在实际软件开发中应用得并不多，其主要原因在于：

(1) 开发人员需要具备一定技能并经过特殊训练后才能掌握形式化开发方法。

(2) 现实应用的系统大多数是交互性强的软件，但是这些系统难以用形式化方法进行描述。

(3) 形式化描述和转换是一项费时、费力的工作，采用这种方法开发系统在成本、质量等方面并不占优势。

2.3.8　组合模型

在实际应用中，常常把几种模型结合在一起，配套使用，这就是组合模型。模型的组合方式有两种：一种方式是以某一种模型为主，嵌入另一种或几种模型。例如，在生命周期模型中，为了帮助用户和开发人员尽快确定软件需求，在软件设计阶段之前可以嵌入原型模型。另一种方式是软件开发人员根据软件项目和软件开发环境的特点，建立一个特定的软件开发组合模型，为开发过程设计一条选择多种模型组合的路径。当然，路径的选择应根据软件开发的实际情况而定，目的是降低开发成本，缩短开发时间以及提高软件产品的质量。

2.4　微软公司的软件开发过程

2.4.1　微软开发过程管理的基本原则

一个优秀软件产品的成功，除了其先进的技术含量之外，产品开发过程的科学管理也是不可或缺的重要因素。在软件产品的开发过程中，微软所遵循的一些基本原则如下：

(1) 以目标驱动而不是任务驱动。整个软件开发过程是以实现项目目标为最高标准的，项目团队始终明白为什么开发这个产品，产品为谁服务，最终要发布的产品将具备哪些特性等目标，开发过程中的每一项工作任务都是围绕最终的项目目标制定的。

(2) 具有外部可见的里程碑。微软公司的软件开发过程是由里程碑来推动和管理的，整个项目过程由不同的工作阶段构成，每一个工作阶段都以外部可见的里程碑为标志。项目团队可以借助里程碑管理每一个阶段的工作目标，评估每一个阶段的工作业绩，并且可以根据里程碑的要求同步项目组中的并发工作任务。

(3) 基于多版本的发布。微软公司的软件开发过程模型采用递进的版本发布策略，即最初创建和提供包含核心功能的产品版本，然后通过不断地改进和添加功能，陆续推出后续的版本。这种做法有利于适应项目目标的及时调整，也有利于产品质量的保证。

(4) 并行协作的小型化团队。微软公司建议采用小型化的项目组进行软件开发，每个项目组通常由 3～8 人组成，其角色定义和职责划分清楚，可以充分发挥个人在技术或管理上的经验和技能，有利于相互之间的交流协作。对于大型项目来说，整个项目团队在开发初期被分解成若干结构清晰、目标明确和管理灵活的小型项目组，并按照微软的团队模型进行管理和角色划分，小组之间通常是并行工作的。每隔 3～6 个月，项目管理者往往会根据项目的整体进展情况对项目小组进行重组，以适应最新的项目需求。

(5) 经常性的同步和稳定。微软公司强调在软件项目的进程中，经常性地对整个软件进行编译和测试，以保证软件随时处于可生成和可发布的状态。其中，每日生成制度已经成为所有项目组共同遵循的基本开发制度，即项目组在每天工作结束后，需要对整个产品的源代码进行编译和链接，以检验当天的工作是否可以得到完整的且可发布的产品。此外，开发人员和测试人员也要经常性地对软件进行各种极限情况下的“冒烟测试”，以检验软件对于特殊输入或压力环境的适应能力。

(6) 质量管理。产品质量管理是过程管理中最为重要的方面。微软的开发过程模型在软件开发的全过程中设计了质量保证策略和相关的工作环节。从软件项目立项开始，质量管理意识和质量管理方法贯穿于构想、计划、开发、测试和发布的全过程之中。

2.4.2　微软公司的软件过程模型

微软公司的软件开发过程模型由规划、设计、开发、稳定和发布 5 个主要阶段组成，而且每个阶段都是由里程碑驱动的。其中，规划和设计阶段的里程碑是完成项目计划和产品特性规格说明书；开发阶段的里程碑是完成规格说明书中所列产品特性的开发；稳定阶段的里程碑是产品经过测试已达到稳定状态；发布阶段的里程碑是最终发布的产品。

(1) 规划阶段：项目团队必须对项目的前景有一个清晰的认识，明确最终要提供给客户的是什么样的产品。在这一阶段，市场经理根据市场反馈和用户需求，提出关于产品的初步构想。产品规划人员则针对产品构想开展市场调查研究，分析市场形势和自身条件，根据公司战略创建产品的市场机会文档和市场需求文档，并最终形成产品的远景目标。

(2) 设计阶段：程序经理根据产品的远景目标，完成软件的功能或特性规格说明书，并确定产品开发的主要进度。

(3) 开发阶段：开发人员根据产品功能或特性规格说明书，完成软件的开发工作。在通常情况下，为了降低软件开发的风险和管理的复杂度，开发人员往往把整个开发任务划分成若干个递进的阶段，并设置成 M_1，M_2，…，M_n 等内部里程碑，在每个里程碑都提交阶段性的工作成果。

(4) 稳定阶段：在产品代码基本完成的情况下，测试人员根据产品规格说明书，对开发人员提交的软件产品进行功能测试和性能测试。在测试过程中，测试人员发现Bug并将其记录，测试人员再对开发人员的修正结果予以确认。随着测试工作的展开，Bug的数量先由少到多，再由多到少，最终达到一个趋近于0并在0附近小幅震荡的零Bug回归状态。随后，项目组依次发布Beta版本和RC版本，最终形成可发布的RTM版本。

(5) 发布阶段：在确认产品质量符合发布标准之后，程序经理将产品的最终发布版本发送到软件生产工厂，或者直接以可下载方式发布到Internet上，整个软件开发工作到此结束。之后，产品经理将举行产品发布会宣布产品正式上市，并通过媒体发布与产品相关的各种消息，支持工程师将提供该产品的支持服务。

2.5 实战训练

1. 目的

掌握软件开发模型的优缺点及适用场合，针对项目的特点，学会选择合适的开发模型。

2. 任务

完成“图书管理系统”开发模型的选择。

3. 实现过程

作为一个管理信息系统(Management Information System，MIS)，主要业务需求不确定的情况较多，需要反复进行需求的调研，和用户进行沟通与交流。针对这种情况可以采用快速原型模型，借助快速原型更容易地与用户交流，获取真正的需求。

本章小结

本章介绍了软件的生命周期、过程、软件过程及软件过程模型的概念；介绍了软件生命周期的时期、阶段的划分以及各个阶段的软件过程的基本活动及软件过程的制品；对瀑布模型、快速原型模型、螺旋模型、增量模型、喷泉模型、V形模型、形式化方法模型以及组合模型进行了阐述及比较；介绍了微软开发过程及其开发模型。通过本章的学习，应了解如何根据项目的特点和开发环境，正确地选择开发模型，达到最佳效果。

习题 2

一、选择题

1. 软件生命周期一般都被划分为若干个独立的阶段，其中占用精力和费用最多的阶段往往是(　　)。

A. 代码实现阶段　　B. 测试阶段　　C. 运行和维护阶段　　D. 设计阶段

2. 开发软件时对提高软件开发人员工作效率至关重要的是(　A　)。软件工程中描述生存周期的瀑布模型一般包括计划、(　B　)、设计、编码、测试、维护等几个阶段，其中设计阶段在管理上又可以依次分成(　C　)和(　D　)两步。

供选择的答案：

A. ① 程序开发环境；② 操作系统的资源管理功能；③ 程序人员数量；④ 计算机的并行处理能力；

B. ① 需求分析；② 需求调查；③ 可行性分析；④ 问题定义；

C、D. ① 方案设计；② 代码设计；③ 概要设计；④ 数据设计；⑤ 运行设计；⑥ 详细设计；⑦ 故障处理设计；⑧ 软件体系结构设计

3. (　　)分批地逐步向用户提交产品，每次提交一个满足用户需求子集的可运行的产品。

A. 增量模型　　B. 喷泉模型　　C. 原型模型　　D. 螺旋模型

4. 下列选项不属于瀑布模型优点的是(　　)。

A. 可迫使开发人员采用规范的方法

B. 严格地规定了每个阶段必须提交的文档

C. 要求每个阶段交出的所有产品都必须经过质量保证小组的仔细验证

D. 支持后期的变动

5. (　　)是基于形式化规格说明语言及程序变换的软件开发模型。

A. 增量模型　　B. 喷泉模型　　C. 变换模型　　D. 螺旋模型

二、填空题

1. 软件定义时期分为 ____________ 和 ____________ 两个阶段。

2. 软件定义时期的最后一个工作阶段是 ____________。

3. ____________ 是指软件生存周期中的一系列相关活动，包括软件开发活动所需完成的任务序列和完成这些任务的工作步骤。

三、简答题

1. 什么是软件生命周期？软件生命周期各个阶段的主要任务是什么？

2. 软件生命周期中各阶段所占的百分比大概是多少？每个阶段有哪些人参与？

3. 软件工程过程有哪几个基本过程活动？试说明之。

4. 试论述瀑布模型软件开发方法的基本过程。

5. 有人说：软件开发时，一个错误发现得越晚，为改正它所付出的代价就越大。对否？解释你的回答。

6. 把生命周期划分为各阶段的目的和实质是什么？

7. 分析比较几种软件开发模型的特点和适用范围。

8. 一个软件从立项到结题所经历的步骤主要有哪些？

9. 如果开发一个图书馆管理系统，那么你认为应当采用哪种模型，为什么？

第3章 可行性与计划研究

本章主要内容：

- 项目立项方法
- 可行性分析
- 软件项目规模成本估算
- 成本—效益分析
- 制订软件开发计划
- 软件项目团队

本阶段的产品：技术开发合同书、任务书、可行性研究报告
参与角色：项目负责人、立项申请人、相关部门负责人

3.1 软件项目立项方法

软件项目立项一般可分为委托开发项目和自主开发项目两大类。

3.1.1 委托开发项目

委托开发项目即用户为实现某一特定目标而委托软件开发单位所完成的软件开发。

委托开发项目又可分为公开招标项目和定向委托项目两种。

委托开发项目一般是通过招标、投标的形式开始的，作为软件的客户(需求方)根据自己的需要，提出软件的基本需求，并编写招标书，同时将招标书以各种方式传递给竞标方，所有的竞标方都会认真地编写建议书。每一个竞标方都会思考如何以较低的费用和较高的质量来解决客户的问题，然后都会交付一份对问题理解的说明书以及相应的解决方案，同时也会附上一些资质证明和自己参与类似项目的经验介绍，以向客户强调各自的资历和能力。有时，为了最后中标，竞标单位会花大力气开发一个系统原型去竞标。在众多能够较好满足客户需要的投标书中，客户会选择一个竞标方。其间，竞标方会与客户进行各种公开和私下的讨论以及各种公关活动，这是售前的任务。此时，作为竞标方的项目经理已经参与其中的工作，经过几个回合的切磋，如果得到用户的认可，并获得中标后，则开始着手合同书的编写等相关事宜，这时，就有质量保证人员和相关的法律人员介入。合同签订是一个重要的里程碑，也表明竞标方跨过了一个非常重要的沟壑(GAP)。

软件项目合同主要是技术合同，技术合同是法人与法人之间、法人和公民之间、公民与公民之间以技术开发、技术转让、技术咨询和技术服务为内容，明确相互权利义务关系

所达成的协议。

3.1.2　自主开发项目

自主开发项目即为软件开发单位根据市场需求或科学研究需要而开发的具有自主知识产权的软件项目。

自主开发软件项目或产品必须先立项，然后才能开发或施工。立项的具体表现形式是在市场调研的基础上，分析立项的必要性(是否有市场前景)和可能性(是否有能力实现)，并具体列出系统的功能、性能、接口、运行环境等方面的需求，当前客户群和潜在客户群的情况，以及投入产出分析。然后再按照编写参考指南书写立项建议书，并对其进行评审，评审通过以后才算正式立项。立项后应有项目任务书或项目合同书作为项目开发的输入项。

3.2　可行性研究

在进行任何一项较大的工程时，首先都要进行可行性分析。可行性分析的目的是用最小的代价在尽可能短的时间内确定问题是否能够解决。也就是说可行性分析的目的不是解决问题，而是确定问题是否值得去解决，研究在当前的具体条件下，开发新系统是否具备必要的资源和其他条件。可行性研究实质上是要进行一次大大的压缩，以简化系统分析和设计的过程，也就是在较高层次上以较抽象的方式进行的系统分析和设计的过程。

可行性研究需要的时间长短取决于工程的规模，一般来说，可行性研究的成本只占预期的工程总成本的 5%～10%。

3.2.1　可行性研究的内容

可行性研究一般可从技术可行性、经济可行性、社会可行性及方案可行性 4 个方面进行。

(1) 技术可行性：对要开发的项目的功能、性能、限制条件进行分析，确定在现有的资源条件下，技术风险有多大，项目是否能实现。

技术可行性是最难解决的，它一般要包括：

① 开发的风险：在给出的限制范围内，能否设计出系统并实现必需的功能和性能。

② 资源的有效性：人力资源以及用于建立系统的其他资源是否具备。

③ 技术：目前的技术水平能否支持这个系统。

④ 开发人员在评估技术可行性时，一旦估计错误，将会出现灾难性后果。

(2) 经济可行性：进行开发成本的估算以及了解取得效益的评估，确定要开发的项目是否值得投资开发。

(3) 社会可行性：又被称为法律可行性，即要开发的项目是否存在任何侵犯、妨碍等责任问题，要开发项目的运行方式在用户组织内是否行得通，现有管理制度、人员素质、操作方式是否可行。

(4) 方案可行性：提出并评价实现系统的各种开发方案并从中选出一种最优方案。

3.2.2 可行性研究的步骤

典型的可行性分析有下列步骤：

(1) 确定项目规模和目标。分析员对有关人员进行调查访问，仔细阅读和分析有关的材料，对项目的规模和目标进行定义和确认，清晰地描述项目的一切限制和约束，确保分析员正在解决的问题确实是要解决的问题。

(2) 研究正在运行的系统。分析员收集、研究、分析现有系统的文档资料，实地考察现有系统，在考察的基础上，访问有关人员，然后描述现有系统的高层系统流程图，与有关人员一起审查该系统流程图是否正确。这个系统流程图反映了现有系统的基本功能和处理流程。

(3) 建立新系统的高层逻辑模型。分析员根据对现有系统的分析研究，逐步明确新系统的功能、处理流程以及所受的约束，然后使用建立逻辑模型的工具——数据流图和数据字典来描述数据在系统中的流动和处理情况。现在还不是软件需求分析阶段，故不用完整、详细地描述，只需概括地描述高层的数据处理和流动。

(4) 导出和评价各种方案。分析员建立了新系统的高层逻辑模型之后，要从技术角度出发，提出实现高层逻辑模型的不同方案，即导出若干较高层次的物理解法。根据技术可靠性、经济可行性、社会可行性对各种方案进行评估，去掉行不通的解法，就得到了可行的解法。

(5) 推荐可行的方案。根据上述可行性研究的结果，应该决定该项目是否值得去开发。若值得开发，那么可行的解决方案是什么，并且说明该方案可行的原因和理由。要求分析员对推荐的可行方案进行成本—效益分析。

(6) 编写可行性研究报告。分析员将上述可行性研究过程的结果写成相应的文档，即可行性研究报告，提醒用户和使用部门仔细审查，从而决定该项目是否进行开发，是否接受可行的实现方案。

3.3 系统流程图

系统分析员在进行可行性研究时需要了解和分析现有的系统，并以概括的形式表达对现有系统的认识。而在进入设计阶段以后还需将设想的新系统的逻辑模型转变成物理模型，因此需要描绘未来的物理系统的概貌。

系统流程图是概括地描绘物理系统的传统工具。它的基本思想是用图形符号以黑盒子形式描绘组成系统的每个部件(程序、文档、数据库、人工过程等)。系统流程图表达的是数据在系统各部件之间流动的情况，而不是对数据进行加工处理的控制过程，因此尽管系统流程图的某些符号和程序流程图的符号形式相同，但是它表示的是物理数据流图而不是程序流程图。

1. 系统流程图的符号

系统流程图的图形符号比较简单，也较容易理解。一个图形符号代表一种物理部件，这些部件可以是程序、文件、数据库、表格、人工过程等。

系统流程图的基本符号如表 3.1 所示。

表 3.1　系统流程图的基本符号

符　号	名　称	说　　明
	处理	能改变数据值或数据位置的加工或部件，例如程序、处理机、人工加工等都是处理
	输入/输出	表示输入或输出(或既输入又输出)，是一个广义的不指明具体设备的符号
	连接	指出转到另一部分或从图的另一部分转来，通常在同一页上
	换页连接	指出转到另一页图上或由另一页图转来
	数据流	用来连接其他符号，指明数据流动方向
	穿孔卡片	穿孔卡片输入或输出，也可以表示一个穿孔卡片文件
	文档	通常表示打印输出，也可表示用打印终端输入数据
	多文档	多个文档
	磁带	磁带输入/输出，或表示一个磁带文件
	联机存储	表示任何种类的联机存储，包括磁盘、磁鼓、软盘、海量存储器件等
	磁盘	磁盘输入/输出，也可表示存储在磁盘上的文件或数据库
	磁鼓	磁鼓输入/输出，也可表示存储在磁鼓上的文件或数据库
	显示	CRT 终端或类似的显示部件，可用于输入或输出，也可既输入又输出
	人工输入	人工输入数据的脱机处理，例如填写表格
	人工操作	人工完成的处理，例如会计在工资支票上签名
	辅助操作	使用设备进行的脱机操作
	通信链路	通过远程通信线路或链路传送数据

2. 系统流程图的应用

【案例】 某高校的考试考务业务流程是：命题人员依据教学大纲的要求，从试题库中抽取试题，生成试卷；教务部门印制试卷，安排考试日程及监考人员，并制订日程安排表；根据考试日程安排，学生考试，完成答卷；教师批改试卷，生成课程成绩单，之后交成绩管理子系统处理。可用图 3.1 的系统流程图描绘上述系统的概貌。

系统流程图的习惯画法是使信息在图中自顶向下或从左向右流动。

由图 3.1 可知，系统流程图并没有指明每个部件的具体工作过程，每个符号用黑盒子形式定义了组成系统的一个部件。图 3.1 中的箭头确定了信息通过系统的逻辑路径(信息流动路径)。

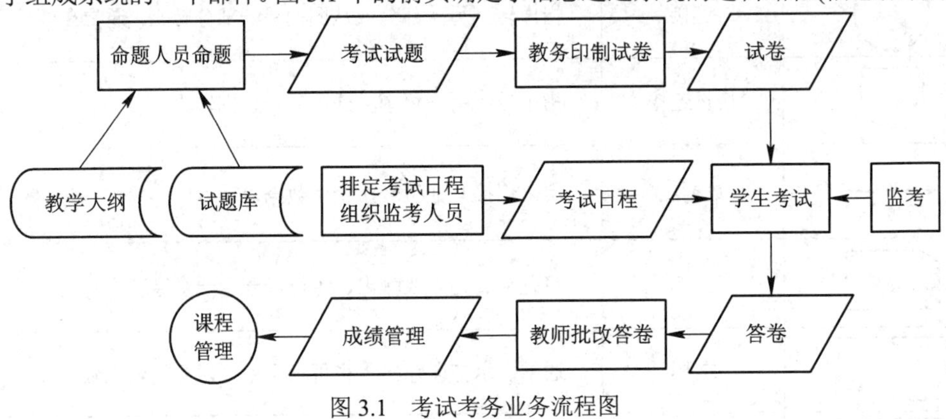

图 3.1 考试考务业务流程图

3.4 软件项目规模成本估算

3.4.1 代码行估算技术

代码行估算技术是一种简单而直观的软件规模估算方法，它从过去开发类似产品的经验和历史数据出发，估算出所开发软件的代码行数。开发人员需要给出软件的范围描述，并进一步将软件分解成一些尽量小且可分别独立估算的子功能，通过估算每一个子功能并将其代码行数累加得到整个系统的代码行数。

估算时，要求评估人员给出乐观的(a)、可能的(m)、悲观的(b) 3 种情况，并采用以下公式计算估算结果，其中 L 是软件的代码行数，单位是行代码 LOC 或千行代码 KLOC。

$$L = \frac{a + 4m + b}{6}$$

例如，某软件系统中有一个指定窗口对象，开发人员估计处理该窗口编辑所需的支持代码为 200～400 行，并且认为接近 200 行，这时最终的估算结果可能是：

$$\frac{200 + (250 \times 4) + 400}{6} = 266 \text{ LOC}$$

计算代码行应遵循以下原则：

(1) 保证每个计算的“源代码行”只包含一个源语句；

(2) 计算所有交付的、可执行的语句；

(3) 数据定义只计算一次；

(4) 计算注释行；

(5) 不计算测试行、测试用例、开发工具、原型工具等使用的调试代码或临时代码；

(6) 在每一个出现的地方，每条宏的调用、激活或包含都作为源代码的一部分。

代码行技术的优点是简单方便，在历史数据可靠的情况下可以很快估算出比较准确的代码行数；其缺点是这种方法需要依赖比较详细的功能分解结果，难以在开发初期进行估算，其估算结果与所用的开发语言紧密相关，且无法适用于非过程语言。

3.4.2 功能点估算法

功能点估算法是一种在需求分析阶段基于系统功能的规模估计方法。通过研究初始应用需求来确定各种输入、输出、计算和数据库需求的数量和特性。这种方法的计算公式是：

$$功能点 = 信息处理规模 \times 技术复杂度$$

信息处理规模包括各种输入、输出、查询、内部逻辑文件数、外部接口文件数等。技术复杂度包括性能复杂度、配置项目复杂度、数据通信复杂度、分布式处理复杂度、在线更新复杂度等。

功能点技术采用软件执行功能的数量和复杂程度来衡量软件规模，适合于度量信息系统。这种方法根据软件信息域的基本特征和对软件复杂性的估计进行估算，其计算过程如下：

(1) 计算每一个类别中的功能数量；

(2) 应用复杂度权重因子计算未调整的功能点；

(3) 应用环境因素计算复杂度调整因子；

(4) 计算调整后的功能点；

(5) 将最后得出的功能点转化为代码行数。

功能点技术的优点是与开发语言无关，考虑了应用环境因素的影响，它可以在开发初期进行估算；其缺点是在判断信息域的复杂等级和技术因素的影响程度时通常存在较大的主观性，不太适用于非信息系统。

3.4.3 类比估算法

类比估算法也被称为自上而下的估算，是一种通过比照已完成的类似项目的实际成本，去估算出新项目成本的方法，估算人员根据以往完成类似项目所消耗的总成本(或工作量)来推算将要开发的软件的总成本(或工作量)，然后按比例将它分配到各个开发任务单元中，是一种自上而下的估算形式。通常在项目的初期或信息不足时(例如在合同期和市场招标时)采用此方法。它的特点是简单易行、花费少，但是具有一定的局限性，准确性差，可能导致项目出现困难。

3.4.4 自下而上估算法

自下而上估算法是利用任务分解结构图，对各个具体工作包进行详细的成本估算，然后将结果累加起来得出项目总成本。用这种方法估算的准确度较好，通常是在项目开始以后或者 WBS(Work Breakdown Structure，工作分解结构)已经确定的开发阶段等需要进行准确估算的时候采用。这种方法的特点是估算准确。它的准确度来源于每个任务的估算情况。但是这种方法非常费时费力，因为估算本身也需要成本支持，而且可能发生虚报现象。

3.4.5 专家估算法

专家估算法依靠一个或多个专家对项目做出估算，其精度主要取决于专家对估算项目的定性参数的了解程度和他们的经验。

一般情况下，专家估算法是由多位专家进行成本估算，一位专家可能会有偏见，最好由多位专家进行估算，取得多个估算值，最后得出综合的估算值。其中最著名的是 Deiphi 方法，其基本步骤如下：

(1) 组织者发给每位专家一份软件系统的规格说明和一张记录估算值的表格，请专家估算。

(2) 专家详细研究软件规格说明后，对该软件提出 3 个规模的估算值：① 最小值 a_i；② 最可能值 m_i；③ 最大值 b_i。

(3) 组织者对专家表格中的答复进行整理，计算每位专家的平均值 $E_i = (a + 4m_i + b)/6$，然后计算出期望值：$E = E_1 + E_2 + \cdots + E_n/n$。

(4) 综合结果后，再组织专家无记名填表格，比较估算偏差，并查找原因。

(5) 上述过程重复多次，最终可以获得一个由多数专家认可的软件规模。

3.5 成本—效益分析

成本—效益分析的目的是从经济角度分析开发一个特定的新系统是否划算，从而帮助客户组织的负责人正确地做出是否投资于这项开发工程的决定。

成本—效益分析首先估算将要开发的系统的开发成本，然后与可能取得的效益进行比较和权衡。效益分为有形效益和无形效益两种。有形效益可以用货币的时间价值、投资回收期、纯收入等经济指标来衡量；无形效益无法进行定量的分析，主要从性质上、心理上进行衡量和比较。系统的经济效益等于因使用新的系统而增加的收入加上使用新的系统可以节省的运行费用。运行费用包括操作人员数、工作时间、消耗的物资等。下面主要进行有形效益的分析。

1. 货币的时间价值

通常以利率形式表示货币的时间价值。假设年利率为 i，如果现在存入 P 元，则 n 年后可得到的钱数为

$$F = P(1 + i)^n$$

F 就是 P 元钱在 n 年后的价值。反之，如果 n 年后能收入 F 元钱，那么这些钱现在的价值是

$$P = \frac{F}{(1+i)^n}$$

例如，有一项工程，最初投资为 5000 元，估计使用该工程后每年可节省 2500 元，五

年共节省 12 500 元。但不能简单地把 5000 元和 12 500 元相比较，因为前者是现在投资的钱，后者是若干年后节省的钱。假定年利率为 12%，利用上面计算货币现在价值的公式可以算出每年预计节省的钱现在的价值，如表 3.2 所示。

表 3.2　投资收益表

年	将来值 F/元	$P = F/(1 + i)^n$	现在值 P/元	累计的现在值/元
1	2500	1.12	2232.14	2232.14
2	2500	1.25	1992.98	4225.12
3	2500	1.40	1779.45	6004.57
4	2500	1.57	1588.80	7593.37
5	2500	1.76	1418.57	9011.94

根据表 3.2 可以算出衡量工程效益的几个经济指标，如投资回收期、纯收入和投资回收率。

2. 投资回收期

所谓投资回收期，就是工程累计经济效益等于最初投资所需要的时间。显然，投资回收期越短获得的利润越快，这项工程就值得投资。如表 3.2 中，该工程最初投资额是 5000 元，经过两年后可以节省 4225.12 元，比最初投资还少 774.88 元，第三年以后再次节省 1779.45 元，则 774.88/1779.45 = 0.44，2 + 0.44 = 2.44 年，因此这项工程的投资回收期是 2.44 年。

3. 纯收入

衡量工程价值的另一项经济指标是工程的纯收入，也就是在整个生存周期内新系统的累计经济效益与投资之差。这相当于比较投资开发一个软件系统和把钱存入银行这两种方案的优劣。但是开发一个系统要冒风险，因此从经济观点来看这项工程可能是不值得投资的。如果纯收入小于等于零，则单从经济观点来看，这项工程不值得投资。

在表 3.2 中，该工程的纯收入为

$$9011.94 - 5000 = 4011.94 \text{ 元}$$

4. 投资回收率

利用工程投资回收率，可以衡量投资效益的大小，并且可以将它和年利率相比较。

假定已知现在的投资额，并已估计出将来每年可以获得的经济效益，给定软件的使用寿命，如何计算投资回收率呢？设想把数量等于投资额的资金存入银行，每年从银行取回的钱等于系统每年可以获得的效益，在时间等于系统寿命时，正好把银行中的存款全部取完，那么，年利率等于多少呢？这个假想的年利率就等于投资的回收率。根据上述条件不难列出下面的方程式：

$$P = \frac{F_1}{(1+j)} + \frac{F_2}{(1+j)^2} + \cdots + \frac{F_n}{(1+j)^n}$$

其中，P 是现在的投资额，F_i 是第 i 年年底的效益($i = 1, 2, 3, \cdots, n$)，n 是系统的使用寿命，j 是投资回收率。

解出上述方程式就可求出投资回收率。

假定 $n = 5$，$P = 5000$，$F = 2500$，则其投资回收率是 41%～42%。

3.6 制订软件开发计划

3.6.1 软件项目开发计划书的内容

根据项目管理知识体系(Project Management Body Of Knowledge，PMBOK)PMBOK2000，软件项目开发计划书可以包含如下要素：

(1) 项目范围说明。项目范围说明阐述进行这个项目的原因或意义，形成项目的基本框架，使项目所有者或项目管理者能够系统地、逻辑地分析项目关键问题及项目形成中的相互作用要素，使项目干系人在项目开始实施前或项目相关文档编写以前，能够就项目的基本内容和结构达成一致；项目范围说明应当形成项目成果核对清单，作为项目评估的依据，在项目终止以后或项目最终报告完成以前进行评估，以此作为评价项目成败的依据；项目范围说明还可以作为项目整个生命周期监控和考核项目实施情况的基础以及项目其他相关计划的基础。

(2) 项目进度计划。项目进度计划是说明项目中各项工作的开展顺序、开始时间、完成时间及相互依赖衔接关系的计划。通过进度计划的编制，使项目实施形成一个有机的整体。项目进度计划是进度控制和管理的依据，可以分为项目进度控制计划和项目状态报告计划。

在项目进度控制计划中，要确定应该监督哪些工作，何时进行监督，监督负责人是谁，用什么样的方法收集和处理项目进度信息，怎样按时检查工作进展和采取什么调整措施，并把这些控制工作所需的时间和人员、技术、物资资源等列入项目总计划中。

项目进度计划常用的编制方法有甘特图与网络计划法，本书着重介绍甘特图。

① 甘特图及其特点。甘特图(Gantt Chart)由亨利·甘特于1910年开发，他通过条状图来显示项目、进度和其他时间相关的系统进展的内在关系随着时间进展的情况。其中，横轴表示时间，纵轴表示活动(项目)。线条表示在整个期间计划和实际活动完成的情况。甘特图可以直观地表明任务计划在什么时候进行及实际进展与计划要求的对比。管理者由此可以非常便利地弄清每一项任务(项目)还剩下哪些工作要做，并可评估工作是提前还是滞后，抑或正常进行。除此以外，甘特图还有简单、醒目、便于编制等特点。

② 制作甘特图的方法。甘特图中的符号及其含义如图3.2所示。

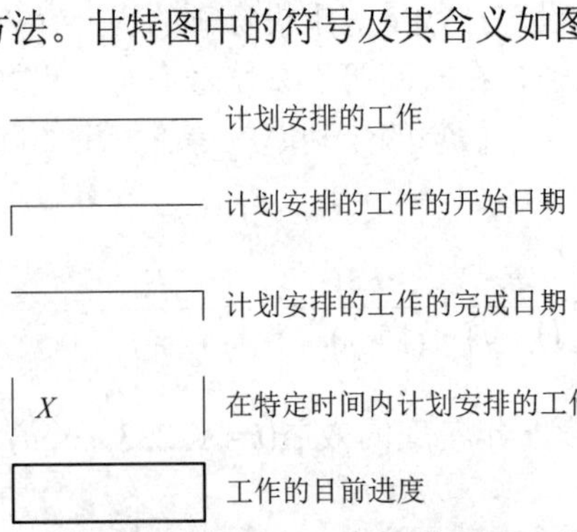

图3.2 甘特图中的符号及其含义

制作甘特图有专门的软件，如 Ganttproject、Gantt Designer、Microsoft Project 等，也可以在 Microsoft Excel 中手动绘制。

③ 实例。已知某一项目的工作安排如下：

2020 年 1 月进行可行性与计划研究；2020 年 2 月至 5 月进行需求分析；2020 年 6 月至 10 月进行系统设计；2020 年 11 月至 2021 年 3 月进行系统实施；2021 年 4 月进行验收与评价。用甘特图编制该工作计划，如图 3.3 所示。

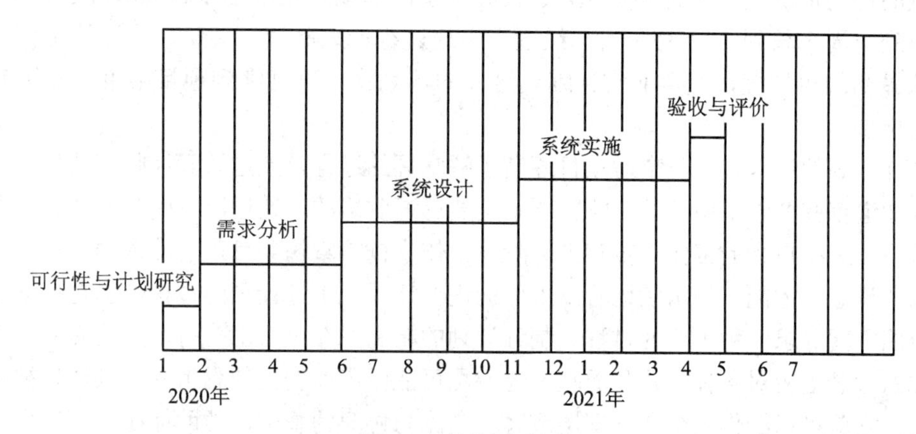

图 3.3　甘特图示例

(3) 项目质量计划。项目质量计划针对具体待定的项目，安排质量监控人员及相关资源，规定使用哪些制度、规范、程序和标准。项目质量计划应当包括保证与控制项目质量有关的所有活动。项目质量计划的目的是确保项目的质量目标都能达到。根据 ISO9001 要求和 PMBOK2000，为实现质量目标，组织应遵循以顾客为中心、领导作用、全员参与、过程方法、管理的系统方法、持续改进、基于事实的决策方法、互利的供方关系这 8 项质量管理原则。

(4) 项目资源计划。有了项目范围计划和进度计划后，项目资源计划就是决定在项目中的每一项工作中用什么样的资源(人、材料、设备、信息、资金等)，在各个阶段使用多少资源。

(5) 项目沟通计划。项目沟通计划就是制订项目过程中项目干系人之间信息交流的内容、人员范围、沟通方式、沟通时间或频率等沟通要求的约定。

(6) 风险对策计划。风险对策计划是为了降低项目风险的损害而分析风险、制订风险应对策略方案的过程，包括识别风险、量化风险、编制风险应对策略方案等过程。

(7) 项目采购计划。项目采购计划过程就是识别哪些项目需求可通过从本企业外部采购产品或设备来得到满足。如果是软件开发工作的采购，也就是外包，则应当同时制订对外包的进度监控和质量控制的计划。

(8) 变更控制、配置管理计划。由于项目计划无法保证一开始就预测得非常准确，在项目进行过程中也不能保证准确有力的控制，导致项目计划与项目实际情况不符的情况经常发生，因此必须有效处理项目的变更。变更控制计划主要是规定变更的步骤、程序，配置管理计划就是确定项目的配置项和基线，控制配置项的变更，维护基线的完整性，向项目干系人提供配置项的准确状态和当前配置数据。

3.6.2 软件项目开发计划书的编制过程

由于软件开发的手工性、个体性特征，软件项目开发计划不可能是一个静态的计划，因此在项目启动时，可以先制订一个颗粒度相对比较粗的项目计划，先确定项目高层活动和预期里程碑。粗颗粒度的项目计划需要不断地更新迭代，根据项目的大小和性质以及项目的进展情况进行迭代和调整。迭代和调整的周期也是根据项目的情况进行制订的，一般短到一周，长到 2 个月左右。经过不断地进行计划制订、调整、修订等工作，项目计划从最初的粗粒度，变得非常详细。这样的计划将一直延续到项目结束，延续到项目的成果出现。

制订计划的过程就是一个对项目逐渐了解掌握的过程，通过认真地制订计划，项目经理可以知道哪些要素是明确的，哪些要素是要逐渐明确的，通过渐进明细不断完善项目计划。阶段计划中包含的工作汇报和下一阶段工作安排是掌握项目进度的依据，从阶段计划对照总体计划，才能一目了然地看出工作的进展情况。制订计划的过程，也是在进度、资源、范围之间寻求一种平衡的过程。制订计划的精髓不在于写出一份好看的文档，而在于运用你的智慧去应对各种问题和面临风险并尽可能做出前瞻性的思考。一旦计划被负责任地完成，它就可以给你一个和管理层或客户交流与协商的基础，帮助你在项目过程中防范各种问题的出现，帮助你保证项目按时完成。

企业确定要开始某个项目时，一般会下达一个立项的文件，被称为“项目立项文件”，主要内容是遵照的合同或相关协议，项目的大致范围，项目结束的截止时间和一些关键时间，指定项目经理和部分项目成员等。

接下来的软件项目开发计划书的编写一般要按照以下过程执行：

(1) 成立项目团队。相关部门收到经过审批后的“项目立项文件”和相关资料后，在“项目立项文件”中指定的项目经理正式组织项目团队，成员可以随着项目的进展在不同时间加入项目团队，也可以随着分配的工作完成而退出项目团队。但最好都能在项目启动时参加项目启动会议，了解总体目标、计划，特别是自己的目标职责、加入时间等。

(2) 项目开发准备。项目经理组织前期加入的项目团队成员准备项目工作所需要的规范、工具和环境，如开发工具、源代码管理工具、配置环境、数据库环境等。前期加入的项目团队成员主要由计划经理、系统分析员等组成，但快要制订好的项目计划一定要尽可能经过所有项目团队成员和项目干系人之间的充分沟通。如果项目中存在一些关键的(会影响项目成败)技术风险，则在这一阶段项目经理应组织人员进行预研。预研的结果应留下书面结论以备评审。

说明：软件项目开发计划书必须在相应阶段对项目目标、阶段目标和各项任务进行精确的定义，也就是要在相应阶段进一步进行项目目标的细化工作，特别是在概要设计完成，详细设计或编码实现开始之前应该对下一阶段的目标任务进行细化。应当充分调查并掌握影响项目计划的一切内部和外部影响因素；应当尽可能充分地分析项目工作分解结构，通过分析项目工作分解结构，不仅可以获得项目的静态结构，而且通过逻辑分析，可以获得项目各工作任务之间动态的工作流程；应当将项目目标、任务进行分解，制订详细的实施方案。

(3) 项目信息收集。项目经理组织项目团队成员通过分析接收的项目相关文档，进一步与用户沟通等途径，在规定的时间内尽可能全面收集项目信息。项目信息收集要讲究充分的、有效率的沟通，并要达成共识。通过电子邮件等方式沟通的效率不高，且不够充分，因此重要的内容需要开会进行问与答(Q&A)讨论，确保所有重要问题都得到理解，最终达成共识。讨论会上达成共识的应当记录成文字落实在具体的文档中。

(4) 编写《软件项目计划书》。项目经理负责组织编写《软件项目计划书》。《软件项目计划书》是项目策划活动的核心输出文档，它包括主体计划书和以附件形式存在的其他相关计划，如配置管理计划等。《软件项目计划书》的编制参考《GB/T 8567－2006 计算机软件产品开发文件编制指南》的项目开发计划规范。各企业在建立 ISO9001 质量管理体系或 CMM 过程中也会建立相应的《软件开发项目计划书规范》。

编制项目计划的过程应当分为以下几个步骤：

① 确定项目的应交付成果。这里的项目的应交付成果不仅是指项目的最终产品，也包括项目的中间产品。例如，通常情况下软件开发项目的项目产品可以是需求规格说明书、概要设计说明书、详细设计说明书、数据库设计说明书、项目阶段计划、项目阶段报告、程序维护说明书、测试计划、测试报告、程序代码与程序文件、程序安装文件、用户手册、验收报告、项目总结报告等。

② 任务分解。从项目目标开始，从上到下，层层分解，确定实现项目目标必须要做的各项工作，并画出完整的工作分解结构图。软件开发项目刚开始可能只能从阶段的角度划分，如需求分析工作、架构设计工作、编码工作、测试工作等，当规模较大时，也可把需求、设计拆分成不同的任务。特别是在概要设计完成时，可以对下一阶段的目标任务进行横向的细化。

③ 在资源独立的假设前提下确定各个任务之间的相互依赖关系，以确定各个任务开始和结束时间的先后顺序；获得项目各工作任务之间动态的工作流程。

④ 确定每个任务所需的时间，即根据经验或应用相关方法给任务分配需要耗费的时间；确定每个任务所需的人力资源要求，如需要什么技术、技能、知识、经验、熟练程度等。

⑤ 确定项目团队成员可以支配的时间，即每个项目成员具体花在项目中的确切时间；确定每个项目团队成员的角色构成、职责、相互关系和沟通方式。

⑥ 确定管理工作。管理工作是贯穿项目生命周期的，如项目管理、项目会议、编写阶段报告等。确定项目团队成员之间的沟通时间，项目团队成员和其他项目干系人之间的沟通时间也比较容易被忽视，而沟通时间也比较不容易被固定地量化和日程化。但这些工作在计划中都应当充分地被考虑进去，这会使项目计划更加合理，更有效地减少因为计划的不合理而导致的项目进度延期。

⑦ 根据以上结果编制《项目总体进度计划》。《项目总体进度计划》应当体现任务名称、责任人、开始时间、结束时间以及应提交的可检查的工作成果。

⑧ 考虑项目的费用预算、可能的风险分析及其对策、需要公司内部或客户或其他方面协调或支持的事宜。

(5) 《软件项目计划书》评审、批准。进行《软件项目计划书》的评审、批准是为了使相关人员达成共识，减少不必要的错误，使项目计划更合理、更有效。

项目经理完成《软件项目计划书》后，首先组织项目团队内部的项目团队负责人、测试负责人、系统分析负责人、设计负责人、质量监督员等对《软件项目计划书》进行评审，评审可采取电子或会议方式，并进行阶段成果项目团队内评阅记录。应当要求所有相关人员在收到《软件项目计划书》后的一个约定时间内反馈对计划书的意见。项目经理确保与所有人员就《软件项目计划书》中所列内容达成一致。这种一致性是要求所有项目团队成员对项目计划的内容进行承诺，无法承诺或者说是无法达成一致的，要么修改项目计划去适应某些项目团队成员，要么是由某些项目团队成员采取妥协措施，去适应项目计划的要求。

项目经理将已经达成一致的《软件项目计划书》提交项目高层分管领导或其授权人员进行审批，审批完成时间不能超过预先约定的时间。对于意义重大的项目，由过程控制部门(如质量管理部)和项目分管领导同时对《软件项目计划书》进行审批。

批准后的《软件项目计划书》作为项目活动开展的依据和本企业进行项目控制和检查的依据，并在必要时根据项目进展情况实施计划变更。

项目质量监督员根据《软件项目计划书》和《软件开发项目质量计划书规范》编制软件开发项目质量计划。大型的项目应当编制单独的《软件开发项目质量计划书》；规模较小的可以在《软件项目计划书》的某个章节说明“软件开发项目质量计划”，也可单独编制类似《软件开发项目质量控制表》的文档。

配置管理员以《软件项目计划书》中的阶段成果为依据，根据《配置管理计划规范》编制《配置管理计划》。项目经理审批《配置管理计划》，并对该计划的有效性予以负责。

当项目策划工作完毕且《软件项目计划书》通过评审后，一般情况下，对软件开发项目来说，工作将转入需求分析阶段。

3.6.3 项目计划内容确定

项目计划内容的确定一般要按照以下过程进行。

(1) 确定项目概貌：合同项目以合同和招投标文件为依据，非合同项目以可行性研究报告或项目前期调研成果为依据，明确项目范围和约束条件，并以同样的依据，明确项目的交付成果。进一步明确项目的工作范围和项目参与各方的责任。

(2) 确定项目团队：确定项目团队的组织结构和与项目开发相关的职能机构，包括管理、开发、测试、QA(Quality Assurance，质量保证)、评审、验收等；确定项目团队人员及分工；与相关人员协商，确定项目团队人员构成，如果内部不能满足人员需求，则提出人员支援申请。

(3) 明确项目团队内、外的协作沟通：明确与用户单位的沟通方法；明确最终用户、直接用户及其所在企业/部门名称和联系电话。用户更多参与是项目成功的重要推动力量，加强在开发过程中与用户方的项目经理或配合人员的主动沟通，将有助于加强用户参与项目的程度。建议采用周报或月报的方式通告项目的进展情况、下一阶段计划以及出现的需要客户协调或了解的问题。

当项目团队需要与外部单位协作开发时，应明确与协作单位的沟通方式。确定协作单位的名称、负责人姓名、承担的工作内容以及实施人的姓名、联系电话。

明确本企业内部协作开发的部门名称、经理姓名、承担的工作内容以及工作实施责任人的姓名、联系电话。明确项目团队沟通活动。项目团队成员规模在 3 人以上的项目应该组织项目团队人员的周例会，项目团队采用统一的交流系统建立项目团队的交流空间。

(4) 规划开发环境和规范：说明系统开发所采用的各种工具、开发环境、测试环境等。列出项目开发要遵守的开发技术规范和行业标准规范。对于本企业还没有规范的开发技术的情况，项目经理应组织人员制订出在本项目中将遵守的规则。

(5) 编制工作进度计划：根据本企业规定和项目实际情况，确定项目的工作流程。编制项目的工作计划，此计划为高层计划，各阶段的工作时间安排要包括完成阶段文档成果、文档成果提交评审及进行修改的时间，各阶段结束的标志是阶段成果发布。在计划中要求明确以下内容：

① 工作任务划分；

② 显示项目各阶段或迭代的时间分配情况的时间线或甘特图；

③ 确定主要里程碑、阶段成果；

④ 要求用文字对项目工作计划做出解释。

最终用一张时间表格来完整说明整个工作计划；对于迭代开发的项目，应编制出第一阶段的阶段计划。阶段内的任务分割以 2～5 天为合适，特殊任务的时间跨度在两个星期内；在项目的进行过程中，项目经理编制双周工作计划，指导成员的具体工作。

(6) 编制项目的监控计划：说明进度控制、质量控制、版本控制、预算控制等。

(7) 编制项目的风险计划：分析项目过程中可能出现的风险以及相应的风险对策。对于大型项目，建议以附件方式编制，便于不断更新。

(8) 制订辅助工作计划：根据项目需要，编制培训计划、招聘计划等。

(9) 规划开发支持工作：编制供方管理计划等。

(10) 规划项目验收：制订项目的验收计划。此项工作可以视需要进行裁减。

(11) 规划项目收尾与交接活动：制定项目的验收、培训和项目进入维护阶段与技术支持部的交接工作。

3.7　软件项目立项文档

案例分析

某高校(甲方)希望建立一个“教务管理系统”，为此他们提出了建立“教务管理系统”的需求，希望委托软件公司为其开发这样的软件项目。“教务管理系统”主要完成教学研究和教学改革、招生工作、教务和学籍管理工作、考试管理工作、实践教学管理工作、教学质量管理工作、一些综合工作等，其目的是共享学校的各种资源，提高工作效率和工作质量，使学校的管理登上一个新的台阶。

经过不懈的努力，××软件开发公司(乙方)获得了这个项目的开发权。双方经过多次协商和讨论，最后签署了项目开发合同。合同如下：

合同登记编号：____________

技术开发合同

项目名称：教务管理系统

委托(甲方)：×××高校

研究开发人员(乙方)：×××软件公司

签订地点：××市

签订日期：2021年12月26日

有效期限：2021年12月26日至2022年12月26日

根据《中华人民共和国合同》的规定，合同双方就教务管理系统开发项目的技术开发(该项目属于××市科技局计划)，经协商一致，签订本合同。

一、技术内容、范围及要求

根据甲方的要求，乙方完成教务管理系统软件的研制开发。

1. 根据甲方要求进行系统方案设计，要求建立B/S结构的，基于SQL Server数据库、NT服务器和J2EE技术的三层架构体系的综合服务软件系统。

2. 配合甲方，在与整体系统相融合的基础上，建立系统运行的软硬件环境。

3. 具体需求见本合同附件。

二、应达到的技术指标和参数

1. 系统满足并行登录、并行查询的速度要求。其中主要内容包括：① 保证1000人以上同时登录系统；② 所有查询速度应在10秒以内；③ 保证数据的每周备份；④ 工作日期间不能宕机；⑤ 出现问题应在10分钟之内恢复。

2. 系统的主要功能是应满足双方认可的需求规格，不可随意改动。

三、研究开发计划

1. 第一阶段：乙方在合同签订后7个工作日内，完成合同内容的系统设计方案。

2. 第二阶段：完成第一阶段的系统设计方案之后，乙方于50个工作日内完成系统基本功能的开发。

3. 第三阶段：完成第一和第二阶段的任务之后，由甲方配合乙方于3个工作日内完成系统在×××信息中心的调试、集成。

四、研究开发经费、报酬及其支付或结算方式

1. 研究开发经费是指完成本项目研究开发工作年需的成本。报酬是指本项目开发成果的使用费和研究开发人员的科研补贴。

2. 本项目研究开发经费和报酬(人民币大写)：×××万元整。

支付方式：分期支付。

3. 本合同自签订之日起生效，甲方在5个工作日内应付乙方合同总金额的50%，计人民币×××.00元(人民币大写×××元整)，验收后甲方在5个工作日内付清全部合同余款，计人民币×××.00元(人民币大写×××元整)。

五、利用研究开发经费购置的设备、器材、资料的财产权属：××高校

六、履行的期限、地点和方式

本合同自 2021 年 12 月 26 日至 2022 年 12 月 26 日在××履行。

本合同的履行方式：

甲方责任：

1. 甲方全力协助乙方完成合同内容。

2. 合同期内，甲方为乙方提供专业性接口技术支持。

乙方责任：

1. 乙方按甲方要求完成合同内容。

2. 乙方愿意在系统实现功能的前提下，进一步对其予以完善。

3. 乙方在合同商定的时间内保证系统正常运行。

4. 乙方在项目验收后提供一年免费维护。

5. 未经甲方同意，乙方不得向第三方提供本系统中涉及专业的技术内容和所有的系统数据。

七、技术情报和资料的保密

本合同中的相关专业技术内容和所有的系统数据，归甲方所有，未经甲方同意，乙方不得提供给第三方。

八、技术协作的内容

见系统设计方案。

九、技术成果的归属和分享

专利申请权：技术成果归甲、乙双方共同所有。

十、验收的标准和方式

研究开发所完成的技术成果，达到了本合同第二条所列技术指标，按照国家标准，采用一定的方式验收，由甲方出具技术项目验收证明。

十一、风险的承担

在履行本合同的过程中，确因在现有水平和条件下难以克服的技术困难，导致研究开发部分或全部失败所造成的损失，风险责任由甲方承担 50%，乙方承担 50%。

本项目风险责任确认的方式：双方协商。

十二、违约金和损失赔偿额的计算

除因不可抗力因素(指发生战争、地震、洪水、飓风或其他人力不能控制的不可抗力事件)外，甲乙双方需遵守合同承诺，否则视为违约并承担违约责任：

1. 如果乙方不能按期完成软件开发工作并交给甲方使用，乙方应向甲方支付延期违约金。每延迟一周，乙方向甲方支付合同总额 0.5%的违约金，不满一周按一周计算，但违约金总额不得超过合同总额的 5%。

2. 如果甲方不能按期向乙方支付合同款项，甲方应向乙方支付延期违约金。每延迟一周，甲方向乙方支付合同总额 0.5%的违约金，不满一周按一周计算，但违约金总额不得超过合同总额的 5%。

十三、解决合同纠纷的方式

在履行本合同的过程中发生争议，双方当事人和解或调解不成，可采取仲裁或按司法程序解决。

1. 双方同意由××市仲裁委员会仲裁。

2. 双方约定向××市人民法院起诉。

十四、名词和术语解释

如有，见合同附件。

十五、其他

1. 本合同一式 __6__ 份，具有同等法律效力。其中：正式两份，甲乙双方各执一份；副本 __4__ 份，交由乙方。

2. 本合同未尽事宜，经双方协商一致，可在合同中增加补充条款，补充条款是合同组成部分。

合同附件：任务说明(SOW)

教务管理系统业务需求：“教务管理系统”是对学校教务和教学活动进行综合管理的平台系统，是一个学校和地区教育信息化的基础信息平台。它要完成教学研究和教学改革、招生工作、教务和学籍管理工作、考试管理工作、实践教学管理工作、教学质量管理工作以及其他综合工作等，其目的是共享学校的各种资源、提高学校的工作效率、规范学校的工作流程、方便校内外的交流。

一、整体要求

1. 系统要求提供教师工作平台和学生工作平台。

2. 系统要求有严格的权限管理，权限要在数据方面和功能方面都有体现。

3. 系统要求有可扩充性，可以在现有系统的基础上，通过前台就可加挂其他功能模块。

二、一般学校的机构组成如图 3.4 所示

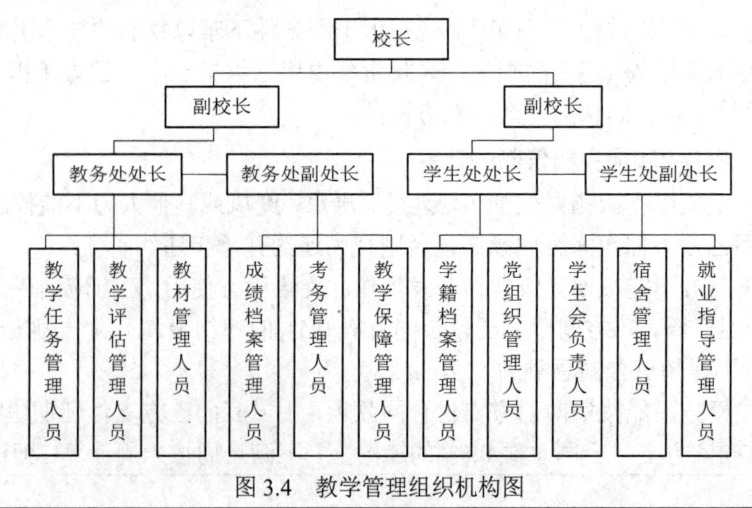

图 3.4 教学管理组织机构图

三、系统功能描述

1. 教学计划管理

教学计划管理用于维护学校中各系各专业的课程、课组计划安排信息，作为选课和毕业审查的标准，包括的功能有课程计划登记、课程计划审批、选课情况查询、选课信息审批等。

2. 学籍管理

学籍管理主要包括高校学籍管理的常用信息，提供对学生学籍基本信息录入、查询、修改、打印输出、维护等常用功能，并提供学号编排、学生照片输入与显示、学籍变动(留级、休学、跳级、转班、转学、退学等)、奖惩登记、毕业情况等功能。

3. 教师管理

教师管理用于管理教师相关的信息，提高教学质量，保证教学工作的高效运行，所包含的功能模块如图3.5所示。

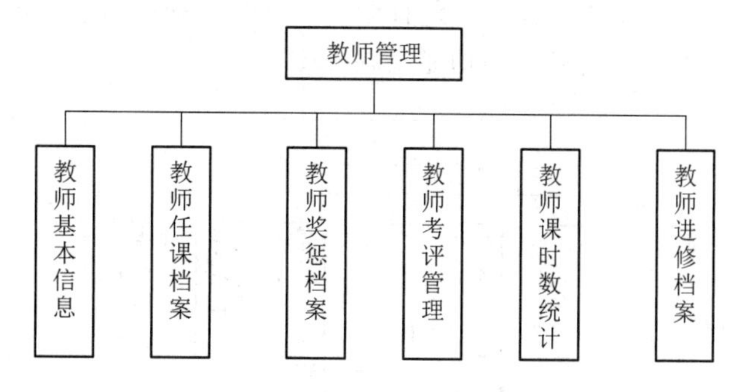

图3.5　“教师管理”功能模块图

4. 注册、收费管理

“注册管理”功能模块用于记录学生新学期的注册情况，如果未注册，则将记录学生的未注册原因及未注册去向。“收费管理”功能模块用于记录学生开学初的收费情况，每个学生的收费标准来自学生学籍信息中的收费类别。

5. 排课、选课管理

排课、选课管理用于根据教学计划、教室资源、教师资源等，制订每学期的课程表，所包含的功能模块如图3.6所示。

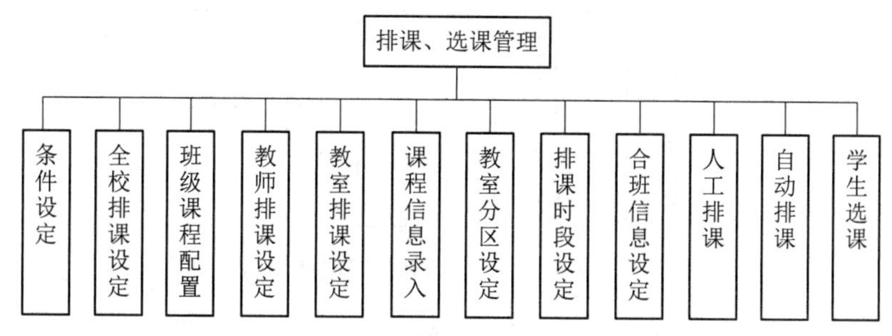

图3.6　“排课、选课管理”功能模块图

6. 考务成绩管理

考务成绩管理用于根据课程自动生成本学期的考试地点、考试时间、监考老师等数据，并对考试的过程和结果进行监控，所包含的功能模块如图 3.7 所示。

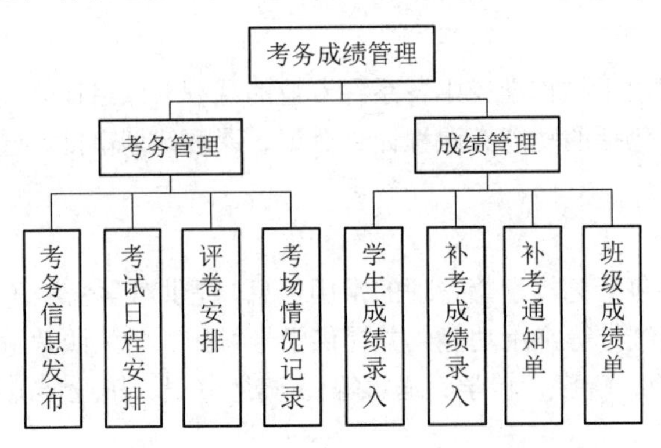

图 3.7 “考务成绩管理”功能模块图

7. 毕业管理

毕业管理用于对学生的毕业情况进行处理，同时对毕业信息、学位授予、证书授予及校友信息等进行管理，所包含的功能模块如图 3.8 所示。

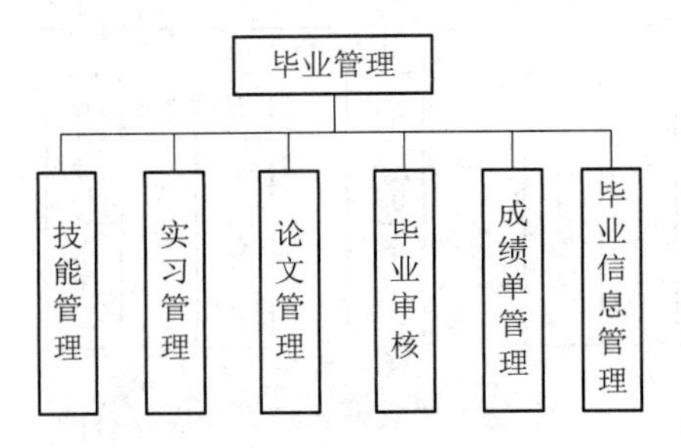

图 3.8 “毕业管理”功能模块图

8. 教材管理

教材管理用于对教材库存、教材计划、教材预订、班级预收款、教材采购、教材销售等工作进行有效管理，所包含的功能模块如图 3.9 所示。

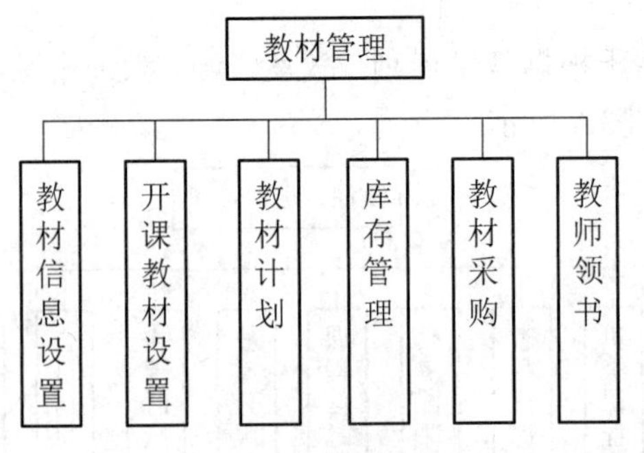

图 3.9 “教材管理”功能模块图

注：从任务说明(Statement Of Work，SOW)可以看出，一般情况下，用户提供的任务说明开始会很简单、很模糊，但随着项目的进展，客户会随时提出一些新的要求，这其实是项目管理过程中比较棘手，但确实经常发生的事情。

项 目 任 务 书

<table>
<tr><td colspan="2">项目名称</td><td>教务管理系统</td><td>项目标识</td><td>QTD-SCHOOL</td></tr>
<tr><td colspan="2">下达人</td><td>项目委员会</td><td>下达时间</td><td>2021 年 12 月 26 日</td></tr>
<tr><td colspan="2">项目经理</td><td>×××</td><td>项目计划提交时限</td><td>2022 年 1 月 3 日</td></tr>
<tr><td colspan="2">送达人</td><td colspan="3">×××</td></tr>
<tr><td colspan="2">项目目标</td><td colspan="3">1. 为×××提供基于 B/S 结构的教务管理系统
2. 为×××提供多平台的交流</td></tr>
<tr><td rowspan="4">项目范围</td><td>项目性质</td><td colspan="3">公司外部项目，属软件开发类</td></tr>
<tr><td>项目组成</td><td colspan="3">见项目输入 1</td></tr>
<tr><td>项目要求</td><td colspan="3">见项目输入 1</td></tr>
<tr><td>项目范围特殊说明</td><td colspan="3">无</td></tr>
<tr><td colspan="2">项目输入</td><td colspan="3">1. 教务管理系统实施方案建议书
2. 合同及其附件</td></tr>
<tr><td colspan="2">项目用户</td><td colspan="3">×××学校</td></tr>
<tr><td colspan="2">与其他项目的关系</td><td colspan="3">无</td></tr>
<tr><td rowspan="4">项目限制</td><td>完成时间</td><td colspan="3">预计完成时间为 2022 年 12 月 26 日</td></tr>
<tr><td>资金</td><td colspan="3">见项目输入 1</td></tr>
<tr><td>资源</td><td colspan="3">依据批准的项目计划</td></tr>
<tr><td>实现限制</td><td colspan="3">B/S 结构，开发平台为 Windows NT，IIS Server/SQL Server，J2EE</td></tr>
</table>

3.8 软件项目团队的建立

3.8.1 团队定义

团队是由一定数量的个体组成的集合，这个团队包括公司内部的人、供应商、承包商、客户等。通过将不同潜质的人组合在一起，形成一个具有高效团队精神的队伍来进行软件项目的开发。团队开发先发掘作为个体的个人能力，然后发掘作为团队的集体能力。当一组人称为团队的时候，他们应该承诺为一个共同的目标工作，每个人的努力必须协调一致，而且能够愉快地在一起合作，从而开发出高质量的软件产品。

要开发一个项目，就要组建一个团队来实施，而作为团队的核心，首先是要确定这个项目的总负责人，即项目经理。由项目经理来全权负责项目的重要事项，对项目进行合理的安排。

3.8.2 项目组织形式

为了能够顺利地执行已制订的计划任务，需要建立相应的软件项目组织。

项目组织是为完成项目而建立的组织，一般也称为项目班子、项目管理班子、项目组等。一些大中型项目(如建筑施工项目)的项目组织目前在我国被称为项目经理部。由于项目管理工作量很大，因此，项目组织专门履行管理功能，具体的技术工作由他人或其他组织承担。而有些项目，例如软件开发项目或某些科学研究项目，由于管理工作量不大，没有必要单独设立履行管理职责的班子，因此，其具体技术性工作和管理职能均由项目组织成员承担。这样的项目组织负责人除了管理之外，还要承担具体的系统设计、程序编制或研究工作。

项目组织的具体职责、组织结构、人员构成、人数配备等会因项目性质、复杂程度、规模大小、持续时间长短等有所不同。

项目组织可以是另外一个组织的下属单位或机构，也可以是单独的一个组织。项目组织的一般职责是项目规划、组织、指挥、协调和控制。项目组织要对项目的范围、费用、时间、质量、采购、风险、人力资源、沟通等多方面进行管理。

目前常见的软件项目组织结构类型有：工作队式项目组织、部门控制式项目组织、项目型组织、矩阵式组织和直线职能式组织。

第一种组织结构是工作队式项目组织，由项目经理在企业内抽调职能部门的人员组成管理机构。项目管理班子成员在项目工作过程中，由项目经理领导，原单位领导只负责业务指导，不能干预其工作或调回人员。在项目结束后机构撤销，所有人员仍回原部门。这种组织结构形式适用于大型项目，工期要求紧，要求多工种、多部门密切配合的项目。其优点是能发挥各方面专家的特长和作用，各专业人才集中办公，减少了扯皮和等待时间，办事效率高，解决问题快。其缺点是各类人员来自不同部门，配合不默契。

第二种组织结构是部门控制式项目组织，其主要特征是：按职能原则建立项目组织，把项目委托给某一职能部门，由职能部门主管负责，在本单位选人组成项目组织。这种组织结构形式一般适用于小型的、专业性较强、不需要涉及众多部门的项目。它的优点是人事关系容易协调，从接受任务到组织运转的启动时间短、人员职能专一、关系简单。其主要缺点是不适应大项目的管理需要。

第三种组织结构是项目型组织，其主要特征是：企业中所有的人都按项目划分，几乎不再存在职能部门。在项目型组织里，每个项目就如同一个微型公司那样运作，完成每个项目目标所需的所有资源完全分配给这个项目，专门为这个项目服务，专职的项目经理对项目组拥有完全的项目权力和行政权力。项目型组织的设置能迅速、有效地对项目目标和客户的需要做出反应。其缺点是资源不能共享，成本高，项目组织之间缺乏信息交流。

第四种组织结构是矩阵式组织，其主要特征是：项目组织与职能部门同时存在，既能发挥职能部门的纵向优势，又能发挥项目组织的横向优势。项目经理对项目的结果负责，而职能经理则负责为项目的成功提供所需资源。矩阵型组织结构能够充分利用人力和物力资源，适用于同时承担多个项目的企业。其缺点是双重领导，可能导致下属无所适从，在各项目之间、项目与职能部门之间容易发生矛盾。

第五种组织结构是直线职能式组织。这是一种传统式的组织结构形式，目前我国传统企业常采用直线职能式进行项目工作。直线职能式组织是一种层次型的组织结构，按专业化的原则设置一系列职能部门，这种项目的组织是按照职能部门组成的，将项目按职能分为不同的子项目。例如，当进行新产品开发项目时，项目前期论证作为“论证项目”由计划部门负责，产品设计工作作为“设计项目”由设计或技术部门完成，生产产品作为“生产项目”由生产部门完成，销售产品作为“销售项目”由销售部门完成。其优点与部门控制式组织结构相同，缺点是项目时间长，各部门协调困难。

在选择了合理的组织结构形式以后，需要考虑如何合理地配备组织的成员。在项目开发的各个阶段，项目组织所需要的人员数量和结构是不同的。如果把人员分为高级技术人员、初级技术人员和管理人员三类，则通常在软件计划、需求分析阶段需要更多的管理人员和高级技术人员。随着开发进入总体设计、详细设计、编码阶段，管理人员和高级技术人员的需求量则大幅减少，同时这些阶段要求越来越多的初级技术人员加入。随后，在单元测试、集成测试、确认测试阶段，对管理人员、高级技术人员的需求量又逐渐增加，初级技术人员的需求量逐渐减少。因此，根据实际需要来配备人员数量和结构可以减少人力资源的浪费，又能确保项目的进度和质量。

3.8.3 团队建设

创建团队首先要选择项目人员，项目人员的选择一般是根据项目的需要，参考项目计划进行人员编制，必要时招聘相应岗位的人员，对他们进行相应的培训，然后将他们放到合理的岗位，对他们在各自的岗位上的工作进行业绩考评，并将考评的结果与他们的报酬和升迁联系在一起。

人是项目中最重要的资源，一个项目成功与否常常取决于工作人员的才干。软件项目是由不同角色的人共同协作完成的，每种角色都必须有明确的职责定义，因此，选拔和培养适合角色职责的人才是首要的因素。可以通过合适的渠道选择合适的人员，而且要根据项目的需要进行，高中低不同层次的人员都需要进行合理的安排，明确项目需要的人员技能。有效的软件项目团队由担当各种角色的人员组成。每位成员扮演一个或多个角色，可能一个人专门负责项目管理，而另一些人积极地参与系统的设计与实现。常见的一些项目角色包括：项目经理、系统分析员、系统设计员、数据库管理员、支持工程师、程序员、质量保证工程师、业务专家(用户)、测试人员、维护人员以及其他人员。

项目团队组成人员的多少和比例要根据具体项目来决定。组建项目团队时首先需要定岗，就是确定项目需要完成什么目标，完成这些目标需要哪些职能岗位，然后选择合适的人员组成。项目组内各类人员的比例应当协调，那种认为编码人员(软件工程师)占比例越大越好的观念是极端错误的，因为我们的目的是完成软件，而不是完成任意多的程序编码。项目也应该配备相应的文档编制人员、质量保证人员等。项目组内的组织结构宜采用程序员小组制，具体人数根据任务划分的大小而定，根据项目任务分解结构，对项目的各项活动进行归类，作为设置程序员小组的依据，从而使得小组的任务明确。项目经理对于小组长要给予适当的授权，授权的大小依项目的阶段和小组长的成熟度而定。一般而言，项目的前面几个阶段由于涉及项目的技术方案等重大问题，因此对小组长的技术方面的授权要适度；项目的后期变化通常是局部的，因此在技术方面可以给小组长足够的权限，而当小组长的成熟度高、技术能力强时，可对其授予较大的权限，有时甚至是全权。项目组组建后要及时通过正规的沟通方式(如会议讨论)将项目目标贯彻到全体组员中，以达成项目目标共识，形成群体目标。项目计划也要充分吸收骨干组员的意见，一方面使得计划更符合实际，另一方面通过参与的形式达成共识，增强他们的归属感和使命感。

3.9 实战训练

1. 目的

用最小的代价在最短的时间内研究一个软件项目是否可行。

2. 任务

(1) 建立软件项目开发小组；

(2) 进行“图书馆管理系统”的可行性研究。

3. 实现过程

“图书馆管理系统”可行性研究报告

1. 引言

1.1 编写目的

本报告分析了“图书馆管理系统”开发的可行性，请院领导审阅并对是否进行该系统的开发做出批示。

1.2 项目背景

建议进行“图书馆管理系统”的开发。(背景介绍略)

我院计算机系具备进行该软件系统开发的能力并承担本软件系统的开发与维护工作。该软件系统由我院图书馆使用。

本软件系统可利用现有的“图书馆管理系统”中的学生、教师等数据，所以学生处、人事处需要提供“人事管理系统”“学籍管理系统”数据库查询接口。

2. 可行性研究的前提

2.1 要求

“图书馆管理系统”应能为每个读者建立借阅账户，并给读者发放不同类别的借阅卡(借阅卡可提供卡号、读者姓名)，账户内存储读者的个人信息和借阅记录信息。持有借阅卡的读者可以通过管理员(作为读者的代理人与系统交互)借阅、归还图书，不同类别的读者可借阅图书的范围、数量和期限不同，可通过互联网或图书馆内查询终端查询图书信息和个人借阅情况，以及续借图书(系统审核符合续借条件)。图书管理员定期或不定期对图书信息进行入库、修改、删除及注销(不外借)。

……

“图书馆管理系统”应在 2022 年 12 月底前完成。

2.2 目标

(1) 使图书管理人员从繁重的手工统计中解放出来。

(2) 提高图书管理的准确性与自动化程度。

(3) 节约开支。

2.3 条件、假定和限制

本系统至少应使用 4 年。

本系统对客户机及服务器的硬件性能无特殊要求。系统软件、数据库系统、开发工具都采用免费软件，本系统运行时要求计算机网络连接稳定可靠。

2.4　可行性研究方法(略)

3. 对现有系统的分析

3.1　处理流程和数据流程

当前图书的管理完全由人工进行。

处理流程如下：

图书馆制定图书的借阅、续借、归还、处罚等方面的规则。

借阅图书时，先输入读者的借阅卡号，系统验证借阅卡的有效性和读者是否可继续借阅图书，无效则提示其原因，有效则显示读者的基本信息(包括照片)，供管理员人工核对。然后输入要借阅的书号，系统查阅图书信息数据库，显示图书的基本信息，供管理员人工核对。最后提交借阅请求，若被系统接受，则存储借阅记录，并修改可借阅图书的数量。

归还图书时，输入读者借阅卡号和图书号(或丢失标记号)，系统验证是否有此借阅记录以及是否超期借阅，无则提示，有则显示读者和图书的基本信息供管理员人工审核。如果有超期借阅或丢失情况，则先转入过期罚款或图书丢失处理。然后提交还书请求，系统接受后删除借阅记录，并登记及修改可借阅图书的数量。

3.2　费用

以4000在校学生的规模测算，旧系统采用的手工操作每次测评需要材料费800元，人工费3000元，其他费用1000元，合计需4800元。

3.3　局限性：烦琐、易出差错、效率低。

4. 建议系统技术可行性分析

4.1　对系统的简要描述(略)

4.2　系统处理流程(略)

4.3　与现有系统比较的优越性(略)

4.4　技术可行性评价

我院目前的硬件设施满足本系统运行的需要。

实现本系统需要的技术包括：PHP脚本的编程、MySQL数据库应用、Apache Web服务器的架设与管理、B/S结构的软件开发技术。目前这些技术已经成熟。这些技术对计算机系的教师而言都是必须掌握的基本技术。

“图书管理系统”是个小型软件系统，4个人•月完全可以开发完成。

5. 建议系统经济可行性分析

5.1　支出

5.1.1　开发成本：采用代码行(Line Of Code，LOC)方法估算本软件的总代码行数大约为3000行。根据经验数据，这种系统的平均生产率为750LOC(人•月)，每个人每月的工资为2000元，则开发成本为8000元。

5.1.2　办公成本：1000元。

5.1.3　资源成本：4000元。

5.1.4　运行成本：以4000学生的规模测算，采用新系统借阅，还书只需2个人，2个工作日，人工费300元，其他支出200元，合计总支出500元。按4年的生存周期来计算(假设年利率为10%)，折现为1585元。

合计总支出：14 585元。

4. 讨论

针对“图书管理系统”进行可行性研究并生成报告，通过该报告主要探讨该项目目前是否可以进行下一步开发，并提出本项目的开发成本与收益预算。

本章小结

本章主要介绍了软件项目立项的方法、可行性分析、项目团队的建立等内容。该阶段主要研究的是一个项目值不值得做，而不是怎么做的问题。在问题定义之后，首先需要进行可行性研究。通过对技术、经济、操作等方面进行可行性研究以确定问题是否有可行解，从而避免在人力、物力和财力上的一些浪费。成本/效益分析是可行性研究的一项重要内容，它是软件开发组织最终决定是否继续投资该项目的重要依据。

习题3

一、选择题

1. 在软件开发中，有利于发挥集体智慧的一种做法是 ________。

A. 设计评审　　B. 模块化　　C. 主程序员制　　D. 进度控制

2. 可行性研究从经济可行性、技术可行性、法律可行性、_______ 可行性等方面进行。

A. 环境　　B. 条件　　C. 开发方案　　D. 政策

二、简答题

1. 可行性研究主要研究哪些问题?
2. 可行性研究有哪些步骤?
3. 可行性研究报告有哪些主要内容?
4. 成本—效益分析可用哪些指标进行度量?
5. 项目开发计划有哪些内容?
6. 在软件开发的早期阶段，为什么要进行可行性研究？应该从哪些方面研究目标系统的可行性?
7. 一个软件开发系统的可行性研究报告应如何编写?

三、分析题

假设“学生成绩考核系统”为你们学校而开发，你校教师会对学生进行考核，现对考核情况进行调查，参考项目如下：

(1) 基础数据：在校生数、每学期任课教师数、开设课程数。

(2) 手工考核情况(按每个教师对一个班考核为基准)：学生成绩考核流程、平时考核项目与次数、记录方式、评价方法、统计方法、所需要的时间估计及学生成绩上报形式与方式。

(3) 计算机及网络应用情况：计算机台数、上网台数、校园网情况及相关应用软件的使用情况。

第4章 需求分析

本章主要内容：

- 需求分析的基本概念
- 需求分析的目标和任务
- 需求分析的原则
- 需求分析的过程和方法
- 软件需求分析文档

本阶段的产品：软件需求规格说明书

参与角色：项目经理、系统分析员、立项申请人、客户、最终用户

4.1 需求分析概述

需求分析是软件生命周期中相当关键的一个阶段，是系统分析阶段和软件设计阶段之间的重要桥梁。要想开发出用户满意的软件产品，首先得清楚用户的需求。在可行性研究阶段，开发人员已经粗略了解了用户的需求，其基本目的是用较小的成本在较短的时间内确定是否存在可行的解法。由于软件开发人员和用户并不熟悉对方的业务，因此对同一问题，他们在认识上可能存在差异，不可能全面地、精确地理解和表达用户需求，致使隐藏着一些目前未能发现的问题。需求分析是发现、求精、建模、规格说明和复审的过程。需求分析的结果是形成需求规格说明书，它是系统设计的基础，它关系到工程的成败和软件产品的质量。

4.1.1 需求因素对项目成败的影响

需求处理是软件工程的起始阶段，设计、实现等后继阶段的正确性都以它的正确性为前提。如果在需求处理过程中有错误未能解决，则其后的所有阶段都会受到影响，因此与需求有关的错误修复代价较高，需求问题对软件成败的影响较大。人们应对需求分析阶段的工作有足够的认识。

Standish Group 在 1995 年报告中公布的导致项目成功或失败的因素的相关数据如表4.1～表4.3所示。

表 4.1 成功项目的影响因素

成功项目的影响因素	影响指数	成功项目的影响因素	影响指数
用户参与	15.9%	员工能力	7.2%
高层管理支持	13.9%	主人翁精神	5.3%
清晰的需求说明	13.0%	清晰的目标和前景	2.9%
正确的项目计划	9.6%	努力工作	2.4%
切合实际的期望	8.2%	其他	13.9%
细化的项目里程碑	7.7%		

表 4.2 问题项目的影响因素

问题项目的影响因素	影响指数	问题项目的影响因素	影响指数
缺少用户输入	12.8%	不切实际的期望	5.9%
不完整的需求说明	12.3%	目标不清晰	5.3%
需求变化	11.8%	不现实的时间要求	4.3%
缺乏高层管理支持	7.5%	新技术的影响	3.7%
技术能力不足	7.0%	其他	23.0%
缺乏资源	6.4%		

表 4.3 失败项目的影响因素

失败项目的影响因素	影响指数	失败项目的影响因素	影响指数
不完整的需求说明	13.1%	缺乏计划	8.1%
缺少用户输入	12.4%	额外的无用功能	7.5%
缺乏资源	10.6%	缺乏 IT 管理	6.2%
不切实际的期望	9.9%	技术能力不足	4.3%
缺乏高层管理支持	9.3%	其他	9.9%
需求变化	8.7%		

通过分析表 4.1、表 4.2 和表 4.3 可以发现，需求因素对项目的成败具有至关重要的影响。其中的用户参与(用户输入)、高层管理支持、清晰的需求说明、切合实际的期望、清晰的目标和前景、需求变化、额外的无用功能等都是需求发生问题的表现。综合来看，需求因素对成功项目的影响指数为 53.9%，对问题项目的影响指数为 55.6%，对失败项目的影响指数为 60.9%。

4.1.2 需求问题的高代价性

统计表明，在需求阶段发生的错误，如到了运行维护阶段才发现，则在运行维护阶段进行修复的代价可以高达需求阶段修复代价的 100～200 倍(如图 4.1 所示)。这种递增效应也说明了需求问题的高代价性。

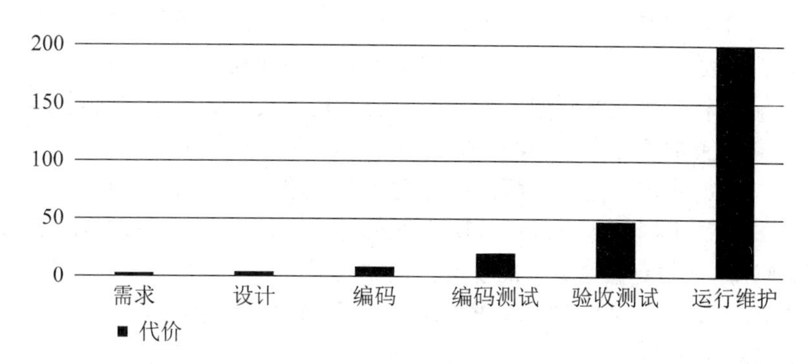

图 4.1 需求错误的修复代价对比

4.1.3 常见的需求定义错误

在实践和研究过程中，人们发现关于需求定义的错误是需求工程中一类非常常见和重要的问题，具体的错误主要有以下几种：

(1) 需求并没有反映用户的真实需要。

实践表明，获取用户的真实需求是非常困难的。原因之一是用户在表达自己的需要时，可能会在潜意识下进行一定的加工。常见的情况是：用户的问题是 A，但用户认为如果提供了方法 B，则问题 A 自然可以得到解决，为此用户向需求工程师反映的便是 B，而不是真实的 A。所以为了发现用户的真实需求，需求工程师一定要进行问题分析，尽力发现问题背后的问题。原因之二是在人际交流中，信息会发生自然的衰减，甚至扭曲，导致需求工程师理解的并非是用户所表达的，对此情况的解决方法是在需求传递给开发人员之前，请提出需求的用户进行仔细的检查和确认。

(2) 模糊和歧义的需求。

在实践中，人们总是会有意和无意地写出模糊和歧义的需求定义。无意中写出模糊和歧义的需求定义往往是因为选词造句不当，导致不同的人对同一项需求产生了不同的理解。对此错误的解决方法是为项目中重要的词汇建立一个公共的可共同理解的词汇表，然后在词汇表的基础之上进行需求的定义。有意产生的模糊和歧义的需求定义往往是为了应付对需求持有不同立场的用户，这些用户关于需求的目标互相冲突，需求工程师于是采用了模糊化的处理方法。但软件的生产是无法进行模糊化处理的，所以开发者最终仍要面对一个两难局面。对于用户立场冲突的正确解决方法是在项目前景的指导下，促进用户之间的协商解决。

(3) 信息遗漏。

信息遗漏也是一类常见的问题，包括明显的信息遗漏和不明显的信息遗漏。对于明显的信息遗漏，其产生的主要原因在于项目的范围定义不当，可以通过加强对业务需求的处理得以解决。不明显的信息遗漏，往往是因为相关信息难以发现造成的，例如系统的环境依赖信息、间接用户的信息等。该类问题是最难以解决的问题，只能靠需求工程师的经验来加以避免。

(4) 不必要的需求。

产生不必要需求的原因主要有三个。其一是用户将一些不必要的需求作为和开发人员谈判的筹码，然后通过自己对不必要需求的要求而在和开发人员的谈判当中取得真正想要的利益，例如金钱。要解决此问题，唯一需要的就是开发人员代表的谈判技巧。其二是用户在交流中，总是害怕信息有所遗漏，并因此产生不利后果，因此用户总是倾向于表达各种各样的需要。要解决这个问题，就需要开发人员在进行用户需求的获取之前，先定义明确的业务需求，然后根据业务需求进行用户需求的过滤和选择。其三是需求开发人员“画蛇添足”，添加“用户肯定会喜欢”的功能，该类功能既会造成项目额外的耗费，又不会给用户带来更多的帮助。这就要求需求开发人员要保持以用户为中心。

(5) 不切实际的期望(Unrealistic Expectations)。

不切实际的期望也是实践中常见的需求定义问题，而且它在很大程度上影响着项目的成败。因为用户并不掌握关于软件系统构建的相关技术知识，所以用户可能会提供一些已有软件技术无法实现的期望，或者在限定的项目环境下固执地要求不可能同时满足的多项需求，这通常就是不切实际的期望的来源。面对不切实际的期望，要求软件开发者提供可行性、成本等足够的技术参考信息，帮助用户对其进行取舍和调整。

2002 年，Young 也调查了常见的需求定义错误，并进行了分类，具体如图 4.2 所示。从中可以发现“没有反映用户的真实需要”(不真实)和“需求遗漏”(遗漏)是两类最为常见的错误。多个需求之间的“不一致”现象和需求书写时造成的错位也是常见的需求错误类型。

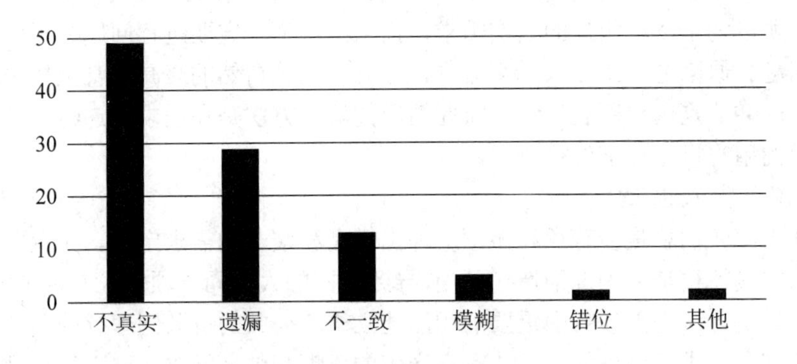

图 4.2 需求定义的常见错误

4.1.4 应用领域知识对需求分析人员的重要性

需求分析人员除了要有很强的计算机专业知识及技能之外，还应当加强对应用领域知识的拓展和掌握，由于计算机的专业知识是用来服务于社会的各个应用领域的，是要解决用户工作中的实际问题的，因此，如何能正确理解用户的实际需求仅有计算机专业知识是远远不够的，还必须对相应的应用领域知识有所涉猎。

为了启发出客户的要求，需求小组的成员必须熟悉该应用领域，即熟悉目标软件产品通常在哪些领域使用。例如，如果不了解教育行业或高校教务管理工作，就不太容易向一个教务管理人员问出有意义的问题。因此，每个需求分析组成员最初的任务就是熟悉应用领域，除非需求分析组成员已经在那个领域有过一些经历。

当与客户和目标软件的潜在用户交流时，特别重要的一点是使用正确的术语。毕竟，这一点很难引起工作在某一特定领域的人的重视，除非访谈者使用适于该领域的术语。更重要的是，使用不合适的术语会导致曲解，甚至会交付一个有错误的软件产品。如果需求小组的成员不理解该领域术语的细微差别，则可能会产生同样的问题。

专业的计算机人员希望在根据某一程序做决定前，每个程序的输入由人工来仔细地检查。但是对计算机越来越普遍的信任意味着依赖这类检查的必然性显然是不明智的。因此，对术语的误解会造成软件开发人员的疏忽，这不是危言耸听。

解决术语问题的一个办法是建立一个术语表，术语表由该领域应用的技术词汇列表和对应的解释组成。当小组成员正忙于尽可能学习应用领域的相关知识时，就将初始的词条插入术语表中。然后，需求小组成员一遇到新的术语就将该术语表更新。适当时还可打印出该术语表并分发给小组成员或下载到PDA(Personal Digital Assistant)。这样的术语表不仅减少了客户与开发者之间的误解，而且对减少开发者之间的误解也是很有必要的。

一旦需求小组成员熟悉了该应用领域后，下一步就是建立业务模型。

4.2 软件需求的概念与层次

4.2.1 软件需求的概念

软件需求是指用户对软件的功能和性能的要求，就是用户希望软件能做什么事情，完成什么样的功能，达到什么样的性能。软件人员要准确地理解用户的要求，进行细致的调查分析，将用户非形式的需求陈述转化为完整的需求定义，再由需求定义转化为相应形式的需求规格说明。对于软件项目的需求，首先要理解用户的要求，要澄清模糊的需求，与用户达成共识。

4.2.2 需求的层次

需求可分解为四个层次：业务需求、用户需求、功能需求和非功能需求。

业务需求反映了组织机构或客户对系统、产品高层次的目标要求，由管理人员或市场分析人员确定。

用户需求描述了用户通过使用本软件产品必须要完成的任务，一般是用户协助提供。

功能需求定义了开发人员必须实现的软件功能，使得用户通过使用此软件能完成他们的任务，从而满足业务需求。对一个复杂产品来说，功能需求也许只是系统需求的一个子集。

非功能需求是对功能需求的补充。它可分为两类：一类是用户关心的一些重要属性，例如有效性、效率、灵活性、完整性、互操作性、可靠性、健壮性、可用性等。另一类是对开发者来说很重要的质量属性，例如可维护性、可移植性、可复用性、可测试性等。

软件需求各组成部分之间的关系如图 4.3 所示。

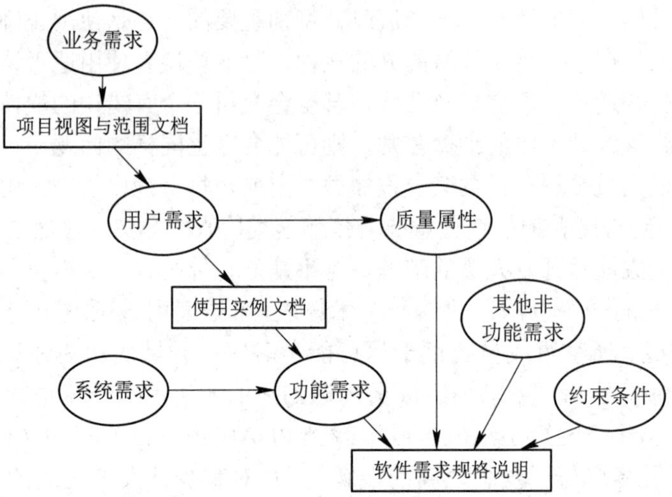

图 4.3　不同层次的软件需求及其关系

4.3　获取需求的目的和获取需求常用的方法

需求的获取非常困难，其主要有如下几个方面的原因：第一，用户需求的动态性(不稳定性)，实践证明，软件史上还没有一次就准确获取需求的；第二，需求的模糊性(不准确性)，即用户不能清楚地表达出具体需求；第三，需求必须得到用户的确认，否则毫无意义，如同跑题的作文，写得再长也不能得分。因此，在软件企业进行需求分析的人员通常是具有较高系统驾驭能力的系统分析员来担任的。

4.3.1　获取需求的目的

需求获取的目的是从项目的战略规划开始建立最初的原始需求。为此，它需要研究系统将来的应用环境，确定系统的涉众，了解现有的问题，建立新系统的目标，获取为支持新系统目标而需要的业务过程细节和具体的用户需求。

4.3.2　获取需求常用的方法

需求分析是软件开发中最重要的环节，需求分析做得正确与否决定着软件开发的成败。要做好需求分析，最首要的是有正确的获取需求的渠道和方法。常用的获取需求的方法有访谈、问卷调查、情景分析、实地考察、构造原型等。

(1) 访谈。访谈是最早开始使用的获取用户需求的方法，也是目前仍广泛使用的需求分析技术。

访谈有两种基本形式，即正式访谈和非正式访谈。正式访谈时，系统分析员将提出一些事先准备好的具体问题。而非正式访谈中，分析员可提出一些用户可以自由回答的开放性问题，例如，询问用户对目前正在使用的系统有哪些不满意的地方，希望得到什么样的系统，等等。

采用访谈方式时，分析员的主要任务是问题的设计，包括探讨功能、非功能、例外情况的问题，甚至是一些看起来似乎很“愚蠢”的问题。必须把所有的讨论记录下来，同时还要做一定的整理，并请参与讨论的用户评论并更正。

(2) 问卷调查。问卷调查即把需要调查的内容制成表格交给用户填写。该方法在需要调查大量人员的意见时，十分有效。此方法的优点是用户有较宽裕的考虑时间和回答时间。经过仔细考虑写出的书面回答可能比被访者对问题的口头回答更准确，从而可以得到对提出的问题较为准确细致的回答。分析员仔细阅读收回的调查表，然后再有针对性地访问一些用户，以便向他们询问在分析调查表时发现的新问题。

采用问卷调查方法的关键是调查表的设计。在开发的早期用户与开发者之间缺乏共同语言，用户可能对表格中的内容存在理解上的偏差。因此调查表的设计应简洁、易懂、易填写，同时还要注意用户的特点和调查的策略。

(3) 情景分析。由于很多用户不了解计算机系统，对自己的业务如何在将来的目标系统中实现无认识，因此很难提出具体的需求。所谓情景分析就是对目标系统解决某个具体问题的方法和结果，给出可能的情景描述，以获知用户的具体需求。

在访谈用户的过程中使用情景分析技术往往是非常有效的，该技术的优点主要体现在下述两个方面。

① 它能在某种程度上演示目标系统的行为，便于用户理解，从而进一步揭示出一些分析员目前还不知道的需求。

② 需求分析的目标是获知用户的真实需求，而这一信息的唯一来源是用户。因此，让用户起积极主动的作用对需求分析工作获得成功是至关重要的。由于情景分析较易被用户所理解，因此使得用户在需求分析过程中能够始终扮演一个积极主动的角色。

(4) 实地考察。分析人员到用户工作现场，实际观察用户的手工操作过程也是一种行之有效的获取需求的方法。

在实际观察过程中，分析人员必须注意，系统开发的目标不是手工操作过程的模拟，而是必须考虑最好的经济效益、最快的处理速度、最合理的操作流程、最友好的用户界面等因素。因此，分析人员在接受用户关于应用问题及背景的知识的同时，应结合自己的软件开发和软件应用经验，主动地剔除不合理的、一些暂时行为的用户需求，从系统角度改进操作流程或规范，提出新的潜在的用户需求。

(5) 构造原型。在系统开发的早期，以对用户所进行的简单需求分析为基础，快速建立目标系统的原型。用户可以通过原型进行评估并提出修改意见，从而使用户明确需求。快速原型方法既可针对整个系统，也可针对系统的某部分功能。

4.4 需求分析的目标和任务

软件需求分析的目标是深入描述软件的功能和性能，确定软件设计的约束和软件同其他系统元素的接口细节，定义软件的其他有效性需求。

需求分析阶段研究的对象是软件项目的用户要求。一方面，必须全面理解用户的各项要求，但又不能全盘接受所有的要求；另一方面，要准确地表达被接受的用户要求。只有经过确切描述的软件需求才能成为软件设计的基础。

通常软件开发项目是要实现目标系统的物理模型。作为目标系统的参考，需求分析的任务就是借助于当前系统的逻辑模型导出目标系统的逻辑模型，解决目标系统“做什么”的问题。其实现步骤如图 4.4 所示。

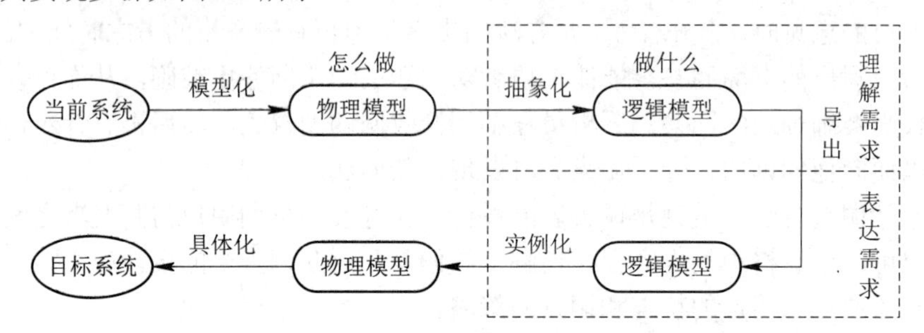

图 4.4 参考当前系统建立目标系统模型

需求分析阶段所要完成的任务并不是如何去编制程序，做具体的工作，而是要确定系统必须完成哪些工作，实现哪些功能，也就是对目标系统提出完整、准确、具体、清晰的要求。即以软件计划阶段的软件工作范围为指南，通过分析综合建立分析模型，编制出软件需求规格说明书。需求分析阶段的具体任务如下：

(1) 确定对系统的综合要求，具体要求如下：

① 系统界面要求，描述软件系统的外部特性，即系统从外部输入哪些数据，又向外部输出哪些数据；② 系统功能要求，列出软件系统必须完成的所有功能；③ 系统性能要求，如响应时间、吞吐量、处理时间、对主存和外存的限制等；④ 安全性、保密性和可靠性要求；⑤ 系统的运行要求，如对硬件、支持软件、数据通信接口等的要求；⑥ 异常处理要求，在运行过程中出现异常情况(如临时性或永久性的资源故障、不合法或超出范围的输入数据、非法操作、数组越界等)时应采取的行动以及希望显示的信息；⑦ 将来可能提出的要求，应该明确地列出那些虽然不属于当前系统开发范畴，但是据分析将来可能会提出来的要求，其目的是为将来可能的扩充和修改做准备，便于需要时较容易地进行这种扩充和修改。

(2) 分析系统的数据要求。

任何一个软件从本质上来说都是信息处理系统，必然要与各种数据打交道。系统的数据要求包括基本数据元素，数据元素之间的逻辑关系、数据量、峰值等。常用的数据描述手段是实体-关系模型。

(3) 导出系统的逻辑模型。

根据以上分析可导出详细的逻辑模型。在结构化分析方法中常用数据流图来描述。

(4) 修正项目开发计划。

在明确了用户的真正需求后，可以更准确地估算软件的成本和进度，从而对以前提出的软件项目计划进行必要的修正。

(5) 开发原型系统。

对一些需求不够明确的软件，可以先开发一个原型系统，以验证用户的需求。目前已有一些较好的工具可供快速建立软件的原型系统使用，这就为在软件开发中采用样机策略奠定了必要的物质基础。原型法近年来已逐渐发展成为开发软件的一种重要方法。

4.5 需求分析的过程

需求分析阶段的工作，可以分成问题识别、分析与综合、编制需求分析阶段的文档、需求分析评审4个方面。具体的分析流程如图4.5所示。

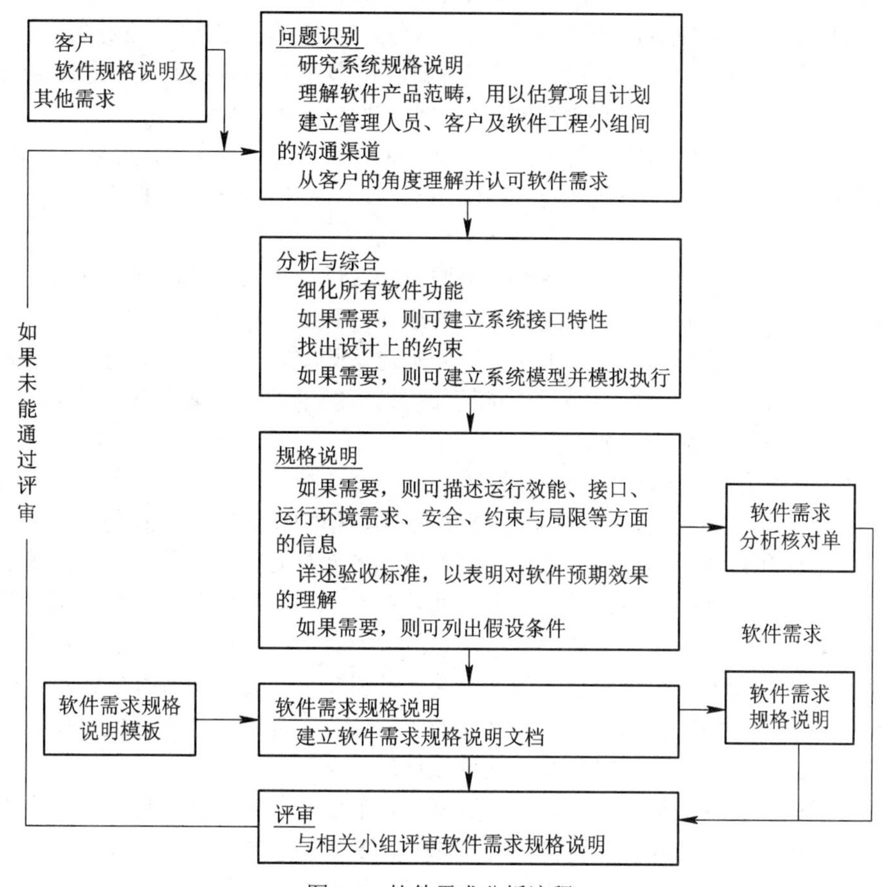

图4.5 软件需求分析流程

4.6 需求分析的原则

目前，软件需求分析的方法有很多，虽然各种方法都有其独特的描述方法，但这些方法都有它们共同适用的基本原则。

(1) 必须能够表达和理解问题的数据域和功能域。

所有软件定义与开发工作最终是为了解决数据处理问题，就是将一种形式的数据转换成另一种形式的数据。其转换过程必定经历输入数据、加工数据和产生结果数据等步骤。

对于计算机程序处理的数据，其数据域应包括数据流、数据内容和数据结构。

数据流即数据通过一个系统时的变化方式。输入数据首先转换成中间数据，然后转换成输出结果数据。在此期间可以从已有的数据存储(如磁盘文件或内存缓冲区)中引入附加数据。对数据进行转换是程序中应有的功能或子功能。两个转换功能之间的数据传递就确定了功能间的接口。

数据内容即数据项。例如，学生名册包含了班级、人数、每个学生的学号、姓名、性别、各科成绩等。学生名册的内容由它所包含的项定义。为了理解对学生名册的处理，必须要理解它的数据内容。

数据结构即各种数据项的逻辑组织。数据是组织成表格，还是组织成有层次的树型结构？在结构中数据项与其他哪些数据项相关？所有数据是在一个数据结构中，还是在几个数据结构中？一个结构中的数据与其他结构中的数据如何联系？这些问题都由数据结构分析来解决。

(2) 必须按自顶向下、逐层分解的方式对问题进行分解和不断细化。

通常如果将软件要处理的问题作为一个整体来看，则会显得太大、太复杂、很难理解。可以把问题以某种方式分解为几个较易理解的部分，并确定各部分间的接口，从而实现整体功能。

在需求分析阶段，软件的功能域和信息域都能做进一步的分解。这种分解可以是同一层次上的，称为横向分解；也可以是多层次的纵向分解。

例如，把一个功能分解成几个子功能，并确定这些子功能与父功能的接口，就属于横向分解。但如果继续分解，把某些子功能又分解为小的子功能，某个小的子功能又分解为更小的子功能，则属于纵向分解。

(3) 要给出系统的逻辑视图和物理视图。

给出系统的逻辑视图(逻辑模型)和物理视图(物理模型)，这对系统满足处理需求所提出的逻辑限制条件和系统中其他成分提出的物理限制条件是必不可少的。软件需求的逻辑视图给出软件要达到的功能和将要处理数据之间的关系，而不是实现的细节。例如，一个学校的教材处理系统要从学生那里获取订单，系统读取订单的功能并不关心订单数据的物理形式和用什么设备读入，也就是说无须关心输入的机制，只是读取顾客的订单而已。类似地，系统中检查库存的功能只关心库存文件的数据结构，而不关心库存文件在计算机中的具体存储方式。软件需求的逻辑描述是软件设计的基础。

软件需求的物理视图给出处理功能和数据结构的实际表示形式，这往往是由设备决定的。如一些软件靠终端键盘输入数据，另一些软件靠模-数转换设备提供数据。分析员必须弄清系统元素对软件的限制，并考虑功能和信息结构的物理表示。

4.7 需求分析阶段常见的问题及需求分析的技巧

4.7.1 需求分析阶段常见的问题

捕捉真正的需求是困难的。需求分析中最具有挑战性的问题是如何捕获真正的需求，如图 4.6 所示。对需求的误解将会直接影响着后期的开发工作，一旦需求分析中出现了漏洞或偏差，将会导致较大的风险。一些国外企业的业务较规范，需求很清楚，但国内企业或组织往往不能清楚地描述自己的需求，造成软件项目管理的难度加大，甚至项目失败。捕捉真正的需求困难的主要原因描述如下：

(1) 用户不能准确地表达需求。有些工作了多年的用户，虽然对工作很熟练，但对需求的描述不清。另外，对于同一项工作，不同的用户阐述的需求内容也不相同。

(2) 用户参与不够深入。用户很少参与需求分析阶段的工作。用户的日常工作繁重，他们没有将精力介入到系统中，有些用户是担心新的系统应用后别人会代替他的工作而不积极参与。

(3) 研究导向造成的目标偏高。一些开发团体尤其喜欢甚至着迷于新的技术，他们渴望尝试新的开发语言、新的环境或建立新的算法。使用新的算法虽然有利于研制人员发表文章或通过技术鉴定，但是，这样容易造成开发人员将太多的时间和精力陷入一些难度很大、风险较大但并不是主要的需求的模块，从而偏离需求分析的主要目标。

(4) 开发人员缺乏交流与说服能力。在一般的情况下，开发人员往往在技术上比较擅长，技术是他们的强项，他们性格比较内向，缺乏交流和说服能力，他们或多或少地认为软件是开发人员的艺术产品，他们既不愿意虚心听取用户的建议，也缺乏耐心与用户交流自己的设计思想。有时，开发人员与用户之间还会发生摩擦与冲突。这时，用户会对系统开发工作非常不配合。

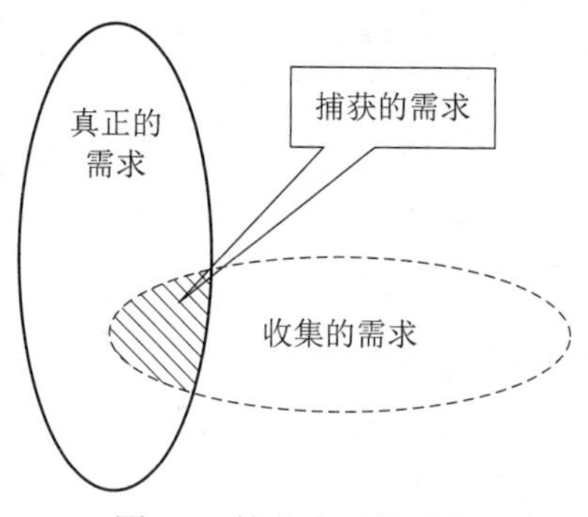

图 4.6　捕获真正的需求

4.7.2　软件需求分析技巧

在实际应用中，进行需求分析需要一些技巧，主要包括如下几项：

(1) 需求分析是分析师与用户双方进行配合的项目，需要密切交流合作。

(2) 在微观上/宏观上都应以流程为主。

(3) 注重事实，坚持客观调研及主见，不应偏听偏信。

(4) 构建需求金字塔。决策层提出宏观上的统计、查询、决策需求，管理层提出业务管理和作业控制需求，操作层提出录入、修改、提交、处理、打印、界面、传输、通信、时间、速度等方面的操作需求。

(5) 注重主动征求各层次的意见和建议，一般需求分析过程需要集中汇报征求意见 2 次或 3 次。

4.8　需求分析的方法

需求分析的方法有很多，例如结构化分析方法、原型分析方法、用例分析方法、功能列表方法及其他方法。本节主要介绍结构化分析方法和原型分析方法。

4.8.1 结构化分析方法

结构化分析(Structured Analysis，SA)是面向数据流进行需求分析的方法。结构化分析方法适合于数据处理类型软件的需求分析。由于结构化分析方法利用图形来表达需求，因此显得清晰、简明，易于学习和掌握。具体来说，结构化分析方法就是用抽象模型的概念，按照软件内部数据传递、变换的关系，自顶向下逐层分解，直到找到满足功能要求的所有可实现的软件为止。

在问题域中，一个庞大而又复杂的问题在整体上往往很难被完全理解，为此，人们常常把一个复杂问题分解成若干个子问题，如果问题被分解后，还不足以被理解，则又把子问题再进一步分解，直到问题能被完全理解为止。

在软件工程中，大型软件往往非常复杂，控制软件复杂性的基本手段是“分解”。SA方法正是把软件系统自上向下逐层分解、逐步细化的一种方法，它能较好地控制系统的复杂性，按照这种方法，无论系统有多么大，总可以有计划地把它分解为足够小的子问题。即随着系统的增大，分析工作的复杂程度并不会增大，只是工作量增大而已。简单地说，复杂性不会随系统的增大而增大。

结构化分析方法主要使用以下几种工具：数据流图、数据词典、结构化英语、判定表和判定树。

1. 数据流图

SA 方法使用数据流图从数据传递和加工的角度，以图形的方式刻画数据流从输入到输出的传输变换过程。数据流图是结构化系统分析的主要工具，它表示了系统内部信息的流向，并表示了系统的逻辑处理的功能，是一种功能模型。图 4.7 为某高校学生成绩管理系统的部分数据流图。

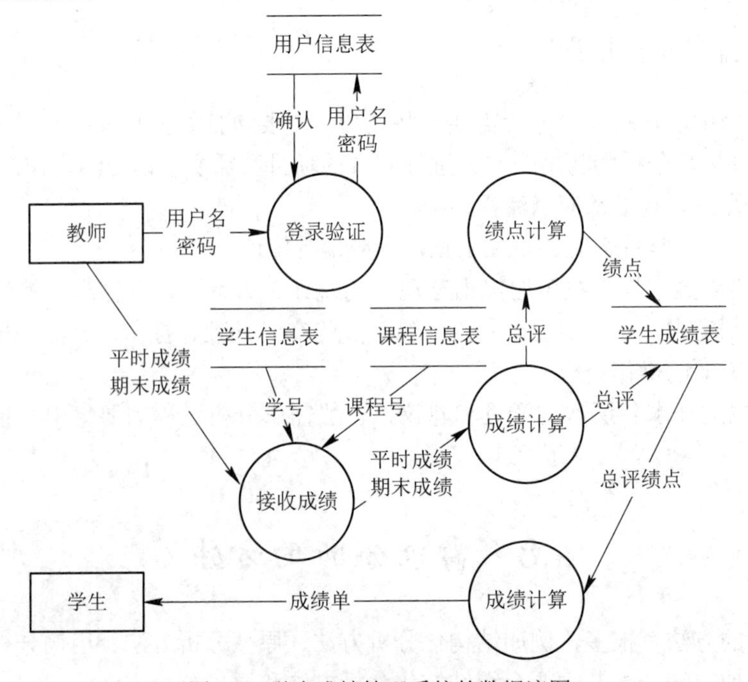

图 4.7　学生成绩管理系统的数据流图

从图 4.7 中可以看到，数据流图(Data Flow Diagram，DFD)的基本图形元素有 4 种，如图 4.8 所示。

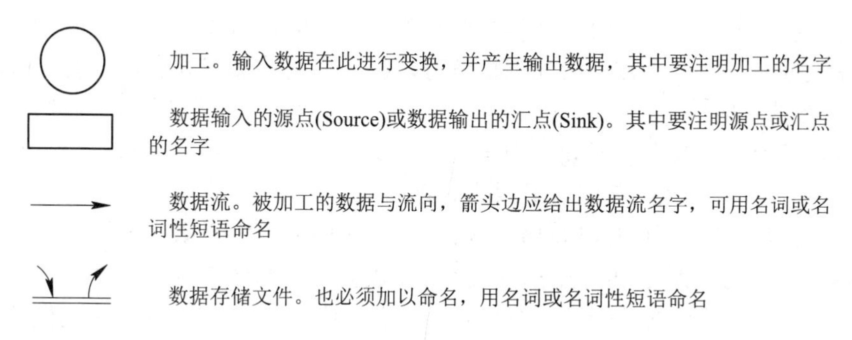

图 4.8 DFD 的基本图形元素

在数据流图中，如果有两个以上的数据流指向一个加工，或是从一个加工中引出两个以上的数据流，则这些数据流之间往往存在一定的关系。为表达这些关系，可以在这些数据流的加工处标上不同的标记符号。所用符号及其含意在图 4.9 中给出。

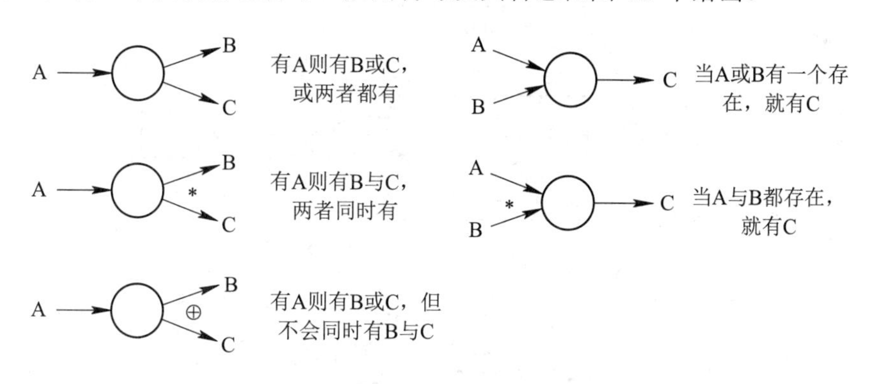

图 4.9 表明多个数据流与加工之间关系的符号

为了表达数据处理过程的数据加工情况，用一个数据流图是不够的。稍微复杂的实际问题，在数据流图上常常出现十几个甚至几十个加工。这样的数据流图看起来很不清楚。层次结构的数据流图能很好地解决这一问题。按照系统的层次结构进行逐步分解，并以分层的数据流图反映这种结构关系，能清楚地表达和容易理解整个系统。

(1) 分层的数据流图。先把整个数据处理过程暂且看成一个加工，它的输入数据和输出数据实际上反映了系统与外界环境的接口。这就是分层数据流图的顶层。但仅此一图并未表明数据的加工要求，需要进一步细化。

图 4.10 给出分层数据流图的示例。

数据处理 S 包括三个子系统 1、2、3。顶层下面的第一层数据流图为 DFD/L1。第二层数据流图 DFD/L2.1、DFD/L2.2 及 DFD/L2.3 分别是子系统 1、2 和 3 的细化。对任何一层数据流图来说，称它的上层图为父图，在它下一层的图则称为子图。F 表示系统与外界环境的接口。

画数据流图的基本步骤概括地说，就是自外向内，自顶向下，逐层细化，完善求精。检查和修改的原则如下：

① 数据流图上所有图形符号只限于前述四种基本图形元素。

② 顶层数据流图必须包括前述四种基本元素，缺一不可。

③ 顶层数据流图上的数据流必须封闭在外部实体之间。

④ 每个加工至少有一个输入数据流和一个输出数据流。

⑤ 在数据流图中，需按层给加工框编号。编号表明该加工处在哪一层，以及上下层的父图与子图的对应关系。

⑥ 规定任何一个数据流子图必须与它上一层的一个加工对应，两者的输入数据流和输出数据流必须一致。此即父图与子图的平衡。

⑦ 可以在数据流图中加入物质流，以帮助用户理解数据流图。

⑧ 图上每个元素都必须有名字。数据流和数据文件的名字应当是“名词”或“名词性短语”，表明流动的数据是什么。加工的名字应当是“名词＋宾语”，表明做什么事情。

⑨ 数据流图中不可夹带控制流。

⑩ 初画时可以忽略琐碎的细节，以集中精力于主要数据流。

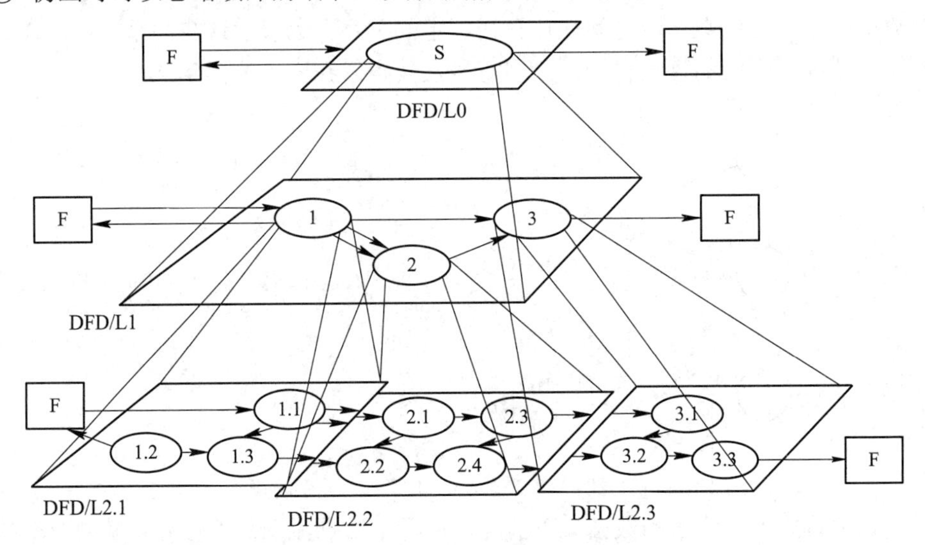

图 4.10 分层数据流图

(2) 加工规格说明。加工规格说明用来说明 DFD 中的数据加工的加工细节。加工规格说明描述了数据加工的输入，实现加工的算法以及产生的输出。另外，加工规格说明指明了加工(功能)的约束和限制，与加工相关的性能要求，以及影响加工的实现方式的设计约束。必须注意，书写加工规格说明的主要目的是要表达“做什么”，而不是“怎样做”。因此它应描述数据加工实现加工的策略而不是实现加工的细节。图 4.11～图 4.13 是分层的成绩管理系统数据流图分析。

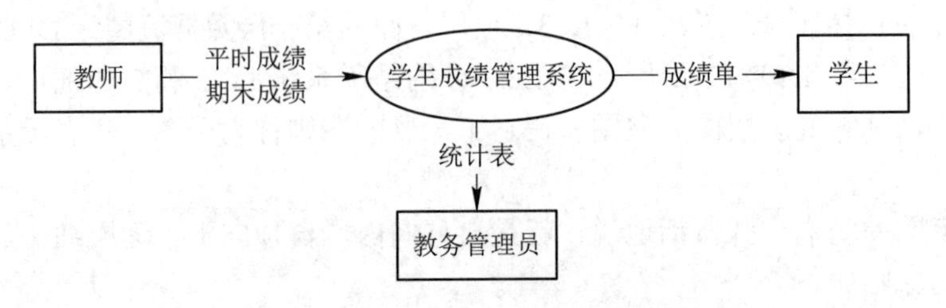

图 4.11 顶层学生成绩管理系统数据流图

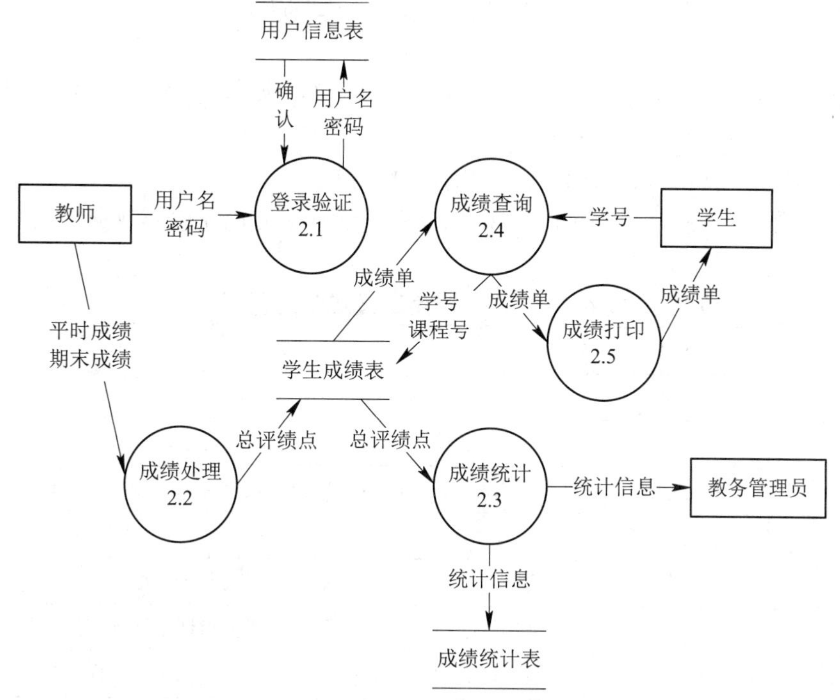

图 4.12 一层学生成绩处理数据流图

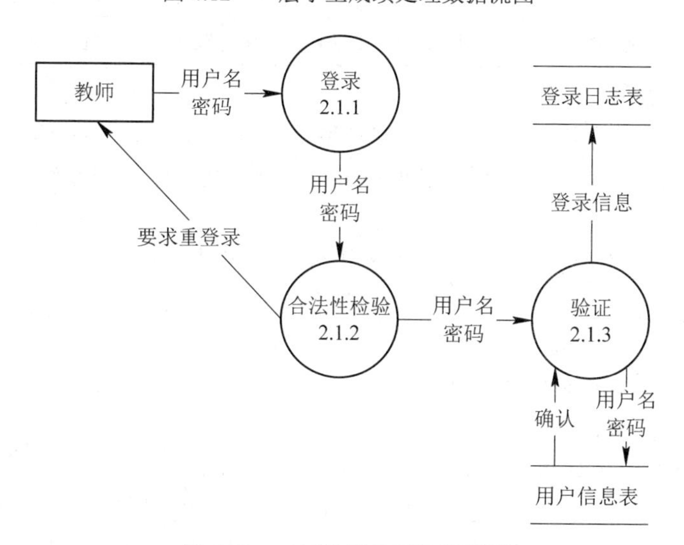

图 4.13 二层登录处理数据流图

2. 数据词典

分析模型中包含了对数据对象、功能和控制的表示。在每一种表示中，数据对象和控制项都扮演一定的角色。为表示每个数据对象和控制项的特性，建立了数据词典。

数据词典精确地、严格地定义了每一个与系统相关的数据元素，并以字典式顺序将它们组织起来，使得用户和分析员对所有的输入、输出、存储成分和中间计算有共同的理解。

词条描述及内容描述方法如下所述：

(1) 词条描述。在数据词典的每一个词条中应包含以下信息：

① 名称：数据对象或控制项、数据存储或外部实体的名字。

② 别名或编号。

③ 分类：包括数据对象、加工、数据流、数据文件、外部实体、控制项(事件 / 状态)。

④ 描述：描述内容或数据结构等。

⑤ 何处使用：使用该词条(数据或控制项)的加工。

(2) 内容描述。在数据词典的编制中，分析员最常用的描述内容或数据结构的符号如表 4.4 所示。

表 4.4 数据词典定义式中的符号

符号	含义	解 释
=	被定义为	
+	与	例如，x = a + b，表示 x 由 a 和 b 组成
[..., ...]	或	例如，x = [a, b]，x = [a|b]，表示 x 由 a 或由 b 组成
[...|...]	或	
{...}	重复	例如，x = {a}，表示 x 由 0 个或多个 a 组成
m{...}n	重复	例如，x = 3{a}8，表示 x 中至少出现 3 次 a，至多出现 8 次 a
(...)	可选	例如，x = (a)，表示 a 可在 x 中出现，也可不出现
"..."	基本数据元素	例如，x = "a"，表示 x 为取值为 a 的数据元素
..	连结符	例如，x = 1..9，表示 x 可取 1 到 9 之中的任一值

数据流及数据存储的表示方法如下：

① 数据流表示。采用自上而下、逐层分解的方式对每一条数据流进行定义。在数据流的定义式中，通常采用下述符号(以大学教务管理中的成绩管理子系统问题数据流图中的数据流的定义为例)：

(D01) 学号 = 入学年份 + 专业编号 + 班级编号 + 序号

(D02) 成绩单编号 = 学年 + 课程编号 + 班级编号

(d01.1) 学号 = "00000001".."99999999"

(d01.2) 密码 = "000001".."999999"

(d02.2) 课程号 = 1{"英文字母"}4 + "0001".."9999"

② 数据存储表示。有两种类型的数据存储，一种是文件形式，另一种是数据库形式。对于文件形式，其定义包括定义文件的组成数据项和文件的组织方式两项内容，其中文件组成数据项的定义方式与数据流的定义方式相同。例如，成绩子系统数据流图中的文件的定义如下：

文件组成数据项：

(F1) 成绩单记录 = {成绩单编号 + 录入日期}

文件组织方式：

成绩单记录 = 按建立日期先后排列

加工编号：在数据流图中的编号

加工名：在数据流图中的加工名字

加工逻辑：本加工的处理方法说明

有关信息：执行条件等

例如，成绩管理子系统问题中的加工定义如下：

加工编号：2.1

加工名：检验

加工逻辑：读入“学生证”及“申请单”，检验“学号”的有效性和“密码”的合格性，如果检验均通过，则让“查询申请”通过，否则输出“谢绝”。

加工编号：2.2

加工名：成绩处理

加工逻辑：根据传送过来的平时成绩、期末成绩，按照比例计算出总评及学分绩点。

加工编号：2.3

加工名：成绩统计

加工逻辑：读出学生成绩单，统计出班级学生成绩的及格率、优秀率和平均分。

加工编号：2.4

加工名：成绩查询

加工逻辑：根据传送过来的“申请单”审查申请人的查询课程号，如果审查通过，则根据申请内容区分不同的申请查询事务，否则输出“查询记录无效”。

3. 结构化语言

结构化语言是一种介于自然语言和形式化语言之间的半形式化语言，它是在自然语言的基础上加入了一定的限制，通过使用有限的词汇和有限的语句来较为严格地描述加工逻辑。描述加工逻辑时可以使用的词汇包括：数据字典中定义的名字、基本控制结构中的关键词、自然语言中具有明确意义的动词、少量的自定义词汇等。尽量不使用形容词或副词，可以使用一些简单的算术或逻辑运算符。结构化语言中的三种基本结构的描述方法如下：

(1) 顺序结构：由自然语言中的简单祈使语句序列构成。

(2) 选择结构：通常采用 IF…THEN…ELSE…ENDIF 和 CASE…OF…ENDCASE 结构。

(3) 循环结构：通常采用 DO WHILE…ENDDO 和 REPEAT…UNTIL 结构。

4. 判定表

判定表用于描述一些结构化语言不易表达清楚的加工逻辑，这种表达方式简单明了，如图 4.14 所示。

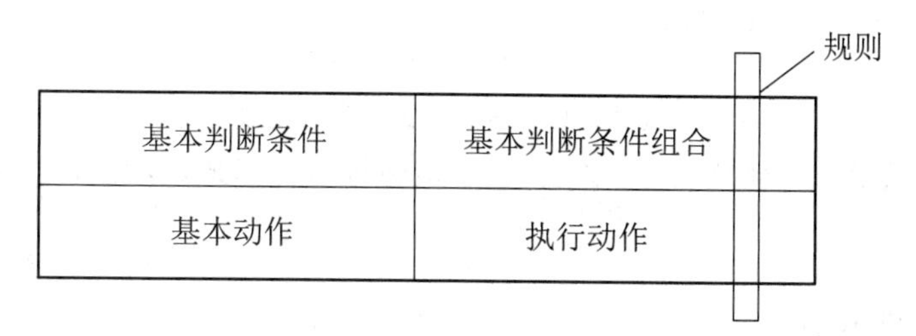

图 4.14 判定表的一般结构

升、留级判定表如表 4.5 所示。

表 4.5 学生升留级判定表

	规则 1	规则 2	规则 3	规则 4	规则 5	规则 6	规则 7	规则 8
考试总分≥600	Y	Y	Y	Y	N	N	N	N
不及格门数<4	Y	Y	N	N	Y	Y	N	N
单科满分	Y	N	Y	N	Y	N	Y	N
发升级通知书	√	√						
发单科免修通知书			√		√		√	
发留级通知书			√	√	√	√	√	√
发单科重修通知书	√	√						

简化判定表，将规则 1 和规则 2 合并、规则 5 和规则 7 合并、规则 6 和规则 8 合并，得到表 4.6。

表 4.6 简化后的判定表

	规则 1	规则 2	规则 3	规则 4	规则 5
考试总分≥600	Y	Y	Y	N	N
不及格门数<4	Y	N	N	—	—
单科满分	—	Y	N	Y	N
发升级通知书	√				
发单科免修通知书		√		√	
发留级通知书		√	√	√	√
发单科重修通知书	√				

5. 判定树

判定树以图形的方式描述加工逻辑，它结构简单，易读易懂。例如上面的判定表，若用判定树来表示就很清晰，如图 4.15 所示。

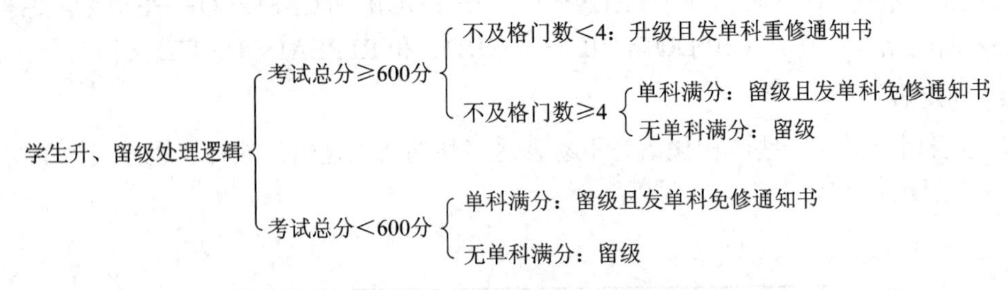

图 4.15 成绩管理系统的决定学生升留级判定树

加工逻辑可以用结构化语言、判定表、判定树等多种形式表示，也可将它们结合起来表示。

4.8.2 原型分析方法

传统的软件工程方法强调自顶向下分阶段开发，要求在进入实际开发期之前必须预先对需求严格定义。但实践表明，在系统建立起来之前很难仅仅依靠分析就确定出一套完整、一致、有效的应用需求，并且这种预先定义的策略更不能适应用户需求不断变化的情况。由此，原型分析法应运而生，它一反传统的自顶向下的开发模式，是目前较流行的开发模式。

1. 原型的概念

原型最早使用在制造业和机械产品设计中，先做出产品的基本模型，然后进行完善和改进，最后得到符合要求的产品。在软件工程中，原型是指要开发的软件系统的原始模型，是一个软件早期的可运行的版本，它反映最终系统的某些重要特性(如软件界面与布局、功能等)。在获得一组最基本的需求说明后，通过分析构造出一个小型的简约软件系统，满足用户的基本要求，然后不断演化得到较高质量的产品。原型法克服了传统软件生命周期法的一些弊端，具有快速灵活、交互式等特点，方法的核心是用交互、快速建立起来的原型取代了不太明确的需求规格说明，用户通过在计算机上实际运行和试用原型系统得到亲身感受并受到启发，通过反应和评价向开发者提供真实的反馈意见。然后开发者根据用户的意见对原型加以改进，通过“原型构造—试用运行—评价反馈—分析修改”的多次反复，从而提高最终产品的质量。

图 4.16 是原型生存期的图示。

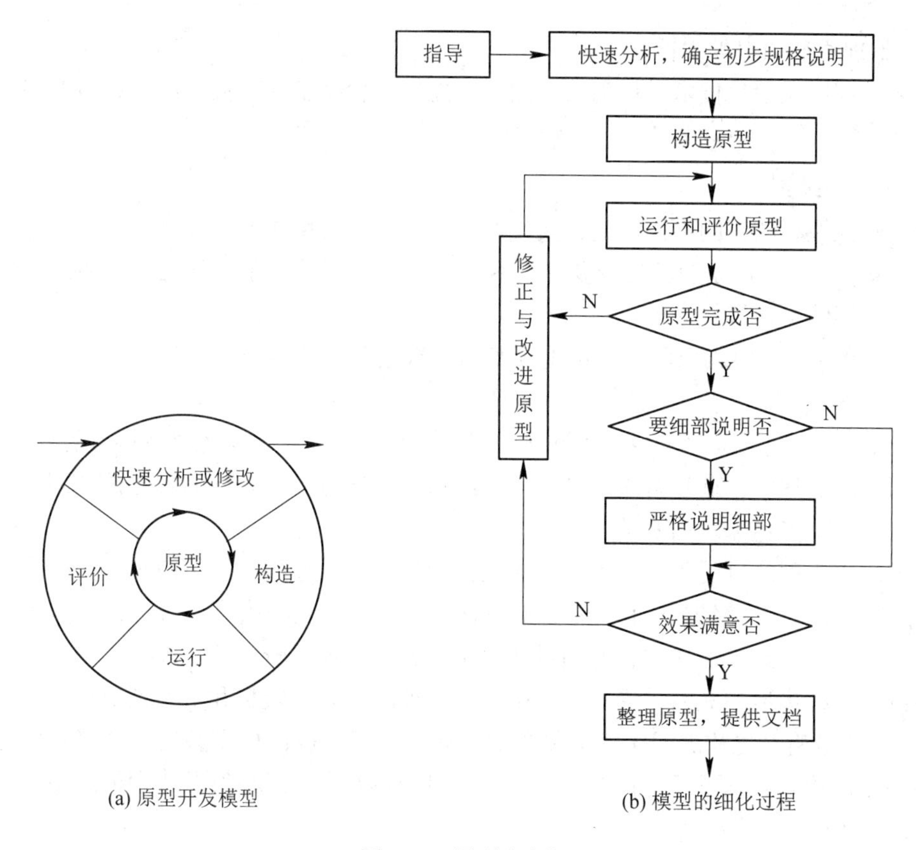

图 4.16　原型生存期

原型分析方法的具体实现步骤如下：

(1) 快速分析：在分析者和用户的紧密配合下，快速确定软件系统的基本要求。

(2) 构造原型：在快速分析基础上，根据基本需求，尽快实现一个可运行的系统。

(3) 运行和评价原型：用户在开发者指导下试用原型，在试用的过程中考核评价原型的特性，分析其运行结果是否满足规格说明的要求，以及规格说明描述是否满足用户愿望。

(4) 修正和改进：根据修改意见进行修改。如果用修改原型的过程代替快速分析，就形成了原型开发的迭代过程。开发者和用户在一次次的迭代过程中不断将原型完善，以接近系统的最终要求。

(5) 判定原型完成：如果经过修改或改进的原型，得到参与者一致的认可，则原型开发的迭代过程可以结束。为此，应判断是否已经掌握有关应用的实质，是否可以结束迭代周期等。判定的结果有两个不同的转向，一是继续迭代验证，二是进行详细说明。

(6) 判断原型细部是否说明：判断组成原型的细部是否需要严格地加以说明。原型化方法允许对系统必要成分或不能通过模型进行说明的成分进行严格的详细的说明。

(7) 原型细部的说明：对于那些不能通过原型说明的项目，仍需通过文件加以说明。严格说明的成分要作为原型化方法的模型编入词典。

(8) 判定原型效果：考察用户新加入的需求信息和细部说明信息，看其对模型效果有什么影响？是否会影响模块的有效性？如果模型效果受到影响，甚至导致模型失效，则要进行修正和改进。

(9) 整理原型和提供文档。

总之，利用原型化技术，可为软件的开发提供一种完整的、灵活的、近似动态的规格说明方法。

2. 原型的类型

由于建立原型的目的不同，因此实现原型的途径也有所不同，通常有以下三种类型：

(1) 探索型。这种原型目的是要弄清客户对目标系统的要求，确定所希望的特性，并探讨多种方案的可行性。

(2) 实验型。这种原型用于大规模开发和实现之前，考核方案是否合适，规格说明是否可靠。

(3) 进化型。这种原型的目的不在于改进规格说明，而是将系统建造得容易处理变化，在改进原型的过程中，逐步将原型进化成最终系统。它将原型方法的思想扩展到软件开发的全过程，适于满足需求的变动。

由于运用原型的目的和方式不同，因此在使用原型时可采取以下两种不同的策略：

(1) 废弃策略。先构造一个功能简单而且质量要求不高的模型系统，针对这个模型系统反复进行分析修改，形成比较好的设计思想，据此设计出较完整、准确、一致、可靠的最终系统。系统构造完成后，原来的模型系统就被废弃。探索型和实验型属于这种策略。

(2) 追加策略。先构造一个功能简单而且质量要求不高的模型系统，并将其作为最终系统的核心，然后通过不断地扩充修改，逐步追加新要求，最后发展成为最终系统。进化型属于这种策略。

采用什么形式、什么策略主要取决于软件项目的特点和开发者的素质，以及支持原型开发的工具和技术。要根据实际情况的特点加以决策。

3. 原型分析方法的优点

原型分析方法有以下优点：

(1) 增进软件开发者和用户对需求的理解，使比较含糊的具有不确定性的软件需求(主要的功能性的需求)明确化。

(2) 软件原型化方法提供了一种有力的学习手段。

(3) 使用原型化方法，可以容易地确定系统的性能，确认系统主要服务的可应用性，确认系统设计的可行性，确认系统最终作为产品。

(4) 软件原型的最终版本，有的可以原封不动地称为产品，有的略加修改就可以成为最终系统的一个组成部分，这样有利于建成最终系统。

4. 原型建立技术

原型建立技术有以下几种：

(1) 可执行规格说明。它是基于需求规格说明的一种自动化技术，使用这种方法，人们可以直接观察用语言规定的任何系统的功能和行为。

(2) 基于脚本的设计。脚本是用户界面的原型。一个脚本用来模拟在系统运行期间用户经历的事件。它提供了输入—处理—输出的屏幕格式和有关对话的模型。因此，软件开发者能够给用户显示系统的逼真的视图，使用户得以判断是否符合他的意图。

(3) 自动程序设计在程序自动生成环境的支持下，利用计算机实现软件的开发。它可以自动地或半自动地把用户的非过程式问题规格说明转换为某种高级语言程序。

(4) 专用语言。它是应用领域的模型化语言。在原型开发中使用专用语言，可方便用户和软件开发者对系统特性进行交流。

(5) 可复用的软件。它是利用可复用的模块，通过适当的组合，构造的原型系统。为了快速地构造原型，这些模块首先必须有简单而清晰的界面；其次它们应当尽量不依赖其他的模块或数据结构；最后，它们应具有一些通用的功能。

(6) 简化假设。它使设计者迅速得到一个简化的系统。尽管这些假设可能实际上并不能成立，但它们可以使开发者的注意力集中在一些主要的方面。在修改一个文件时，可以假设这个文件确实存在。在存取文件时，待存取的记录总是存在。一旦计划中的系统满足用户所有的要求，就可以撤消这些假设，并追加一些细节。

4.9 软件需求分析文档

4.9.1 软件需求规格说明和需求评审

1. 制定软件需求规格说明的原则

1979年由Balzer和Goldman提出了做出良好规格说明的8条原则。

原则1：功能与实现分离，即描述要“做什么”而不是“怎样实现”。

原则2：要求使用面向处理的规格说明语言，讨论来自环境的各种刺激可能导致系统做出什么样的功能性反应，来定义一个行为模型，从而得到“做什么”的规格说明。

原则 3：如果目标软件只是一个大系统中的一个元素，那么整个大系统也包括在规格说明的描述之中，描述该目标软件与系统的其他系统元素交互的方式。

原则 4：规格说明必须包括系统运行的环境。

原则 5：系统规格说明必须是一个认识的模型，而不是设计或实现的模型。

原则 6：规格说明必须是可操作的。规格说明必须是充分完全和形式的，以便能够利用它决定对于任意给定的测试用例，已提出的实现方案是否都能满足规格说明。

原则 7：规格说明必须容许不完备性并允许扩充。

原则 8：规格说明必须局部化和松散耦合。它所包括的信息必须局部化，这样当信息被修改时，只要修改某个单个的段落(理想情况)即可。同时，规格说明应被松散地构造(即耦合)，以便能够很容易地加入和删去一些段落。

尽管 Balzer 和 Goldman 提出的这 8 条原则主要用于基于形式化规格说明语言之上的需求定义的完备性，但这些原则对于其他各种形式的规格说明都适用。当然要结合实际来应用上述的原则。

2. 软件需求规格说明

软件需求规格说明是分析任务的最终产物，通过建立完整的信息描述、详细的功能和行为描述、性能需求和设计约束的说明以及合适的验收标准，给出对目标软件的各种需求。图 4.17 给出简化的大纲作为软件需求规格说明的框架。

Ⅰ. 引言 A. 目的 B. 范围 C. 定义、简写和缩略语 D. 引用文件 E. 综述
Ⅱ. 总体描述 A. 产品描述 B. 产品功能 C. 用户特点 D. 约束 E. 假设和依赖关系 F. 需求分配
Ⅲ. 具体参数 A. 外部接口 B. 功能 C. 性能要求 D. 数据库逻辑需求 E. 设计约束 F. 软件系统属性 G. 具体需求的组织 H. 附加说明
Ⅳ. 附录
Ⅴ. 索引

图 4.17 软件需求规格说明的框架

3. 需求规格说明编写人员应关注的基本点

需求规格说明编写人员应关注以下基本点：

(1) 功能——软件将执行什么功能？

(2) 外部接口——软件如何与人、系统的硬件及其他硬件和其他软件进行交互？

(3) 性能——各种软件功能的速度、响应时间、恢复时间等是多少？

(4) 属性——软件的可用性、可靠性、可移植性、正确性、可维护性、安全性如何？

(5) 影响产品实现的设计约束——是否有合作标准、编程语言、数据库完整方针、资源限制、运行环境等方面的要求？

编写人员宜避免把设计或项目需求写入需求规格说明中。

4. 需求规格说明评审

需求验证是需求开发中的最后一个活动。它的首要目的是保证需求及其文档的正确性，即需求正确地反映了用户的真实意图；它的另一个目标是通过检查和修正，保证需求及其文档的完整性和一致性，需求验证之后的需求及其文档应该是得到所有涉众一致同意的软件需求规格说明，它将作为项目规划、设计、测试、用户手册编写等多个其他软件开发阶段的工作基础，对帮助项目开发人员建立共同的前景具有重要作用。

作为需求分析阶段工作的复查手段，在需求分析的最后一步，应该对功能的正确性、完整性和清晰性，以及其他需求给予评价。评审的主要内容是：

- 系统定义的目标是否与用户的要求一致；
- 系统需求分析阶段提供的文档资料是否齐全；
- 文档中的所有描述是否完整、清晰、准确反映用户要求；
- 与所有其他系统成分的重要接口是否都已经描述；
- 被开发项目的数据流与数据结构是否足够，是否确定；
- 所有图表是否清楚，在不补充说明时能否理解；
- 主要功能是否已包括在规定的软件范围之内，是否都已充分说明；
- 软件的行为和它必须处理的信息、必须完成的功能是否一致；
- 设计的约束条件或限制条件是否符合实际；
- 是否考虑了开发的技术风险；
- 是否考虑过软件需求的其他方案；
- 是否考虑过将来可能会提出的软件需求；
- 是否详细制定了检验标准，它们能否对系统定义是否成功进行确认；
- 有没有遗漏、重复或不一致的地方；
- 用户是否审查了初步的用户手册或原型；
- 软件开发计划中的估算是否受到了影响。

为保证软件需求定义的质量，评审应由专门指定的人员负责，并按规程严格进行。评审结束应有评审负责人的结论意见及签字。除分析员之外，用户／需求者，开发部门的管理者，软件设计、实现、测试的人员都应当参加评审工作。一般，评审的结果都包括了一些修改意见，待修改完成后再经评审通过，才可进入设计阶段。

4.9.2 教务管理系统需求说明书

一般说来，一个需求说明书的内容多少和项目的大小成正比。下面的例子中只列出部分功能需求以供参考。

教务管理系统——需求规格说明书

1. 引言

1.1 编写目的

为明确软件需求、安排项目规划与进度、组织软件开发与测试而编写本文档。

本文档供项目经理、设计人员、开发人员参考。

1.2　项目背景

项目的委托单位、开发单位和主管部门如下：

本项目由某学院教务处委托学院计算机系进行开发。

该软件系统与其他系统的关系：

本系统使用“高校学籍管理系统”中的基础数据。

1.3　参考资料

编写本文档的参考资料为《教师测评网络系统计划任务书》。

2. 任务概述

2.1　目标

通过局域网进行学生成绩、课程信息、考试信息的录入，并对采集到的数据按照教务部门制定的规则进行自动地计算、统计，按教务部门规定的报表格式进行查询输出。

2.2　运行环境

该软件系统主要包括硬件环境和软件环境：

1 台服务器：PⅢ 1.2 GB 双 CPU，SCSI 双硬盘镜像，512 MB 内存，Linux 7.0，Apache + PHP + MySQL 服务器。

100～200 台客户机：PⅡ 1.2 GB，128 MB 内存，Windows 98 操作系统。

上述所有计算机组成局域网。

2.3　条件与限制

为完成本系统的开发，应配备 WEB 服务器、CVS 服务器、FTP 服务器、文本编辑工具、微机若干台及打印机一台。本系统的开发可利用计算机系现有的服务器及教师办公用微机等设备。

3. 数据描述

3.1　静态数据

静态数据包括在校学生的班级名称、班级编号，学生学号、姓名，本校系部编号、名称，各系部教师编号、姓名，当前学期的所有班级的课程(编号)及任课教师(编号)，课程编号、课程名称，学生平时成绩、期末成绩。

3.2　动态数据

动态数据包括班级的及格率、优秀率、平均分、各分段统计，各班级学生的补考名单、降级名单……

4. 功能需求

4.1　功能划分

功能可划分为评价项目管理、学生验证、教师评价、评价结果存储、结果统计及结果查询。

4.2　功能描述

教学管理功能：对本学期所开设课程的录入与查询，对各系科的课程安排的录入与查询，课程安排即该学期每个学科的选课课程、任课教师以及上课时间和上课地点。

成绩管理功能：录入成绩，既可以单个录入，也可以批量录入，其中批量录入以成绩单为单位，每次从系统中调出一张成绩单，编辑完成后一次性提交。查询成绩分为单个查询和批量查询两种方式。单个查询(学生可使用)可根据学生的学号或姓名查询出该学生的所有课程的成绩信息；批量查询以成绩单为单位，每次查询出一张成绩单。打印成绩，可以一次打印一张成绩单，也可以按要求批量打印。统计调整，对成绩单中的成绩进行统计，指出各个分数段的人数分布情况。因为有时学生的成绩整体上偏低，所以需要进行调整，使用本系统可以按照用户设置的规则对成绩单中的成绩进行调整。

(以下略)

4.10 实战训练

1. 目的

掌握获取需求的方法及需求文档的编写方法。

2. 任务

完成《图书馆管理系统的需求分析报告》的编写。

3. 实现过程

1) 需求描述

在图书管理系统中，管理员要为每个读者建立借阅账户，并给读者发放不同类别的借阅卡(借阅卡可提供卡号、读者姓名)，账户内存储读者的个人信息和借阅记录信息。持有借阅卡的读者可以通过管理员(作为读者的代理人与系统交互)借阅、归还图书，不同类别的读者可借阅图书的范围、数量和期限不同，可通过互联网或图书馆内查询终端查询图书信息和个人借阅情况，以及续借图书(系统审核符合续借条件)。

借阅图书时，先输入读者的借阅卡号，系统验证借阅卡的有效性和读者是否可继续借阅图书，无效则提示其原因，有效则显示读者的基本信息(包括照片)，供管理员人工核对。然后输入要借阅的书号，系统查阅图书信息数据库，显示图书的基本信息，供管理员人工核对。最后提交借阅请求，若被系统接受，则存储借阅纪录，并修改可借阅图书的数量。归还图书时，输入读者借阅卡号和图书号(或丢失标记号)，系统验证是否有此借阅纪录以及是否超期借阅，无则提示，有则显示读者和图书的基本信息供管理员人工审核。如果有超期借阅或丢失情况，则先转入过期罚款或图书丢失处理，然后提交还书请求，系统接受后删除借阅纪录，并登记及修改可借阅图书的数量。

图书管理员定期或不定期对图书信息进行入库、修改、删除等图书信息管理以及注销(不外借)，包括图书类别和出版社管理。

2) 绘制数据流图

图书管理系统的各层数据流图分别如图 4.18～图 4.20 所示。

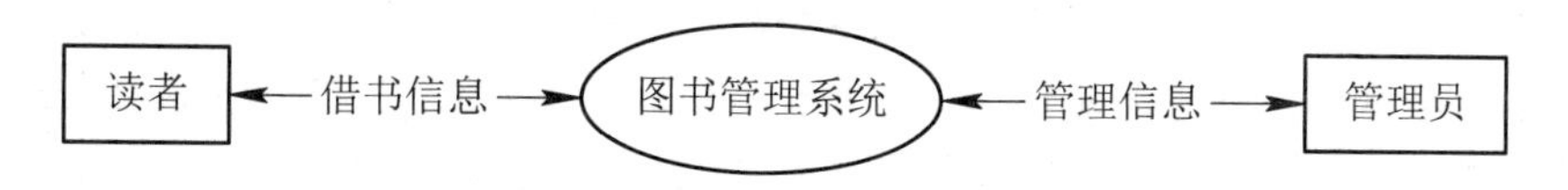

图 4.18　图书管理系统顶层数据流图

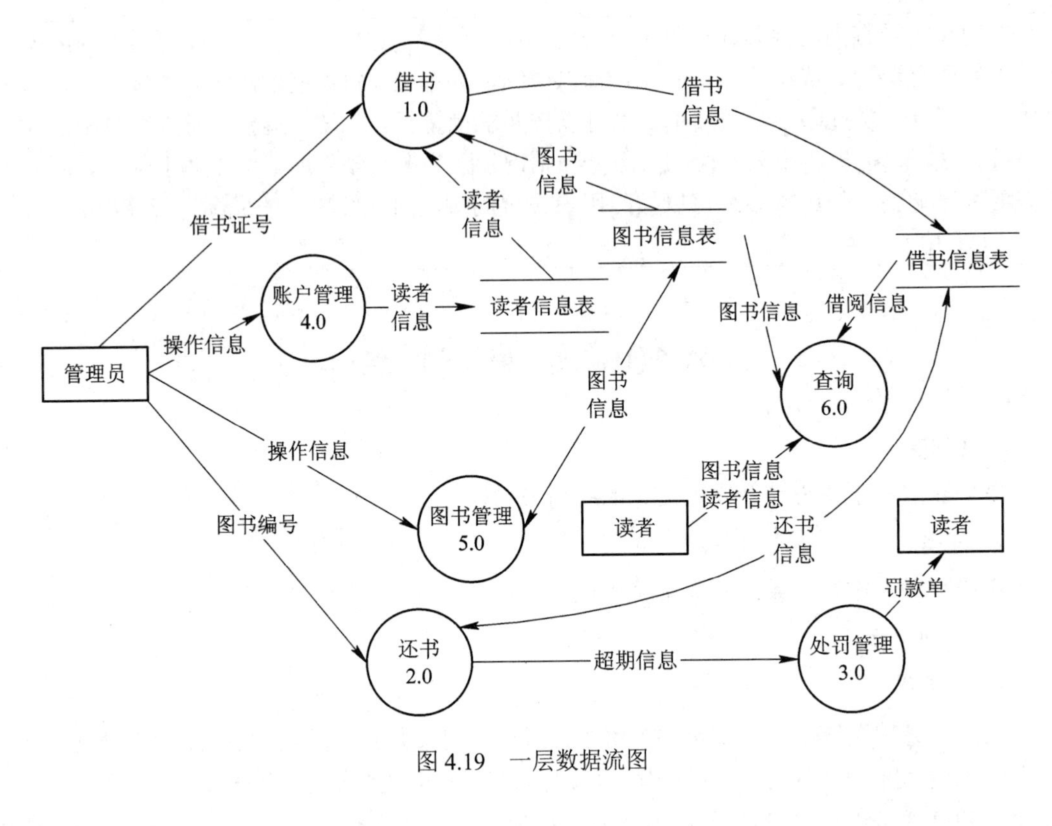

图 4.19　一层数据流图

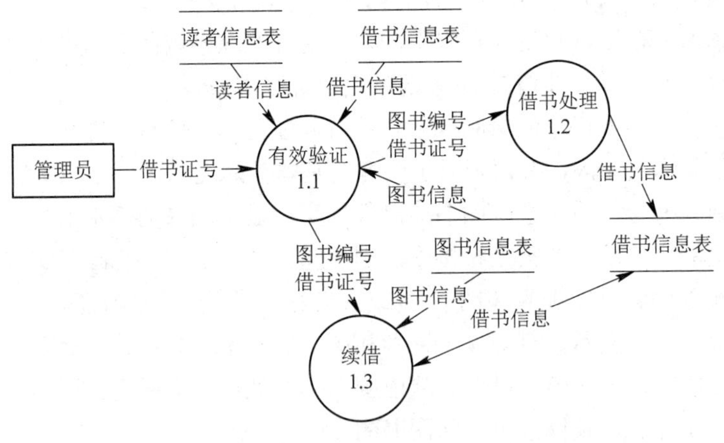

图 4.20　二层数据流图

4. 讨论

在绘制数据流图时，从基本系统模型这个非常高的抽象层次开始画数据流图的优点是，这个高层次的数据流图上是否列出了所有给定的数据源点/终点是一目了然的。

下一步应该把基本系统模型细化，描绘系统的主要功能。在图 4.19 中给处理和数据存储都加了编号，这样做的目的是便于引用和追踪。接下来应该对功能级数据流图中描绘的系统主要功能进一步细化。当对数据流图分层细化时必须保持信息连续性，也就是说，当把一个处理分解为一系列子处理时，分解前和分解后的输入/输出数据流必须相同。

本章小结

需求分析是软件生存周期中的一个重要阶段，是可行性分析的下一个阶段，需求分析的主要任务是明确系统“做什么”，具有什么功能、性能，有什么约束条件等。由于需求分析是软件设计与实现的基础，因此，如何准确地表达用户的需求是非常重要的。该阶段的产品——需求规格说明书，作为软件设计的依据。

要表达需求首先要获取需求，访谈、问卷调查、情景分析、实地考察、构造原型等方法是比较常用的获取需求的方法。

结构化分析方法是传统软件工程中使用非常广泛的一种方法，它主要借鉴于分层数据流图和数据字典等工具表达系统的需求。数据流图能够直观、清晰地描述系统中数据流的流动和处理情况，反映出系统所需要实现的各个逻辑功能；数据字典作为数据流图的必要补充，能够准确地定义数据流图中出现的基本元素，并能通过结构化语言、判定表、判定树等手段对数据流图中出现的加工进行详细的描述。

习 题 4

一、选择题

1. 软件需求分析阶段的工作可以分为以下4个方面：对问题的识别、分析与综合、编写需求分析文档以及(　　)。

供选择的答案：

A. 总结　　B. 阶段性报告　　C. 需求分析评审　　D. 以上答案都不正确

2. 各种需求方法都有它们共同适用的(　　)。

供选择的答案：

A. 说明方法　　B. 描述方式　　C. 准则　　D. 基本原则

3. 在结构化分析方法中，用以表达系统内数据的运动情况的工具有(　　)。

供选择的答案：

A. 数据流图　　B. 数据词典　　C. 结构化语言　　D. 判定表与判定树

4. 软件需求分析的任务不应包括(　A　)。进行需求分析可使用多种工具，但(　B　)是不适用的。在需求分析中，分析员要从用户那里解决的最重要的问题是(　C　)。需求规格说明书的内容不应当包括(　D　)。该文档在软件开发中具有重要的作用，但其作用不应当包括(　E　)。

供选择的答案：

A. ① 问题分析；② 信息域分析；③ 结构化程序设计；④ 确定逻辑模型

B. ① 数据流图；② 判定表；③ PAD图；④ 数据词典

C. ① 要让软件做什么；② 要给该软件提供哪些信息；③ 要求软件工作效率如何；④ 要让软件具有什么样的结构

D. ① 对重要功能的描述；② 对算法的详细过程性描述；③ 软件确认准则；④ 软

件的性能

E. ① 软件设计的依据；② 用户和开发人员对软件要“做什么”的共同理解；③ 软件验收的依据；④ 软件可行性分析的依据

5. 原型化方法是一种用户和软件开发人员之间进行交互的过程，适用于(A)系统。它从用户界面的开发入手，首先形成(B)，用户(C)，并就(D)提出意见，它是一种(E)型的设计过程。

供选择的答案：

A. ① 需求不确定性高的；② 需求确定的；③ 管理信息；④ 决策支持

B. ① 用户界面使用手册；② 用户界面需求分析说明书；③ 系统界面原型；④ 完善的用户界面

C. ① 改进用户界面的设计；② 阅读文档资料；③ 模拟用户界面的运行；④ 运行用户界面原型

D. ① 同意什么和不同意什么；② 使用和不使用哪一种编程语言；③ 程序的结构；④ 执行速度是否满足要求

E. ① 自外向内；② 自顶向下；③ 自内向外；④ 自底向上

二、简答题

1. 需求分析的目的是什么？需求分析主要由谁来完成？

2. 你了解哪些常见的需求定义错误？在实际的生活及软件开发中应如何注意避免这些错误的发生？

3. 数据流图的作用是什么？它有哪些基本成分？

4. 数据词典的作用是什么？它有哪些基本词条？

5. 传统的软件开发模型的缺陷是什么？原型化方法的类型有哪些？原型开发模型的主要优点是什么？

6. 试简述原型开发的过程和运用原型化方法的软件开发过程。

7. 软件需求分析说明书主要包括哪些内容？

8. 为什么应用领域知识对于软件开发人员，特别是需求分析人员是极其重要的？

三、应用题

考务处理系统的分层数据流图如图 4.21 所示。

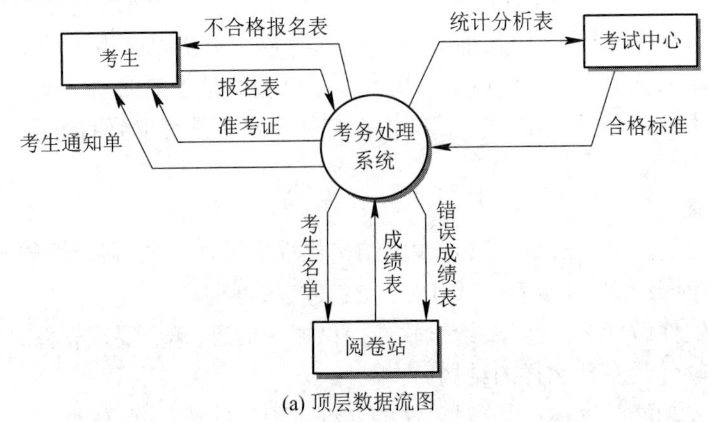

(a) 顶层数据流图

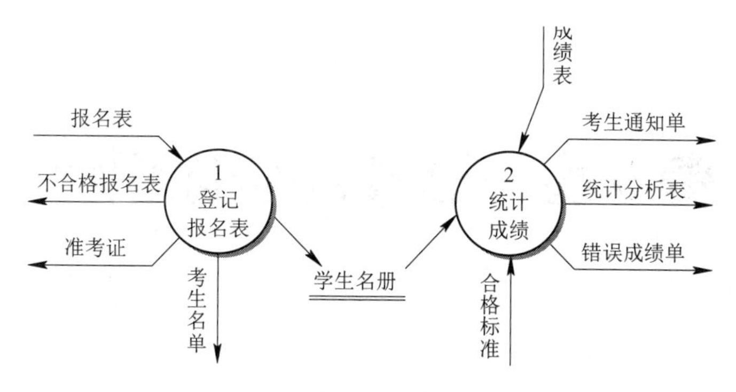

(b) 第1层数据流图

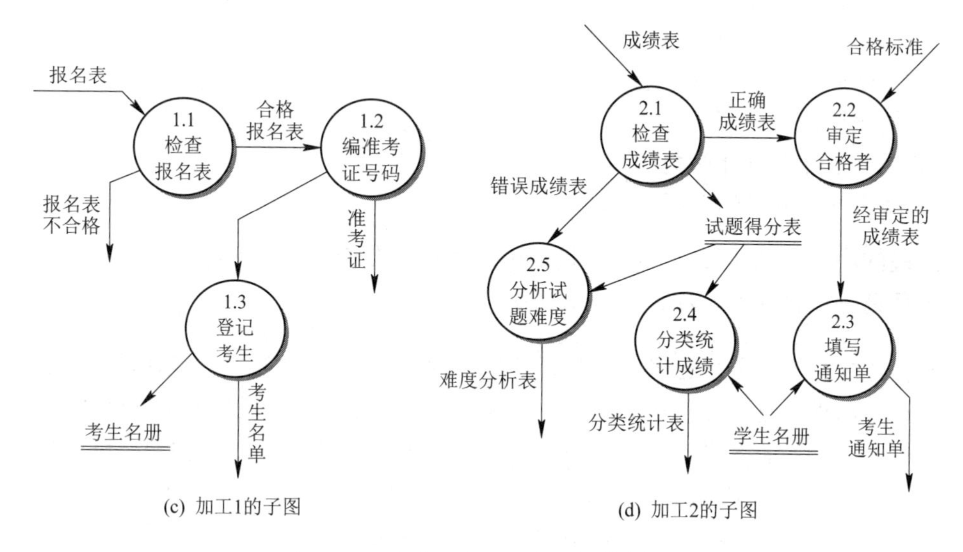

(c) 加工1的子图　　(d) 加工2的子图

图 4.21　考务处理系统的分层数据流图

该考务处理系统有如下功能：

① 对考生送来的报名表进行检查；

② 对合格的报名表编好准考证号码后将准考证送给考生，并将汇总后的考生名单送给阅卷站；

③ 对阅卷站送来的成绩表进行检查，并根据考试中心指定的合格标准审定合格者；

④ 填写考生通知单(内容包含考试成绩及合格/不合格标志)，送给考生；

⑤ 按地区、年龄、文化程度、职业、考试级别等进行成绩分类统计及试题难度分析，产生统计分析表。

(1) 图 4.21(c)中，加工 1.1 的输入数据流是(　A　)，输出数据流是(　B　)，图 4.21(b)中，加工 2 的输出数据流是(　C　)，它是由(　D　)和(　E　)组成。

A～E. ① 统计分析表；② 报名表；③ 准考证；④ 考生通知单；⑤ 合格报名表；⑥ 难度分析表；⑦ 错误成绩表；⑧ 分类统计表

(2) 图 4.21(d)中的文件“试题得分表”是否在图 4.21(b)中漏掉了？ 回答是(　F　)。

F. ① “试题得分表”没有在图 4.21(b)中画出，是错误的；② “试题得分表”是图 4.21(b)中加工的内部文件，不必在图 4.21(b)中画出；③ “试题得分表”是多余的

第5章 软件的总体设计

本章主要内容：

- 总体设计的目标和任务
- 设计的概念和原则
- 描绘软件结构的图形工具
- 结构化设计
- 数据库设计及设计原则
- 总体设计说明书的编写

本阶段的产品：总体设计说明书(包括用户接口标准)

参与角色：项目经理，项目组员(设计团队)

在软件需求分析阶段，已经搞清楚了软件“做什么”的问题，并把这些需求通过规格说明书描述了出来，这也是目标系统的逻辑模型。进入了设计阶段，要把软件“做什么”的逻辑模型变换为“怎么做”的物理模型，即着手实现软件的需求，并将设计的结果反映在《设计规格说明书》中，所以软件设计是一个把软件需求转换为软件表示的过程，最初这种表示只是描述了软件的总的体系结构，称为软件概要设计或结构设计。

软件设计是开发阶段中最重要的步骤，它是软件开发过程中质量得以保证的关键步骤。设计提供了软件的表示，使得软件的质量评价成为可能。同时，软件设计又是将用户要求准确地转化成为最终的软件产品的唯一途径。另一方面，软件设计是后续开发步骤及软件维护工作的基础。如果没有设计，则只能建立一个不稳定的系统，只要出现一些小小的变动，就会使得软件垮掉，而且难于测试。

5.1 总体设计的目标和任务

5.1.1 总体设计的目标

在软件设计阶段应达到的目标是提高可靠性、提高可维护性、提高可理解性和提高效率，如图5.1所示。

软件设计必须达到以下要求：

(1) 软件实体有明显的层次结构，利于软件元素间的控制。

(2) 软件实体应该是模块化的，模块具有独立功能。

(3) 软件实体与环境的界面清晰。

(4) 设计规格说明清晰、简洁、完整并无二义性。

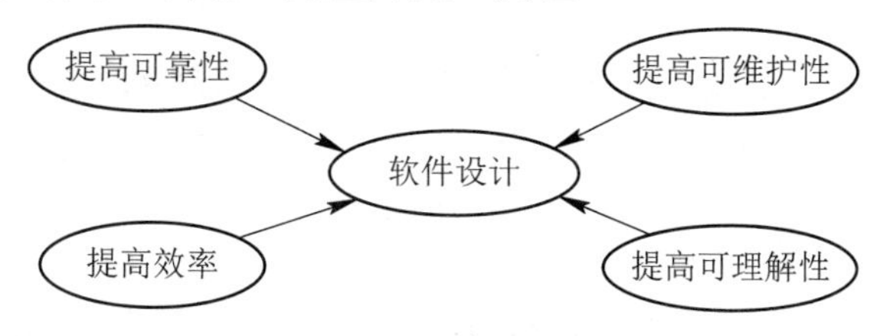

图 5.1　软件设计的目标

5.1.2　总体设计的任务和步骤

在总体设计过程中要先进行系统设计，复审系统计划与需求分析，确定系统具体的实施方案，然后进行结构设计，确定软件结构。总体设计的一般步骤如下：

(1) 设计系统方案；
(2) 选取一组合理的方案；
(3) 推荐最佳实施方案；
(4) 功能分解；
(5) 软件结构设计；
(6) 数据库设计、文件结构的设计；
(7) 制订测试计划；
(8) 编写概要设计文档；
(9) 审查与复审概要设计文档。

总体设计流程示意图如图 5.2 所示。

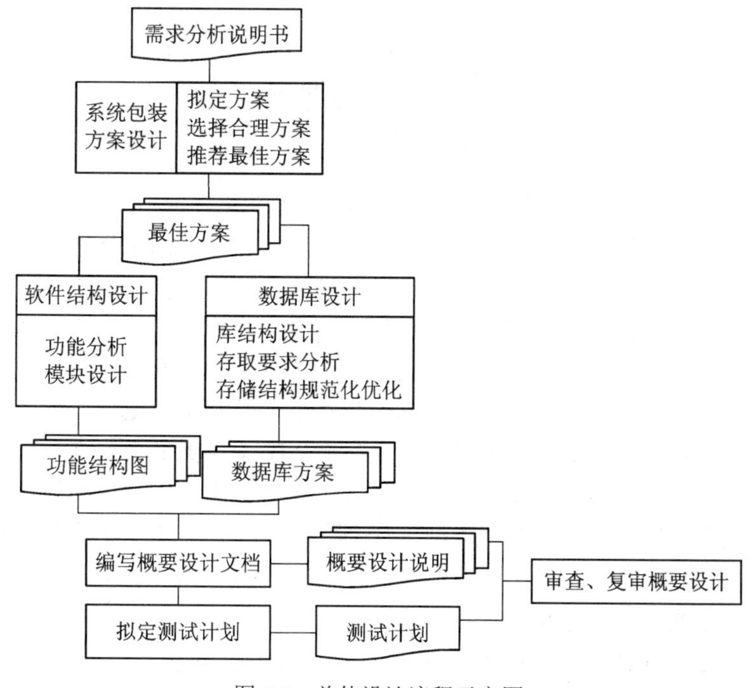

图 5.2　总体设计流程示意图

5.2 设计的概念和原则

5.2.1 模块化

模块是数据说明、可执行语句等程序对象的集合，它是单独命名的而且可通过名字来访问。例如，过程、函数、对象、类等都可作为模块。

模块化是指解决一个复杂问题时自顶向下，逐步求精，把软件系统划分成若干模块的过程。为了解决复杂问题，在软件设计中必须把整个问题进行分解来降低复杂性，这样就可以将一个复杂问题，变成多个简单的问题，既易设计也容易阅读和理解，是开发复杂的大型软件系统必须采用的方法。

模块化可以使软件结构清晰，减少开发工作量、低开发成本、提高软件生产率，但是“模块化”并不意味着模块越多，划分得越细越好。模块越多，模块之间的接口就会越复杂，从而增加成本，降低效率。因此模块数要适中。

事实上， 模块数目与成本存在如图 5.3 所示的关系。

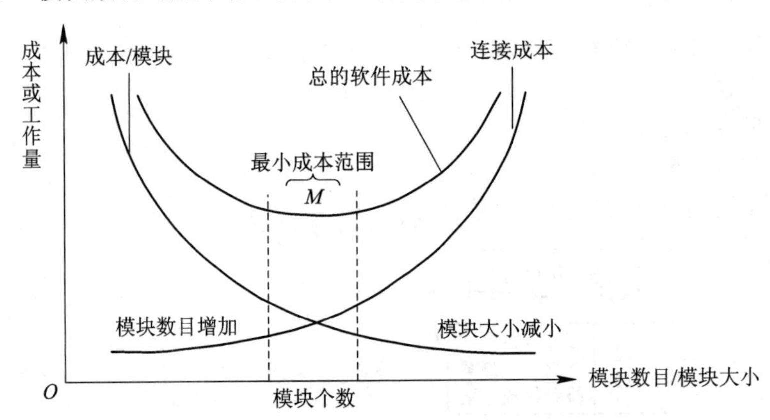

图 5.3　软件成本与模块的关系

为了使复杂大型程序能被人的智力所管理，模块化是软件应该具备的唯一属性。一个大型程序如仅由一个模块组成，将很难以被人所理解。

实际上，模块化的依据是把复杂问题分解成许多容易解决的小问题，从而使原来的问题变得容易解决。如果无限地分割软件，则最后为了开发软件而需要的工作量也就小得可以忽略了。但是还有一个因素在起作用，从而使得上述结论不能成立。如图 5.3 所示，当模块数目增加时，每个模块的规模将减小，开发单个模块需要的成本(工作量)确实减少了。但是，随着模块的增加，设计模块间接口所需要的工作量也将增加。根据这两个因素得出图 5.3 中的总成本曲线。从图 5.3 中可见，每个程序相应地有一个最适当的模块数目 M，使得系统的开发成本最小。虽然目前还不能精确地决定 M 的数值，但是在考虑模块化的时候总成本曲线确实是有用的指南。

模块化使程序错误通常局限在有关的模块及它们之间的接口中，使软件容易测试和调试，因而有助于提高软件的可靠性。变动往往只涉及少数模块，能够提高软件的可维护性。

模块化也有助于软件开发工程的组织管理，一个复杂的大型程序可以由若干程序员分工编写不同的模块，并可进一步分配技术熟练的程序员编写困难的模块。

5.2.2　抽象

人类在认识复杂现象的过程中最强有力的思维工具是抽象。人们在实践中认识到，现实世界中的一定事物、状态或过程之间总存在着某些共性。把这些共性集中和概括起来，暂时忽略它们之间的差异，这就是抽象。

由于人类思维能力的限制，因此如果人类每次面临的因素太多，就不能进行精确的思维。处理复杂系统的唯一有效的方法是用层次的方式构造和分析它。一个复杂的动态系统首先可以用一些高级的抽象概念构造和理解，这些高级概念又可以用一些较低级的概念构造和理解，如此进行下去，直至最低层次的具体元素。

这种层次的思维和解题方式必须反映在定义动态系统的程序结构之中，每级的一个概念将以某种方式对应于程序的一组成分。当考虑对任何问题的模块化解法时，可以提出许多抽象的层次。在最高层次使用问题环境的语言中，以概括的方式叙述问题的解法。在中间层次采用更过程化的方法，把面向问题术语和面向实现术语结合起来叙述问题解法。在最低的抽象层次用可以直接实现的方式叙述问题的解法。

软件开发过程的每一步都是对软件解法的抽象层次的一次精化。在问题定义研究阶段，软件作为系统的一个完整部件；在需求分析期间，软件解法是使用在问题环境内熟悉的方式描述；当由总体设计向详细设计过渡时，抽象的程度也就随之减少了；最后，当源程序写出来以后，也就到达了抽象的最底层。

5.2.3　逐步求精

逐步求精与模块化以及抽象有着密切的联系。在问题分解过程中，人们常采用逐步求精的做法，逐步求精既是人类解决复杂问题时采用的基本技术之一，也是软件工程技术的基础。所谓逐步求精是“为了能集中精力解决主要问题而尽量推迟问题细节的考虑”。可以把逐步求精视为一种技术，即在一个时期内必须解决种种问题按优先级排序的技术。逐步求精是确保每一个问题在适当的时候得到解决。

5.2.4　信息隐藏和局部化

信息隐藏是指：应该设计和确定模块，使得一个模块内包含的信息(过程和数据)对于不需要这些信息的模块来说，是不能访问的。

局部化的概念和信息隐藏概念是密切相关的。局部化是指把一些关系密切的软件元素物理地放得很近。模块中使用局部数据元素是局部化的一个例子。显然，局部化有助于实现信息隐藏。“隐藏”意味着有效的模块化可以通过定义一组独立的模块而实现，这些独立的模块彼此只交换那些为了完成系统功能而必须交换的信息。

如果在测试期间和以后的软件维护期间需要修改软件，那么使用信息隐藏原理作为模块化系统设计的标准就会带来极大的好处。因为绝大多数数据和过程对于软件的其他部分而言是隐藏的，所以在修改期间由于疏忽而引入的错误就不易传播到软件的其他部分。

软件设计应该降低模块与外部环境间的连接复杂性。为此，D.L.Parnas 提出了信息隐藏的基本原则，其基本思想是：

(1) 模块内部的数据和过程，对于那些不需要这些信息的模块不可访问；

(2) 每一个模块只完成一个相对独立的特定功能；

(3) 模块之间只交换那些完成系统功能必须交换的信息。

将信息隐藏作为模块化系统设计的标准，为软件测试和维护提供了极大的便利。由于信息被隐藏在模块内部，因此一个模块变更时引起的错误不易传播到软件的其他模块。

5.2.5 模块独立性

所谓模块的独立性，是指软件系统中每个模块只涉及软件要求的具体的子功能，而和软件系统中其他模块的接口是简单的。例如，若一个模块只具有单一的功能且与其他模块没有太多的联系，那么称此模块具有模块独立性。

一般采用两个准则度量模块独立性，即模块内的内聚性和模块间的耦合性。

1. 内聚性

内聚是模块功能强度(一个模块内部各个元素彼此结合的紧密程度)的度量。一个内聚程度高的模块(在理想情况下)应当只做一件事。一般模块的内聚性分为 7 种类型，如图 5.4 所示。

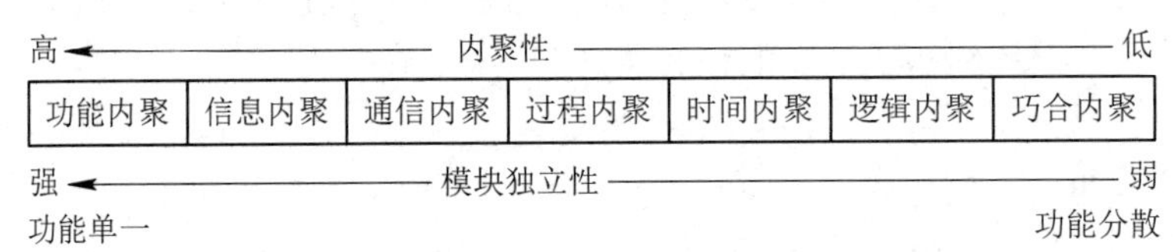

图 5.4 内聚性的分类

在上面的关系中可以看到，位于高端的几种内聚类型最好，位于中端的几种内聚类型是可以接受的，但位于低端的内聚类型很不好，一般不能使用。因此，人们总是希望一个模块的内聚类型向高的方向靠。模块的内聚在系统的模块化设计中是一个关键的因素。

(1) 巧合内聚(偶然内聚)：当几个模块内凑巧有一些程序段代码相同，又没有明确表现出独立的功能时，把这些代码独立出来建立的模块即为巧合内聚模块。它是内聚程度最低的模块。其缺点是模块的内容不易理解，不易修改和维护。

(2) 逻辑内聚：这种模块把几种相关的功能组合在一起，每次被调用时，由传送给模块的控制型参数来确定该模块应执行哪一种功能。逻辑内聚模块比巧合内聚模块的内聚程度要高。因为它表明了各部分之间在功能上的相关关系。

(3) 时间内聚(经典内聚)：这种模块大多为多功能模块，但要求模块的各个功能必须在同一时间段内执行。例如初始化模块和终止模块。时间内聚模块比逻辑内聚模块的内聚程度又稍高一些。在一般情形下，各部分可以以任意的顺序执行，所以它的内部逻辑更简单。

(4) 过程内聚：使用流程图作为工具设计程序的时候，常常通过流程图来确定模块划分。把流程图中的某一部分划出组成模块，就得到过程内聚模块。这类模块的内聚程度比时间内聚模块的内聚程度更强一些。

(5) 通信内聚：如果一个模块内各功能部分都使用了相同的输入数据，或产生了相同的输出数据，则称之为通信内聚模块。通常，通信内聚模块是通过数据流图来定义的，如图 5.5 所示。

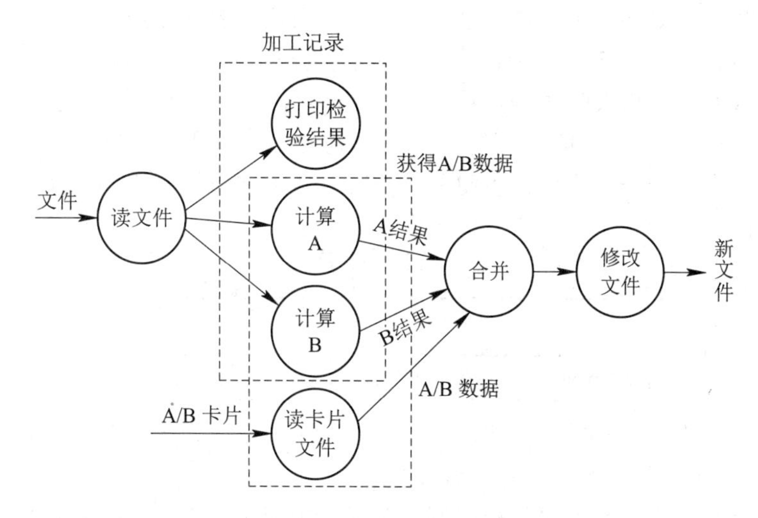

图 5.5　通信内聚模块

(6) 信息内聚(顺序内聚)：这种模块完成多个功能，各个功能都在同一数据结构上操作，每一项功能有一个唯一的入口点。例如，图 5.6 所示的模块具有 4 个功能，由于模块的所有功能都基于同一个数据结构(符号表)，因此，它是一个信息内聚的模块。

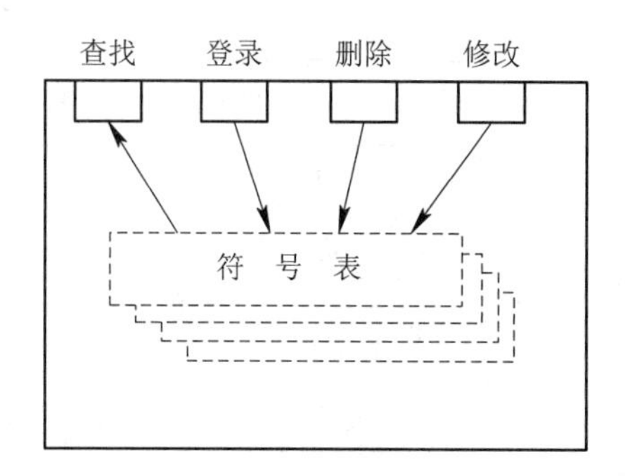

图 5.6　信息内聚模块

信息内聚模块可以看成是多个功能内聚模块的组合，并且达到信息的隐藏，即把某个数据结构、资源或设备隐藏在一个模块内，不为别的模块所知晓。当把程序某些方面细节隐藏在一个模块中时，就增加了模块的独立性。

(7) 功能内聚：如果一个模块中各个部分都是为完成一项具体功能而协同工作，紧密联系，不可分割的，则称该模块为功能内聚模块。功能内聚模块是内聚性最强的模块。

2. 耦合性

耦合是模块之间的相对独立性(互相连接的紧密程度)的度量。它取决于各个模块之间接口的复杂程度、调用模块的方式以及哪些信息通过接口。

一般模块之间可能的连接方式有 7 种，构成耦合性的 7 种类型，如图 5.7 所示。

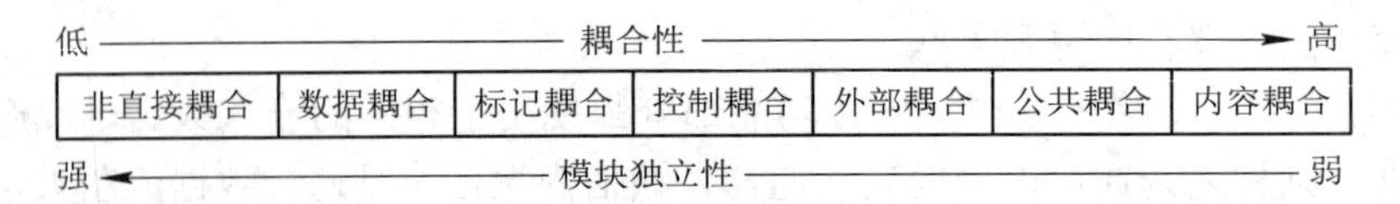

图 5.7 耦合性的分类

(1) 内容耦合：如果一个模块直接访问另一个模块的内部数据，或者一个模块不通过正常入口转到另一模块内部，或者两个模块有一部分程序代码重叠，或者一个模块有多个入口，则两个模块之间就发生了内容耦合。在内容耦合的情形下，被访问模块的任何变更，或者用不同的编译器对它再编译，都会造成程序出错。这种耦合是模块独立性最弱的耦合。

(2) 公共耦合：若一组模块都访问同一个公共数据环境，则它们之间的耦合就称为公共耦合，如图 5.8 所示。

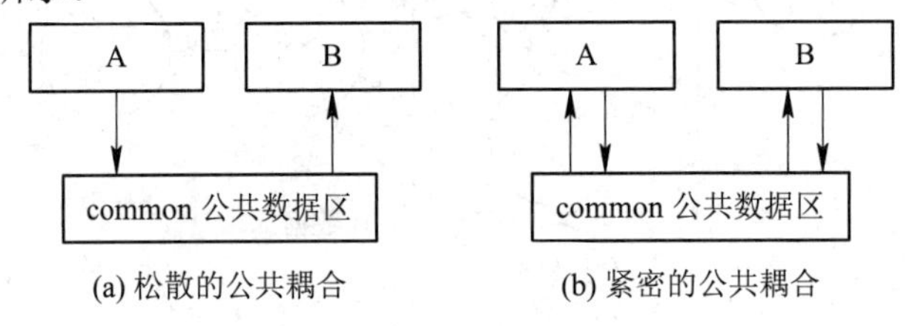

(a) 松散的公共耦合 (b) 紧密的公共耦合

图 5.8 公共耦合

(3) 外部耦合：若一组模块都访问同一全局简单变量而不是同一全局数据结构，而且不是通过参数表传递该全局变量的信息，则称之为外部耦合。

(4) 控制耦合：如果一个模块通过传送开关、标志、名字等控制信息，明显地控制选择另一模块的功能，就是控制耦合，如图 5.9 所示。

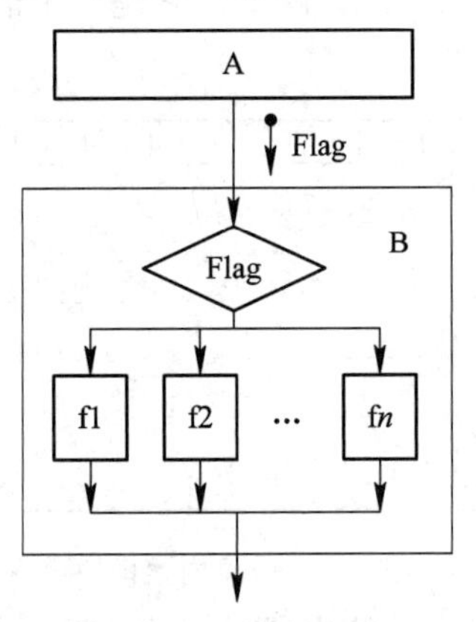

图 5.9 控制耦合

(5) 标记耦合：如果一组模块通过参数表传递记录信息，就是标记耦合。事实上，这组模块共享了某一数据结构的子结构，而不是简单变量。这要求这些模块都必须清楚该记录的结构，并按结构要求对记录进行操作。

(6) 数据耦合：如果一个模块访问另一个模块时，彼此之间是通过数据参数(不是控制参数、公共数据结构或外部变量)来交换输入、输出信息，而且交换的信息仅限于数据，则称这种耦合为数据耦合。数据耦合是松散的耦合，模块之间的独立性比较强。

(7) 非直接耦合：如果两个模块之间没有直接关系，它们之间的联系完全是通过主模块的控制和调用来实现的，这就是非直接耦合。这种耦合的模块独立性最强。

实际上，开始时两个模块之间的耦合不只是一种类型，而是多种类型的混合。这就要求设计人员进行分析、比较，逐步加以改进，以提高模块的独立性。

模块之间的连接越紧密，联系越多，耦合性就越高，而其模块独立性就越弱。一个模块内部各个元素之间的联系越紧密，则它的内聚性就越高，相对地，它与其他模块之间的耦合性就会降低，而模块独立性就越强。因此，模块独立性比较强的模块应是高内聚低耦合的模块。

5.3　控制层次与结构划分

5.3.1　控制层次

控制层次也称作程序结构，它代表了程序构件(模块)的组织(常常是结构化的)并暗示了控制的层次结构，例如进程序列、事件或决策的顺序或操作的重复，它也不一定可应用于所有的体系结构风格。

不同的符号体系被用来表示那些符合这种表示的体系结构风格的控制层次，最普遍的是表示调用和返回体系结构的层次控制的树形图，如图 5.10 所示。在图 5.10 中，宽度分别提供了对控制级别的数量和整体控制跨度的指示，扇出衡量的是被一个模块直接控制的其他模块的数量，扇入指明有多少模块直接控制一个给定模块。如图 5.10 所示，软件结构的深度是 5，宽度是 7，模块 C 的扇出数是 2，模块 T 的扇入数是 4。

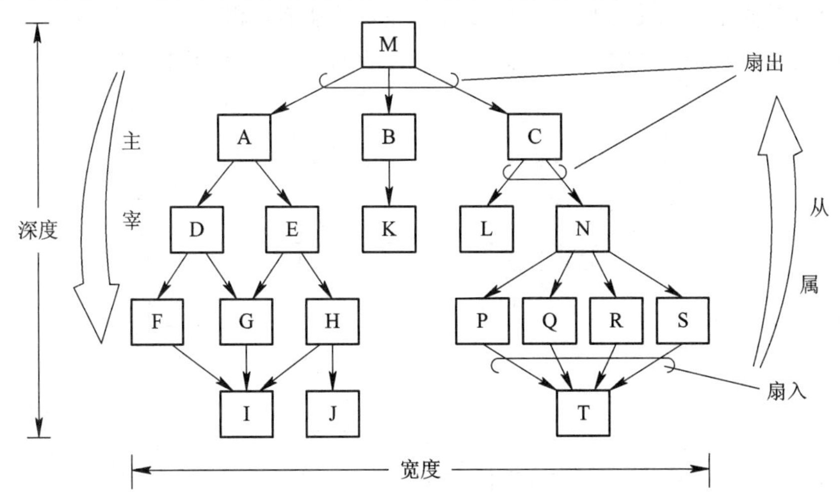

图 5.10　调用和返回体系结构的结构术语

模块间的控制关系是通过下述方法表达的：控制其他模块的模块被称作上级模块；相对地被其他模块控制的模块被称作控制者的从属模块。例如，如图 5.10 所示，模块 M 是模块 A、模块 B 和模块 C 的上级模块，模块 H 是模块 E 的从属模块并最终是模块 M 的从属模块。宽度方向的关系(例如，模块 D 和模块 E 之间)是不需要用显式的术语定义的。

控制层次还代表了两种略有不同的软件体系结构特征：可见性和连接性。可见性指明可以被调用或被给定构件用作数据的一组程序构件，即使是通过间接方式实现的。例如，在面向对象系统中的一个模块可以访问它所继承的很多属性,但只能使用其中的一小部分,所有这些属性对该模块都是可见的。连接性指明被给定构件直接调用或用作数据的一组构件，例如，直接导致另一个模块开始执行的模块是连接到该模块的。

5.3.2 结构划分

如果系统的体系结构风格是层次式的，则程序结构可以被水平划分和垂直划分。如图5.11(a)所示，水平划分为每个主要程序功能定义了分离的模块结构分支，用深色阴影表示的控制模块被用来协调程序功能之间的通信和执行。最简单的水平划分方法定义了三个部分——输入、数据变换(通常称做处理或加工)和输出。对体系结构进行水平划分提供了许多特殊的优点：

(1) 软件易于测试；

(2) 软件易于维护；

(3) 更少的副作用传播；

(4) 软件易于扩展。

由于主要的功能相互分离，因此变更变得更加简单，而对系统的扩展(一种常见的情况)往往变得更加容易完成而且没有副作用。在消极的方面，水平划分常常通过模块接口传递更多的数据，因而可能会使程序流的整体控制复杂化(如果处理需要从一个功能快速移动到另一个功能)。

垂直划分如图5.11(b)所示。其常常被称作因子化，它要求在程序体系结构中控制(决策)和工作应该自顶向下分布，顶层模块应该执行控制功能而少做实际处理工作，在层次结构中位于低层的模块应该是工作者，它们完成所有的输入、计算和输出任务。

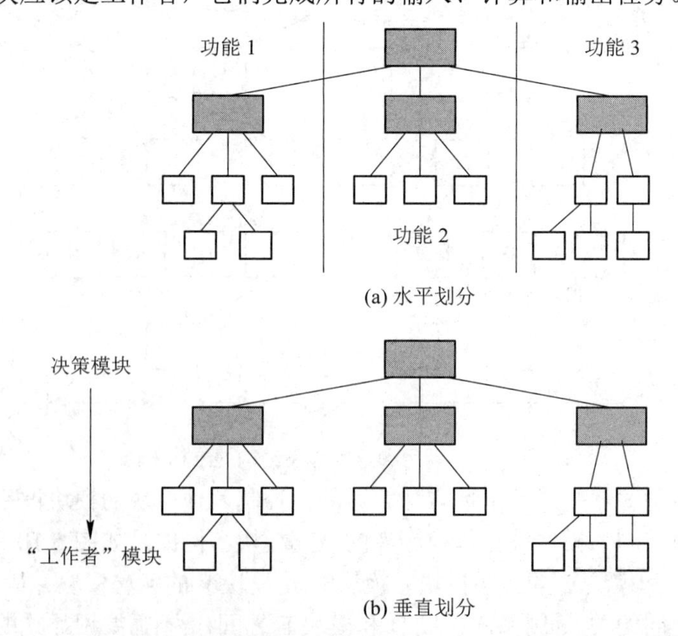

图5.11 结构划分

程序结构中变化的性质证明了垂直划分的必要性，如图5.11(b)所示，(高层的)控制模块的变化很可能将副作用传播到下层的从属模块，对工作者模块的修改，由于它在结构中位于下层，就不太可能引起副作用的传播。通常情况下，对计算机程序的修改会在输入、计算或输出的修改间循环，程序的整体控制结构(例如，它的基本行为)不太可能变更，由于这个原因，垂直划分的体系结构在做变更时更不容易受到副作用的影响，因而更加易于维护——这是一项关键的质量因素。

5.4　针对有效模块化的设计启发

一旦开发了程序结构，就可以通过应用本章前面介绍的设计概念实现有效的模块化。程序结构是根据本节描述的一组启发法(指导原则)来处理的。

(1) 评估程序结构的“第一次迭代”以降低耦合并提高内聚。一旦开发了程序结构，为了增强模块独立性可以对模块进行外向或内向的突破，一个向外突破后的模块变成最终程序结构中的两个或多个模块，一个向内突破的模块是组合两个或多个模块隐含的处理的产物。

当两个或多个模块中存在共同的处理构件时，可以将该构件重新定义成一个内聚的模块，这时常常形成外爆的模块。在期望高耦合时，可以将模块内爆，从而减少控制传递、对全局变量的引用和接口的复杂性。

(2) 将模块的影响范围限制在模块的控制范围内。模块 e 的影响范围定义成所有受模块 e 中决策影响的其他模块，模块 e 的控制范围是模块 e 的所有从属及最终的从属模块，如图 5.12(a)所示，如果模块 e 作出的决策影响了模块 r，则违反了本规则，因为模块 r 位于模块 e 的控制范围之外。

(3) 试图用高扇出使结构最小化；当深度增加时争取提高扇入。图 5.12(b)所示的结构没有有效地利用因子化，所有的模块都“平铺”在单个控制模块下，图 5.12(a)的结构通常显示出更合理的控制分布，结构采用椭圆外形，指明一系列控制层次以及低层的高度实用性的模块。

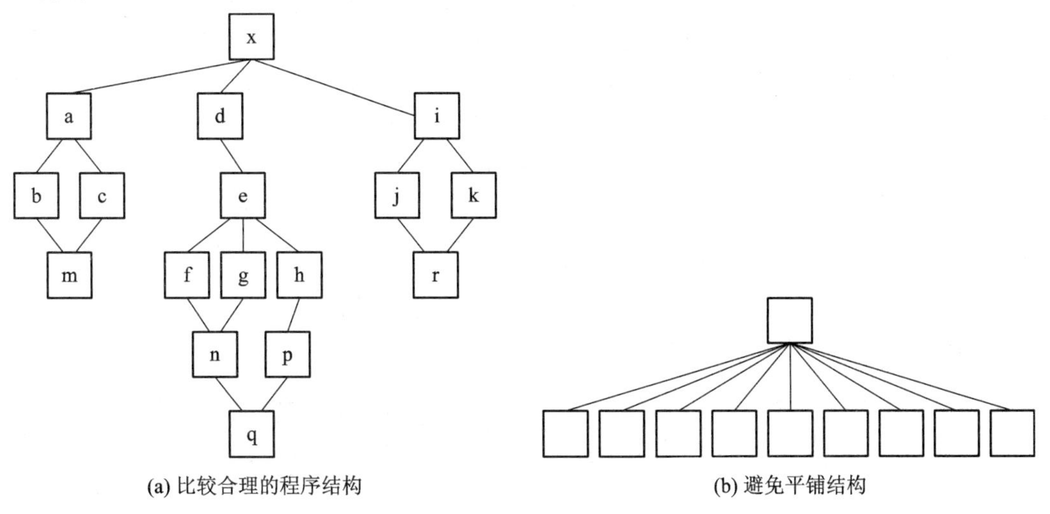

(a) 比较合理的程序结构　　(b) 避免平铺结构

图 5.12　程序结构

(4) 评估模块接口以降低复杂度和冗余并提高一致性。模块接口复杂性是软件错误的首要原因，接口应该设计成简单地传递信息并且应该同模块的功能保持一致，接口不一致性(看上去无关的数据通过参数表或其他技术传递)是低内聚的表现。有问题的模块应该重新评估。

(5) 定义功能可以预期的模块，但要避免过分限制性的模块。当模块可以作为黑盒对待时就是可预期的；也就是说，同样的外部数据可以在不考虑内部处理细节的情况下生成。具有内部“存储器”的模块可能是不可预期的，使用时加以注意。将处理限制在单个子功能中的模块体现出高内聚，而且为设计者所支持。然而任意限制局部数据结构大小、控制流内选项或外部接口模式的模块将不可避免地需要维护以清除这些限制。

(6) 力争“受控入口”模块，避免“病态连接”。这条设计原则针对内容耦合提出警告，当模块接口受到约束和控制时，软件易于理解，因而易于维护。病态连接是指指向模块中间的分支或引用。

5.5 描绘软件结构的图形工具

5.5.1 HIPO 图

HIPO (Hierachical Input Process Output，分层的输入处理输出)图是由 IBM 公司发明的，它是用于描述软件结构的图形工具。它实质上是在描述软件总体模块结构的层次图(H 图)的基础上，加入了用于描述每个模块输入/输出数据和处理功能的 IPO 图，因此它的中文全名为层次图加输入/处理/输出图。

1. 层次图(H 图)

层次图(H 图)用于描绘软件的层次结构，层次图中一个矩形框代表一个模块，框间的连线表示调用关系，位于上方的矩形框所代表的模块调用位于下方的矩形框所代表的模块，图 5.13 是一个层次图的例子。为了使 HIPO 图具有可追踪性，在 H 图里除了顶层的方框之外，每个图框都加了编号。例如，把图 5.13 加了编号之后得到图 5.14。层次图适于在自顶向下设计软件的过程中使用。

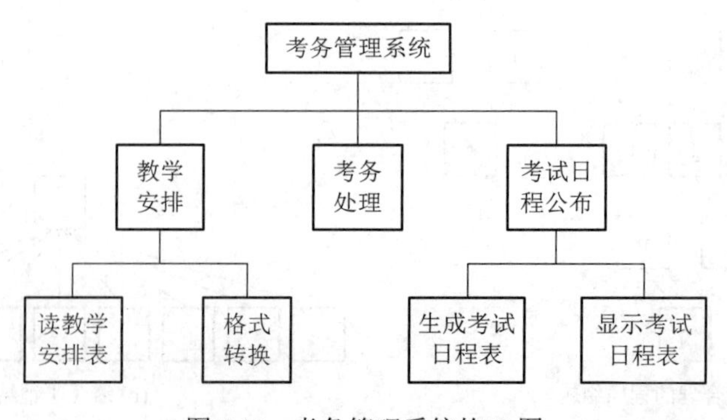

图 5.13 考务管理系统的 H 图

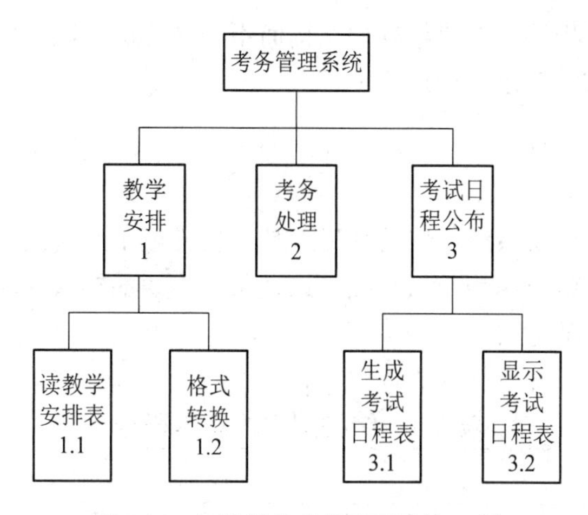

图 5.14　加编号的考务管理系统 H 图

2. IPO 图

IPO 图是输入/处理/输出图的简称，它是用来描绘加工说明的图形工具，包括三个矩形框，左边框列出所有输入数据，中间框列出主要处理，右边框列出输出数据，三个框中间用粗箭头指出数据通信情况。如图 5.15 中给出了主文件更新的 IPO 图。

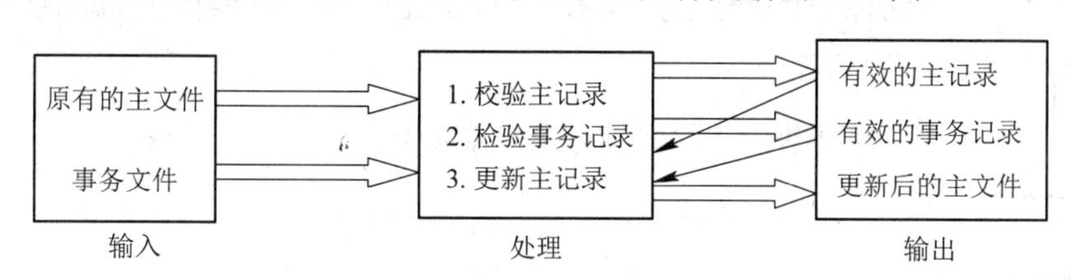

图 5.15　IPO 图实例

IPO 图能够方便、清晰地描绘出模块的输入数据、加工和输出数据之间的关系。与 H 图中的每个图框相对应，应该有一张 IPO 图描述这个图框代表的模块的处理过程，作为对层次图中内容的补充说明。每张 IPO 图内都应该明显地标出它所描绘的模块在 H 图中的编号，以便确定这个模块在软件结构中的位置。

IPO 图的基本形式为：在图中左边的框中列出模块涉及的所有输入数据，在中间的框中列出主要的加工，在右边的框中列出处理后产生的输出数据；图中的箭头用于指明输入数据、加工和输出结果之间的关系。考务管理系统中的考务处理模块的 IPO 图如图 5.16 所示。

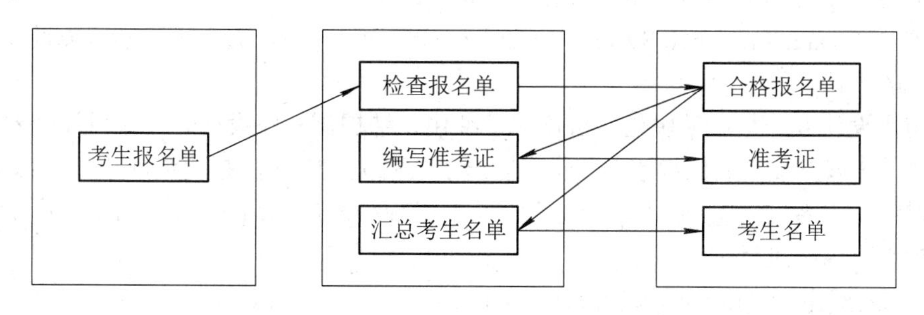

图 5.16　考务管理系统中的考务处理模块的 IPO 图

书写文档时，通常用层次图描绘软件结构而不是结构图，因为结构图上包含的信息太多，所以其清晰程度有时反倒不如层次图。

5.5.2 系统结构图

系统结构图(SC)是描绘系统结构的图形工具，它描述了系统由哪些模块组成，程序中模块之间的调用关系，每个模块“做什么”以及每个模块的输入和输出。结构图是结构化设计中的一个十分重要的结果。

结构图中的基本符号和含义如表 5.1 所示。

表 5.1 结构图中的基本符号

符 号	含 义
	用于表示模块，方框中标明模块的名称
	用于描述模块之间的调用关系
	用于表示模块调用过程中传递的信息，箭头上标明信息的名称；箭头尾部为空心圆表示传递的信息是数据，若为实心圆，则表示传递的是控制信息
A B C	表示模块 A 选择调用模块 B 或模块 C
A B C	表示模块 A 循环调用模块 B 和模块 C

5.6 结构化设计

从系统设计的角度出发，软件设计方法可以分为三大类。第一类是根据系统的数据流进行设计，称为面向数据流的设计或者过程驱动的设计，以结构化设计方法为代表。第二类是根据系统的数据结构进行设计，称为面向数据结构的设计或者数据驱动的设计，以程序逻辑构造(Logical Construction of Programs，LCP)方法、Jackson 系统开发方法和数据结构化系统开发(Data Stractured System Development，DSSD)方法为代表。第三类设计方法即面向对象的设计。

结构化设计方法是在模块化、自顶向下细化、结构化程序设计等程序设计技术基础上发展起来的。该方法实施的要点是：① 建立数据流的类型；② 指明流的边界；③ 将数据流图映射到程序结构；④ 用“因子化”方法定义控制的层次结构；⑤ 用设计测量和一些启发式规则对结构进行细化。

面向数据流设计的流程图如图 5.17 所示。

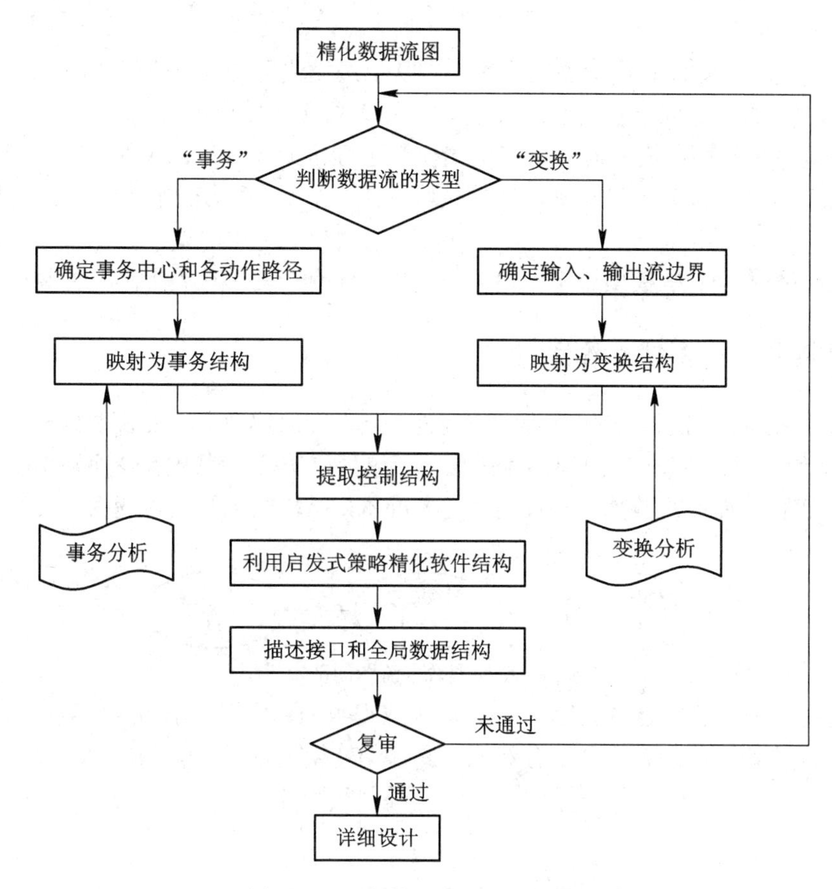

图 5.17　面向数据流设计的流程图

5.6.1　系统结构图中的模块

在系统结构图中不能再分解的底层模块为原子模块。如果一个软件系统的全部实际加工(数据计算或处理)都由底层的原子模块来完成，而其他所有非原子模块仅仅执行控制或协调功能，则这样的系统就是完全因子分解的系统。如果系统结构图是完全因子分解的，就是最好的系统。一般地，在系统结构图中有 4 种类型的模块，如图 5.18 所示。

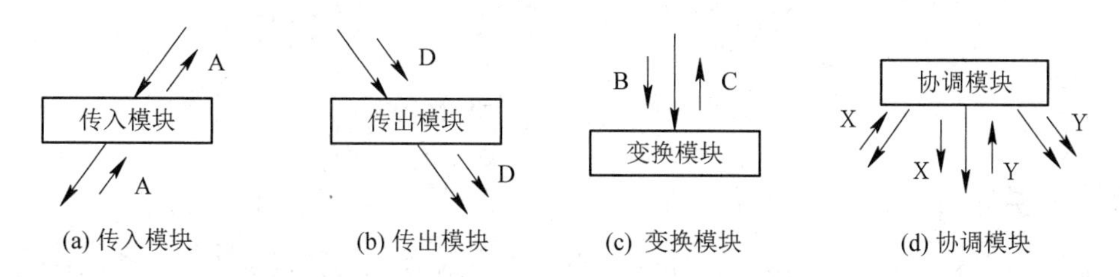

图 5.18　系统结构图的 4 种模块类型

(1) 传入模块：传入模块即从下属模块取得数据，经过某些处理，再将其传送给上级模块。

(2) 传出模块：传出模块即从上级模块获得数据，进行某些处理，再将其传送给下属模块。

(3) 变换模块：变换模块即加工模块。它从上级模块取得数据，进行特定的处理，转换成其他形式，再传送回上级模块。大多数计算模块(原子模块)属于这一类。

(4) 协调模块：协调模块即对所有下属模块进行协调和管理的模块。 在系统的输入/输出部分或数据加工部分可以找到这样的模块。在一个好的系统结构图中，协调模块应在较高层出现。

在实际系统中，有些模块属于上述某一类型，还有一些模块是上述各种类型的组合。

5.6.2 变换流与变换型系统结构

变换型数据处理问题的工作过程大致分为 3 步，即取得数据、变换数据和给出数据，如图 5.19 所示。这 3 步反映了变换型问题数据流的基本思想。其中，变换数据是数据处理过程的核心工作，而取得数据只不过是为它做准备，给出数据则是对变换后的数据进行处理工作。

图 5.19 变换型数据流图的基本模型

变换型系统结构图如图 5.20 所示，相应于取得数据、变换数据和给出数据，系统的结构图由输入、中心变换和输出 3 部分组成，具体的转换过程见 5.6.3 节。

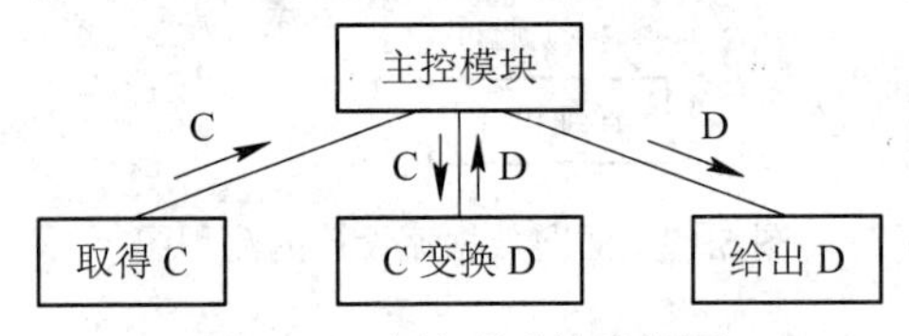

图 5.20 变换型系统结构图

在变换型数据流图中，取得数据可以由一路或多路处理构成，变换数据流也可以包含多个处理，给出数据的处理也可以是一路或多路，如图 5.21 所示。

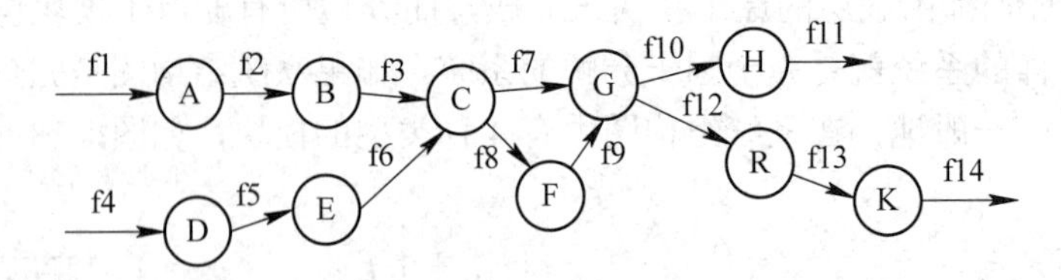

图 5.21 变换型数据流图

5.6.3 变换分析

变换分析是一系列设计步骤的总称，经过这些步骤把具有变换型的数据流图按预先确定的模式映射成软件结构。

在变换型的数据流图中，变换中心输入端的数据流为系统的逻辑输入；变换中心输出端为逻辑输出，而系统输入端的数据流为物理输入，输出端为物理输出。从输入设备获得物理输入一般要经过一系列的辅助性加工，才能变成纯逻辑输入送给变换(主加工)；同理，纯逻辑输出一般也要经过一系列的辅助性加工才能变成物理输出，最后从系统输出。变换型的数据流导出相应的软件结构图一般要经过以下几个步骤。

1. 确定 DFD(数据流图)中的变换中心、逻辑输入和逻辑输出

通常几股数据流的汇合处就是系统的变换中心。还可用以下方法确定变换中心：从物理输入(出)端开始，沿(逆)数据流方向向系统中心寻找，直到有这样的数据流，它不能再被看作是系统的输入(出)时，则它的前一数据流就是系统的逻辑输入(出)。介于逻辑输入和逻辑输出间的加工就是中心，如图 5.22 所示。

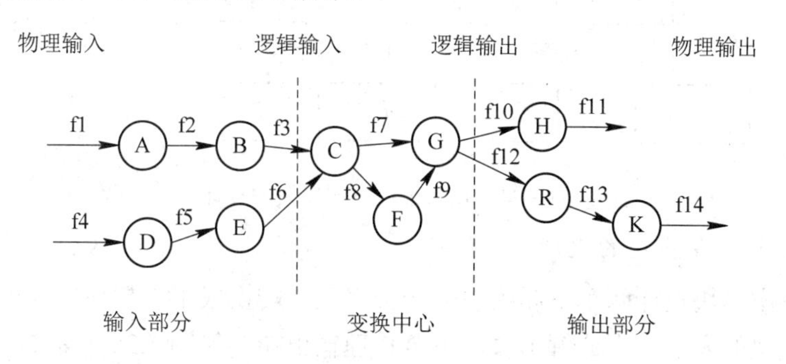

图 5.22　变换型数据流图的中心、逻辑输入和输出

2. 设计软件结构的顶层和一层——变换结构

顶层就是主控模块的位置，是总的控制模块，其功能是完成对所有模块的控制，其名称就是系统名称，对其他模块的调用取决于它的控制逻辑(顺序、选择或重复)；第一层一般至少有输入、变换、输出 3 种功能模块。为每个逻辑输入设计一个输入模块，为每个逻辑输出设计一个输出模块，其功能是分别为主模块提供数据的输入或输出；为变换中心设计一个变换模块，此时将中心抽象地看作是一个整体，它的功能是接收输入，进行变换加工，再输出。这些模块间的数据传送应与数据流图相对应，如图 5.22 所示，数据流图的变换结构如图 5.23 所示。

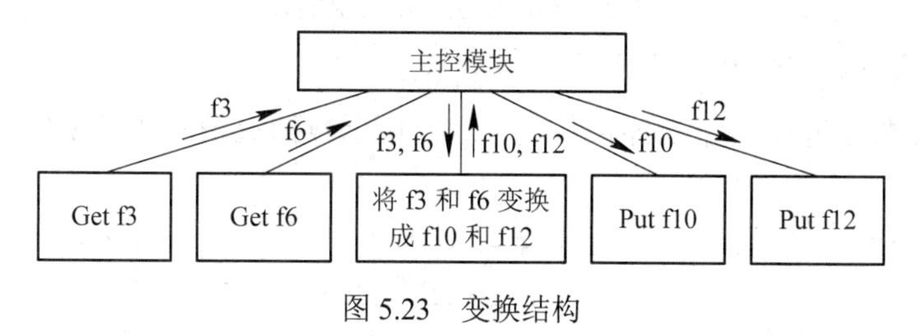

图 5.23　变换结构

3. 设计中、下层模块

对第一层模块按如下 3 部分自顶向下逐层分解。

1) 输入模块下属模块的设计

由于输入模块的功能是向它的调用者提供数据，因此必须要有数据来源，这样输入模块应由两部分组成。一部分接受输入数据，另一部分是将数据按调用者的要求加工后提供给调用者。因此，为每个输入模块设计两个下属模块，一个接收数据，一个将数据转换为

调用模块所需的信息。用类似的方法一直分解下去，直至物理输入端，如图 5.24 所示。

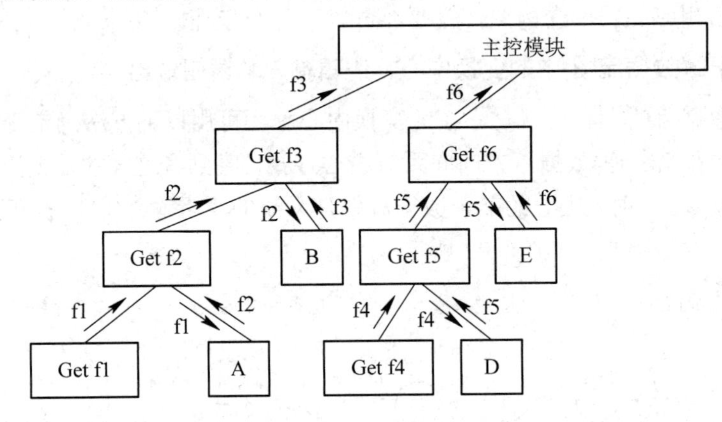

图 5.24 输入模块下属模块的设计

2) 输出模块下属模块的设计

为每个输出模块设计两个下属模块，一个将数据转换成下属模块所需的信息，一个发送数据。用类似的方法一直分解下去，下至物理输出端，如图 5.25 所示。

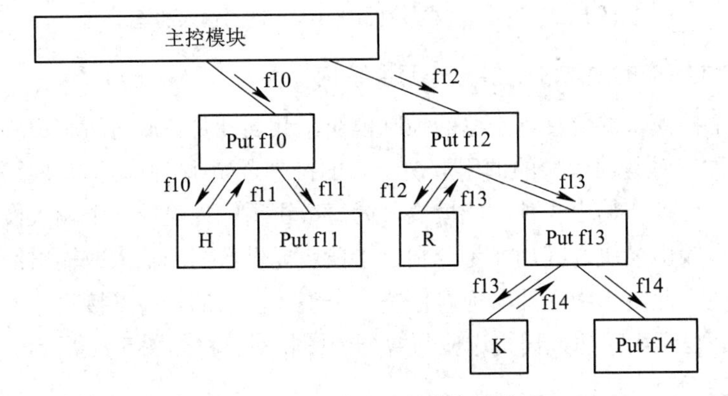

图 5.25 输出模块下属模块的设计

3) 变换模块下属模块独立性原则

为每个基本加工建立一个功能模块，图 5.23 所示数据流图的变换模块下属模块的设计如图 5.26 所示。

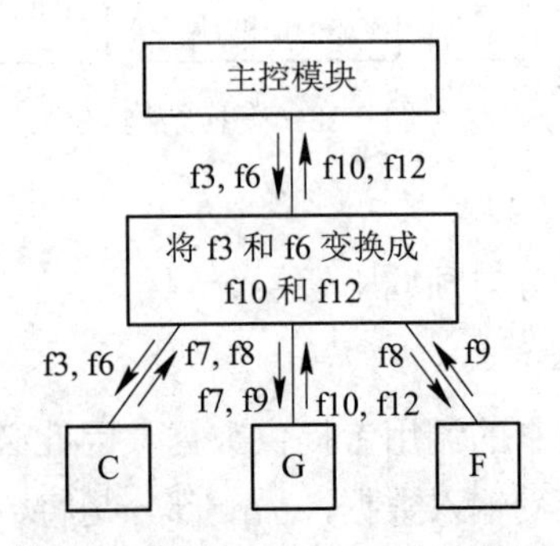

图 5.26 变换模块下属模块的设计

通过以上步骤导出 5.21 所示的数据流图的初始结构，如图 5.27 所示。

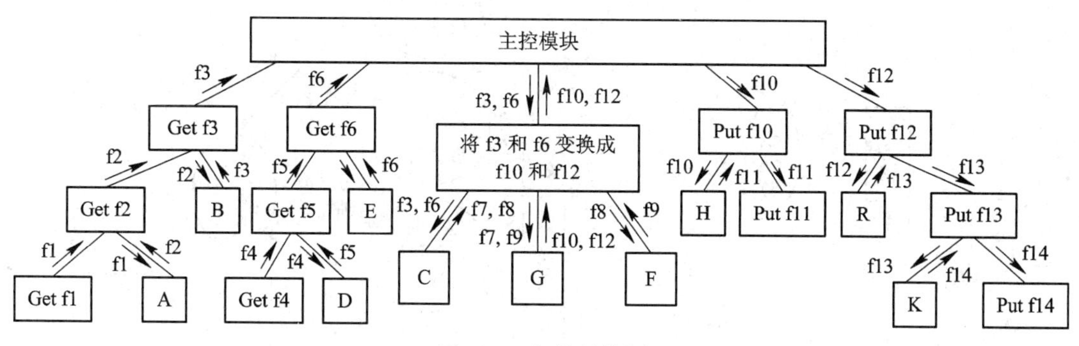

图 5.27　初始结构图

4. 设计优化

根据优化准则对初始结构进行细化和改进。如对模块进行合并和调整，为每个物理输入和物理输出设计专门模块，以体现系统的外部接口。

在运用变换分析方法建立系统的结构图时应当注意的问题如下：

(1) 在选择模块设计的次序时，不一定要沿一条分支路径向下，直到该分支的最底层模块设计完成后，才开始对另一条分支路径的下层模块进行设计。但是，必须对一个模块的全部直接下属模块都设计完成之后，才能转向另一个模块的下属模块的设计，参见图 5.28。如果已设计了主模块和第一层 A、B、C 模块，下一步要分解模块 A，那么应当先设计模块 A 的直接下属 D、E 模块，然后才可以去设计模块 B 和 C 的直接下属模块。

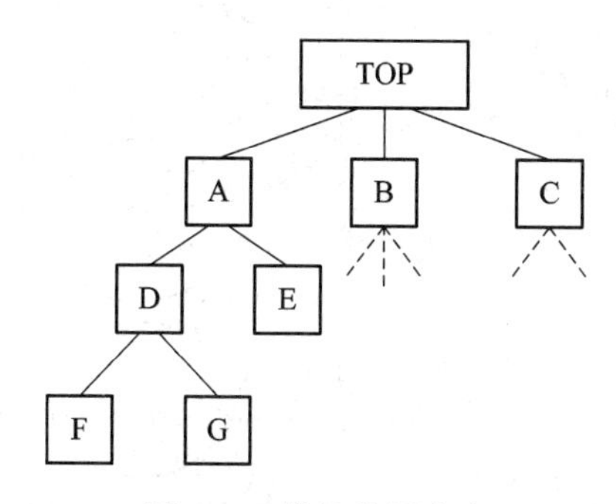

图 5.28　模块分解次序

(2) 在设计下层模块时，应考虑模块的内聚和耦合问题，提高初始结构图的质量。

(3) 注意抽象和逐步求精技术的使用。在设计当前模块时，先把这个模块的所有下层模块抽象成“黑盒”，并在系统设计中利用它们，而暂不考虑它们的内部结构和实现方法。在这一步定义好的“黑盒”，由于已确定了它的功能和输入、输出，因此在下一步可以对它们进行设计和加工。这样，又会导致更多的“黑盒”，最后直至全部“黑盒”的内容和结构完全被确定。

【案例 5.1】 已知某学生成绩管理系统的部分精化后的统计细化数据流图如图 5.29 所示。试将其转换成相应的软件结构图。

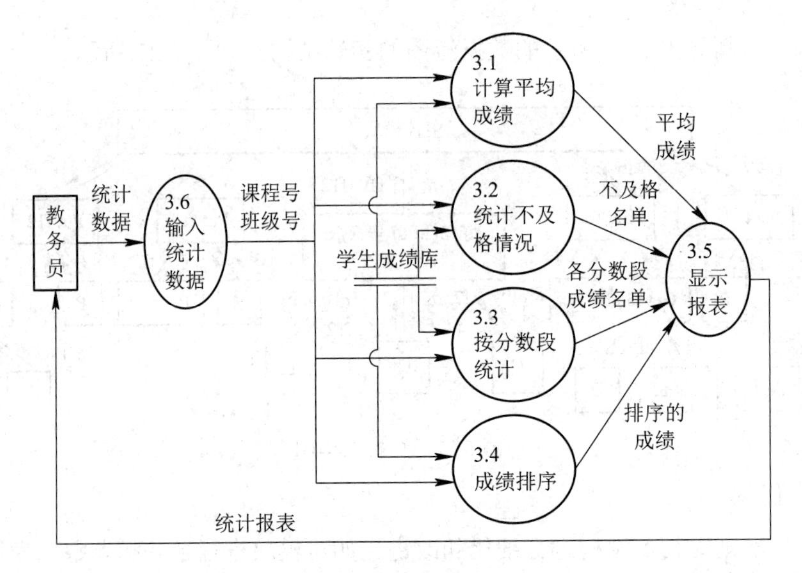

图 5.29 精化后的统计细化数据流图

转换过程如下：

(1) 找出有效的逻辑输入、变换中心以及有效的逻辑输出，如图 5.30 所示。

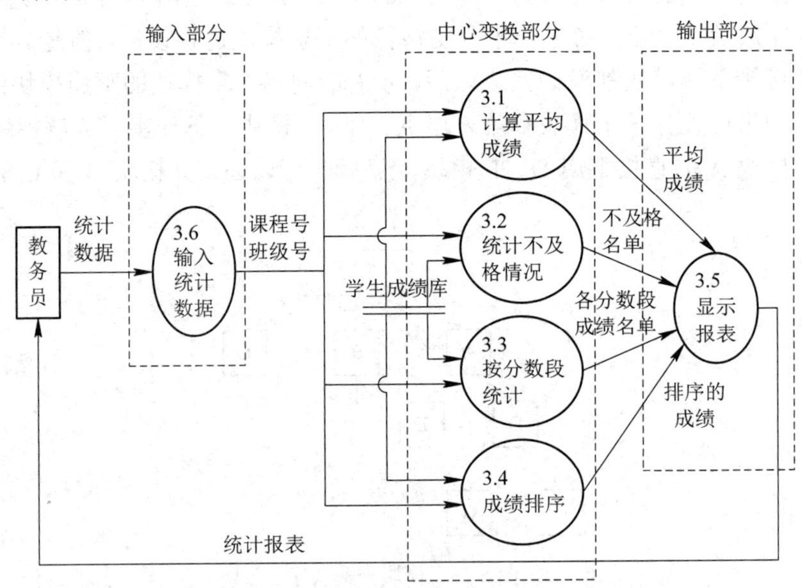

图 5.30 统计细化数据流图的边界划分

(2) 设计顶层和第一层。根据前面讲述的规则得到学生成绩管理统计模块的顶层和第一层，如图 5.31 所示。

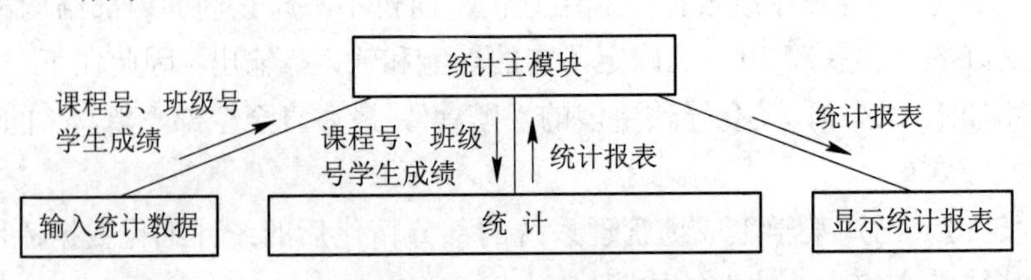

图 5.31 学生成绩管理统计模块的顶层和第一层

(3) 设计中、下层模块。根据前述规则，得到统计模块的中、下层模块的结构图，如图 5.32 所示。

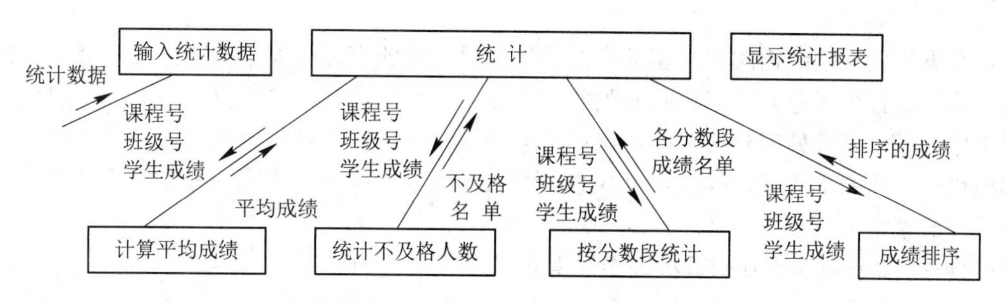

图 5.32　统计模块的中、下层模块结构图

综合以上，得到最终的统计模块结构图，如图 5.33 所示。

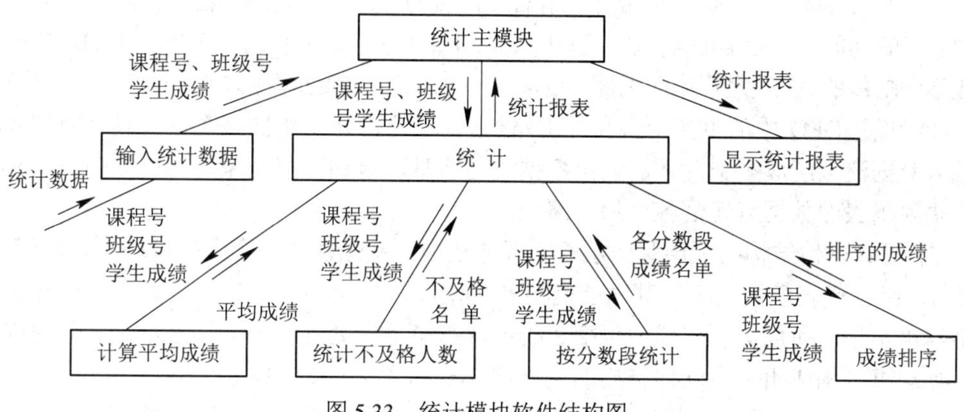

图 5.33　统计模块软件结构图

5.6.4　事务流与事务型系统结构图

事务型数据处理问题的工作机理是接受一项事务，根据事务处理的特点和性质，选择分派一个适当的处理单元，然后给出结果。我们把完成选择分派任务的部分叫做事务处理中心(或叫分派部件)。这种事务型数据处理问题的数据流图如图 5.34 所示。其中，输入数据流在事务中心处做出选择，激活某一种事务处理加工。D1～D4 是并列的供选择的事务处理加工。

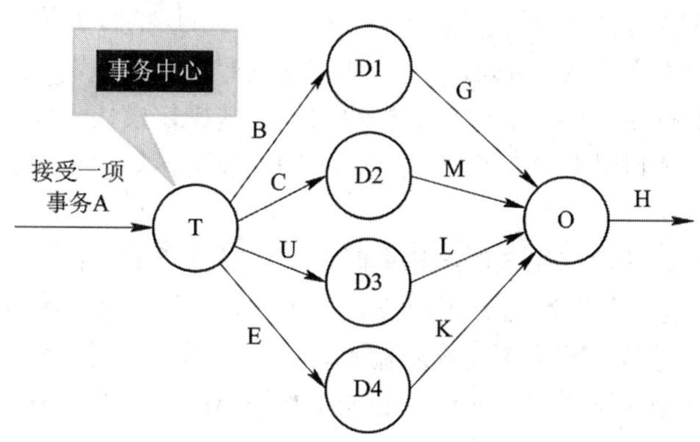

图 5.34　事务型数据的数据流图

5.6.5 事务分析

在事务型系统结构图中，事务中心模块按所接受的事务的类型，选择某一个事务处理模块执行。各个事务处理模块是并列的，依赖于一定的选择条件，分别完成不同的事务处理工作。每个事务处理模块可能要调用若干个操作模块，而操作模块又可能调用若干个细节模块。不同的事务处理模块可以共享一些操作模块。同样，不同的操作模块又可以共享一些细节模块。

事务型系统结构图在数据处理中经常遇到，与变换分析一样，事务分析也是从分析数据流图开始，自顶向下，逐步分解，建立系统结构图，主要差别仅在于由数据流图到软件结构的映射方法不同。下面给出一个典型的具有事务型特征的数据流图，如图 5.34 所示。

图 5.34 中数据流 A 是一个带有“请求”性质的信息，即为事务源。而加工 T 具有“事务中心”的功能，它后继的 4 个加工 D1、D2、D3 和 D4 是并列的，在加工 T 的选择控制下完成不同功能的处理。最后，经过加工 O 将某一加工处理的结果整理输出。其设计过程如下：

(1) 确定 DFD 中的事务中心和加工路径。通常当 DFD 中的某个加工具有明显地将一个输入数据流分解成多个发散的输出数据流功能时，该加工就是系统的事务中心，从事务中心辐射出去的数据流就是各个加工路径。

(2) 设计软件结构的顶层和一层——事务结构。首先建立一个主控模块，它位于 P-层(主层)，用以代表整个加工。其功能是接收数据，并根据事务类型调度相应的处理模块，最后给出结果。所以第一层模块包括 3 类：取得事务、处理事务和输出结果。其中取得事务、处理事务构成事务型软件结构的主要部分——接收分支和发送分支。

① 接收分支：负责接收数据，映射出接收分支结构的方法和变换型 DFD 的输入部分相同，即从事务中心的边界开始，把沿着接收流通路的处理映射成模块。

② 发送分支：通常包含一个调度模块，它控制下层的所有活动模块；然后把数据流图中的每个活动流通路映射成与它的数据流特征相对应的结构。

依据图 5.34 并列的 4 个加工，在调度模块之下建立了 4 个事务模块，分别完成 D1、D2、D3 和 D4 的工作，并在调度模块的下沿以菱形引出对这 4 个事务模块的选择。调度模块和这些事务模块，以及对应于加工 T 和 O 的“取得 A”模块和“给出 H”模块构成事务层，称为 T-层，如图 5.35 所示。

(3) 设计中、下层模块并优化。设计各个事务模块下层的操作模块。事务模块下层的操作模块包括：操作模块即 A-层(操作层)和细节模块即 D-层(细节层)。由于不同的事务处理模块可能有共同的操作，因此某些事务模块共享一些操作模块；同理，不同的操作模块可能有共同的细节，所以某些操作模块共享一些细节模块。如此分解扩展，直至完成整个结构图，如图 5.35 所示。

在运用事务分析方法建立系统的结构图时应当注意如下问题：

(1) 事务源的识别。利用数据流图和数据词典，从问题定义和需求分析的结果中找各种需要处理的事务。通常，事务来自物理输入装置，而在变换型系统的上层模块设计出来之后，设计人员还必须区别系统输入、中心加工和输出中产生的事务。对于系统内部产生的事务，必须仔细地定义它们的操作。

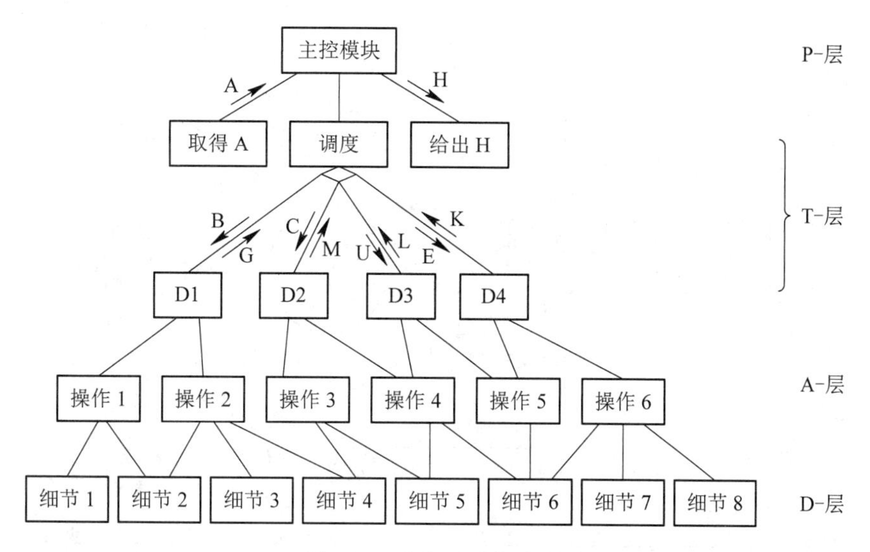

图5.35 事务型系统结构图

(2) 注意利用公用模块。在事务分析的过程中，如果不同事务的一些中间模块可由具有类似的语法和语义的若干个低层模块组成，则可以把这些低层模块构造成公用模块。

(3) 建立必要的事务处理模块。如果发现在系统中有相似的事务，或联系密切的一组事务，则可以把它们组成一个事务处理模块。但如果组合后的模块是低内聚的，则应该再打散重新考虑。

(4) 下层操作模块和细节模块的共享。下层操作模块的分解方法类似于变换分析，但要注意事务处理模块共享公用(操作)模块的情况。对于大型系统的复杂事务处理，还可能有若干层细节模块，应尽可能使类似的操作模块共享公用的细节模块。

(5) 结构图的形式。事务型系统的结构图可能有多种形式，如有多层操作层，也可能没有操作层。另外还可将调度功能归入事务中心模块，简化结构图如图5.36所示。

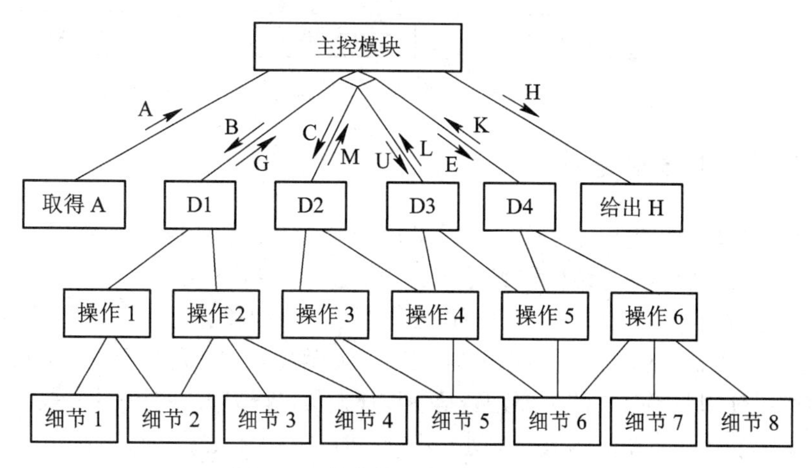

图5.36 简化的事务型系统结构图

【案例5.2】 已知学生信息管理系统中查询功能细化的数据流图如图5.37所示，请将其转换成相应的软件结构图。

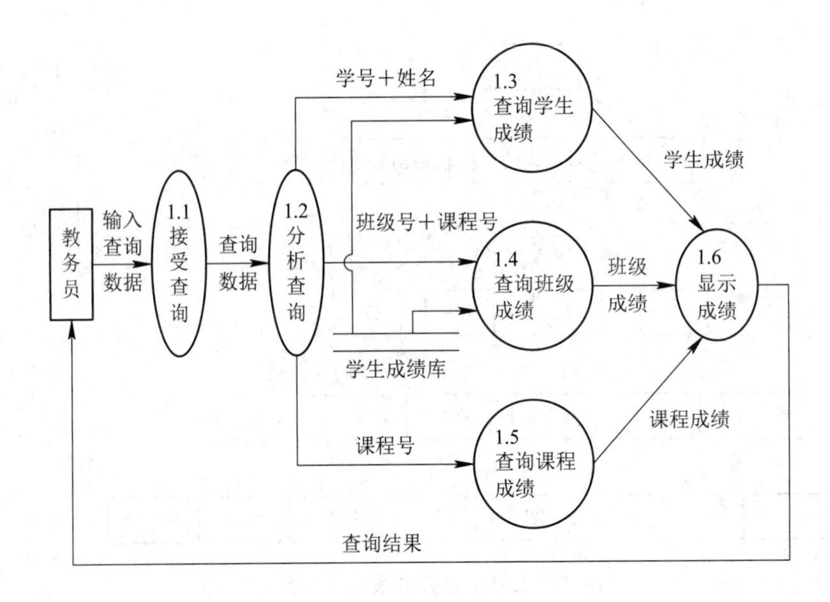

图 5.37 查询功能细化的数据流图

根据上述的转换方法，得到转换后的结构图如图 5.38 所示。

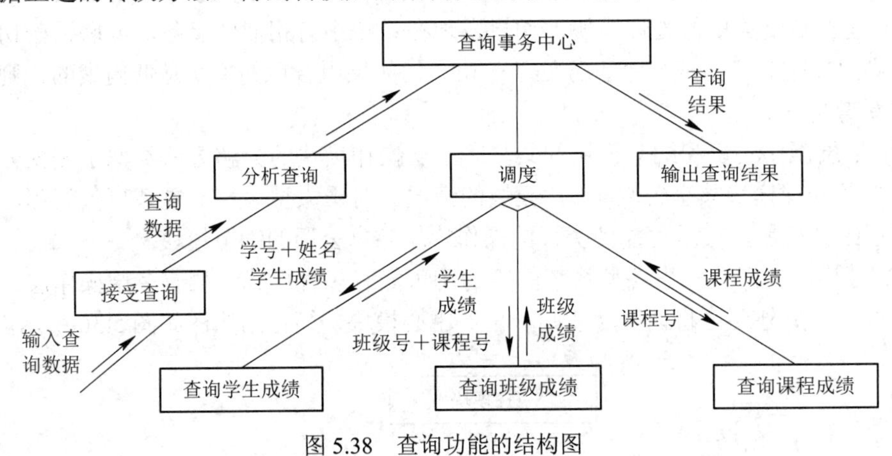

图 5.38 查询功能的结构图

5.6.6 “黑箱”技术的使用

在设计当前模块时，先把这个模块的所有下层模块定义成“黑箱”，并在系统设计中利用它们，暂时不考虑它们的内部结构和实现方法。在这一步定义好的“黑箱”，由于已确定了它的功能和输入、输出，因此在下一步就可以对它们进行设计和加工。这样，又会导致更多的“黑箱”。最后，全部“黑箱”的内容和结构应完全被确定。这就是我们所说的自顶向下、逐步求精的过程。使用黑箱技术的主要好处是使设计人员可以只关心当前的有关问题，暂时不必考虑进一步的琐碎的次要的细节，待进一步分解时才去关心它们的内部细节与结构。

5.6.7 混合结构分析

变换分析是软件系统结构设计的主要方法，因为大部分软件系统都可以应用变换分析进行设计。但是，由于很多数据处理系统属于事务型系统，因此仅使用变换分析是不够的，还需使用事务处理方法补充。一般而言，一个大型的软件系统是变换型结构和事务型结构的混合结构。通常利用以变换分析为主、事务分析为辅的方式进行软件结构设计。

在系统结构设计时，首先利用变换分析方法把软件系统分为输入、中心变换和输出 3 个部分，设计上层模块，即主模块和第一层模块。然后根据数据流图各部分的结构特点，适当地利用变换分析或事务分析，即可得到初始系统结构图的一个方案。

图 5.39 所示的例子是一个典型的变换事务混合型问题的结构图。系统的输入、中心变换、输出 3 个部分是利用变换分析方法确定的，由此得到顶层主模块“××系统”及第一层模块“得到 D”“变换”和“给出 K”。对图 5.39 中的输入部分和变换部分又可以利用事务分析方法进行设计。例如，模块“调度 BC”及其下属模块、模块“变换”及其下属模块都属于事务型。

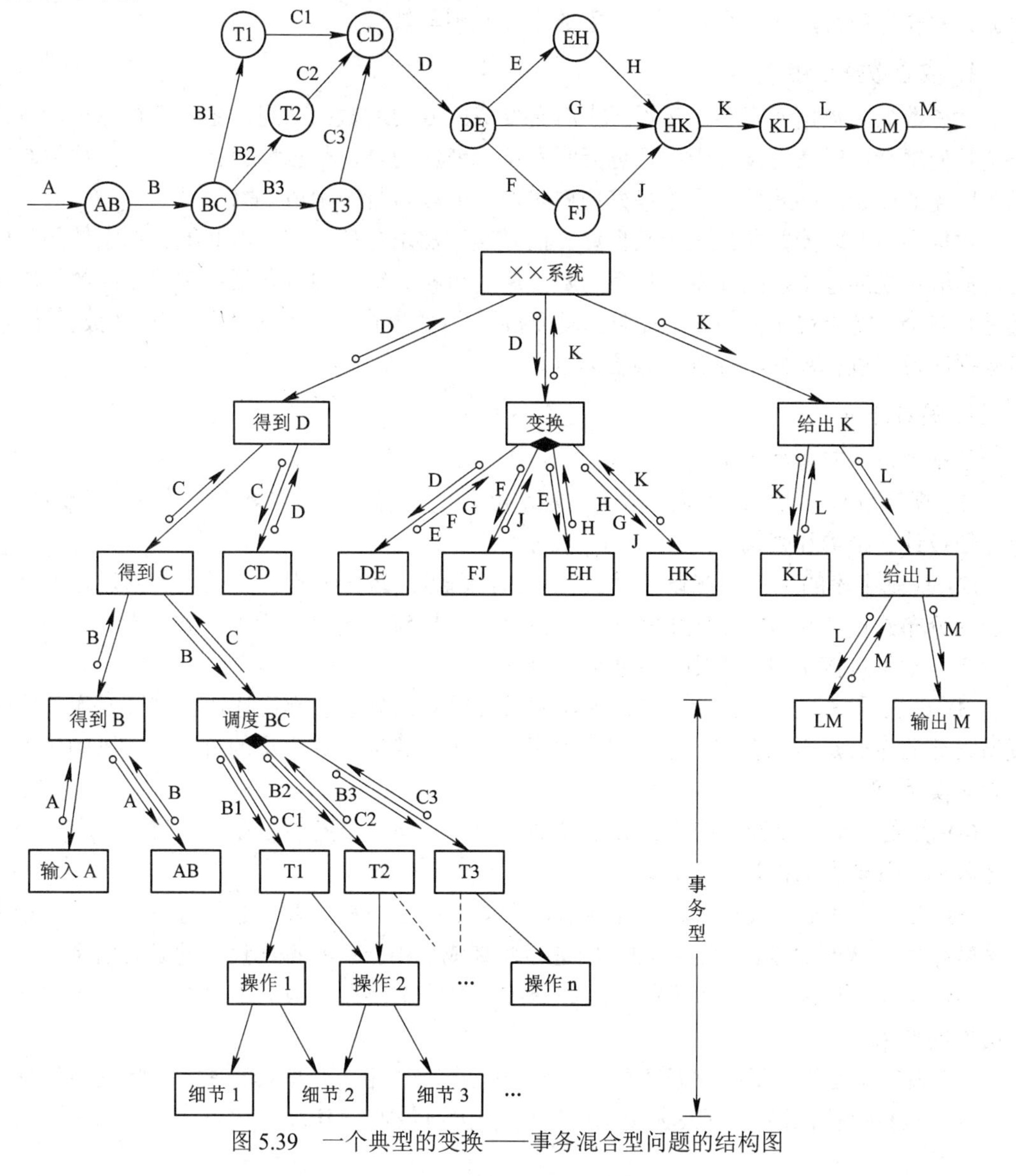

图 5.39　一个典型的变换——事务混合型问题的结构图

5.7 数据库设计

5.7.1 数据库设计的原则

数据库是整个系统的核心，它的设计直接关系到系统执行的效率和系统的稳定性。因此在软件系统开发中，数据库设计应遵循必要的数据库范式理论，以减少冗余、保证数据的完整性与正确性。只有在合适的数据库产品上设计出合理的数据库模型，才能降低整个系统的编程和维护难度，提高系统的实际运行效率。虽然对于小型项目或中等规模的项目开发人员可以很容易地利用范式理论设计出一套符合要求的数据库，但对于一个包含大型数据库的软件项目，就必须有一套完整的设计原则与技巧。

1. 成立数据小组

大型数据库数据元素多，在设计上有必要成立专门的数据小组。由于数据库设计者不一定是使用者，对系统设计中的数据元素不可能考虑周全，数据库设计出来后，往往难以找到所需的库表，因此数据小组最好由熟悉业务的项目骨干组成。

数据小组的职能并非是设计数据库，而是通过需求分析，在参考其他相似系统的基础上，提取系统的基本数据元素，担负对数据库的审核。审核内容包括：审核新的数据库元素是否完全、能否实现全部业务需求；对旧数据库(如果存在旧系统)进行分析及数据转换；对数据库设计进行审核、控制及必要调整。

2. 设计原则

数据库设计应遵循以下设计原则：

(1) 规范命名。所有的库名、表名、域名必须遵循统一的命名规则，并进行必要说明，以方便设计、维护和查询。

(2) 控制字段的引用。在设计时，可以选择适当的数据库设计管理工具，以方便开发人员的分布式设计和数据小组的集中审核管理。采用统一的命名规则，如果设计的字段已经存在，则可直接引用；否则，应重新设计。

(3) 库表重复控制。在设计过程中，如果发现大部分字段都已存在，则开发人员应怀疑所设计的库表是否已存在。通过对字段所在库表及相应设计人员的查询，可以确认库表是否确实重复。

(4) 并发控制。设计中应进行并发控制，即对于同一个库表，在同一时间只有一个人有控制权，其他人只能进行查询。

(5) 必要的讨论。数据库设计完成后，数据小组应与相关人员进行讨论，通过讨论来熟悉数据库，从而对设计中存在的问题进行控制或从中获取数据库设计的必要信息。

(6) 数据小组的审核。库表的定版、修改，最终都要通过数据小组的审核，以保证符合必要的要求。

(7) 头文件处理。每次数据修改后，数据小组要对相应的头文件进行修改(可由管理软件自动完成)并通知相关的开发人员，以便进行相应的程序修改。

3. 设计技巧

数据库设计有以下设计技巧：

(1) 分类拆分数据量大的表。对于经常使用的表(如某些参数表或代码对照表)，由于其使用频率很高，因此要尽量减少表中的记录数量。例如，银行的户主账表原来设计成一张表，虽然可以方便程序的设计与维护，但经过分析发现，由于数据量太大，会影响数据的迅速定位。如果将户主账表分别设计为活期户主账、定期户主账、对公户主账等，则可以大大提高查询效率。

(2) 索引设计。对于大的数据库表，合理的索引能够提高整个数据库的操作效率。在索引设计中，索引字段应挑选重复值较少的字段；在对建有复合索引的字段进行检索时，应注意按照复合索引字段建立的顺序进行。例如，如果对一个 5 万多条记录的流水表以日期和流水号为序建立复合索引，由于在该表中日期的重复值接近整个表的记录数，因此用流水号进行查询所用的时间接近 3 s；而如果以流水号为索引字段建立索引进行相同的查询，则所用时间不到 1 s。因此在大型数据库设计中，只有进行合理的索引字段选择，才能有效提高整个数据库的操作效率。

(3) 数据操作的优化。在大型数据库中，如何提高数据操作效率值得关注。例如，每在数据库流水表中增加一笔业务，就必须从流水控制表中取出流水号，并将其流水号的数值加一。正常情况下，单笔操作的反应速度尚属正常，但当用它进行批量业务处理时，速度会明显减慢。经过分析发现，每次对流水控制表中的流水号数值加一时都要锁定该表，而该表却是整个系统操作的核心，有可能在操作时被其他进程锁定，因而使整个事务操作速度变慢。解决这一问题的办法是，根据批量业务的总笔数批量申请流水号，并对流水控制表进行一次更新，即可提高批量业务处理的速度。另一个例子是对插表的优化。对于大批量的业务处理，如果在插入数据库表时用普通的 Insert 语句，则速度会很慢。其原因在于，每次插表都要进行一次 I/O 操作，花费较长的时间。改进后，可以用 Put 语句等缓冲区形式等满页后再进行 I/O 操作，从而提高效率。对大的数据库表进行删除时，一般会直接用 Delete 语句，这个语句虽然可以进行小表操作，但对大表而言，会因带来大事务而导致删除速度很慢甚至失败。解决该问题的办法是去掉事务，但更有效的办法是先进行 Drop 操作，再进行重建。

(4) 数据库参数的调整。数据库参数的调整是一个经验不断积累的过程，应由有经验的系统管理员完成。以 Informix 数据库为例，记录锁的数目太少会造成锁表的失败，逻辑日志的文件数目太少会造成插入大表失败等，这些问题都应根据实际情况进行必要的调整。

(5) 必要的工具。在整个数据库的开发与设计过程中，可以先开发一些小的应用工具，如自动生成库表的头文件、插入数据的初始化、数据插入的函数封装、错误跟踪或自动显示等，以此提高数据库的设计与开发效率。

(6) 避免长事务。对单个大表的删除或插入操作会带来大事务，解决的办法是对参数进行调整，也可以在插入时对文件进行分割。对于一个由一系列小事务顺序操作共同构成的长事务(如银行交易系统的日终交易)，可以由一系列操作完成整个事务，但其缺点是有可能因整个事务太大而不能完成，或者，由于偶然的意外而使事务重做所需的时间太长。解决该问题较好的方法是把整个事务分解成几个较小的事务，再由应用程序控制整个系统的流程。这样，如果其中某个事务不成功，则只需重做该事务，因而既可节约时间，又可避免长事务。

(7) 适当超前。计算机技术发展日新月异，数据库的设计必须具有一定前瞻性，不但要满足当前的应用要求，还要考虑未来的业务发展，同时必须有利于扩展或增加应用系统的处理功能。

5.7.2 数据库设计过程

数据库设计的主要过程可分为6个阶段：需求分析阶段、概念结构设计阶段、逻辑结构设计阶段、数据库物理设计阶段、数据库实施阶段以及数据库运行和维护阶段。每个阶段的任务如图5.40所示。

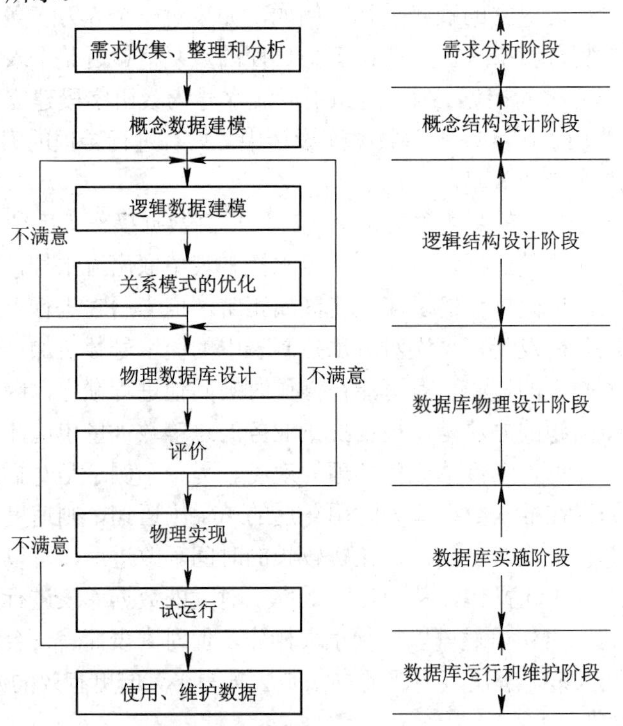

图5.40 数据库设计的主要过程

下面主要对概念结构设计和逻辑结构设计进行详细介绍。

1. 概念结构设计

概念结构设计要借助于某种方便又直观的描述工具。E-R(Entity-Relationship，实体-联系)图是设计概念模型的有力工具。

E-R图用于表示应用领域中的实体及其相互关系。实体指的是一切事物，如学生、课程、教师、机器、零件等。联系是指实现世界中事物之间的相互联系。在信息领域中，像学生和课程这样的实体被称为客观实体，而事物之间的联系被称为联系实体。客观实体和联系实体都拥有自己的性质，被称为属性。无论客观实体还是联系实体，在关系模型中都用关系的一个元组表示。一旦完成了E-R图，就能很容易甚至机械地变换成关系模型中的一些关系模式结构。

在E-R图中，用3种图形分别表示实体、属性和实体之间的联系，其规定如下：

(1) 用矩形框表示实体，框内标明实体名。

(2) 用椭圆形框表示实体的属性，框内标明属性名。

(3) 用菱形框表示实体间的联系，框内标明联系名。

(4) 实体与其属性之间以无向边连接，菱形框与相关实体之间也用无向边连接，并在无向边旁边标明联系的类型。

用 E-R 图可以简单明了地描述实体及其相互之间的联系。实体与实体之间的联系可分为 3 种类型，即“一对一”的联系、“一对多”的联系及“多对多”的联系。

以教务管理系统为例，班长实体集和班级实体集之间是一对一的联系，校长实体集和教师实体集之间是一对多的联系，学生实体集和课程实体集之间是多对多的联系，可以用图 5-41 所示的 E-R 图来表示出这些实体的联系。

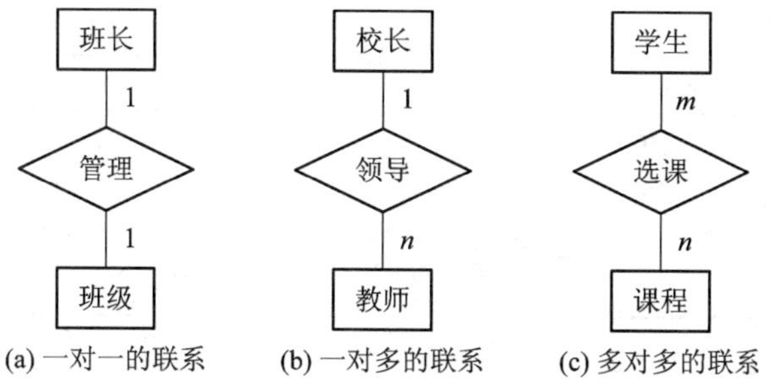

(a) 一对一的联系　(b) 一对多的联系　(c) 多对多的联系

图 5.41　描述实体集联系的 E-R 图

用 E-R 图还可以方便地描述多个实体集之间的联系和一个实体集内部实体之间的联系。例如课程实体集和教师实体集之间是多对多的联系，课程实体集和学生实体集之间是多对多的联系。因此，这 3 个实体集的实体之间的联系可用图 5.42 所示的 E-R 图来表示。而在教师实体集中，在“科研”联系上存在多对多的联系，因为一个课题组长领导若干个组员，而一个教师可能参与几个课题的研究工作，这种联系可以用图 5.43 所示的 E-R 图来描述。

图 5.42　多个实体集联系的 E-R 图　　图 5.43　同一个实体集内实体联系的 E-R 图

在这个例子中，举出的只是最简单的情况。当实际问题比较复杂时，要选择合适的层次来建立分 E-R 图。

利用 E-R 图可以很方便地进行概念结构设计。概念结构设计是对实体的抽象过程，这个过程一般通过以下 3 个步骤来完成。

1) 建立分 E-R 图

建立分 E-R 图的主要工作是对需求分析阶段收集到的数据进行分类、组织，划分实体和属性，确定实体之间的联系。实体和属性之间在形式上并没有可以截然划分的界限，而常常是现实对它们的存在所作的大概的自然划分。这种划分随应用环境的不同而不同，在给定的应用环境下，划分实体和属性的原则如下：

(1) 属性与其所描述的实体之间的联系只能是一对多的。

(2) 属性本身不能再具有需要描述的性质或与其他事物具有联系。

根据以上原则划分属性时，对于能作为属性的应尽量作为属性而不划分为实体，以简化 E-R 图。

例如，在一个简单的教务管理系统中，教师、学生、课程以及班级的实体属性分别如图 5.44(a)～(d)所示。

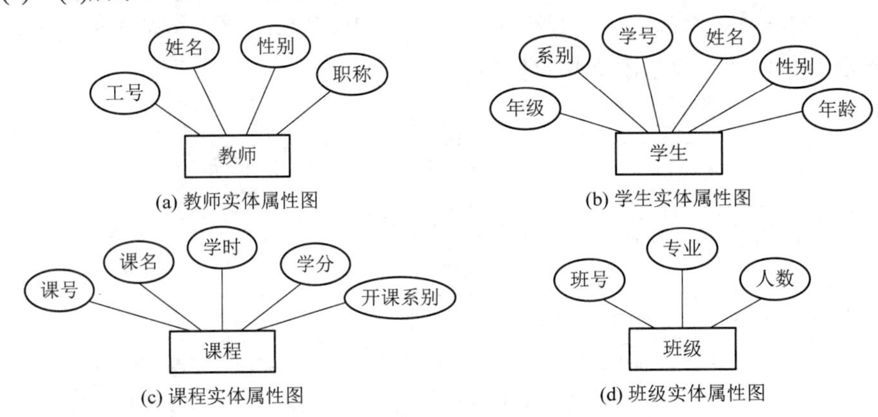

图 5.44 教师、学生、课程、班级的实体属性图

在这些实体型之间有以下几种联系：

(1) “学生-课程”联系，记为“学习”联系，这是多对多的联系。

(2) “教师-课程”联系，记为“讲授”联系，这也是多对多的联系。

(3) “班级-学生”联系，记为“注册”联系，这是一对多的联系。

(4) “教师-班级”联系，记为“讲授”联系，这是一对多的联系。

根据以上分析，可以得到相应的表示这 4 个联系的联系图，这样就可以得到 4 个简单的分 E-R 图，如图 5.45(a)～(d)所示。

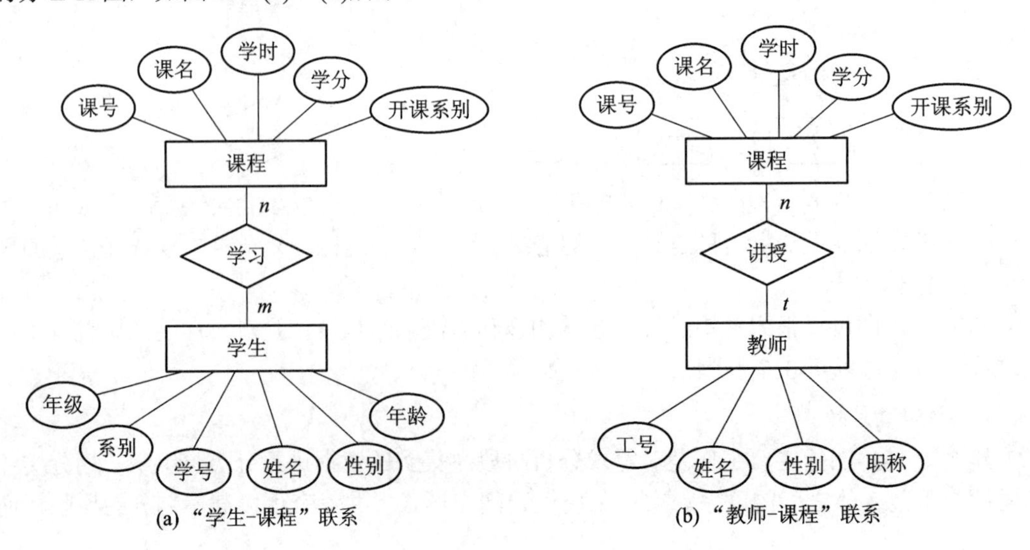

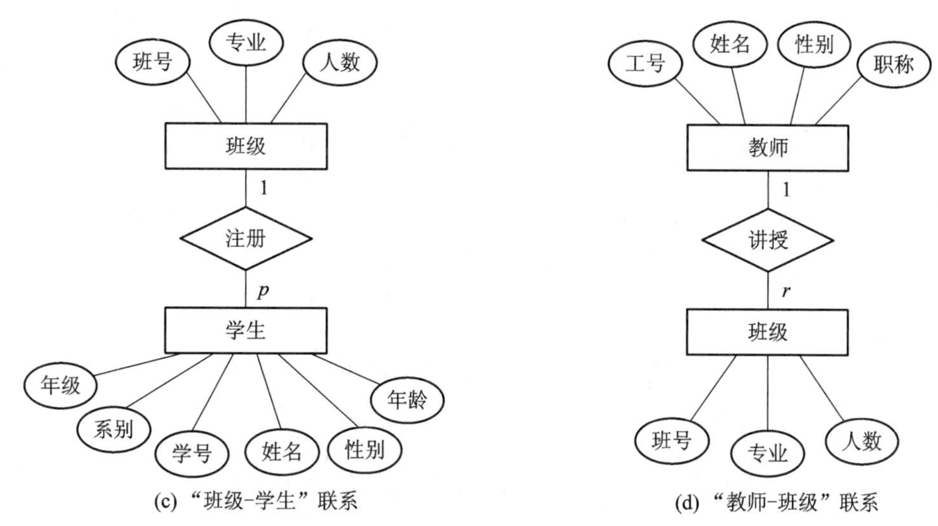

(c)“班级-学生”联系　　(d)“教师-班级”联系

图 5.45　简单的分 E-R 图

2) 设计初步 E-R 图

建立了各分 E-R 图以后，要对它们进行综合，即把各分 E-R 图连接在一起。这一步的主要工作是找出各分 E-R 图之间的联系，而在确定各分 E-R 图的联系时，可能会遇到相互之间不一致的问题，称之为冲突。这是因为分 E-R 图是实际应用问题的抽象，不同的应用通常由不同的设计人员进行概念结构的设计，因此，分 E-R 图之间的冲突往往是不可避免的。冲突可能出现在以下几个方面：

(1) 属性域冲突：同一个属性在不同的分 E-R 图中其值的类型、取值范围等不一致，或者是属性取值单位不同。这需要各部门之间通过协商使之统一。

(2) 命名冲突：属性名、实体名、联系名之间有同名异义或异名同义的问题存在，这显然也是不允许的，需要通过讨论协商解决。

(3) 结构冲突：这主要表现在同一对象在不同的应用中有不同的抽象。例如，同一对象在不同的分 E-R 图中有实体和属性两种不同的抽象。又如，同一实体在不同的分 E-R 图中由不同的属性组成，诸如属性个数不同、属性次序不一致等。再如，相同的实体之间的联系，在不同的分 E-R 图中其类型可能不一样，如在一个分 E-R 图中是一对多的联系，而在另一个分 E-R 图中是多对多的联系。

在综合各分 E-R 图时，必须要处理解决上述各类冲突，从而得到一个集中了各用户的信息要求，为所有用户共同理解和接受的初步的总体模型，即初步的 E-R 图。

3) 设计基本 E-R 图

初步的 E-R 图综合了系统中各用户对信息的要求，但它可能存在冗余的数据和冗余的联系。也就是说，在初步的 E-R 图中可能存在这样的数据和联系，它们分别可以由基本数据和基本联系导出。冗余的数据和联系的存在会破坏数据库的完整性，增加数据库管理的难度，因此，需要加以消除。初步 E-R 图消除了冗余以后，称为基本 E-R 图。

图 5.46 的 E-R 图表明一个学生只能注册在一个班级，一个班级可有多个学生；一个学生可学习多门功课，而一门课程可由多个学生学习；一个教师可讲授多个班级多门课程，而一个班级一门课程只能由一个教师讲授。

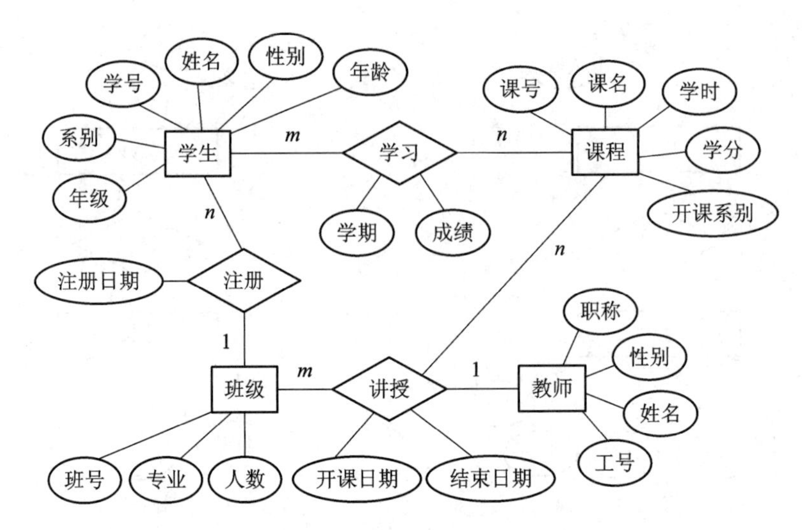

图 5.46 教学环境简化的 E-R 图

E-R 图转换成关系模式是机械式的，例如对于学生实体可得以下关系模式：

学生(学号、姓名、性别)

其中用下画线标识的属性为该关系的主关键字。对于联系实体，如学习可得以下关系模式：

学习(学号、课号、学期、成绩)

其中主关键字为学号、课号、学期，称为组合关键字，它由参与的实体的关键字和学期构成。对于注册这个联系，由于其实体间对应关系为一对多，因此该联系将不生成一个独立的关系模式，而是将班级实体的关键字加入学生关系，即在学生的关系模式中增加一个属性——班号，用以表示这个联系。

2. 逻辑结构设计

为了建立用户所要求的数据库，必须把概念结构转换为某个具体的数据库管理系统所支持的数据模型，这是逻辑结构设计所要完成的任务。

1) 逻辑结构设计的目标

下面以将概念模型转换成关系数据模型为例来说明转换的规则和方法。

把概念模型转换成关系数据模型就是把 E-R 图转换成一组关系模式，它需要完成以下几项工作：

(1) 确定整个数据库由哪些关系模式组成，即确定由哪些“表”组成。

(2) 确定每个关系模式由哪些属性组成，即确定每个“表”中的字段。

(3) 确定每个关系模式中的关键字属性。

2) 逻辑结构设计的规则

根据上述目标，可以采取以下两个规则来完成从概念模型到关系数据模型的转换。

(1) 每一个实体型转换为一个关系模式。首先，以实体名为关系名，以实体的属性为关系的属性；然后，确定关键字属性，这可以通过写出相应实体的属性间的函数依赖关系来找出。

(2) 每个联系分别是转换成一个以联系名为关系名的关系模式，该关系的属性由相关实体所对应的关系模式的主关键字以及联系本身的属性所组成。

同型实体之间的联系转换成一个以联系名为关系名，以实体及其子集的主关键字和联系的属性为属性的关系模式。

E-R 图是概念模型的形象表示，通过 E-R 图可以转换成逻辑模型，即具体的表；在概念模型和逻辑模型的转换过程中有一些原则应该遵守：

(1) E-R 图中的一个实体型即矩形可以转化成一个表，表的名字为实体型的名字，属性为 E-R 图的属性。

(2) 联系的转换。联系可以映射为一个独立的关系模式，属性由联系两端的主码构成。

① 一个 1∶1 联系，也可以将任意一端的主码合并到另一端的实体。

② 一个 1∶n 联系，也可以将“1”端的主码与“n”端所对应的关系模式合并。

③ 一个 m∶n 联系只能映射为一个独立的关系模式。

n 元联系可以转换为多个二元联系，然后再映射成关系模式，也可以将 n 元联系映射为一个关系模式。

【案例 5.3】 根据上面对教务管理系统的概念结构设计(如图 5.46 所示)可得到如下的各表。

学生信息表结构如表 5.2 所示。

表 5.2　学生信息表结构

字段名称	字段类型	字段大小	允许为空	备注
年级	文本	4	是	
系别	文本	14	是	
学号	文本	14	否	关键字段
姓名	文本	8	是	
性别	文本	4	是	
年龄	文本	2	是	
班号	文本	15	否	

课程信息表结构如表 5.3 所示。

表 5.3　课程信息表结构

字段名称	字段类型	字段大小	允许为空	备注
课号	数字	整型	否	关键字段
课名	文本	30	否	
学时	数字	3	否	默认值：0
学分	数字	整型	是	默认值：0
开课系别	文本	20	是	
工号	文本	8	否	

教师信息表结构如表 5.4 所示。

表 5.4 教师信息表结构

字段名称	字段类型	字段大小	允许为空	备注
工号	文本	8	否	关键字段
姓名	文本	8	是	
性别	文本	4	是	
职称	文本	10	是	
课号	数字	整数	否	

班级信息表结构如表 5.5 所示。

表 5.5 班级信息表结构

字段名称	字段类型	字段大小	允许为空	备注
班号	文本	15	否	关键字段
专业	文本	20	是	
人数	数字	2	是	默认值：0
工号	文本	8	否	

学习信息表结构如表 5.6 所示。

表 5.6 学习信息表结构

字段名称	字段类型	字段大小	允许为空	备注
学号	文本	14	否	关键字段
课号	数字	整型	否	关键字段
学期	数字	整型	否	关键字段
成绩	数字	双精度型	是	默认值：0

5.8 总体设计说明书的编写

在概要设计阶段，设计人员完成的主要文档是概要设计说明书，它主要规定软件的结构。概要设计说明书的主要内容包括以下几个方面：

(1) 引言；
(2) 任务概述；
(3) 总体设计；
(4) 接口设计；
(5) 数据结构设计；
(6) 运行设计；
(7) 出错处理设计；
(8) 安全保密设计；
(9) 维护设计。

5.9　实 战 训 练

1. 目的

本实战训练的目的是利用面向数据流分析，进行软件概要设计。

2. 任务

对“图书管理系统”进行面向数据流分析，使之变换成为软件设计图，具体步骤如下：

(1) 根据分析画出还书数据流图，如图 5.47 所示。

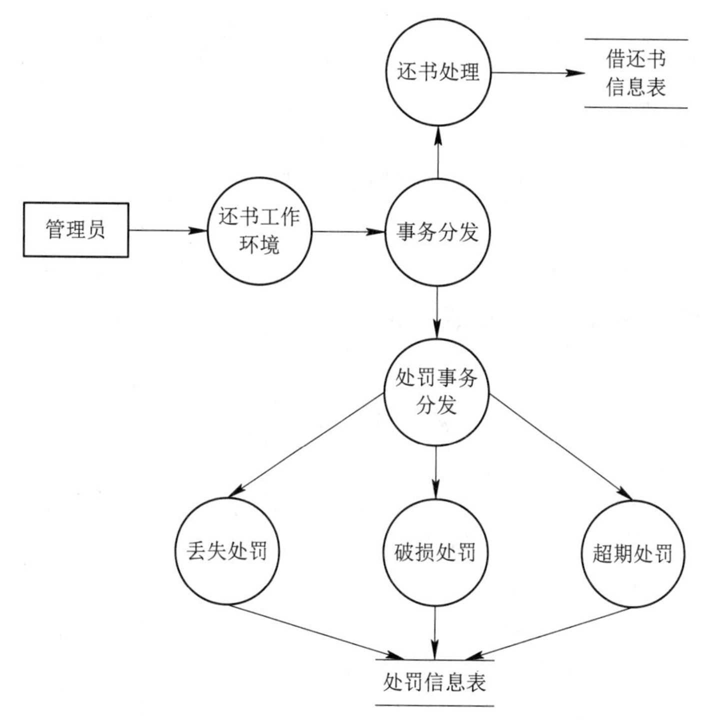

图 5.47　还书数据流图

(2) 确定事务中心，还书子系统的数据流图的事务处理中心是“事务分发”，从它引出两条处理线路，每条事务处理线路都包括信息输入和事务处理。

(3) 确定软件结构图，还书子系统的部分结构设计图如图 5.48 所示。

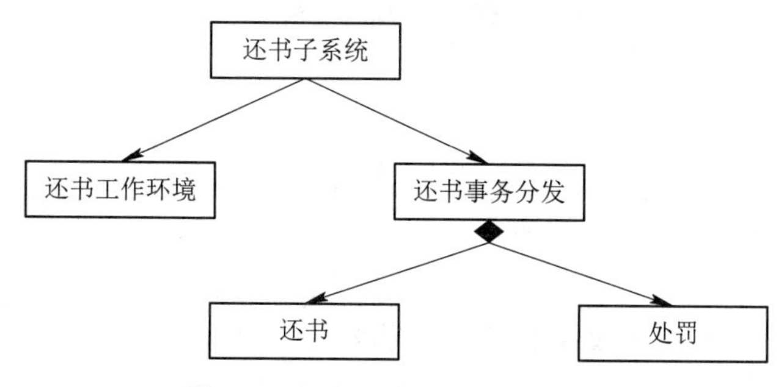

图 5.48　还书子系统部分结构设计

(4) 建立“图书管理系统”的部分软件结构图，如图5.49所示。

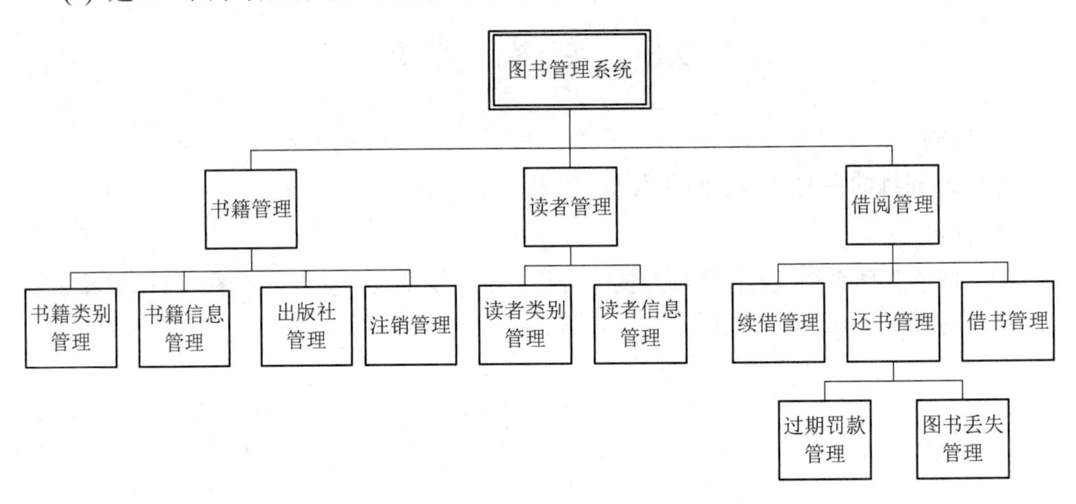

图5.49 “图书管理系统”的部分软件结构图

3. 讨论

在实战训练中利用面向数据流的分析方法，首先找出事务中心，然后逐步转换出软件不同层次的结构图，最后给出总体设计结构。

本 章 小 结

软件设计是把需求定义转化为软件系统的最重要的环节，是后续开发步骤及软件维护工作的基础。如果没有软件设计，则只能建立一个不稳定的系统结构，软件设计质量的优劣在根本上决定了软件系统的质量。

软件的总体设计是将软件需求转换为软件表示的过程。软件的总体设计应遵循相应的设计原则，特别是要保证模块的独立性。软件系统的模块化是指整个软件被划分成若干单独命名和可编址的部分，称之为模块。在软件的体系结构中，这些模块可以被组装起来以满足整个问题的需求。把问题/子问题的分解与软件开发中的系统/子系统或系统/模块对应起来，就能够把一个大而复杂的软件系统划分成易于理解的比较单纯的模块结构。

习 题 5

一、选择题

1. 软件的开发工作经过需求分析阶段，进入(A)以后，就开始着手解决“怎么做”的问题。常用的软件设计方法有(B)、(C)、(D)、(E)等方法。

供选择的答案：

A、B. ① 程序设计；② 设计阶段；③ 总体设计；④ 定义阶段；⑤ SD方法；⑥ SP方法

C. ① Jackson 方法；② 瀑布法；③ 快速原型法；④ 回溯法

D、E. ① LCP(Wanier)方法；② 递归法；③ Parnas 方法；④ 自下而上修正；⑤ 逐步求精法；⑥ 检测校正法

2. 将下述有关模块独立性的各种模块之间的耦合，按其耦合度从低到高排列起来。

① 内容耦合；② 控制耦合；③ 非直接耦合；④ 标记耦合；⑤ 数据耦合；⑥ 外部耦合；⑦ 公共耦合

3. 请将下述有关模块独立性的各种模块内聚，按其内聚度(强度)从高到低排列起来。

① 巧合内聚；② 时间内聚；③ 功能内聚；④ 通信内聚；⑤ 逻辑内聚；⑥ 信息内聚；⑦ 过程内聚

4. 从供选择的答案中选出正确的答案填入下列叙述中的(　　)内。

模块内聚性用于衡量模块内部各成分之间彼此结合的紧密程度。

(1) 一组语句在程序中多处出现，为了节省内存空间把这些语句放在一个模块中，该模块的内聚性是(　A　)的。

(2) 将几个逻辑上相似的成分放在同一个模块中，通过模块入口处的一个判断决定执行哪一个功能。该模块的内聚性是(　B　)的。

(3) 模块中所有成分引用共同的数据，该模块的内聚性是(　C　)的。

(4) 模块内的某成分的输出是另一些成分的输入，该模块的内聚性是(　D　)的。

(5) 模块中所有成分结合起来完全一项任务，该模块的内聚性是(　E　)的。它具有简明的外部界面，由它构成的软件易于理解、测试和维护。

供选择的答案：

A～E. ① 功能内聚；② 信息内聚；③ 通信内聚；④ 过程内聚；⑤ 巧合内聚；⑥ 时间内聚；⑦ 逻辑内聚

5. 从供选择的答案中选出正确的答案填入下面的(　　)中。

块间联系和块内联系是评价程序模块结构质量的重要标准。联系的方式、共用信息的作用、共用信息的数量和接口的(　A　)等因素决定了块间联系的大小。在块内联系中，(　B　)的块内联系最强。

SD 方法的总的原则是使每个模块执行(　C　)功能，模块间传送(　D　)参数，模块通过(　E　)语句调用其他模块，而且模块间传送的参数应尽量(　F　)。

此外，SD 方法还提出了判定的作用范围和模块的控制范围等概念。SD 方法认为，(　G　)应该是(　H　)的子集。

供选择的答案：

A. ① 友好性；② 健壮性；③ 简单性；④ 安全性

B. ① 巧合内聚；② 功能内聚；③ 通信内聚；④ 信息内聚

C. ① 一个；② 多个

D. ① 数据型；② 控制型；③ 混合型

E. ① 直接引用；② 标准调用；③ 中断；④ 宏调用

F. ① 少；② 多

G、H. ① 作用范围；② 控制范围

6. 从供选择的答案中选出应该填入下列关于软件设计的叙述的(　　)内的正确答案。

在众多的设计方法中，SD 方法是最受人注意的，也是应用最广泛的一种方法，这种方法可以同分析阶段的(A)方法及编程阶段的(B)方法前后衔接，SD 方法是考虑如何建立一个结构良好的程序结构，它提出了评价模块结构质量的两个具体标准——块间联系和块内联系。SD 方法的最终目标是(C)，用于表示模块间调用关系的图叫(D)。

另一种比较著名的设计方法是以信息隐蔽为原则划分模块，这种方法叫(E)方法。

供选择的答案：

A、B. ① Jackson；② SA；③ SC；④ Parnas；⑤ SP

C. ① 块间联系大，块内联系大；② 块间联系大，块内联系小；③ 块间联系小，块内联系大；④ 块间联系小，块内联系小

D. ① PAD；② HCP；③ SC；④ SADT；⑤ HIPO；⑥ NS

E. ① Jackson；② Parnas；③ Turing；④ Wirth；⑤ Dijkstra

7. 从供选择的答案中选出应该填入下列关于软件设计的叙述的( )内的正确答案。

在完成软件概要设计，并编写出相关文档之后，应当组织对概要设计工作进行评审。评审的内容包括：

分析该软件的系统结构、子系统结构，确认该软件设计是否覆盖了所有已确定的软件需求，软件每一成分是否可(A)到某一项需求。分析软件各部分之间的联系，确认该软件的内部接口与外部接口是否已经明确定义。模块是否满足(B)和(C)的要求。模块(D)是否在其(E)之内。

供选择的答案：

A. ① 覆盖；② 演化；③ 追溯；④ 等同；⑤ 连接

B. ① 多功能；② 高内聚；③ 高耦合；④ 高效率；⑤ 可读性

C. ① 多入口；② 低内聚；③ 低耦合；④ 低复杂度；⑤ 低强度

D、E. ① 作用范围；② 高内聚；③ 低内聚；④ 取值范围；⑤ 控制范围

二、简答题

1. 完成良好的软件设计应遵循哪些原则？
2. 如何理解模块独立性？用什么指标来衡量模块独立性？
3. 举例说明你对概要设计的理解。有不需要概要设计的情况吗?
4. 如何运用启发规则进行软件结构的设计和优化？

第 6 章　软件详细设计

本章主要内容：

- 详细设计的任务
- 详细设计的原则
- 详细设计的方法和工具
- 接口设计
- 详细设计说明书的编写与复审
- 案例分析

本阶段的产品：详细设计说明书、软件测试计划
参与角色：软件设计工程师、程序员

总体设计阶段是以比较抽象概括的方式提出了解决问题的办法；而详细设计阶段的任务是将解决问题的办法具体化。详细设计是软件设计的第二个阶段，该阶段的主要目的是在体系结构设计的基础上，为软件中的每个模块确定相应的算法及内部数据结构，获得目标系统具体实现的精确描述，为编码工作做好准备。一个常见的错误观念是，当程序员编写程序时，他坐下来就开始编写代码。这种现象在一些小的、不正规的软件作坊中可能发生，但是对于稍大一些的程序而言，就必须要有一个设计过程来规划软件如何编写。

详细设计虽然没有具体地进行程序的编写，但是却对软件实现的详细步骤进行了精确的描述，因此详细设计基本决定了最终的程序代码的质量。

6.1　详细设计的任务

详细设计首先要对系统的模块做概要性的说明，设计详细的算法、每个模块之间的关系以及如何实现算法等。详细设计的主要任务有以下几点：

(1) 模块的算法设计。确定每个模块采用的算法，选择适当的工具描述算法，包括公式、边界和特殊条件，甚至包括参考资料、引用的出处等。

(2) 确定每个模块的内部数据结构及数据库的物理结构。

(3) 确定模块接口的具体细节，包括对系统外部的接口和用户界面，对系统内部其他模块的接口，以及模块输入数据、输出数据及局部数据的全部细节。

(4) 为每个模块设计一组测试用例，以便在编码阶段对模块代码进行预定的测试。模

块的测试用例是软件测试计划的重要组成部分，通常包括输入数据、预期结果等内容。

(5) 编写详细设计说明书，参加复审。

6.2 详细设计的原则

为了能够使模块的逻辑描述清晰准确，在详细设计阶段应遵循下列原则：

(1) 将保证程序的清晰度放在首位。由于详细设计的文档很重要，因此模块的逻辑描述要清晰易读、正确可靠。

(2) 设计过程中应采用逐步细化的实现方法，自顶向下逐步细化。

(3) 选择适当的表达工具。

6.3 详细设计的方法

详细设计(也叫过程设计)中采用的典型方法是结构化程序设计(SP)方法，最早是由E.W.Dijkstra在20世纪60年代中期提出的。详细设计并不是具体地编程序，而是细化出很容易从中产生程序的图纸。详细设计的结果基本上决定了最终程序的质量。

为了提高软件的质量，延长软件的生存期，必须保证软件具有可测试性和可维护性。软件的可测试性、可维护性与程序的易读性有很大关系。详细设计的目标不仅是逻辑上正确地实现每个模块的功能，还应使设计出的处理过程清晰易读。结构化程序设计是实现该目标的关键技术之一，它指导人们用良好的思想方法开发易于理解、易于验证的程序。结构化程序设计方法有以下几个基本要点。

1. 采用自顶向下、逐步求精的程序设计方法

在需求分析、总体设计中都采用了自顶向下、逐层细化的方法。在详细设计中，虽然处于“具体”设计阶段，但在设计某个模块内部的处理过程时，仍可以逐步求精，降低处理细节的复杂度。

2. 使用3种基本控制结构构造程序

任何程序都可由顺序、选择及循环3种基本控制结构构造。这3种基本结构的共同点是单入口、单出口。它不但能有效地限制使用GOTO语句，还创立了一种新的程序设计思想、方法和风格，同时为自顶向下、逐步求精的设计方法提供了具体的实施手段。对一个模块处理过程细化时，开始是模糊的，可以用下面3种方式对模糊过程进行分解：

(1) 用顺序方式对过程分解，确定各部分的执行顺序；

(2) 用选择方式对过程分解，确定某个部分的执行条件；

(3) 用循环方式对过程分解，确定某个部分进行循环的开始和结束的条件。

对处理过程仍然模糊的部分反复使用以上分解方法，最终可将所有细节确定下来。

3. 主程序员的组织形式

主程序员的组织形式是指开发程序的人员应以一个主程序员(负责全部技术活动)、一

个后备程序员(协调、支持主程序员)和一个程序管理员(负责事务性工作，如收集、记录数据，管理文档资料等)为核心，再加上一些专家(如通信专家、数据库专家)和其他技术人员组成。

这种组织形式突出了主程序员的领导，设计责任集中在少数人身上，有利于提高软件质量，并且能有效地提高软件生产率。这种组织形式最先由 IBM 公司实施，随后其他软件公司也纷纷采用主程序员制的工作方式。

6.4　详细设计可采用的工具

1. 程序流程图

程序流程图是最早出现且使用较为广泛的算法表达工具之一，它能够有效地描述问题求解过程中的逻辑结构。程序流程图中的方框表示一个处理过程，菱形代表一个逻辑判断，箭头代表控制流。程序流程图中经常使用的基本符号见图 6.1。

图 6.1　程序流程图中的基本符号

为使程序流程图支持结构化程序设计，限制在程序流程图中只能使用下列 5 种基本控制结构。

1) 顺序型

顺序型由几个连续的处理步骤依次排列构成，如图 6.2 所示。

2) 选择型

选择型是指由某个逻辑判断式的取值决定选择两个处理中的哪一个，如图 6.3 所示。

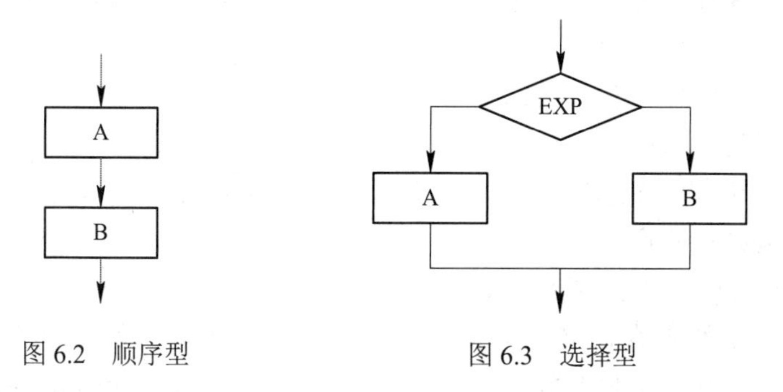

图 6.2　顺序型　　图 6.3　选择型

3) 多分支型选择结构

多分支型选择结构列举出多种处理，根据判定条件的取值，选择其一执行，如图 6.4 所示。

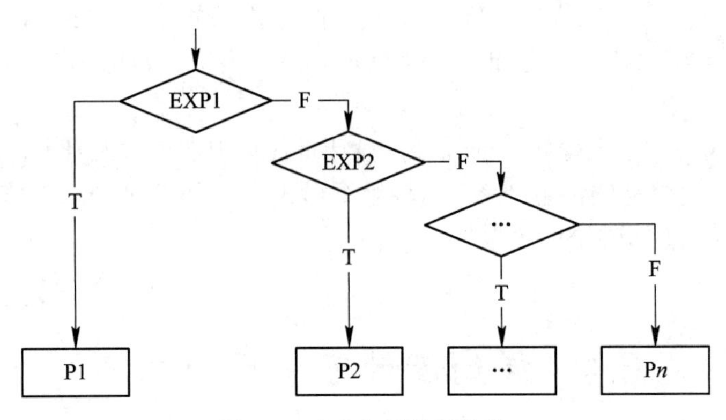

图 6.4　多分支型选择结构

4) WHILE 型循环

WHILE 型循环(也称“当型”循环)是先判定型循环，在循环控制条件成立时，重复执行特定的处理，如图 6.5 所示。

5) UNTIL 型循环

UNTIL 型循环(也称直到型循环)是后判定型循环，重复执行某些特定的处理，直到控制条件成立为止，如图 6.6 所示。

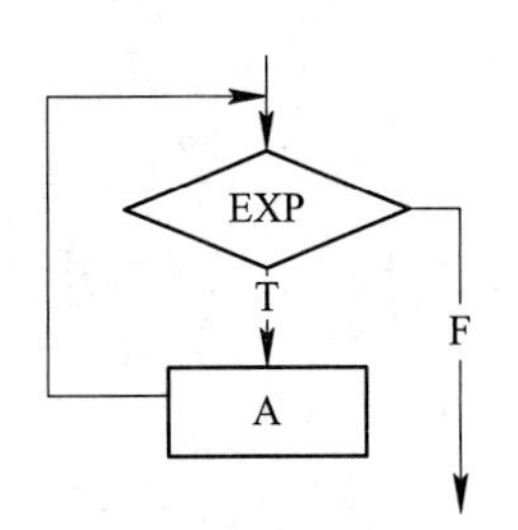

图 6.5　WHILE 型循环

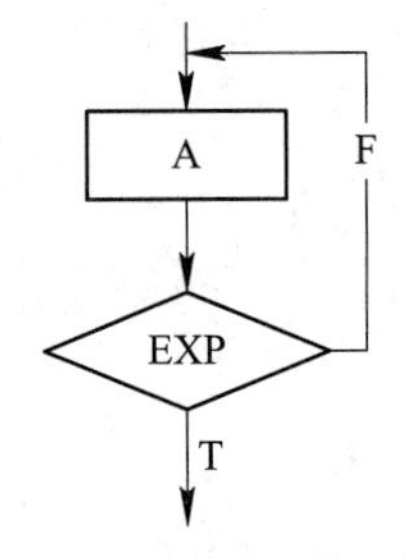

图 6.6　UNTIL 型循环

程序流程图的主要优点在于对程序的控制流程描述直观、清晰，使用灵活，便于阅读和掌握。但随着程序设计方法的发展，程序流程图的许多缺点逐渐暴露出来。

程序流程图的主要缺点如下：

(1) 程序流程图中可以随心所欲地使用流程线，容易造成程序控制结构的混乱，与结构化程序设计的思想相违背。

(2) 程序流程图难以描述逐步求精的过程，容易导致程序员过早地考虑程序的控制流程而忽略程序全局结构的设计。

(3) 程序流程图难以表示系统中的数据结构。

正是由于程序流程图存在这些缺点，因此越来越多的软件设计人员放弃了对它的使用，而去选择其他一些更有利于结构化设计的表达工具，下面所介绍的 N-S 图和 PAD 图就是其中的两种图形工具。

【案例 6.1】 对学生成绩管理系统中的学生成绩自动生成模块进行详细设计，采用程序流程图进行描述，如图 6.7 所示。

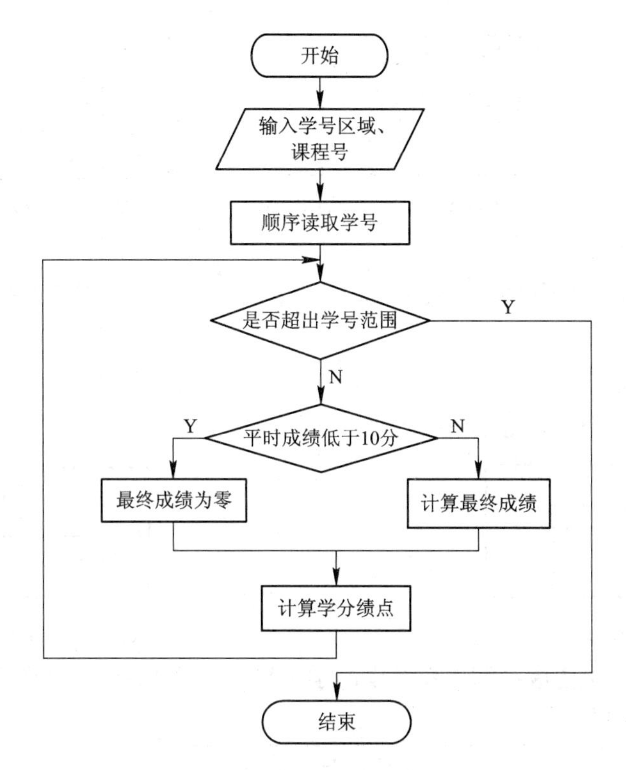

图 6.7　学生成绩自动生成模块流程图

功能描述：根据期末试卷的成绩自动生成最终成绩并记录学分。学生的最终成绩由平时成绩和期末试卷成绩两部分构成。平时成绩和期末试卷成绩已经过换算，当平时成绩低于 10 分时，学生的最终成绩记为零分。

2. N-S 图

N-S 图又称为盒图，它是为了保证结构化程序设计而由 Nassi 和 Shneiderman 共同提出的一种图形工具。在 N-S 图中，所有的程序结构均使用矩形框表示，它可以清晰地表示结构中的嵌套及模块的层次关系。由于 N-S 图中没有流程线，不可能随意转移控制，因而表达出的程序结构必然符合结构化程序设计的思想，有利于培养软件设计人员的良好设计风格。但当所描述的程序嵌套层次较多时，N-S 图的内层方框会越画越小，不仅影响可读性而且不易修改。

N-S 图中，为了表示 5 种基本控制结构，也规定了 5 种图形构件。

1) 顺序型

在顺序型结构中，先执行 A，后执行 B，如图 6.8 所示。

2) 选择型

在选择型结构中，如果条件成立，则可执行 T 下面 A 的内容，当条件不成立时，则执行 F 下 B 的内容，如图 6.9 所示。

3) 多分支选择型

判断 CASE 条件，与值 1 匹配上，执行 CASE1 部分，与值 2 匹配上，执行 CASE2 部分，依次类推，如图 6.10 所示。

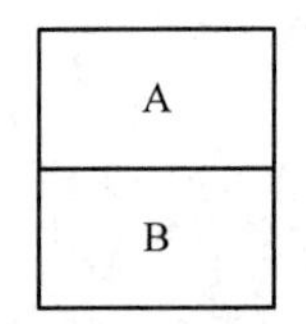

图 6.8 顺序型结构

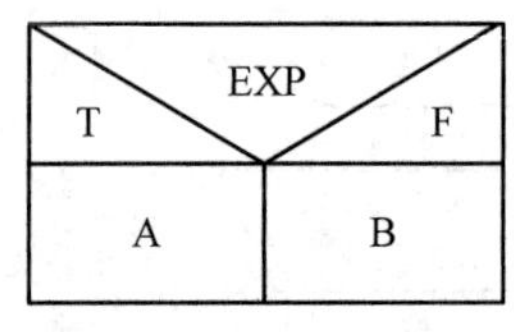

图 6.9 选择型结构

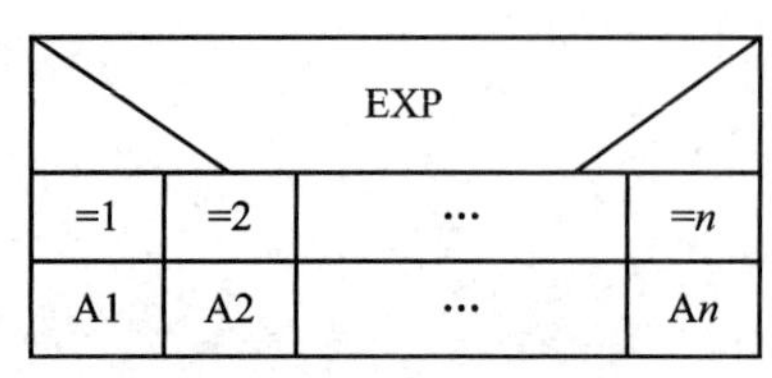

图 6.10 多分支选择型结构

4) WHILE 重复型

在 WHILE 型循环结构中，先判断 EXP 的值，再执行 S。其中 EXP 是循环条件，S 是循环体，如图 6.11 所示。

5) UNTIL 重复型

在 UNTIL 型循环结构中，先执行 S，后判断 EXP 的值，如图 6.12 所示。

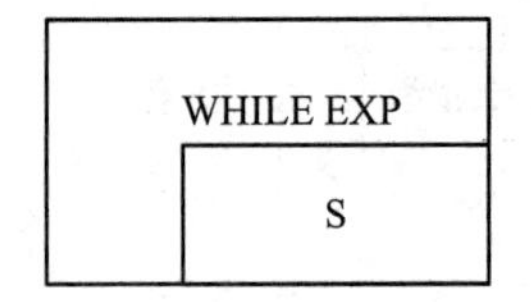

图 6.11 WHILE 型循环结构

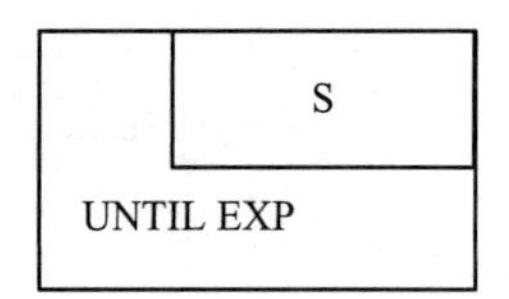

图 6.12 UNTIL 型循环结构

【案例 6.2】 对学生成绩管理系统中的学生班级成绩模块进行详细设计，采用 N-S 图进行描述，如图 6.13 所示。

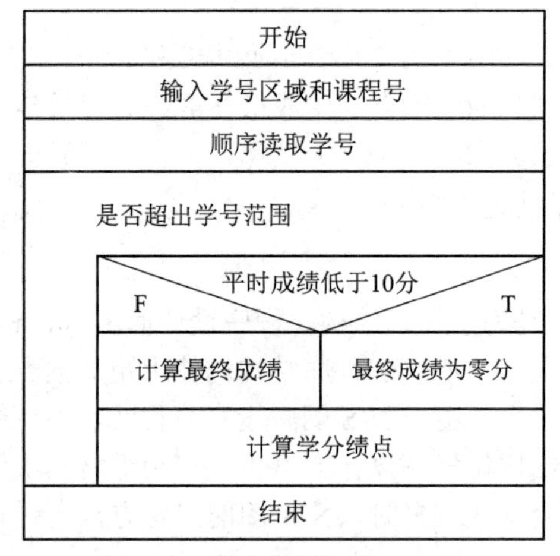

图 6.13 学生成绩计算 N-S 图

功能描述：期末试卷的成绩自动生成最终成绩并记录学分。学生最终成绩由平时成绩和期末试卷成绩两部分构成。平时成绩和期末试卷成绩已经过换算，当平时成绩低于 10 分时，学生最终成绩记为零分。

3. PAD

PAD 是问题分析图(Problem Analysis Diagram)的英文缩写，是 1973 年由日本日立公司提出的。PAD 是用结构化程序设计思想表现程序逻辑结构的图形工具，现已被 ISO 认可。

PAD 用二维树形结构的图来表示程序的控制流，也设置了 5 种基本控制结构的图示，并允许递归使用。

(1) 顺序型。按顺序先执行 A，再执行 B，如图 6.14 所示。

(2) 选择型。图 6.15 给出了判断条件为 P 的选择型结构。当 P 为真值时，执行上面的 S1 框中的内容；P 取假值时，执行下面的 S2 框中的内容。如果这种选择型结构只有 S1 框，没有 S2 框，则表示该选择结构中只有 THEN 后面有可执行语句 S1，没有 ELSE 部分。

图 6.14　顺序型结构　　图 6.15　选择型结构

(3) 多分支型选择结构。如图 6.16 所示，多分支选择型是 CASE 型结构。当判定条件 P 等于 1 时，执行 A1 框的内容，P 等于 2 时，执行 A2 框的内容……P 等于 *n* 时执行 A*n* 框的内容。

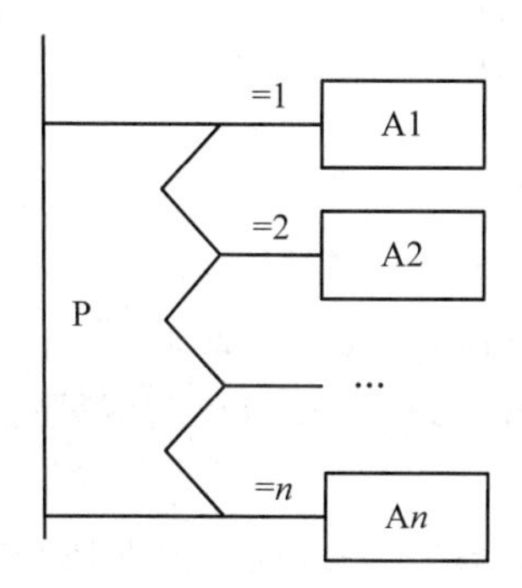

图 6.16　多分支型选择结构

(4) WHILE 型循环结构。如图 6.17 所示，P 是循环判断条件，S 是循环体。循环判断条件框的右端为双纵线，表示该矩形域是循环条件，以区别于一般的矩形功能域。

(5) UNTIL 型循环结构。如图 6.18 所示，P 是循环判断条件，S 是循环体。循环判断条件框的右端为双纵线，表示该矩形域是循环条件，以区别于一般的矩形功能域。

图 6.17　WHILE 型循环结构　　图 6.18　UNTILE 型循环结构

随着程序层次的增加，PAD 逐渐向右展开，有时可能会超过一页纸。为解决此问题，PAD 增加了一种如图 6.19 所示的扩充形式。当模块 A 较复杂时，可在图 6.19 中该模式相应位置的矩形框中简记为“NAME A”，再在另外一张纸上详细描述 A 的细节，格式为 def 加双下画线，意为“定义 A”或“对 A 细化”。

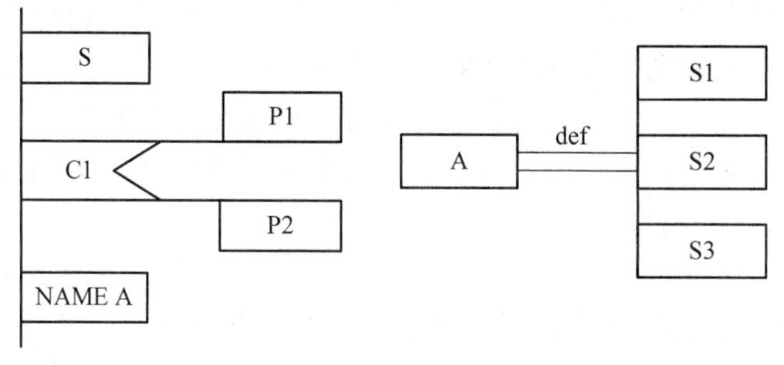

图 6.19　扩充形式

【案例 6.3】 对学生成绩管理系统中的学生班级成绩模块进行详细设计，采用 PAD 图进行描述，如图 6.20 所示。

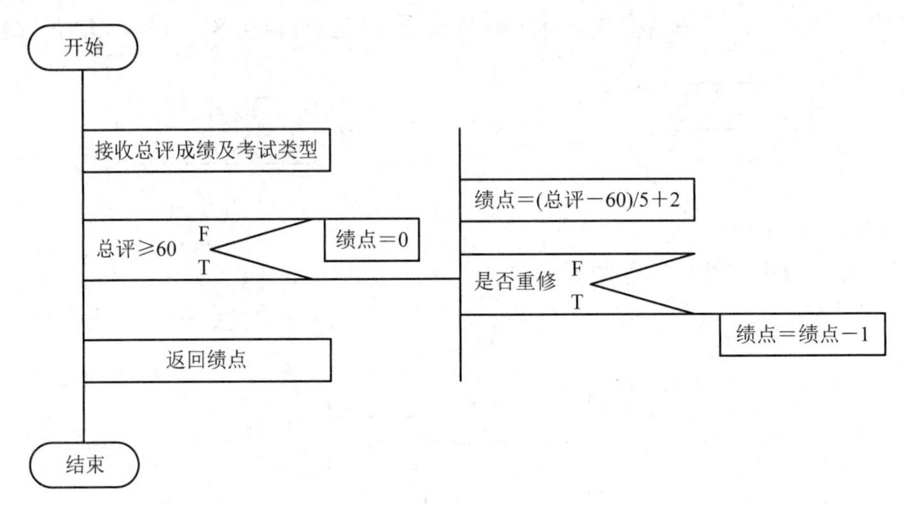

图 6.20 学生成绩计算 PAD

功能描述：期末试卷的成绩自动生成最终成绩并记录学分。学生最终成绩由平时成绩和期末试卷成绩两部分构成。平时成绩和期末试卷成绩已经过换算，当平时成绩低于 10 分时，学生最终成绩记为零分。

PAD 采用了易于使用的树形结构图形符号，既利于清晰地表达程序结构，又利于修改。

PAD 的主要优点如下：

(1) 使用 PAD 描述的程序结构层次清晰，逻辑结构关系直观、易读、易记、易修改。使用表示结构化的 PAD 符号设计出来的程序必然是结构化程序。

(2) PAD 为多种常用高级语言提供了相应的图形符号，每种控制语句都与一个专门的图形符号相对应，易于 PAD 向高级语言源程序转换。这种转换可用软件工具自动完成，从而可省去人工编码的工作，有利于提高软件的可靠性和软件生产率。

(3) 支持自顶向下、逐步求精的设计过程。开始时设计者可以定义一个抽象的程序，然后随着设计工作的深入而使用 def 符号逐步增加细节，直至完成详细设计。

(4) 既能够描述程序的逻辑结构，又能够描述系统中的数据结构。

4. PDL

过程设计语言(Process Design Language，PDL)是一种用于描述程序算法和定义结构的伪代码。PDL 的构成与用于描述加工的结构化语言相似，是一种兼有自然语言和结构化程序设计语言语法的“混合型”语言。采用自然语言使算法的描述灵活自由、清晰易懂，采用结构化程序设计语言使控制结构的表达具有固定的形式且符合结构化设计的思想。PDL 与结构化语言的主要区别在于：由于 PDL 表达的算法是编码的直接依据，因此其语法结构更加严格并且处理过程更加具体详细。

PDL 的主要特点如下：

(1) 各种定义语句及控制结构的表达都具有严格的语法形式，使程序结构、数据说明等更加清晰。

(2) 提供了数据说明机制，可用于定义简单及复杂的数据结构。

(3) 提供了模块的定义和调用机制，方便了程序模块化的表达。

PDL 的主要定义语句及基本控制结构的表达如下：

(1) 定义语句。

① 数据定义：

```
DECLARE 属性变量名……
```

属性包括：整型、实型、双精度型、字符型、指针、数组、结构等类型。

② 模块定义：

```
PROCEDURE 模块名(参数)
RETURN
END
```

(2) 基本控制结构。

① 顺序控制结构。顺序结构的语句序列采用自然语言进行描述：

```
语句序列 S1
语句序列 S2
⋮
语句序列 Sn
⋮
```

② 选择结构：

• IF…ELSE 结构：

```
IF 条件                          IF 条件
  语句序列 Sl          或             语句序列 S
ELSE                              ENDIF
     语句序列 S2
ENDIF
```

• 多分支结构：

```
IF 条件 1
          语句序列 Sl
ELSE   IF 条件 2
          语句序列 S2
   ⋮
       ELSE
          语句序列 Sn
       ENDIF
```

• CASE 结构：

```
CASE 表达式 OF
CASE 取值 1
          语句序列 S1
CASE 取值 2
```

```
            语句序列 S2
    ELSE 语句序列 Sn
      ⋮
    ENDCASE
```

③ 循环结构。

• FOR 结构：

```
FOR 循环变量 = 初值 TO 终值
    循环体 S
ENDFOR
```

• WHILE 结构：

```
WHILE 条件
    循环体 S
ENDWHILE
```

• UNTIL 结构：

```
REPEAT
    循环体 S
UNTL 条件
```

④ 输入/输出语句。

• 输入语句：

```
GET(输入变量表)
```

• 输出语句：

```
PUT(输出变量表)
```

⑤ 模块调用语句。

```
CALL 模块名(参数)
```

6.5 详细设计工具的选择

为满足过程描述易于理解、复审和维护进而过程描述能够自然地转换成代码，并保证详细设计与代码完全一致的原则，要求设计工具具有下述属性。

(1) 模块化：支持模块化软件的开发，并提供描述接口的机制。

(2) 简洁：设计描述易学、易用和易读。

(3) 便于编辑：支持后续设计和维护以及在维护阶段对设计进行的修改。

(4) 机器可读性：设计描述能够直接输入，并且很容易被计算机辅助设计工具识别。

(5) 可维护性：详细设计应能够支持各种软件配置项的维护。

(6) 自动生成报告：设计者通过分析详细设计的结果来改进设计。通过自动处理器产生有关的分析报告，进而增强设计者在这方面的能力。

(7) 强制结构化：详细设计工具能够强制设计者采用结构化构件，有助于采用优秀的设计。

(8) 数据表示：详细设计具备表示局部数据和全局数据的能力。

(9) 逻辑验证：软件测试的最高目标是能够自动检验设计逻辑的正确性，所以设计描述应易于进行逻辑验证，进而增强可测试性。

(10) 编码能力：可编码能力是一种设计描述，研究代码自动转换技术可以提高软件效率和减少出错率。

6.6　接口设计

接口设计一般包括以下 3 个方面：

(1) 软件构件与构件之间的接口设计，如构件之间的参数传递等。

(2) 软件内部与协作系统之间的接口设计，如构件与其他外部实体的接口等。

(3) 软件与使用者之间的通信方式，如用户界面设计等。

本节主要讨论用户界面设计。

6.6.1　用户界面设计的意义及任务

用户界面也称为人机界面，是用户与计算机或手机等终端设备交流的媒介。用户只能通过显示屏界面了解并掌控操作运行的系统，人机界面设计非常重要。

界面设计主要包括界面对话设计、数据输入界面设计、屏幕显示设计、控制界面设计等，是计算机科学、心理学、视觉艺术等多门学科的综合。

用户界面设计的分析设计应与软件需求分析同步进行。其主要任务如下：

(1) 用户特性分析，主要是建立用户模型，了解所有用户的技能和经验，针对用户能力设计或更改界面。可从两方面分析：一是用户类型，通常分为外行型、初学型、熟练型、专家型；二是用户特性度量，与用户使用模式和用户群体能力有关，包括用户使用频度、用户用机能力、用户的知识和思维能力等。

(2) 界面的功能任务分析。建立任务模型数据流图(Data Flow Diagram，DFD)，对系统内部活动的分解，不仅要进行功能分解(用 DFD 描述)，还要包括与人相关的活动，每个加工即一个功能或任务。

(3) 确定用户界面类型，并根据其特点借助工具具体进行分析与设计。

6.6.2　用户界面设计的主要问题

在设计用户界面的过程中，一般经常会遇到 4 个问题：系统响应时间、用户帮助设施、出错信息处理和命令交互。但是，许多设计者直到设计过程后期才开始考虑这些问题，这样往往导致不必要的反复、项目延期以及使用户产生挫折感。最好在设计初期就考虑这些问题，这样易修改，代价也低。

1. 系统响应时间

一般来说，系统响应时间是指从用户完成某个控制动作(例如按回车键或单击鼠标)，到软件给出预期的响应(输出或做动作)之间的这段时间。系统响应时间过长是许多交互式系统用户常抱怨的问题。

系统响应时间有两个重要属性：长度和易变性。

如果系统响应时间过长，用户就会感到紧张和沮丧。但是，当用户的工作速度是由人机界面决定的时候，如果系统响应时间过短，就会迫使用户加快操作节奏，从而可能犯错误。

易变性指系统响应时间相对于平均响应时间的偏差，在许多情况下，这是系统响应时间的更重要的属性。即使系统响应时间较长，响应时间易变性低也有助于用户建立起稳定的工作节奏。例如，稳定时间在 1 s 的响应时间比在 0.1～2.5 s 变化的响应时间要好。用户往往比较敏感，他们总是担心响应时间的变化暗示系统工作出现异常。

2. 用户帮助设施

交互式系统的每个用户几乎都需要帮助，当遇到复杂问题时甚至需要查看用户手册以得到答案。大多数现代软件都提供联机帮助设施，这使得用户可以不离开用户界面就解决自己的问题。

常见的帮助设施有两类：集成的和附加的。集成的帮助设施从一开始就设计在软件里面，它通常对用户工作是敏感的，因此用户可以从与刚刚完成的操作有关的主题中选择一个，请求帮助。显然，这可以缩短用户获取帮助的时间，增加界面的友好性。附加的帮助设施是在系统建成后再添加到软件中的，大多数情况下，它实际上是一种查询能力有限的联机用户手册。事实表明，集成的帮助设施优于附加的帮助设施。

具体设计帮助设施时，必须解决以下问题：

(1) 在用户与系统交互期间，是否在任何时间都能获得关于系统任何功能的帮助信息。它有两种选择：提供部分功能的帮助信息和提供全部功能的帮助信息。

(2) 用户怎样请求帮助，有 3 种选择：帮助菜单、特殊功能键和 Help 命令。

(3) 怎样显示帮助信息，有 3 种选择：在独立的窗口中显示、指出参考某个文档(不理想)和在屏幕固定位置显示简短提示。

(4) 用户怎样返回到正常的交互方式，有两种选择：屏幕上的返回按钮和功能键。

(5) 怎样组织帮助信息，有 3 种选择：平面结构(所有信息都通过关键字访问)、信息的层次结构(用户可在该结构中查到更详细的信息)和超文本结构。

3. 出错信息处理

出错信息和警告信息是出现问题时交互式系统给出的“坏消息”。出错信息设计得不好，将向用户提供无用的或误导的信息，反而会增加用户的挫折感。

一般来说，交互式系统给出的出错信息或警告信息应该具有以下属性：

(1) 信息应该以用户可以理解的术语描述问题。

(2) 信息应该提供有助于从错误中恢复的建设性意见。

(3) 信息应该指出错误可能导致哪些负面后果(例如破坏数据文件)，以便用户检查是否出现了这些问题，并在确实出现问题时予以改正。

(4) 信息应该伴随着听觉上或视觉上的提示，即在显示信息时应该同时发出警告声，或者用闪烁方式显示，或者用明显表示出错的颜色显示。

(5) 信息不能带有指责色彩，即不能指责用户。

当出现问题时，有效的出错信息能够提高交互式系统的质量，减少用户的挫折感。

4. 命令交互

命令行曾是用户和系统软件交互的最常用方式，而且也曾广泛地用于各种应用软件中。现在面向窗口的、点击和拾取方式的界面已经减少了用户对命令行的依赖，但许多高级用户仍偏爱面向命令的交互方式。在多数情况下，用户既可以从菜单中选择软件功能，也可通过键盘命令序列调用软件功能。

在提供命令交互方式时，必须考虑以下设计问题：

(1) 是否每个菜单选项都有对应的命令。

(2) 采用何种命令形式，共有 3 种选择：快捷键(如 Ctrl + P)、功能键和键入命令。

(3) 学习和记忆命令的难度有多大，忘记了命令怎么办？

(4) 用户是否可以定制或缩写命令。

在越来越多的应用软件中，界面设计者都提供了“命令宏机制”，使用这种机制用户可以用自己定义的名字代表一个常用的命令序列。需要使用这个命令序列时，用户无须依次键入每个命令，只需输入命令宏的名字就可以顺序执行它所代表的全部命令。

在理想情况下，所有应用软件都有一致的命令使用方法。如果在一个应用软件中，命令 Ctrl + D 表示复制一个图形对象，而在另一个应用软件中 Ctrl + D 命令的含义是删除一个图形对象，则用户会感到困惑，并往往导致错误。一般情况下，在常用的应用软件中采用了一致的快捷键来完成相同的功能，如用 Ctrl + C 表示复制，用 Ctrl + V 表示粘贴，用 Ctrl + S 表示保存，用 Ctrl + O 表示打开。因此，所设计的软件就不要别出心裁，另搞一套，这样会使用户感到无所适从。

6.6.3　用户界面需求分析

用户界面需求分析应以用户为中心。深受用户欢迎的界面设计，应在需求分析阶段就被重视和开始。用户界面设计主要是为了满足用户需求，首先要弄清将要使用这个界面的用户类型。用户界面不同于功能需求分析，其需求具有很大的主观性。不同的用户对软件界面有不同的要求，表达需求的方式也不尽相同，而且界面要求通常不如业务功能需求那样容易明确。调查用户的界面需求，必须先从调查用户自身特征开始，将不同特征用户群体的要求进行综合处理，并有针对性地分析其界面需求。

建立用户界面的原型是一种有效的方法。利用界面原型可以将界面需求调查的周期尽量缩短，并尽可能满足用户的要求。利用可供用户选择的界面原型模板等，用户可以直观并感性地认识到未来系统的界面风格、特点结构、操作方式等，从而迅速地判断软件系统是否符合感官期望、操作习惯、工作的需要。需求分析人员利用界面原型，引导用户修正自己的理想系统，提出新的界面要求。

6.6.4　用户界面的特性及设计原则

1. 用户界面应具有的特性

用户界面设计的类型，从用户角度出发主要有菜单、对话框、窗口、问题描述语言、数据表格、图形与图标等。每一种类型都有不同的特点和性能，需要根据具体情况进行具体设计和实现。通常，用户界面设计完成后可借助工具实现。界面设计需要考虑 3 个特性。

(1) 可使用性。它主要包括这几个方面：使用简单，用户界面中所用术语的标准化及一致性，具有帮助功能、快速的系统响应、低系统成本和较好的容错能力。

(2) 灵活性。它主要指 3 个方面：考虑用户的特点、能力和知识水平，提供不同的系统响应信息，能根据用户需求制定和修改界面。

(3) 界面的复杂性与可靠性。复杂性指界面规模及组织的复杂程度，应该越简单越好。可靠性是指无故障使用的时间间隔。用户界面应该能够保证用户正确、可靠地使用系统，以及系统和数据的安全。

2. 用户界面设计的原则

通常，用户界面设计应遵循以下 4 项基本原则：

(1) 界面的合适性。界面的合适性是界面设计的首要因素，在实现界面功能特点的情况下，不要片面追求外观而导致华而不实。界面的合适性既提倡外美内秀，又强调恰如其分。

(2) 简便易操作。界面设计尽量简洁，便于操作，减少用户记忆，并能减少用户发生错误的可能性。应考虑人脑处理信息的限度，如屏幕划分的合理性，多种窗口的设计方式，可移动、缩放、重叠和分离的设计，有序整齐的界面会给用户带来方便。

(3) 便于交互控制。交互常会跨越边界进入信息显示、数据输入和整体系统控制，应提供视觉和听觉的反馈，在用户和界面间建立双向联系。对用户操作做出反应及信息提示，帮助处理问题，并允许交互式应用进行“恢复”操作。

(4) 媒体组合恰当。文本、图形、动画、视频影像、语音等媒体都有其优势及特定范围，媒体资源也并非愈多愈好，媒体的选择应注意结合与互补，恰当选用。

6.6.5 人机界面设计过程

用户界面设计是一个迭代的过程，如图 6.21 所示。通常先创建设计模型，再用原型实现这个模型，并由用户试用和评估，然后根据用户的意见进行修改，如此反复直至最后完成界面设计。

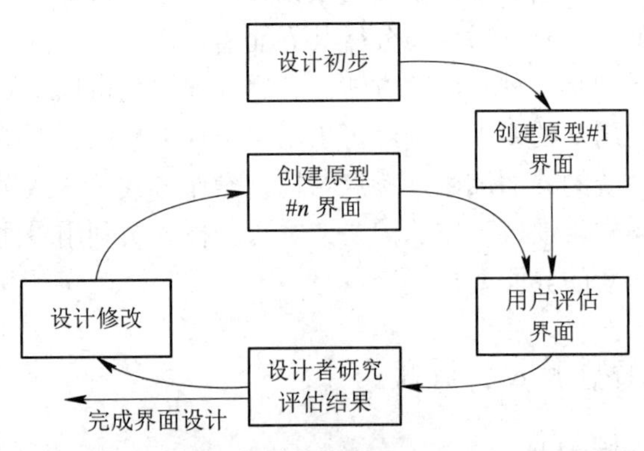

图 6.21 界面设计过程

1. 任务分析与创建设计模型

在人机界面设计过程中先后涉及 4 个模型：设计者创建的设计模型、用户模型、终端用户对系统的假想和系统实现后的系统映像。这 4 个模型之间存在较多差异，设计界面时必须充分协调，导出一致的界面。建立设计模型应充分考虑用户模型中给出的信息，如用户的年龄、性别、心理情况、所受教育、文化、种族背景、动机、目的、个性等；系统映像尽量与系统假想相吻合，还必须准确地反映系统的语法和语义信息。

设计模型源于设计者对人机界面设计任务的分析。逐步求精和面向对象的分析技术亦适用于人机界面设计的任务分析。逐步求精技术可把任务不断划分为子任务，直至对每个任务的要求都十分清楚；而面向对象分析可识别出与应用有关的所有客观的对象以及与对象关联的动作。

一旦每个任务或动作定义清楚，界面设计即可开始。界面设计首先要完成下列工作：

(1) 确定任务的目标和含义。

(2) 将每个目标/含义映射为一系列特定动作。

(3) 说明这些动作将来在界面上执行的顺序。

(4) 指明各个系统状态，即上述各动作序列中每个动作在界面上执行时界面所呈现的形式。

(5) 定义控制机制，即便于用户修改系统状态的一些设置和操作。

(6) 说明控制机制怎样作用于系统状态。

(7) 指明用户应怎样根据界面上反映出的信息解释系统的状态。

2. 利用工具构造原型

确定了界面设计模型，就可利用原型开发工具创建原型。这些工具被称为用户界面工具箱或用户界面开发系统(UIDS)，它们为简化窗口、菜单、设备交互、出错信息、命令及交互环境的许多其他元素的创建提供了各种例程或对象。这些工具所提供的功能既可以用基于语言的方式(如面向对象的语言 VB)来实现，也可以用基于图形的方式来实现。

3. 用户试用与评估

一旦建立了界面原型，就可交由用户试用和评估，以确定是否满足用户需求。评估可以是非正式的和正式的。例如，由用户即兴发表一些反馈意见是非正式评估；由全体终端用户填写调查表，然后进行统计分析是十分正式的评估。

当然，也可在创建原型前就对用户界面设计的质量进行初步评估。若能及早发现和改正潜在问题，就可减少界面设计迭代的次数，从而缩短软件的开发时间。在创建了界面设计模型后，可以运用下列评估标准对设计进行早期复审：

(1) 系统及其界面的规格说明的长度和复杂程度，预示用户学习使用该系统所需要的工作量。

(2) 命令或动作的数量、命令的平均参数个数或动作中单个操作的个数，预示系统的交互时间和总体效率。

(3) 设计模型中给出的动作、命令和系统状态的数量，预示用户学习使用系统时需记忆内容的多少。

(4) 界面风格、帮助设施和出错处理协议，预示界面的复杂程度和用户接受该界面的程度。

4. 完成界面设计

完成初步设计后就创建第一级原型；用户试用并评估该原型，直接向设计者提出对界面的评价；设计者根据用户意见修改设计并实现下一级原型。上述评估过程不断进行下去，直到用户感到满意，完成界面设计。

6.6.6 人机界面设计实现原则及典型案例

用户界面的设计依赖设计者的经验。综合众多设计者的经验，可从一般可交互性、信息显示和数据输入 3 个方面描述。

1. 一般可交互性

一般可交互性涉及信息显示、数据输入和整体系统控制，忽略它将承担较大风险。提高交互性的措施如下：

(1) 保持一致性。对人机界面的菜单选择、命令输入、数据显示和众多其他功能，使用一致的格式。

(2) 提供有意义的反馈信息。向用户提供视觉和听觉上的反馈，以保证在用户和界面之间建立双向通信。

(3) 在执行较大破坏动作之前要求用户确认。例如，用户在删除一个文件或终止某个程序运行时，应给出“确实要……”的信息，得到用户确认后才真正决定是否进行该操作，如图 6.22 所示。

图 6.22 删除界面

(4) 允许撤销绝大多数操作，如 UNDO 或 REVERSE 功能。

(5) 尽量减少用户两次操作间的记忆量。不应期望用户记住一大串数字或名字，以便后面的操作中使用。

(6) 提高对话、移动和思考的效率。应尽量减少出键的次数，减少鼠标移动的距离，尽量避免用户出现“这是什么意思？”的状况。

(7) 宽容用户所犯错误。系统应能保护自己不受致命错误的破坏。

(8) 按功能对动作分类，并依此设计屏幕布局。例如，下拉菜单就是按命令类型组织的。实际中，设计者应尽量提高命令和动作组织的“内聚性”。

(9) 提供对工作内容的敏感帮助设施。

(10) 用简单的动词和动词短语作为命令名。

【案例 6.4】 问题：用户需要快速理解信息并依据该信息采取行动。

应用场合：若干信息对象需要展示并被安排在一个有限的空间区域上。其典型示例是对话框屏幕、窗体和网页的设计。例如，Word 2000 中的文档分栏界面如图 6.23 所示。

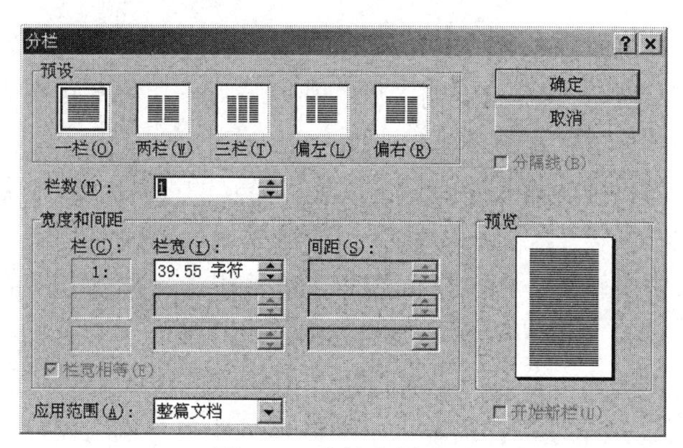

图 6.23　文档分栏界面

特点：页面布局非常一致，视觉清晰，看起来令人愉快，阅读信息所需的时间减少，任务的性能强，满意度高。

2. 信息显示

如果人机界面显示的信息是不完整、含糊或难以理解的，则应用软件显然不能满足用户需求。可以用多种不同方式显示信息：用文字、图片和声音；按位置、位移和大小；使用颜色、分辨率和省略。

信息显示的设计指南如下：

(1) 只显示与当前工作内容有关的信息。

(2) 用户在获得有关系统的特定功能的信息时，不必看到与之无关的数据、菜单和图形。

(3) 不要用数据淹没用户，应该用便于用户迅速地吸取信息的方式来表示数据。例如，可以用图形或图表来取代巨大的表格。

(4) 使用一致的标记、标准的缩写和可预知的颜色。显示的含义应该非常明确，用户不必参照其他信息源就能理解。

(5) 允许用户保持可视化的语境。如果对图形显示进行缩放，则原始的图像应当一直显示着(以缩小的形式放在显示屏的一角)，以使用户知道当前观察的图像部分在原图中所处的相对位置。

(6) 产生有意义的出错信息。

(7) 使用大小写、缩进和文本分组以帮助理解。人机界面显示的信息大部分是文字，文字的布局和形式对用户从中吸取信息的难易程度有很大影响。

(8) 使用窗口分隔不同类型的信息。用户利用窗口能够方便地保存多种不同类型的信息。

(9) 使用模拟显示方式表示信息，以使信息更容易被用户吸取。

(10) 高效地使用显示屏。当使用多窗口时，应该有足够的空间使得每个窗口至少都能显示出一部分。此外，应该选择和应用系统的类型相配套的屏幕大小。

3. 数据输入

用户的大部分时间用于选择命令、键入数据和向系统提供输入。在许多应用领域中，键盘仍然是主要的输入介质，但是鼠标、数字化仪和语音识别系统正迅速地成为重要的输入手段。

数据输入的设计指南如下：

(1) 尽量减少用户的输入动作。最重要的是减少击键次数，这可以用下列方法实现：用“滑动标尺”在给定的值域中指定输入值；利用宏把一次击键转变成更复杂的输入数据集合。

(2) 保持信息显示和数据输入之间的一致性。显示的视觉特征(如文字大小、颜色和位置)应该与输入域一致。

(3) 允许用户自定义输入。专家级的用户可能希望定义自己专用的命令或略去某些类型的警告信息和动作确认，人机界面应该允许用户这样做。

(4) 交互应该是灵活的，并且可调整成用户最喜欢的输入方式。用户类型与喜欢的输入方式有关，秘书可能经常使用键盘输入，而经理可能更喜欢用鼠标之类的点击设备。

(5) 使在当前动作语境中不适应的动作不起作用。这可使用户不去做那些肯定会导致错误的动作。

(6) 让用户控制交互流。用户应该能跳过不必要的动作，改变所需的动作的顺序(在应用环境允许的前提下)，以及在不退出程序的情况下从错误状态中恢复正常。

(7) 对所有输入动作都提供帮助。

(8) 消除冗余的输入。除非可能发生误解，否则不要要求用户指定工程输入的单位；不要要求用户在整钱数后面键入00，尽可能提供缺省值；绝对不要要求用户提供程序可以自动获得或计算出来的信息。

6.7　详细设计说明书

体系结构设计说明书侧重于软件结构的规定，详细设计说明书则侧重于对模块实现的具体细节的描述。详细设计说明书中通常包括以下几个方面的内容：

(1) 引言：用于说明编写本说明书的目的、背景，定义所用到的术语和缩略语，以及列出文档中所引用的参考资料等。

(2) 总体设计：用于给出软件系统的体系结构图。

(3) 模块描述：依次对各个模块进行详细的描述，主要包括模块的功能和性能，实现模块功能的算法，模块的输入及输出，模块接口的详细信息等。

6.8　实 战 训 练

1. 目的

本实战训练的目的是能够对单元模块进行算法与数据结构设计，并选择恰当的算法描述工具进行表示。

2. 任务

实战训练包括以下任务：

(1) 书籍信息管理：对图书信息进行添加(入库)、修改、删除和查询。修改和删除前可对图书进行查询并显示查询结果。详细过程描述如图6.24所示。

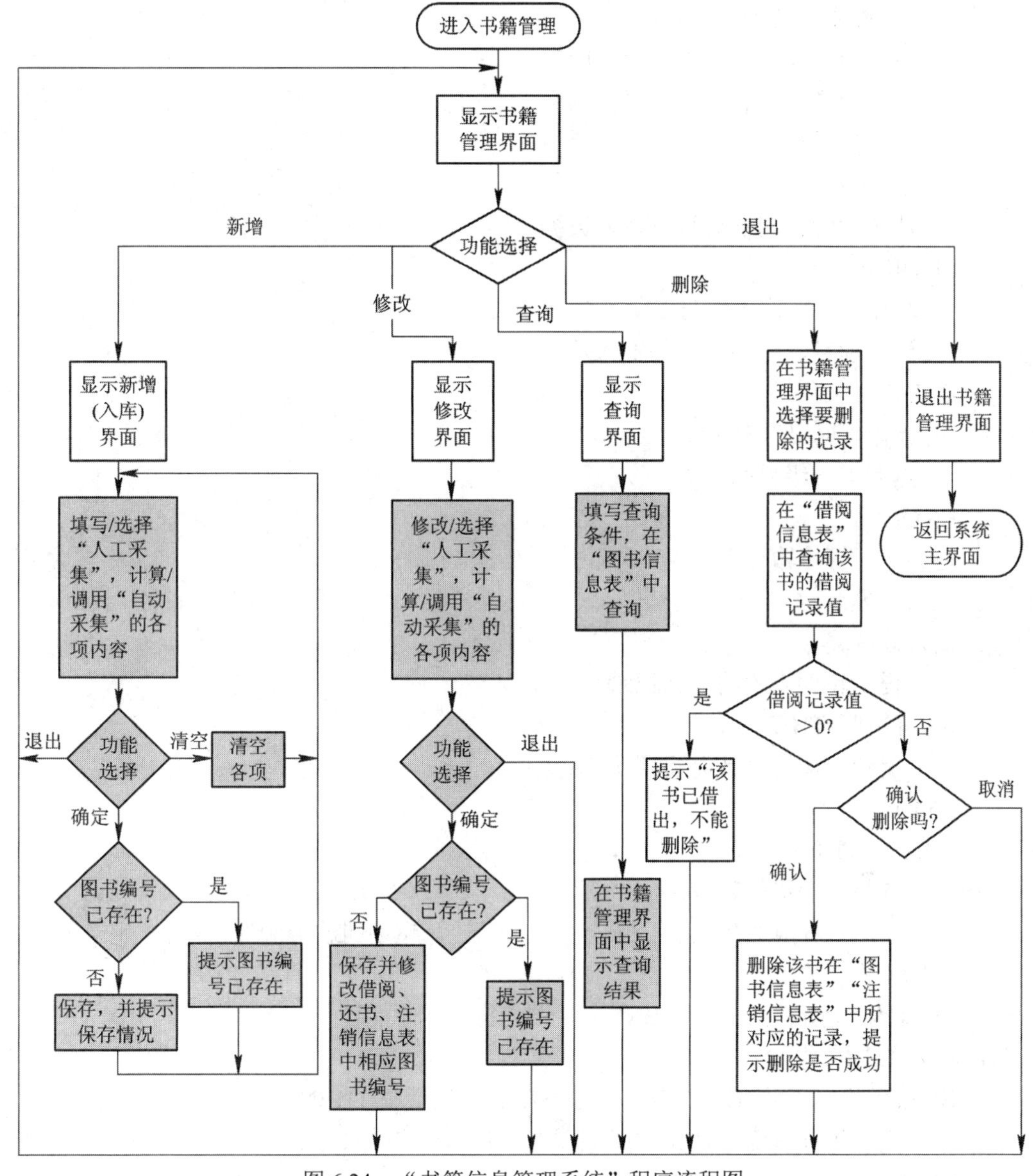

图 6.24　“书籍信息管理系统”程序流程图

(2) 借阅管理：借书、还书、续借在同一界面，但显示不同内容。借阅管理详细过程描述如下：

① 借书管理：

A. 输入读者编号；

提示超期未还的借阅记录；

B. 输入图书编号；

IF 选择“确定”　THEN

IF 读者状态无效 或 该书“已”注销 或 已借书数≥可借书数 THEN

给出相应提示；

ELSE

```
            添加一条借书记录；
            "图书信息表"中"现有库存量"-1；
            "读者信息表"中"已借书数量"+1；
            提示执行情况；
        ENDIF
        清空读者、图书编号等输入数据；
    ENDIF
    IF 选择"重新输入"THEN
        清空读者、图书编号等输入数据；
    ENDIF
    IF 选择"退出"THEN
        返回上一级界面；
    ENDIF
    返回 A，等待输入下一条；
② 还书管理：
A. 输入读者编号；
        提示超期未还的借阅记录；
    IF 有超期 THEN
        提示，调用"计算超期罚款金额"；
    ENDIF
    IF 丢失 THEN
        选择该书借阅记录；
        调用"计算丢失罚款金额"+调用"计算超期罚款金额"；
    ENDIF
    IF 选择"确定"还书 THEN  //要先交罚款后才能还
B. 输入图书编号；
    IF 读者状态无效 或 该图书标号不在借书记录中 THEN
        提示该读者借书证无效或该图书不是该读者借阅的；
    ELSE
        添加一条还书记录；
        删除该借书记录；
          "图书信息表"中"现有库存量"+1；
          "读者信息表"中"已借书数量"-1；
        提示执行情况；
    ENFIF
        清空读者、图书编号等输入数据；
    ENDIF
    IF 选择"重新输入"  THEN
        清空读者、图书编号等输入数据；
```

ENDIF
IF 选择“退出”　THEN
返回上一级界面;
ENDIF
返回 A.，等待输入下一条;

③ 续借管理:

A. 输入读者编号;
提示超期未还的借阅记录;
IF 有超期 THEN
提示，调用“计算超期罚款金额”;
ENDIF

B. 选择该书借阅记录;
IF 选择“确定”续借 THEN
IF 该图书已超期 或 该图书续借次数≥可续借次数 THEN
提示该读者该图书已超期或该图书续借次数>可续借次数，不能续借;
ELSE
修改该书借阅记录中的“应归还日期”;
图书续借次数+1;
提示执行情况;
ENDIF
清空读者、图书编号等输入数据;
ENDIF
IF 选择“重新输入”　THEN
清空读者、图书编号等输入数据;
ENDIF
IF 选择“退出”　THEN
返回上一级界面;
ENDIF
返回 A.，等待输入下一条;

(3) 图书注销管理的过程描述如下:

A. 查询要注销的图书信息;

B. 选择要注销的图书信息记录;
IF 选择“确定”注销　THEN
IF　该书有借阅记录　THEN
提示该书有人已借阅，不能注销;
ELSE
添加一条注销记录;
“图书信息表”中设定该书　“已”注销;
提示执行情况;

```
        ENDIF
    ENDIF
    IF 选择“退出” THEN
            返回上一级界面;
    ENDIF
    返回 A.，等待选择下一条或重新查询;
```

(4) 书籍类别管理、读者类别管理、读者信息管理和出版社信息管理：与书籍信息管理类似，具有添加、修改、删除和查询功能。这里不做详细描述。

(5) 书籍信息管理中的图书信息和借阅管理中的借阅情况查询模块：与通常的查询类似，都是根据一定的查询条件，在相应的数据库中查找满足条件的记录。这里不做详细描述。

3. 讨论

详细设计也叫过程设计或软件算法设计，这个阶段的参加人员有软件设计师和程序员。该阶段还不是程序编码阶段，而是编码的先导，可为后来的编码做准备。这一阶段，主要是设计模块的内部实现细节，对其用到的算法进行精确的表达。

本章小结

本章主要介绍了软件工程的详细设计阶段所做的主要工作，着重讲述了详细设计的主要任务。详细设计的关键任务是确定怎样具体地实现所要求的目标系统，也就是要设计出程序的“蓝图”。除了应该保证程序的可靠性之外，使将来编写出的程序的可读性好，容易理解，容易测试、修改和维护是详细设计最重要的目标。程序流程图、N-S 图、PAD 图、PDL 语言等都是完成详细设计的工具，选择合适的工具并正确地使用它们是十分重要的。

习题 6

一、选择题

1. 软件详细设计工具可分为 3 类：图形工具、设计语言和表格工具。

图形工具中，(A)简单而应用广泛；(B)表示法中，每个处理过程用一个盒子表示，盒子可以嵌套；(C)可以纵横延伸，图形的空间效果好；(D)是一种设计和描述程序的语言，它是一种面向(E)的语言。

A、B、C. ① N-S 图；② 流程图；③ HIPO 图；④ PAD 图

D. ① C；② PDL；③ Prolog；④ Pascal

E. ① 人；② 机器；③ 数据结构；④ 对象

2. 结构化分析 SA 是软件开发需求分析阶段所使用的方法，______ 不是 SA 所使用的工具。

A. DFD 图　　B. PAD 图　　C. 结构化语言　　D. 判定表

3. Jackson 设计方法由英国的 M. Jackson 提出，它是一种面向 ______ 的设计方法。

A. 对象　　B. 数据流　　C. 数据结构　　D. 控制结构

4. 在软件的设计阶段应提供的文档是 ______。

A. 软件需求规格说明书

B. 概要设计规格说明书和详细设计规格说明书

C. 数据字典及流程图

D. 源程序以及源程序的说明书

5. 程序流程图、N-S 图和 PAD 图是 ______ 使用的算法表达工具。

A. 设计阶段的概要设计　　B. 设计阶段的详细设计

C. 编码阶段　　D. 测试阶段

6. 系统开发人员使用系统流程图或其他工具描述系统，估计每种方案的成本和效益的工作是在 ______ 阶段进行的。

A. 需求分析　　B. 总体设计　　C. 详细设计　　D. 编码阶段

7. 模块内部的算法设计在结构化方法的 ______ 阶段进行。

A. 系统分析　　B. 概要设计　　C. 详细设计　　D. 编码(实现)

8. 表示计算机算法的常用工具有 ______。

A. 数据流图、盒图和程序流程图　　B. 模块结构图、数据流图和程序流程图

C. 盒图、程序流程图和伪代码　　D. 层次方框图、伪代码和盒图

二、简答题

1. 详细设计的基本任务是什么？有哪几种描述方法?

2. 结构化程序设计的基本要点是什么?

3. 简述 Jackson 方法的设计步骤。

三、分析题

使用流程图、PAD 图和 PDL 语言描述图 6.25 所示程序的算法，此算法是在数据 a[1]～a[10]中求最大数和次大数。

解：N-S 流程图如图 6.25 所示。

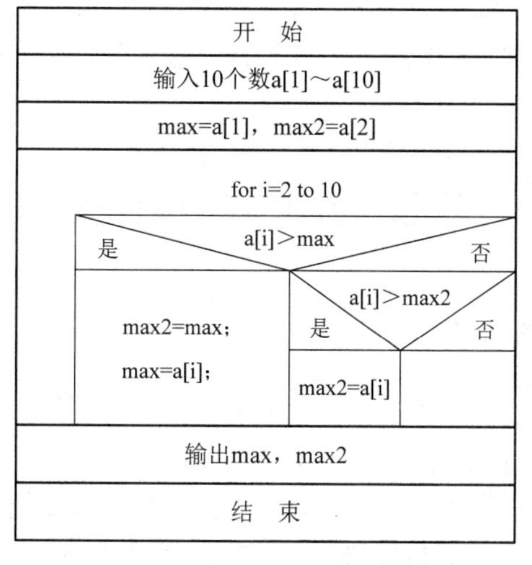

图 6.25　N-S 流程图

第7章 软件编码

本章主要内容：

- 软件编码的目的
- 程序设计语言的选择
- 结构化程序设计
- 编码风格
- 程序编码优化技术
- 代码评审和版本控制
- 案例分析

本阶段的产品：程序代码

参与角色：软件开发小组

7.1 软件编码的目的

作为软件工程的一个步骤，软件编码是软件设计的自然结果。编码阶段的主要任务是根据软件详细设计阶段产生的每个模块的详细设计说明书，编写成某种程序设计语言的源程序。

为了提高系统的可维护性，除要求源程序的语法正确外，还要求源程序有较好的可读性、可靠性和可测试性。同时，编程语言的特性以及编写程序的风格也将深刻地影响到软件的质量及可维护性。

7.2 程序设计语言

7.2.1 程序设计语言的分类

目前，用于软件开发的程序设计语言已经有数百种之多，对这些程序设计语言的分类有不少争议。同一种语言可以归到不同的类中。

从软件工程的角度，根据程序设计语言发展的历程，可以把它们大致分为以下 5 类：

(1) 机器语言(第一代语言)。机器语言是由机器指令代码组成的语言。对于不同的机器就有相应的一套机器语言。用这种语言编写的程序，都是二进制代码的形式，且所有的地址分配都是以绝对地址的形式处理。存储空间的安排，寄存器、变址的使用都由程序员自己计划。因此使用机器语言编写的程序很不直观，在计算机内的运行效率很高，但出错率也高。

(2) 汇编语言(第二代语言)。汇编语言比机器语言直观，它的每一条符号指令与相应的机器指令有对应关系，同时又增加了一些诸如宏、符号地址等功能。存储空间的安排可由机器解决。不同指令集的处理器系统就有自己相应的汇编语言。从软件工程的角度来看，汇编语言只是在高级语言无法满足设计要求时，或者不具备支持某种特定功能(例如特殊的输入/输出)的技术性能时，才被使用。

(3) 高级程序设计语言(第三代语言)。高级程序设计语言是算法语言。为了解决编程人员的困难，20 世纪 50 年代中期出现了第一个算法语言——FORTRAN 语言。后来又相继出现了 COBOL、ALGOL60、BASIC、PL/1、PASCAL、MODULA-2、C、Ada 等语言，这些算法语言的特点是用一种接近于自然语言和数学的专用语言来表示算法，算法语言不依赖于计算机硬件，是面向过程的语言。

(4) 第四代语言(4GL)。4GL 用不同的文法表示程序结构和数据结构，但是它是在更高一级抽象的层次上表示这些结构，它不再需要规定算法的细节。4GL 兼有过程性和非过程性的两重特性。程序员规定“条件和相应的动作”是过程性的部分，而“指出想要的结果”是非过程性的部分。然后由 4GL 语言系统运用它的专门领域的知识来填充过程细节。

第四代语言可以分为以下几种类型：

① 查询语言：用户可利用查询语言对预先定义在数据库中的信息进行较复杂的操作。

② 程序生成器：只需很少的语句就能生成完整的第三代语言程序，它不必依赖预先定义的数据库作为它的着手点。

③ 其他 4GL：如判定支持语言、原型语言、形式化规格说明语言等。

(5) 第五代程序设计语言(第五代语言)。第五代语言是一种新型程序设计语言。第三代语言的发展一直受到冯·诺依曼概念的制约，存在许多局限性。进入 20 世纪 60 年代后，摆脱冯·诺依曼概念的束缚已成为众多语言学家为之奋斗的目标，为此目标而研制的语言被称为新型程序设计语言，也称为知识型程序设计语言。新型程序设计语言力求摆脱传统语言那种状态转换语义的模式，以适应现代计算机系统知识化、智能化的发展趋势。新型程序设计语言基本上可以分为逻辑型语言和面向对象型语言。

7.2.2 程序设计语言特性的比较

我们从以下 3 种角度来比较程序设计语言的特性：

(1) 心理学的观点。从设计到编码的转换基本上是人的活动，因此语言的性能对程序员的心理影响将对转换产生重大作用。程序员总是希望选择简单易学、使用方便的语言，以减少程序出错率，提高软件可靠性。从心理学的观点，影响程序员心理的语言特性有如下 6 种：

① 一致性。它表示一种语言所使用符号的兼容程度、允许随意规定限制以及允许对语法或语义破例的程度。同是一个符号，给予多种用途，会引起许多难以察觉的错误。

② 二义性。虽然语言的编译程序总是以一种机械的规则来解释语句，但读者则可能

用不同的方式来理解语句。例如，对于一个逻辑表达式 A≥“0” and A≤“9”，读者可能对这个逻辑表达式有不同的理解。如果一个程序设计语言缺乏一致性和存在二义性，那么用这种语言编写出来的程序可读性就差，同时用这种语言编程也容易出错。

③ 简洁性(紧凑性)。它表示程序员为了用该语言编写程序，必须记忆的、有关编码的信息量。可用语言支持块结构和结构化程序的能力、可使用的保留字和缩写字的种类、数据类型的种类和缺省说明、算术运算符和逻辑运算符的种类、系统内标准函数的数目等来衡量。遗憾的是，语言的简洁性与程序的一致性常常是抵触的。

④ 局部性。它指程序设计语言的联想(综合)特性。局部性使人们能够对事物从整体上进行记忆和识别。在编码过程中，由语句组合成模块，由模块组装为程序体系结构，并在组装过程中实现模块的高内聚和低耦合，可使程序的局部性加强。

⑤ 线性。它指程序的联想(顺序)特性。人们总是习惯于按逻辑线性序列理解程序。如果程序中线性序列和逻辑运算较多，则会提高可读性。如果存在大量的分支和循环，就会破坏顺序状态，增加理解上的困难。直接实现结构化程序可提高程序的线性特性。

⑥ 传统。人们学习一种新的程序设计语言的能力受到传统的影响。具有 C 基础的程序人员在学习 C++语言时不会感到困难，因为 C++保持了 C 所确立的传统语言特性。但是要求同一个人去学习 Python 或者 SQL 这样一些语言，传统就中断了。

(2) 软件工程观点。从软件工程观点，程序设计语言的特性应着重考虑软件开发项目的需要。为此，对于程序编码，有如下一些工程上的性能要求：

① 详细设计应能直接地、容易地翻译成代码程序。把设计变为程序的难易程度，反映了程序设计语言与设计说明相接近的程度。所选择的程序设计语言是否具有结构化的构造，复杂的数据结构，专门的输入/输出能力，位运算和串处理的能力，直接影响到从详细设计变换到代码程序的难易程度，以及特定软件开发项目的可实现性。

② 源程序应具有可移植性。源程序的可移植性通常有 3 种解释：第 1 种，对源程序不做修改或少做修改就可以实现处理机上的移植或编译程序上的移植；第 2 种，即使程序的运行环境改变(例如，改用一个新版本的操作系统)，源程序也不用改变；第 3 种，源程序的许多模块可以不做修改或少做修改就能集成为功能性的各种软件包，以适应不同的需要。

为改善软件的可移植性，主要是使语言标准化。在开发软件时，应严格地遵守 ISO、ANSI 或 GB 的标准，而不要去理会特定编译器提供的非标准特性。

③ 编译程序应具有较高的效率。

④ 尽可能应用代码生成的自动工具。有效的软件开发工具是缩短编码时间，改善源代码质量的关键因素。使用带有各种有效的自动化工具的“软件开发环境”，支持从设计到源代码的翻译等各项工作，可以保证软件开发获得成功。

⑤ 可维护性。源程序的可读性，语言自身的文档化特性(涉及标识符的允许长度、标号命名、数据类型的丰富程度、控制结构的规定等)是影响到可维护性的重要因素。

(3) 程序设计语言的技术性能。在计划阶段，极少考虑程序语言的技术特性。但在选定资源时，要规划将要使用的支撑工具，就要确定一个具体的编译器或者确定一个程序设计环境。如果软件开发组的成员对所要使用的语言不熟悉，那么在成本及进度估算时必须把学习的工作量估算在内。

一旦确定了软件需求，待选用的程序语言的技术特性就显得非常重要了。如果需要复杂的数据结构，就要仔细衡量有哪些语言能提供这些复杂的数据结构。如果首要的是高性能及实时处理的能力，就可选用适合于实时应用的语言或效率高的语言。如果该应用有许多输出报告或繁杂的文件处理，则最好是根据软件的要求，选定一种适合于该项工作的语言。

软件的设计质量与程序设计语言的技术性能无关(面向对象设计例外)。但在实现软件设计转化为程序代码时，转化的质量往往受语言性能的影响。因而也会影响到设计方法。

语言的技术性能对测试和维护的影响是多种多样的。例如，直接提供结构化构造的语言有利于减少循环带来的复杂性(即 McCabe 复杂性)，使程序易读、易测试、易维护。另一方面，语言的某些技术特性却会妨碍测试。例如，在面向对象的语言程序中，由于实行了数据封装，使得监控这些数据的执行状态变得比较困难；由于建立了对象类的继承结构，使得高内聚、低耦合的要求受到破坏，增加了测试的困难。此外，只要语言程序的可读性强，而且可以减少程序的复杂性，这样的程序设计语言对于软件的维护就是有利的。

总之，通过仔细地分析和比较，选择一种功能强而又适用的语言，对成功地实现从软件设计到编码的转换，提高软件的质量，改善软件的可测试性和可维护性是至关重要的。

7.2.3　程序设计语言的选择

为某个特定开发项目选择程序设计语言时，既要从技术角度、工程角度、心理学角度评价和比较各种语言的适用程度，又必须考虑现实可能性所需做出的某种合理折中。

有实际经验的软件开发人员往往有这样的体会，在他们进行决策时经常面临的是矛盾的选择。例如，所有的技术人员都同意采用某种高级程序设计语言，但所选择的计算机环境却不支持这种语言，因此选择就不切实际了。

在选择和评价语言时，首先要从问题入手，确定它的要求是什么？这些要求的相对重要性如何？再根据这些要求和相对重要性来衡量能采用的语言。通常考虑的原因有：

(1) 项目的应用范围(最关键)；
(2) 算法和计算复杂性；
(3) 软件执行的环境；
(4) 性能上的考虑和实现的条件；
(5) 数据结构的复杂性；
(6) 软件开发人员的知识水平、心理原因等。

新的更强有力的语言，虽然对于应用有很强的吸引力，但是因为已有的语言已经积累了大量的久经使用的程序，具有完整的资料、支撑软件和软件开发工具，程序设计人员比较熟悉，而且有过类似项目的开发经验和成功的先例，所以出于心理原因，人们往往宁愿选用原有的语种。所以应当彻底地分析、评价、介绍新的语言，以便从原有语言过渡到新的语言。

7.3　结构化程序设计

结构化程序设计技术是 20 世纪 60 年代中期提出来的，它主要包括以下两个方面：

(1) 在编写程序时，强调使用几种基本控制结构，通过组合嵌套，形成程序的控制结构。尽可能避免使用会使程序质量受到影响的 GOTO 语句。

(2) 在程序设计过程中，尽量采用自顶向下和逐步细化的原则，由粗到细，一步步展开。

采用结构化程序设计的软件主要使用面向过程的编程语言。

7.3.1 结构化程序设计的原则

结构化程序设计应遵循以下原则：

(1) 使用语言中的顺序、选择、重复等有限的基本控制结构表示程序逻辑。

(2) 选用的控制结构只准许有一个入口和一个出口。

(3) 程序语句组成容易识别的块，每块只有一个入口和一个出口。

(4) 复杂结构应该用基本控制结构进行组合嵌套来实现。

(5) 语言中没有的控制结构，可用一段等价的程序段模拟，但要求该程序段在整个系统中应前后一致。

(6) 严格控制 GOTO 语句，仅在用一个非结构化的程序设计语言去实现一个结构化的构造，或者在某种可以改善而不是损害程序可读性的情况下才可以使用 GOTO 语句。

大量采用 GOTO 语句实现控制路径，会使程序路径变得复杂而且混乱，因此要控制 GOTO 语句的使用。但有时完全不用 GOTO 语句进行程序编码，比用 GOTO 语句编出的程序可读性差。例如，在查找结束时，文件访问结束时，出现错误情况要从循环中转出时，使用布尔变量和条件结构来实现就不如用 GOTO 语句来得简洁易懂。

对于常用的高级程序设计语言，一般都具备前述的几种基本控制结构。即使不具备等同的结构，也可以采用等价的程序段来模拟。下面以 C 语言为例进行说明，参看图 7.1。

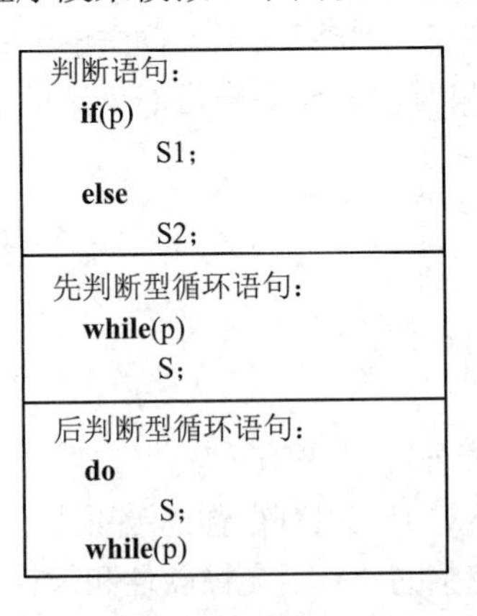

图 7.1 用 C 语言语句实现基本控制结构

7.3.2 程序设计——自顶向下、逐步求精

在详细设计和编码阶段，应当采取自顶向下、逐步求精的方法，把一个模块的功能逐步分解，细化为一系列具体的步骤，进而翻译成一系列用某种程序设计语言写成的程序。

【案例】 在学生成绩管理部分，可以算出一个班级学生某门课的优秀率、及格率，根据需求分析可先写出一个框架：

```
//计算某一班级的优秀率、及格率
void GetStat(学生成绩，返回优秀率、及格率)
{
        统计及格学生数；
        统计优秀学生数；
        计算及格率；
        计算优秀率；
}
```

上述框架中每一个加工语句都可进一步细化。

```
//计算某一班级的优秀率、及格率
void GetStat(float grade[],int n,float *pass_scale,float *excell_scale)
{       用 pass 和 excel 分别记录及格学生数和优秀学生数；
        for(int i=0;i<n;i++)
        {
                若 grade[i]大于等于 90， excel 加 1；
                若 grade[i]小 60，pass 加 1；
        }
        pass 除以 n 得到及格率；
        excel 除以 n 得到优秀率；
}
```

将程序继续细化下去，直到每一个语句都能直接用程序设计语言来表示为止。

```
//计算某一班级的优秀率、及格率
void GetStat(float grade[],int n,float *pass_scale,float *excell_scale)
{
        int pass=0,excel=0;
        for(int i=0;i<n;i++)
        {
                if(grade[i]>=90)
                        excel++;
                if(grade[i]<60)
                        pass++;
        }
        *pass_scale=(float)pass/n;
        *excell_scale=(float)excel/n;
}
```

自顶向下、逐步求精方法的优点：

(1) 自顶向下、逐步求精方法符合人们解决复杂问题的普遍规律，可提高软件开发的成功率和生产率。

(2) 用先全局后局部，先整体后细节，先抽象后具体的逐步求精的过程开发出来的程序具有清晰的层次结构，因此程序容易阅读和理解。

(3) 程序自顶向下、逐步细化，分解成一个树形结构(如图 7.2 所示)。在同一层的结点上做的细化工作相互独立。在任何一步发生错误，一般只影响它下层的结点，同一层其他结点不受影响。在以后的测试过程中，也可以先独立地一个结点、一个结点地测试，最后再集成。

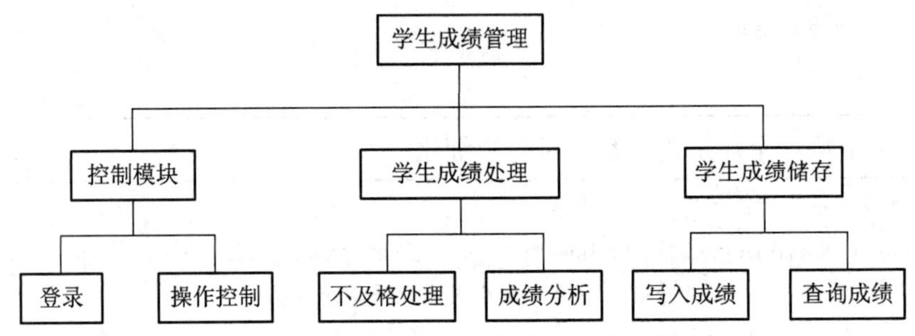

图 7.2　学生成绩管理模块的树形结构

(4) 程序清晰和模块化，使得在修改和重新设计一个软件时，可复用的代码量最大。

(5) 每一步工作仅在上层结点的基础上做不多的设计扩展，便于检查。

(6) 有利于设计的分工和组织工作。

7.3.3　数据结构的合理化

结构化程序设计主要是想从程序的控制结构入手，消除不适应的、容易引起混乱的 GOTO 语句。然而这只是问题的一个方面，在问题的另一方面，过去没有注意到的是数据结构的合理化问题，即数据结构访问的规范化、标准化问题。

假如数据结构中常使用数组、指针等数据类型，则对它们必须采取随机访问，这样势必产生访问上的混乱。例如，要访问数组元素 A[i][j]，必须先对下标 i，j 访问，造成访问忽前忽后，这与 GOTO 语句造成的混乱类似，同样是有害的。解决这一问题的办法是用栈和队列去代替数组和指针。栈与队列分别是按后进先出(LIFO)和先进先出(FIFO)的原则进行存取的。在程序中用栈和队列代替数组和指针，用合理的规范的顺序存取代替随机存取，将克服随机存取带来的麻烦。而且经实践证明，所有使用数组和指针的程序，都可以等价替换为使用栈和队列的程序。

7.4　编码风格

在软件生存期内，人们经常要阅读程序。特别是在软件测试阶段和维护阶段，程序编写人员与参与测试、维护的人员都要阅读程序。因此，阅读程序是软件开发和维护过程中的一个重要组成部分，且读程序的时间比写程序的时间要多得多。70 年代初，有人提出在编写程序时，应使程序具有良好的风格，力图从编码原则的角度提高程序的可读性，改善程序质量。从此，编码风格便成了程序设计中必不可少的一部分。

程序设计风格包括 4 个方面：程序的内部文档、数据说明、语句结构和输入/输出方法。

7.4.1 程序的内部文档

为实现源程序的文档化，使得源程序更具有可读性，应采用清晰明了、风格统一的标识符命名规范，同时在程序中添加必要的注释，并利用空格、空行提高程序的可视化程度。

1. 标识符的命名

标识符包括模块名、变量名、常量名、子程序名、数据区名、缓冲区名等。对于标识符的命名一般有以下要求：

(1) 标识符的命名要清晰、明了，有一定实际意义，可使用完整的单词或大家基本可以理解的缩写，避免使人产生误解。

较短的单词可通过去掉“元音”形成缩写；较长的单词可取单词的头几个字母形成缩写；一些单词有大家公认的缩写。

例如，以下单词的缩写能够被大家基本认可。

temp	可缩写为	tmp
flag	可缩写为	flg
statistic	可缩写为	stat
increment	可缩写为	inc
message	可缩写为	msg

(2) 命名中若使用特殊约定或缩写，则要有注释说明。

应该在源文件的开始，对文件中所使用的缩写或约定，特别是特殊的缩写进行必要的注释说明。

(3) 自己特有的命名风格，要自始至终保持一致，不可来回变化。

个人的命名风格，在符合所在项目组或产品组的命名规则的前提下，才可使用(即命名规则中没有规定到的地方才可有个人命名风格)。

(4) 对于变量命名，尽量不要取单个字符(如 i、j、k…)，建议除了要有具体含义外，还能表明其变量类型、数据类型等，但 i、j、k 作局部循环变量是允许的。

变量，尤其是局部变量，如果用单个字符表示，则很容易敲错(如 i 写成 j)，而编译时又检查不出来，有可能为了这个小小的错误而花费大量的查错时间。

例如，下面所示的局部变量名的定义方法可以借鉴。

```
int liv_Width
```

其变量名解释如下：

l	局部变量(Local)	[其他：g 全局变量(Global) …]
i	数据类型(Interger)	
v	变量(Variable)	[其他：c 常量(Const) …]
Width	变量含义	

这样可以防止局部变量与全局变量重名。

(5) 命名规范必须与所使用的系统风格保持一致，并在同一项目中统一。

比如采用 UNIX 的全小写加下画线的风格或大小写混排的方式，不要使用大小写与下画线混排的方式。用作特殊标识如标识成员变量或全局变量的 m_和 g_，其后加上大小写混排的方式是允许的。

例如， Add_User 不允许，add_user、AddUser、m_AddUser 允许。

(6) 名字不是越长越好，过长的名字会使程序的逻辑流程变得模糊，给修改带来困难。所以应当选择精炼的、意义明确的名字，以改善对程序功能的理解。

(7) 在一个程序中，一个变量只应用于一种用途。就是说，在同一个程序中一个变量不能身兼几种工作。

(8) 除非必要，不要用数字或较奇怪的字符来定义标识符。

例如，以下命名，会使人产生疑惑。

```
#define _EXAMPLE_0_TEST_
#define _EXAMPLE_1_TEST_
void set_sls00( BYTE sls );
```

应改为有意义的单词命名：

```
#define _EXAMPLE_UNIT_TEST_
#define _EXAMPLE_ASSERT_TEST_
void set_udt_msg_sls( BYTE sls );
```

(9) 在同一软件产品内，应规划好接口部分标识符(变量、结构、函数及常量)的命名，防止编译、链接时产生冲突。

对接口部分的标识符应该有更严格的限制，以防止冲突。如可规定接口部分的变量与常量之前加上“模块”标识等。

(10) 用正确的反义词组命名具有互斥意义的变量或相反动作的函数等。

说明：下面是一些在软件中常用的反义词组。

```
add / remove            begin / end              create / destroy
insert / delete         first / last             get / release
add / delete            lock / unlock            open / close
min / max               old / new                start / stop
next / previous         source / target          show / hide
put / get               increment / decrement    send / receive
source / destination    cut / paste              up / down
```

示例：

```
int    min_sum;
int    max_sum;
int    add_user( char *user_name );
int    delete_user( char *user_name );
```

2. 程序的注释

夹在程序中的注释是程序员与日后的程序读者之间通信的重要手段。正确的注释能够帮助读者理解程序，可为后续阶段进行测试和维护提供明确的指导。因此，注释绝不是可有可无的，大多数程序设计语言允许使用自然语言来写注释，这就给阅读程序带来很大的方便。程序的注释有以下要求：

(1) 一般情况下，源程序有效注释量必须在 20%以上。

注释的原则是有助于对程序的阅读理解，注释不宜太多也不能太少，注释语言必须准确、易懂、简洁。

(2) 说明性文件(如头文件.h 文件、.inc 文件、.def 文件、编译说明文件.cfg 等)头部应进行注释，注释应列出：版权说明、版本号、生成日期、作者、内容、功能、与其他文件的关系、修改日志等，头文件的注释中还应有函数功能简要说明。

下面是一段头文件的头注释，当然，并不局限于此格式，但上述信息建议要包含在内。

```
/**************************************************
    Copyright (C), 1988-1999, ****** Tech. Co., Ltd.
    File name:          // 文件名
    Author:             Version:            Date: // 作者、版本及完成日期
    Description:        // 用于详细说明此程序文件完成的主要功能，与其他模块
                        // 或函数的接口，输出值、取值范围、含义及参数间的控
                        // 制、顺序、独立或依赖等关系
    Others:             // 其他内容的说明
    Function List:      // 主要函数列表，每条记录应包括函数名及功能简要说明
      1. ....
    History:            // 修改历史记录列表，每条修改记录应包括修改日期、修
                        // 改者及修改内容简述
      1. Date:
         Author:
         Modification:
      2. ...
**************************************************/
```

(3) 源文件头部应进行注释，列出：版权说明、版本号、生成日期、作者、模块目的/功能、主要函数及其功能、修改日志等。

示例：下面是一段源文件的头注释，当然，并不局限于此格式，但上述信息建议要包含在内。

```
/************************************************************
    Copyright (C), 1988-1999, ****** Tech. Co., Ltd.
    FileName:           // 文件名
    Author:             Version :           Date:
    Description:        // 模块描述
    Version:            // 版本信息
    Function List:      // 主要函数及其功能
        1. -------
    History:            // 历史修改记录
        <author>        <time>          <version >      <desc>
        David           2020/10/12      1.0             build this moudle
************************************************************/
```

说明：Description 一项描述本文件的内容、功能、内部各部分之间的关系及本文件与其他文件的关系等。History 是修改历史记录列表，每条修改记录应包括修改日期、修改者及修改内容简述。

(4) 函数头部应进行注释，列出：函数的目的/功能、输入参数、输出参数、返回值、调用关系(函数、表)等。

示例：下面是一段函数的注释，当然，并不局限于此格式，但上述信息建议要包含在内。

```
/*************************************************
    Function:            // 函数名称
    Description:         // 函数功能、性能等的描述
    Calls:               // 被本函数调用的函数清单
    Called By:           // 调用本函数的函数清单
    Table Accessed:      // 被访问的表(此项仅对于牵扯到数据库操作的程序)
    Table Updated:       // 被修改的表(此项仅对于牵扯到数据库操作的程序)
    Input:               // 输入参数说明，包括每个参数的作用、取值说明及参数
                         // 间关系
    Output:              // 对输出参数的说明
    Return:              // 函数返回值的说明
    Others:              // 其他说明
*************************************************/
```

(5) 边写代码边注释，修改代码同时修改相应的注释，以保证注释与代码的一致性。不再有用的注释要删除。

(6) 注释的内容要清楚、明了，含义准确，防止注释二义性。

(7) 避免在注释中使用缩写，特别是非常用的缩写。在使用缩写时或之前，应对缩写进行必要的说明。

(8) 注释应与其描述的代码相近，对代码的注释应放在其上方或右方(对单条语句的注释)相邻位置，不可放在下面，如放于上方则需要与其上面的代码用空行隔开。

例如，以下例子不符合规范。

```
register_a=register_a+register_b;
register_b=register_a-register_b;
register_a=register_a-register_b;
/*交换变量 register_a 和 register_b 中的值 */
```

应如下书写：

```
/*交换变量 register_a 和 register_b 中的值 */
register_a=register_a+register_b;
register_b=register_a-register_b;
register_a=register_a-register_b;
```

(9) 对于所有有物理含义的变量、常量，如果其命名不是充分自注释的，则在声明时都必须加以注释，说明其物理含义。变量、常量、宏的注释应放在其上方相邻位置或右方。

示例：

```
/*最大任务编号*/
#define MAX_TASK_NUMBER 1000
#define MIN_TASK_NUMBER 10 /* 最小任务编号*/
```

(10) 数据结构声明(包括数组、结构、类、枚举等)，如果其命名不是充分自注释的，则必须加以注释。对数据结构的注释应放在其上方相邻位置，不可放在下面；对结构中的每个域的注释放在此域的右方。

示例：可按如下形式说明枚举/数据/联合结构。

```
/*字体颜色枚举类型*/
enum    FONT_COLOR
{
        RED,     /* 红色 */
        BLUE,    /* 蓝色 */
        BLACK, /* 黑色 */
};
```

(11) 全局变量要有较详细的注释，包括对其功能、取值范围、哪些函数或过程存取它以及存取时注意事项等的说明。

示例：

```
/* 传输过程的错误代码 */
/* 代码含义如下：*/                                  // 变量作用、含义
/* 0 - 成功 1 - 表错误 */
/* 2 - 传输错误*/                                    // 变量取值范围
/* 其值只有 Translate()可以修改它，其他模块 */        // 使用方法
/* 可调用函数 Get Trans Error Code()获得其值 */
BYTE g_TranErrorCode;
```

(12) 注释与所描述内容进行同样的缩排。

说明：可使程序排版整齐，并方便注释的阅读与理解。

例如，以下例子排版不整齐，阅读稍感不方便。

```
void example_fun( void )
{
/* 定义变量 */
      int register_a, register_b;
/* 交换变量 register_a 和 register_b 中的值 */
      register_a=register_a+register_b;
      register_b=register_a-register_b;
      register_a=register_a-register_b;
}
```

应改为如下布局：

```
void example_fun( void )
{
      /* 定义变量*/
```

```
        int register_a, register_b;
    /* 交换变量 register_a 和 register_b 中的值*/
        register_a=register_a+register_b;
        register_b=register_a-register_b;
        register_a=register_a-register_b;
    }
```

(13) 将注释与其上面的代码用空行隔开。

例如，以下例子显得代码过于紧凑。

```
/*将变量 register_a 和 register_b 的和存入变量 register_a*/
register_a=register_a+register_b;
/*此时变量 register_a 减 register_b 的差为求和之前变量 register_a 的值*/
register_b=register_a - register_b;
/*此时变量 register_a 减 register_b 的差为求和之前变量 register_b 的值*/
register_a=register_a - register_b;
```

应如下书写

```
/*将变量 register_a 和 register_b 的和存入变量 register_a*/
register_a=register_a+register_b;
/*此时变量 register_a 减 register_b 的差为求和之前变量 register_a 的值*/
register_b=register_a - register_b;
/*此时变量 register_a 减 register_b 的差为求和之前变量 register_b 的值*/
register_a=register_a - register_b;
```

(14) 对变量的定义和分支语句(条件分支、循环语句等)必须编写注释。

说明：这些语句往往是程序实现某一特定功能的关键，对于维护人员来说，良好的注释帮助他们更好地理解程序，有时甚至优于看设计文档。

(15) 避免在一行代码或表达式的中间插入注释。

说明：除非必要，不应在代码或表达式中间插入注释，否则容易使代码可理解性变差。

(16) 通过对函数或过程、变量、结构等正确的命名以及合理地组织代码的结构，使代码成为自注释的。

说明：清晰准确的函数、变量等的命名，可增加代码可读性，并减少不必要的注释。

(17) 在代码的功能、意图层次上进行注释，提供有用、额外的信息。

说明：注释的目的是解释代码的目的、功能和采用的方法，提供代码以外的信息，帮助读者理解代码，防止重复注释信息。

例如，以下注释意义不大。

```
/* 如果接收标志为真*/
if (receive_flag)
```

而如下的注释则给出了额外有用的信息。

```
/*如果成功接收到服务器的消息*/
if (receive_flag)
```

(18) 在程序块的结束行右方加注释标记，以表明某程序块的结束。

说明：当代码段较长，特别是多重嵌套时，这样做可以使代码更清晰，更便于阅读。

参见如下例子。

```
if (...)
{
    // program code
    while (index < MAX_INDEX)
    {
        // program code
    } /*当 index 不小于 MAX_INDEX 时结束循环*/          // 指明该条 while 语句结束
}   /*if (...)语句到此处结束*/                          // 指明是哪条 if 语句结束
```

(19) 注释应考虑程序易读及外观排版的因素，使用的语言若是中、英兼有的，则建议多使用中文，除非能用非常流利准确的英文表达。注释语言不统一，影响程序易读性和外观排版，出于对维护人员的考虑，建议使用中文。

3. 视觉组织

利用空格、空行和移行，提高程序的可视化程度。

(1) 恰当地利用空格，可以突出运算的优先性，避免发生运算的错误。

(2) 自然的程序段之间可用空行隔开。

(3) 对于选择语句和循环语句，把其中的程序段语句向右做阶梯式移行。这样可使程序的逻辑结构更加清晰，层次更加分明。

7.4.2 数据说明

在编写程序时，需要注意数据说明的风格。为了使程序中数据说明更易于理解和维护，必须注意以下几点：

(1) 数据说明的次序应当规范化，使数据属性容易查找。

(2) 当多个变量名用一个语句说明时，应当对这些变量按字母的顺序排列。

(3) 如果设计了一个复杂的数据结构，则应当使用注释来说明在程序实现时这个数据结构的固有特点。

7.4.3 语句结构

在设计阶段确定了软件的逻辑结构，但构造单个语句则是编码阶段的任务。语句构造应力求简单、直接，不能为了片面追求效率而使语句复杂化。

因此，编码中对语句的编写应遵循以下的原则：

(1) 在一行内只写一条语句，并且采取适当的移行格式，使程序的逻辑和功能变得更加明确。

(2) 尽量用公共过程或子程序去代替重复的功能代码段。

(3) 使用括号来清晰地表达算术表达式和逻辑表达式的运算顺序。

(4) 避免不必要的转移。同时如果能保持程序的可读性，则不必用 GOTO 语句。

(5) 尽量只采用 3 种基本的控制结构来编写程序。

(6) 避免采用过于复杂的判定条件。

(7) 尽量减少使用“否定”条件的条件语句。

(8) 避免过多的循环嵌套和条件嵌套。

(9) 不要使GOTO语句相互交叉。

(10) 避免循环的多个出口。

(11) 使用数组，以避免重复的控制序列。

(12) 对递归定义的数据结构尽量使用递归过程。

(13) 注意计算机浮点数运算的特点，例如，浮点数运算10.0*0.1，通常不等于1.0。

(14) 不要单独进行浮点数的比较。用它们做比较，其结果常常发生异常情况。

(15) 在程序中应有出错处理功能，一旦出现故障时不要让操作系统进行干预，这样会导致停工。

7.4.4 输入和输出

输入和输出(I/O)信息是与用户的使用直接相关的。输入和输出的方式和格式应当尽可能方便用户的使用。因此，在软件需求分析阶段和设计阶段，就应基本确定输入和输出的风格。系统能否被用户接受，有时就取决于输入和输出的风格。

不论是批处理的输入/输出方式，还是交互式的输入/输出方式，在设计和程序编码时都应考虑下列原则：

(1) 对所有的输入数据都进行检验，从而识别错误的输入，以保证每个数据的有效性。

(2) 检查输入项的各种重要组合的合理性，必要时报告输入状态信息。

(3) 输入的步骤和操作尽可能简单，并保持简单的输入格式。

(4) 输入数据时，应允许使用自由格式输入。

(5) 应允许缺省值。

(6) 输入一批数据时，最好使用输入结束标志，而不要由用户指定输入数据数目。

(7) 在以交互式输入/输出方式进行输入时，要在屏幕上明确提示交互输入的请求，指明可使用选择项的种类和取值范围。同时，在数据输入的过程中和输入结束时，也要在屏幕上给出状态信息。

(8) 当程序设计语言对输入/输出格式有严格要求时，应保持输入格式与输入语句的要求的一致性。

(9) 给所有的输出加注解，并设计输出报表格式。

输入/输出风格还受到许多其他因素的影响。如输入/输出设备(例如终端的类型、图形设备、数字化转换设备等)、用户的熟练程度以及通信环境等。

Wasserman为“用户软件工程及交互系统的设计”提供了以下一组指导性原则，可供软件设计和编程参考。

(1) 把计算机系统的内部特性隐蔽起来不让用户看到。

(2) 有完备的输入出错检查和出错恢复措施，在程序执行过程中尽量排除由于用户的原因而造成程序出错的可能性。

(3) 如果用户的请求有了结果，则应随时通知用户。

(4) 充分利用联机帮助手段，对于不熟练的用户，提供对话式服务，对于熟练的用户，提供较高级的系统服务，改善输入/输出的能力。

(5) 使输入格式和操作要求与用户的技术水平相适应。对于不熟练的用户，充分利用菜单系统逐步引导用户操作；对于熟练的用户，允许绕过菜单，直接使用命令方式进行操作。

(6) 按照输出设备的速度设计信息输出过程。

(7) 区别不同类型的用户，分别进行设计和编码。

(8) 保持始终如一的响应时间。

(9) 在出现错误时应尽量减少用户的额外工作。

在交互式系统中，这些要求应成为软件需求的一部分，并通过设计和编码，在用户和系统之间建立良好的通信接口。

7.5 程序编码优化技术

7.5.1 程序优化

更快的执行效率会给用户带来更好的使用体验。要想让程序运行得更快，可以选择效率更高的算法、计算能力更强的运行平台。此外，好的编程习惯也可以进一步提高程序的性能。

1. 讨论效率的准则

程序的效率是指程序的执行速度及程序所需占用的内存的存储空间。讨论程序效率的几条准则如下：

(1) 效率是一个性能要求，应当在需求分析阶段给出。软件效率以需求为准，不应以人力所及为准。

(2) 好的设计可以提高效率。

(3) 程序的效率与程序的简单性相关。

一般说来，任何对效率无重要改善，且对程序的简单性、可读性和正确性不利的程序设计方法都是不可取的。

2. 算法对效率的影响

源程序的效率与详细设计阶段确定的算法的效率直接相关。在详细设计转换成源程序代码后，算法效率反映为程序的执行速度和存储容量的要求。

由详细设计到源程序的转换过程中的指导原则如下：

(1) 在编程序前，尽可能简化有关的算术表达式和逻辑表达式。

(2) 仔细检查算法中嵌套的循环，尽可能将某些语句或表达式移到循环外面。

(3) 尽量避免使用多维数组。

(4) 尽量避免使用复杂的链表。

(5) 采用“快速”的算术运算。

(6) 不要混淆数据类型，避免在表达式中出现类型混杂。

(7) 尽量采用整数算术表达式和布尔表达式。

(8) 选用等效的高效率算法。

许多编译程序具有“优化”功能，可以自动生成高效率的目标代码。它可剔除重复的表达式计算，采用循环求值法、快速的算术运算，以及采用一些能够提高目标代码运行效率的算法来提高效率。对于效率至上的应用来说，这样的编译程序是很有效的。

3. 影响存储效率的因素

在大中型计算机系统中，存储限制不再是主要问题。在这种环境下，对内存采取基于操作系统的分页功能的虚拟存储管理，给软件提供了巨大的逻辑地址空间。这时，存储效率与操作系统的分页功能直接相关，并不是要使所占用的存储空间达到最少。

采用结构化程序设计，将程序功能合理分块，使每个模块或一组密切相关模块的程序体积大小与每页的容量相匹配，可减少页面调度，减少内外存交换，提高存储效率。

在微型计算机系统中，存储容量对软件设计和编码的制约很大。因此要选择可生成较短目标代码且存储压缩性能优良的编译程序，有时需采用汇编程序。通过程序员富有创造性的努力，提高软件时间与空间效率。

提高存储效率的关键是程序的简单性。

4. 影响输入/输出的因素

输入/输出可分为两种类型：一种是面向人(操作员)的输入/输出；一种是面向设备的输入/输出。如果操作员能够十分方便、简单地录入输入数据，或者能够十分直观、一目了然地了解输出信息，则可以说面向人的输入/输出是高效的。至于面向设备的输入/输出，分析起来比较复杂。从详细设计和程序编码的角度来说，可以提出一些提高输入/输出效率的指导原则：

(1) 输入/输出的请求应当最小化。

(2) 对于所有的输入/输出操作，安排适当的缓冲区，以减少频繁的信息交换。

(3) 对辅助存储(例如磁盘)，选择尽可能简单的、可接受的存取方法。

(4) 对辅助存储的输入/输出，应当成块传送。

(5) 对终端或打印机的输入/输出，应考虑设备特性， 尽可能改善输入/输出的质量和速度。

(6) 任何不易理解的，对改善输入/输出效果关系不大的措施都是不可取的。

(7) 任何不易理解的，所谓“超高效”的输入/输出是毫无价值的。

(8) 好的输入/输出程序设计风格对提高输入/输出效率会有明显的效果。

7.5.2 程序优化方法

程序优化方法有以下几种。

1. 选择合适的数据结构

选择一种合适的数据结构很重要。例如，在一堆随机存放的数中会使用大量的插入和删除指令，但是若使用链表，则要快得多。

数组与指针语句具有十分密切的关系，一般来说，指针比较灵活简洁，而数组则比较直观，容易理解。对于大部分的编译器，使用指针比使用数组生成的代码更短，执行效率更高。

在许多情况下，可以用指针运算代替数组索引，这样做常常能产生又快又短的代码。

与数组索引相比，指针一般能使代码速度更快，占用空间更少。使用多维数组时差异更明显。下面的代码作用是相同的，但是效率不一样。

```
数组索引
for(;;)
{
    a=array[t++];
    ⋮
}
```

```
指针运算
p=array;
for(;;)
{
    a=*(p++);
    ⋮
}
```

指针方法的优点是，array 的地址每次装入地址 p 后，在每次循环中只需对 p 增量操作。在数组索引方法中，每次循环中都必须先计算 t 的值，再进行求数组下标的运算。

2. 对变量的优化

1) 按数据类型的长度排序本地变量

当编译器分配给本地变量空间时，它们的顺序和它们在源代码中声明的顺序一样，应该把长的变量放在短的变量前面。编译器要求把长型数据类型存放在偶数地址边界。在申明一个复杂的数据类型(既有多字节数据，又有单字节数据)时，应该首先存放多字节数据，然后再存放单字节数据，这样可以避免内存的空洞。如果第一个变量对齐了，则其他变量就会连续地存放，而且不用填充字节自然就会对齐。有些编译器在分配变量时不会自动改变变量顺序，有些编译器不能产生 4 字节对齐的栈，所以 4 字节可能不对齐。下面这个例子演示了本地变量声明的重新排序：

```
不好的代码，普通顺序：
short ga, gu, gi;
long foo, bar;
double x, y, z[3];
char a, b;
float baz;
```

```
推荐的代码，改进的顺序：
double z[3];
double x, y;
long foo, bar;
float baz;
short ga, gu, gi;
char a, b;
```

2) 把频繁使用的指针型参数拷贝到本地变量

避免在函数中频繁使用指针型参数指向的值。因为编译器不知道指针之间是否存在冲突，所以指针型参数往往不能被编译器优化。这样数据不能被存放在寄存器中，而且明显地占用了内存带宽。请在函数一开始把指针指向的数据保存到本地变量。如果需要，则在函数结束前拷贝回去。

不好的代码如下：

```
// 假设 q != r
void isqrt(unsigned long a, unsigned long* q, unsigned long* r)
{
```

```
        *q = a;
        if (a > 0)
        {
            while (*q > (*r = a / *q))
            {
                *q = (*q + *r) >> 1 ;
            }
        }
        *r = a - *q * *q ;
    }
```

推荐的代码如下：

```
    // 假设 q != r
    void isqrt(unsigned long a, unsigned long* q, unsigned long* r)
    {
        unsigned long qq, rr;
        qq = a;
        rr = r;
        if (a > 0)
        {
            while (qq > (rr = a / qq))
            {
                qq = (qq + rr) >> 1   ;
            }
        }
        rr = a - qq * qq   ;
        *q = qq   ;
        *r = rr   ;
    }
```

3. 结构体成员的布局

结构体变量在存储时需要使其成员双字或四字对齐。很多编译器有“使结构体字，双字或四字对齐”的选项，但是，还是需要改善结构体成员的对齐，有些编译器可能分配给结构体成员空间的顺序与它们声明的不同。但是，有些编译器并不提供这些功能，或者效果不好。所以，要在付出最少代价的情况下实现最好的结构体和结构体成员对齐，建议采取下列方法。

1) 按数据类型的长度排序

把结构体的成员按照它们的类型长度排序，声明成员时把长的类型放在短的前面。编译器要求把长型数据类型存放在偶数地址边界。在申明一个复杂的数据类型(既有多字节数据，又有单字节数据)时，应该首先存放多字节数据，然后再存放单字节数据，这样可以避免内存的空洞。

2) 把结构体填充成最长类型长度的整倍数

这样，如果结构体的第一个成员对齐了，则所有整个结构体自然也就对齐了。下面的例子演示了如何对结构体成员进行重新排序。

不好的代码，普通顺序：

```
struct
{
    char a[5];
    long k;
  double x;
} baz;
```

推荐的代码，调整的顺序并手动填充了几个字节：

```
struct
{
    double x;
    long k;
    char a[5];
    char pad[7];
} baz;
```

这个规则同样适用于类的成员的布局。

4. 分支结构的优化

在 if 结构中，如果要判断的并列条件较多，则最好将它们拆分成多个 if 结构，然后嵌套在一起，这样可以避免无谓的判断。

```
优化前的代码：
⋮
if(a>b&&a<c)
      ⋮
else
      if(a>b&&a>=c)
            ⋮
      else
            if(a<=b&&a<c)
                  ⋮
            else
                  ⋮
```

```
优化后的代码：
⋮
if(a>b)
      if(a<c)
            ⋮
      else
            ⋮
else
      if(a<=b&&a<c)
            ⋮
      else
            ⋮
```

5. 减少运算的强度

显然计算量越小，程序的效率越高。减少程序的计算量可以从选择效率更高的运算、优化计算顺序入手，同时还可以采用将可能结果提前保存起来的“空间”换“时间”的策略来减少运算次数。

1) 查表

对于在程序中频繁计算的数据，可以使用查表的方法来得到，即先计算出可能使用到的数据，将其保存在一个数据表中，待以后使用时再查找。例如：

旧代码：

```
long factorial(int i)
{
    if (i == 0)
        return 1;
    else
        return i * factorial(i - 1);
}
```

新代码：

```
static long factorial_table[] = {1,1, 2, 6, 24,120,720/* etc */ };
long factorial(int i)
{
    return factorial_table[i];
}
```

如果表很大，也可以写一个 init 函数，在数据使用前临时生成表格。

2) 求余运算

```
a=a%8;
```

可以改为：

```
a=a&7;
```

位操作只需一个指令周期即可完成，而大部分编译器的“%”运算均是调用子程序来完成，代码长、执行速度慢。通常，只要是求 2^n 的余数，均可使用位操作的方法来代替。

3) 平方运算

```
a=pow(a, 2.0);
```

可以改为：

```
a=a*a;
```

在有内置硬件乘法器的处理器中，乘法运算比求平方运算快得多，因为浮点数的求平方是通过调用子程序来实现的，在具有硬件乘法器的处理器中，乘法运算只需 2 个时钟周期就可以完成。即使没有内置硬件乘法器，乘法运算的子程序也比平方运算的子程序代码短，执行速度更快。

4) 用移位实现乘除法运算

```
a=a*4;
b=b/4;
```

可以改为：

```
a=a<<2;
b=b>>2;
```

通常如果需要乘以或除以 2^n，都可以用移位的方法代替。用移位的方法得到的代码比使用乘除法生成的代码效率高。实际上，只要是乘以或除以一个整数，均可以用移位的方法得到结果，如 a=a*9 可以改为 a=(a<<3)+a。

下面是一个采用运算量更小的表达式替换原表达式的例子：

```
旧代码：
x = w % 8;
y = pow(x, 2.0);
z = y * 33;
for (i = 0;i < MAX;i++)
{
    h = 14 * i;
    printf("%d", h);
}
```

```
新代码：
x = w & 7;          /* 位操作比求余运算快 */
y = x * x;          /* 乘法比平方运算快 */
z = (y << 5)+ y;  /* 位移乘法比乘法快 */
for (i = h = 0; i < MAX; i++)
{
    h += 14; /* 加法比乘法快 */
    printf("%d", h);
}
```

5) 避免不必要的整数除法

整数除法是整数运算中最慢的，所以应该尽可能避免。一种可能减少整数除法的地方是连除，这里除法可以由乘法代替。这个替换的副作用是有可能在算乘积时会溢出，所以只能在一定范围的除法中使用。

```
不好的代码：
int i, j, k, m;
m = i / j / k;
```

```
推荐的代码：
int i, j, k, m;
m = i / (j * k);
```

6) 使用增量和减量操作符

在使用到加一和减一操作时尽量使用增量和减量操作符，因为增量操作符语句比赋值语句更快，原因在于对大多数 CPU 来说，对内存字的增、减量操作不必明显地使用取内存和写内存的指令，比如下面这条语句：

```
x=x+1;
```

模仿大多数微机汇编语言为例，产生的代码类似于：

```
move A, x ;        把 x 从内存取出存入累加器 A
add A, 1 ;         累加器 A 加 1
store x ;          把新值存回 x
```

如果使用增量操作符，则生成的代码如下：

```
incr x ;           x 加 1
```

显然，不用取指令和存指令，增、减量操作执行的速度加快，同时长度也缩短了。

7) 使用复合赋值表达式

复合赋值表达式(如 a-=1 及 a+=1 等) 都能够生成高质量的程序代码。

8) 提取公共的子表达式

在某些情况下，编译器不能从浮点表达式中提出公共的子表达式，因为这意味着相当于对表达式重新排序。需要特别指出的是，编译器在提取公共子表达式前不能按照代数的等价关系重新安排表达式。这时，程序员要手动地提出公共的子表达式。

不好的代码：
```
float a, b, c, d, e, f;
⋮
e = b * c / d;
f = b / d * a;
```

推荐的代码：
```
float a, b, c, d, e, f;
⋮
const float t = (b / d);
e = c * t;
f = a * t;
```

不好的代码：
```
float a, b, c, d, e, f;
⋮
e = a / c;
f = b / c;
```

推荐的代码：
```
float a, b, c, d, e, f;
⋮
const float t = (1.0f / c) ;
e = a * t;
f = b * t;
```

6. 循环优化

由于循环需要多次重复执行，往往是程序中运行时间最长的部分，因此提高循环执行的效率就可以直接提升程序的效率。要提高循环执行的效率，往往可以从减少循环次数和合并类似循环入手。

1) 充分分解小的循环

想要充分利用 CPU 的指令缓存，就要充分分解小的循环。 特别是当循环体本身很小的时候，分解循环可以提高性能。

优化前的代码：
```
// 3D 转化：把矢量 V 和 4×4 矩阵 M 相乘
for (i = 0; i < 4; i ++)
{
    r[i] = 0;
    for (j = 0; j < 4; j ++)
    {
        r[i] += M[j][i]*V[j];
    }
}
```
推荐的代码：
```
r[0] = M[0][0]*V[0] + M[1][0]*V[1] + M[2][0]*V[2] + M[3][0]*V[3];
r[1] = M[0][1]*V[0] + M[1][1]*V[1] + M[2][1]*V[2] + M[3][1]*V[3];
```

```
r[2] = M[0][2]*V[0] + M[1][2]*V[1] + M[2][2]*V[2] + M[3][2]*V[3];
r[3] = M[0][3]*V[0] + M[1][3]*V[1] + M[2][3]*V[2] + M[3][3]*V[3];
```

2) 循环嵌套

把相关循环放到一个循环里，也会加快速度。

优化前的代码：

```
for (i = 0; i < MAX; i++) /* initialize 2d array to 0's */
    for (j = 0; j < MAX; j++)
        a[ i][j] = 0.0;
for (i = 0; i < MAX; i++) /* put 1's along the diagonal */
    a[i][i] = 1.0;
```

新代码：

```
for (i = 0; i < MAX; i++) /* initialize 2d array to 0's */
{
    for (j = 0; j < MAX; j++)
        a[i][j] = 0.0;
    a[i][i] = 1.0; /* put 1's along the diagonal */
}
```

7. 函数优化

函数是程序中使用最多的基本单元，因此优化函数的调用效率也可以提高程序性能。优化函数的调用效率可以从优化函数的返回值以及函数的参数入手。

1) 不定义不使用的返回值

函数定义并不知道函数返回值是否被使用，假如返回值从来不会被用到，则应该使用 void 来明确声明函数不返回任何值。

2) 减少函数调用参数

使用全局变量比函数传递参数更加有效率。这样做去除了函数调用参数入栈和函数完成后参数出栈所需要的时间。然而使用全局变量会影响程序的模块化和重入，故要慎重使用。

3) 所有函数都应该有原型定义

一般来说，所有函数都应该有原型定义。原型定义可以传达给编译器更多的可能用于优化的信息。

综上，通过代码优化，可以提高代码的执行效率，从而提升程序的品质。因而优化代码是程序员提高自身水平，提高技能的一个很重要的途径。不同的代码有不同的分析方法，有不同的优化方法，而这全凭程序员的经验积累和自身水平。同时，优化是一门平衡的艺术，它往往要以牺牲程序的可读性或者增加代码长度为代价。

7.5.3 网络优化

在现有的网络状态下，使用者经常会遇到带宽拥塞、应用性能低下、蠕虫病毒、DDoS 肆虐、恶意入侵等对网络使用及资源有负面影响的问题及困扰，网络优化功能是针对现有的防火墙、安防及入侵检测、负载均衡、频宽管理、网络防毒等设备及网络问题的补充，能够通过接入硬件及软件操作的方式进行参数采集、数据分析，找出影响网络质量的原因，通过技术手段或增加相应的硬件设备使网络达到最佳运行状态的方法，使网络资源获得最佳效益，同时了解网络的增长趋势并提供更好的解决方案。实现网络应用性能加速，安全内容管理，安全事件管理，用户管理，网络资源管理与优化，桌面系统管理，流量模式监控、测量、追踪、分析和管理，提高在广域网上应用传输的性能的功能性产品，主要包括网络资源管理器、应用性能加速器、网页性能加速器3大类。应针对不同的需求及功能要求进行网络的优化。

7.6 代码评审和版本控制

7.6.1 代码评审

代码评审是项目开发过程中的重要环节，有效的代码评审，可以在测试前静态地发现缺陷。实践证明，缺陷发现的时机越早，越利于缺陷的解决和降低解决成本。代码评审能够有效地督促编码规范的实施，提高代码的可读性和可维护性。在代码的评审过程中，项目组成员互相交流，取长补短，促进项目组整体技能的提升。总之，项目开发过程中的代码评审和其他各项评审工作对提高项目产品质量有重要贡献。

那么什么时候进行代码评审呢？代码评审的粒度又该如何确定呢？代码评审一般在代码已具雏形，并且已通过单元测试，未提交进行集成测试之前进行。评审的粒度要看代码的规模，当然评审的代码覆盖面越大，代码的质量越有保证。对于涉及业务流程较复杂的模块一定要和熟悉业务的人一起完成代码的评审，对这类模块应给予重点关注，因为往往业务流程逻辑的错误多于语言使用的错误。还有一个时机建议作代码评审，即在系统第一版发布后，如果有需求变动需要增加新功能，则记住这时代码评审的效果可能好于简单的测试，当然两者都要有才能保证代码质量更高。

代码评审应按照一定的流程作业，这样可以降低评审成本，提高评审效率。代码评审流程介绍如下：

(1) 代码评审发起。代码评审发起要有专人负责，负责人要控制整个评审过程。负责人负责确定评审范围、评审人、评审结果交付日期和组织召开评审会议。负责人还要编写《代码评审评审点列表》，《代码评审评审点列表》列举出代码评审过程重点检查的项目供评审人逐一检查代码。

(2) 负责人发起代码评审。告知评审人代码的评审范围，确定被评审代码的版本号，告知评审人评审结果的交付时间。负责人还应该为评审人提供相关的资料，例如《编码规约》等。

(3) 评审人评审代码。评审人按照负责人告知的评审范围，认真评审代码，填写评审报告，在规定的时间内完成评审。填写评审报告要明确描述问题发现点的位置，要写清代码文件的版本号及问题点的行号。

(4) 负责人将评审结果转交给代码编写人，编写人认真核对评审报告，修正代码。编写人要认真填写评审报告，要写清修正后代码文件的版本号，修正点的行号。

(5) 召开评审会议。会上逐一对评审报告认真分析，评审人和代码编写人要对每一项评审结果达成共识。

(6) 负责人编写评审总结，将评审中总结出的问题和经验通知给项目组成员。

7.6.2 版本控制

在软件开发中经常出现以下一些与版本控制密切相关的典型问题。

1. 软件代码的一致性

软件的开发、维护和升级，往往是多个人共同协作的过程。不同人对同一个软件的不同部分同时做着修改，这种行为有时会出现彼此交叉的情况。由于同一软件在各自开发人员的机器上都有拷贝，因此软件的全部代码都暴露在每个开发人员面前，原则上他有权限可以不加限制地更改软件的任何部分。而当他们修改的内容属于公共部分，或者需要被其他人员所负责的部分调用时(软件各模块间的彼此依赖关系决定了这种情况是经常发生的)，这种修改就属于交叉情况。此时，就有可能出现代码的不一致现象。比如，修改者在改动了某个公共函数的同时也修改了其调用接口，若其他人员没有得知此事，而在各自机器上仍调用原来版本的函数，则当整合时，就会出现错误。另一种更为严重的情况是，修改者决定废弃原有函数而另外编写一个新的函数，但他并未删除原有函数，这种情况在最后的整合中也可能不会被察觉，如果将这种一致性错误的纠正延迟到测试阶段，则会增加调试的难度，从而降低开发效率。为了始终保证代码的一致性，一种解决办法是，要求修改者每次修改后都通过某种方式告知同组其他人员，或者随时对软件做整合。但是这样，一方面会增加开发人员的负担，另一方面也降低了软件的开发效率。

2. 软件内容的冗余问题

软件在各自开发人员的机器上都有拷贝，并且同一个开发人员在不同时期也会在本机保留当时的软件版本，也就是说，一台机器上还可能不止一个版本。这类似于一种信息的冗余。对于不同版本而言，其差别有时可能并不是很大。随着时间的推移，开发人员可能对自己机器上的不同版本之间具体差异的了解变得模糊不清，甚至忘记了当时为什么区分这些版本，这就会给整合带来麻烦。而且，如果需要同时维护多个版本，则对某个版本的改动可能需要反映到其余版本的对应处，很难保证这一过程不会出差错。还有一点，作为开发人员，有时即使知道自己机器上软件的某个版本可能不会再使用了，他也不会去删除(生怕万一需要从那里获取点什么)，但是通常也不会再去维护或查看它，因此久而久之，这种“僵死之物”会在多台机器上“蔓延”。

3. 软件过程的“事务性”

对于软件的某个版本，如果开发人员想要为其增添新的功能，或改善原有功能，而又担心会搅乱原来运行良好的软件，那么一种常用的办法就是保留现有版本，另复制一个新的拷贝，并在新的副本上进行修改。这类似于一种事务处理，当将一系列操作作为一个事务时，如果中间某个操作出现偏差，则希望恢复到执行事务之前的状况。而当完成修改之后，开发人员该如何处理这两个副本呢？是在新的副本上继续新的开发，将之作为最新版本；还是将新的改动加入原有版本，删除新的副本？无论怎样，都可能会出现如下情况：如果软件运行正常，则出现冗余情况；当删除修改前的版本后，又发现改动中有问题，但已无法恢复了；若改动无误，将改动加入原有版本时，也可能出现人为错误，导致软件运行出错；即使没有人为错误，这种做法也会给开发人员增加额外负担，一定程度地降低开发效率。重复上述过程则会出现多个类似的副本，此时，如何对待这些不同版本，将是开发人员需要面对的问题。而如果调试的过程中，发现确实有必要恢复到上一个版本，甚至上上个版本……，此时就不得不保留所有版本了。

4. 软件开发的"并发性"

由于是多人共同开发一个软件，其间出现多人修改软件的同一部分，尤其是同时修改，有时是不可避免的。对于前者，具有良好编程习惯的人员的一种通常做法是，对他人的源程序进行修改时添加必要的注释，写明修改人、修改原因、修改日期等。但实际情况是，当修改内容很零散或修改过程很复杂时，注释很难写，或者代码被注释分割得支离破碎影响正常阅读，或者注释无法详细说明实际情况。而且，这种做法也增加了开发人员的负担：他需要在考虑代码逻辑的同时，兼顾如何写注释；而对于注释和代码的一致性也是他需要随时留意的问题，不能疏忽。因此，这种措施在实际开发中，并未取得实质效果，是不必要的，事实上代码本身(而非注释)是最能说明问题的，而修改的记录应该置于代码之外的某处。而且，不论是不是同时修改，都需要考虑一致性问题，需要及时进行人工的差异比较和整合以便形成一个统一的新版本。

5. 软件代码的安全性

由于代码完全暴露于所有开发人员面前，任何人都可以对其增、删、改。除了会造成不一致问题外，从安全的角度来看，也是存在隐患的，这一点对于一个自主产权的长期开发的产品而言更是如此。即使是一般的项目开发，不同的人员其分工不同，允许别人可以不加限制地任意修改自己负责模块的代码(相当于所有人员都具有管理员身份)，总是容易产生问题。对于共有模块更是如此，所有人都可以修改，一旦修改，则波及全体。

6. 软件的整合

在软件的整合过程中，一般比较可靠的做法是使用文本比对工具来辅助完成。这种措施有以下缺点：

(1) 可靠性，整合中的人为错误会影响软件的可靠性，有时这种错误很难察觉，可能编译没有问题，而在测试时却发现了问题。这种潜在的错误发现的时间越晚就越难以纠正。

(2) 效率，对于纯手工的整合即使熟练操作的人也是需要时间来完成的，而有些整合只是将两段代码拼接在一起，这一过程完全可以借助于某些自动机制。这可以大大节省时间，使开发人员可以专注于后续的开发任务。

以上这些问题都需要通过版本控制来加以解决。

版本控制(Revision Control)是一种软件工程技巧，藉以在开发的过程中，确保由不同人所编辑的同一档案都得到更新。

版本控制系统用于维护文件的所有版本，随着时间的推移，文件逐渐产生这些版本。使用版本控制系统，人们可以返回到各个文件以前的修订版本，还可以比较任意两个版本以查看它们之间的变化。通过这种方式，版本控制可以保留一个文件修订的可检索的准确历史日志。更重要的是，版本控制系统有助于多个人(甚至位于完全不同的地理位置)通过 Internet 或专用网络将各自的更改合并到同一个源存储库，从而协同开发项目。

版本控制包括两个方面：保证人人得到的是最新的版本，记录各个历史版本。

最简单的版本控制方法是在每一个公布的版本中包括一个修正版本的历史情况，即已做变更的内容、变更日期、变更人的姓名以及变更的原因，并根据标准约定，标记每一次修改。

对于一个采用版本控制进行软件开发的多人开发团队而言，其一般的开发方式是：采用服务器/客户端的形式，在上面分别安装版本控制工具的服务器和客户端版本，软件放在服务器上为大家所共享，开发人员在客户端从服务器上将软件的相关部分下载到本地，进行修改，改动结果最终提交到服务器上。

对于软件的版本控制而言，其主要特点如下：

(1) 空间上集中统一管理。由于采用服务器/客户端方式，尽管开发人员可以在自己的本地留有备份，但最终唯一有效的只有服务器端的那个原始拷贝。这样做一定程度可以解决一致性问题和冗余问题。

(2) 时间上全程跟踪记录。工具将会自动记录每个更改细节，和不同时期的不同版本。这样做一定程度可以解决冗余问题、事务性问题和并发性问题。

(3) 操作权限控制。对于不同开发人员，对软件的不同部分可以定义不同的访问权限。这样做一定程度可以解决安全性问题。

(4) 自动或半自动。由于有工具辅助控制，因此可以减轻开发人员的负担，节省时间，同时降低人为错误。像软件整合这样的工作，其工作量可以相对减轻。

衡量软件版本控制效果的标准归根结底有两点：效率和质量。如果版本控制最终使软件开发效率得到提高、使软件质量得到提升，那就是成功的，反之则是失败的。效率的提高比较容易理解，质量的提升则体现在软件的一致性、冗余程度等。需要指出的是，单就版本控制工具本身并不能保证这两点。对工具不熟悉或错误使用，以及开发人员的不良习惯等都将导致失败。有时可能反而降低效率。

7.7 实 战 训 练

1. 目的

本实战训练的目的是能够使用结构化编程语言实现算法描述工具所表示的单元模块。

2. 任务

编码实现借书算法。

借书过程详细描述如下：

A. 输入读者编号；
   提示超期未还的借阅记录；
B. 输入图书编号；
   if 选择“确定”then

```
        if 该书“已”注销 或 已借书数≥可借书数 then
            给出相应提示;
        else
          添加一条借书记录;
            “图书信息表”中“现有库存量”-1;
            “读者信息表”中“已借书数量”+1;
          提示执行情况;
        endif
        清空读者、图书编号等输入数据;
    endif
```

3. 实现过程

以下为C语言的实现代码。

```
void BorrowBook ()
{
    //读者编号
    long Rnum;
    //图书编号
    long Bnum;
    //图书基本信息
    BookInfo bookinfo;

    //输入读者编号
    scanf("请输入读者编号%ld",Rnum);
    //输入图书编号
    scanf("请输入图书编号%ld", Bnum);

    //调用查询函数查找用户输入编号的图书信息
    bookinfo=QueryBook(Bnum);

    //判断该书“已”注销或已借书数≥可借书数
    if(bookinfo.logout==1 || bookinfo.borrowed >=   bookinfo.remain)
    {
        printf("该书无法借出！\n");
    }
    else
    {
    //添加一条借书记录
        AddBRecord(Rnum,Bnum);
    //“图书信息表”中“现有库存量”-1
        BookInfoTable(Bnum);
```

```
    //“读者信息表”中“已借书数量”+1
        ReadInfoTable(Rnum);
        printf(“借书成功！\n”);

    }
    clrscr( );
}
```

4. 讨论

请思考如何用已经学习过的编程语言实现本模块，并尝试实现该系统的其他模块。

本章小结

本章中主要介绍了软件工程的编码阶段所做的主要工作，着重讲述了编码的结构化程序设计方法以及编码风格和代码的优化，并介绍了软件开发中的代码评审与版本控制。结构化程序设计方法能够清晰地反映实现功能所用算法的流程，同时清晰的算法流程也能够使代码的编写变得容易起来。编码风格对于代码的可重用性和软件的可维护性都有重要作用，代码优化则能提高软件性能。代码评审与版本控制都是保证软件质量提高软件开发效率的重要手段。

习题7

一、选择题

1. 下列属于不标准书写格式的是(　　)。

A. 书写时适当使用空格分隔

B. 一行写入多条语句

C. 嵌套结构不使用分层缩进的写法

D. 程序中不加注释

2. 下面的(　　)不是良好编码的原则。

A. 在开始编码之前建立单元测试

B. 建立一种有助于理解的直观布局

C. 保持变量名简短以便代码紧凑

D. 确保注释与代码完全一致

3. 编码(实现)阶段得到的程序段应该是(　　)。

A. 编辑完成的源程序

B. 编译(或汇编)通过的可装配程序

C. 可交付使用的程序

D. 可运行程序

二、简答题

1. 什么是结构程序设计？
2. 编码阶段中“逐步求精”的含义与详细设计阶段中有何不同？
3. 结构程序设计的优点有哪些？
4. 什么是编码风格？为什么要强调编码风格？
5. 什么是代码评审？代码评审的流程是什么？
6. 从编码规范来评价以下几段程序是否合理？为什么？如何修改？

程序 1：

```
#define TRUE 0
#define FALSE 1

if ((ch = getchar() == eof))
not_EOF = FALSE;
```

程序 2：

```
int smaller(char *s, char *t) {
    if (strcmp(s,t) < 1)
        return 1;
    else
        return 0;
}
```

程序 3：

```
for (i = 0;   i < n; )
    array[i++] = 1.0;
```

程序 4：

```
if (retval != SUCCESS)
{
    return (retval);
}
/* All went well! */
return SUCCESS;
```

7. 分析以下表达式或语句，指出其不合理之处并改进。

(1) `!(block_id < actblks) || !(block_id >= unblocks)`

(2) `leap_year = y % 4 == 0 && y % 100 != 0 || y % 400 == 0;`

(3) `x += (xp=(2*k < (n-m) ? c[k+1] : d[k-1]));`

第 8 章　软件测试与调试

本章主要内容：

- 软件测试的概念和目的
- 软件测试的方法和步骤
- 软件测试的工具介绍
- 案例分析

本阶段的产品：集成测试计划、测试用例文档、测试分析报告
参与角色：项目经理、软件开发小组、软件测试小组、用户

8.1　概　　述

由于人们对于软件质量的重视程度越来越高，因此导致了测试在软件开发中的地位越来越重要。软件工程的总目标是充分利用有限的人力和物力资源，高效率、高质量地完成软件开发项目。不充分的测试势必使软件带着一些未揭露的隐藏错误投入运行，这将意味着让用户承担更大的危险。软件测试是程序的一种执行过程，目的是尽可能发现并改正被测试软件中的错误，提高软件的可靠性。它是软件生命周期中一项非常重要且非常复杂的工作，对软件的可靠性保证具有极其重要的意义。

无论怎样强调软件测试的重要性和它对软件可靠性的影响都不过分。在开发大型软件系统的漫长过程中，面对着极其错综复杂的问题，人的主观认识不可能完全符合客观现实，与工程密切相关的各类人员之间的通信和配合也不可能完美无缺，因此，在软件生命周期的每个阶段都不可避免地会产生差错。我们力求在每个阶段结束之前通过严格的技术审查，尽可能早地发现并纠正差错。但是，经验表明，审查并不能发现所有差错，而且在编码过程中还不可避免地会引入新的错误。

如果在软件投入生产性运行之前，没有发现并纠正软件中的大部分差错，则这些差错迟早会在生产过程中暴露出来，那时不仅改正这些错误的代价更高，而且往往会造成很恶劣的后果。测试的目的就是在软件投入生产性运行之前，尽可能多地发现软件中的错误。目前软件测试仍然是保证软件质量的关键步骤，它是对软件规格说明、设计和编码的最后复审。

8.1.1　“BUG”一词的由来

这是一个真实的故事，故事发生在 1945 年 9 月 9 日一个炎热的下午。当时的机房是

一间第一次世界大战时建造的老建筑，没有空调，所有窗户都敞开着。Grace Hopper(程序语言编译器的第一位开发人员，后来成为海军少将)正领导一个分小组夜以继日地工作，研制一台称为“MARK II”的计算机，这台计算机使用了大量的继电器(电子机械装置，那时还没有使用晶体管)，是一台不纯粹的电子计算机。突然，MARK II 死机了。研究人员试了很多次还是无法启动，然后就开始用各种方法找问题，看问题究竟出现在哪里，最后定位到板子 F 第 70 号继电器出错。Hopper 观察这个出错的继电器，惊奇地发现一只飞蛾躺在中间，已经被继电器打死。他小心地用镊子将蛾子夹出来，用透明胶布贴到“事件记录本”中，并注明“第一个发现虫子的实例”，然后计算机又恢复了正常。从此以后，人们将计算机中出现的任何错误戏称为“臭虫”(Bug)，而把找寻错误的工作称为“找臭虫”(Debug)。Hopper 当时所用的记录本，连同那只飞蛾，一起被陈列在美国历史博物馆中，如图 8.1 所示。

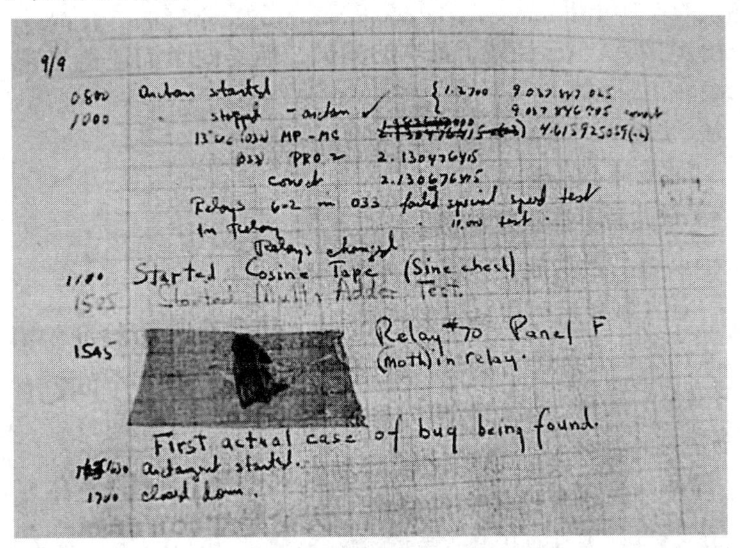

图 8.1 陈列在美国历史博物馆的记录本和飞蛾

这个故事告诉我们，在软件运行之前，要将计算机系统中存在的问题找出来，否则计算机系统可能会在某个时刻不能正常工作，造成更大的危害。从这个故事中，我们也知道软件缺陷被称为“Bug”的原因；而且不知在什么时候，第一个“Bug”会被我们发现。

8.1.2 软件缺陷对软件带来影响的例子

软件存在错误与缺陷是难免的，关键是如何消除它，软件的错误如果不消除，轻则影响程序的运行结果与功能，重则带来灾难性的后果，以下实例就是证明。

例 1：苹果推出万众期待的 iPhone 3G 的同时，也推出了一个同步服务器 MobileMe。MobileMe 允许 Mac 和 PC 用户通过一个 Web 界面去同步他们的联系人、日历、电子邮件、照片等内容。但在它推出的第一天便出现了大量的问题——性能缓慢、宕机、用户随机注销等，还有一个致命的问题——整整耗费了一天的时间，同步服务也无法同步日历和全部联系人。就像苹果 CEO Steve Jobs 在一封内部邮件里所写的一样——这不是苹果的“光荣时刻”。后来，苹果修复了那些漏洞，并且承诺所有的 MobileMe 用户可以免费使用 90 天。

2008 年，互联网产品宕机的现象非常严重，包括 Twitter 网站频繁出现宕机，Gmail 服务宕机 30 小时等，Twitter 宕机标志 Fail Whale 甚至拥有了其狂热者(Fans)的俱乐部、商店等，如 http://www.zazzle.com/failwhale。

例 2：2007 年 10 月 30 日上午 9 点，北京奥运会门票面向境内公众第二阶段预售正式启动。由于瞬间访问数量过大造成网络堵塞，技术系统应对不畅，造成很多申购者无法及时提交申请。为此，票务中心向广大公众表示歉意，并宣布暂停第二阶段门票销售。

例 3：2007 年，美国 12 架 F-6 战机执行从夏威夷飞往日本的任务中，因计算机系统编码中出现了一个小错误，飞机上的全球定位系统纷纷失灵，导致一架战机折载沉沙。

例 4：2008 年 8 月，诺基亚公司承认其 Series40 手机平台存在严重缺陷，Series40 手机所使用的旧版 J2ME 中的缺陷使黑客能够远程访问本应受到限制的手机功能，使黑客能够在他人的手机上秘密地安装和激活应用软件。

例 5：导航软件 Bug 使俄罗斯飞船偏离降落地。2003 年 5 月 4 日，搭乘俄罗斯“联盟-TMA1”载人飞船的国际空间站第七长期考察团的宇航员们返回了地球。但在返回途中，飞船偏离了降落目标地点约 460 公里。据来自美国国家航天局的消息，这是由飞船的导航计算机软件设计中的错误引起的。

例 6：1996 年欧洲航天局阿丽亚娜 5 型火箭发射后 40 s，火箭爆炸，发射基地 2 名法国士兵当场死亡，历时 9 年的航天计划严重受挫，震惊了国际宇航界。爆炸原因在于惯性导航系统软件技术和设计的小失误。

例 7：1994 年，已大批卖出的英特尔奔腾 CPU 芯片存在浮点运算的缺陷，导致英特尔公司为此付出 4.5 亿美元的代价。

例 8：千年虫问题是一个非常著名的计算机软件缺陷。

20 世纪 70 年代，一位负责公司工资系统的程序员使用的计算机存储空间很小，迫使他尽量节省每一个字节。他用尽了一切手段将自己的程序压缩到最小，其中之一就是把表示年份的 4 位数，例如 1975，缩减为 2 位数，即 75，由于工资系统极度依赖数据处理，因此他得以节省可观的存储空间。他认为只有在到达 2000 年时，程序计算 00 或 01 这样的年份时才会出现问题，但是在 25 年之内他使用的程序肯定会更改或升级，而且眼前的任务比现在计划遥不可及的未来更加重要。但是这一天毕竟是要到来的。1995 年，这位程序员的程序仍然在使用，而他却退休了，谁也不会想到进入程序去检查 2000 年兼容问题，更不用说去修改了。

据不完全估计，全世界更换或升级类似的有千年虫问题的程序，以解决原有 2000 年错误的费用已经超过数亿美元了。

8.1.3　为什么会出现软件缺陷

提到软件缺陷，人们通常会认为软件缺陷源自于编程错误。但有专家对众多从小到大的项目进行研究而得出的结论往往是一致的，即导致软件缺陷最大的原因是产品说明书，如图 8.2 所示。

产品说明书成为造成软件缺陷的罪魁祸首有不少原因。在许多情况下，说明书没有写；其他原因可能是说明书不够全面、经常更改，或者整个开发小组没有很好地沟通。

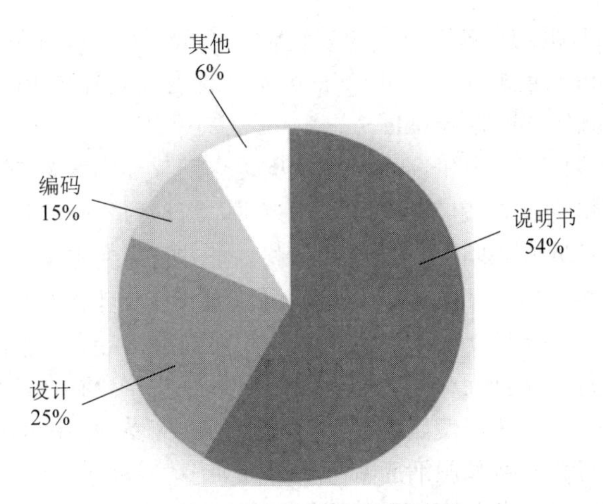

图 8.2 软件缺陷产生的原因

软件缺陷的第二大来源是设计。这是程序员规划软件的过程，好比是建筑师为建筑物绘制蓝图。这里产生软件缺陷的原因与产品说明书是一样的——随意、易变、沟通不足。在许多人的印象中，软件测试主要是找程序代码中的错误，这是一个认识的误区。如果从软件开发各个阶段能够发现软件缺陷数目看，比较理想的情况也主要集中在需求分析、系统设计、编程阶段(包括单元测试)等几个阶段中，而在系统测试阶段，能够发现的缺陷数目就比较少，这样会大大降低企业成本。

编程排在第 3 位。程序员对编码错误太熟悉了。通常，代码错误可以归咎于软件的复杂性、文档不足(特别是升级或修订过代码的文档)、进度压力或者普通的低级错误。要注意的是，许多看上去是编程错误的软件缺陷实际上是由产品说明书和设计方案造成的。经常听到程序员说："这是按要求做的。如果有人早告诉我，我就不会这样编写程序了。"

剩下的原因可归为一类。某些缺陷产生的原因是把误解(即把本来正确的)当成缺陷。还有可能缺陷多处反复出现，实际上是由一个原因引起的。一些缺陷可以归咎于测试错误。不过，此类软件缺陷只占极小的比例，不必担心。

8.1.4 软件缺陷定义

按照一般的定义，只要符合下列 5 个规则中的任何一条，就叫做软件缺陷。

(1) 软件未实现产品说明书要求的功能。

(2) 软件实现了产品说明书未提到的功能。

(3) 软件出现了产品说明书指明不应该出现的错误。

(4) 软件未实现产品说明书虽未明确提及但应该实现的目标。

(5) 软件难以理解、不易使用、运行缓慢或者从测试员的角度看，最终用户会认为不好。

为了更好地理解每一条规则，下面我们以计算器为例加以说明。

计算器的产品说明书可能写明它能够准确无误地进行加、减、乘、除运算。假如你作为软件测试员，拿到计算器后，按下加(+)键，结果什么反应也没有，根据第 1 条规则，这是一个缺陷。假如得到错误答案，根据第 1 条规则，这同样是个缺陷。

假如你拿计算器进行测试，发现除了加、减、乘、除之外它还可以求平方根，说明书中从没提到这一功能，雄心勃勃的程序员只因为觉得这是一项了不起的功能而把它加入。这不是功能，根据第 2 条规则，这是软件缺陷。软件实现了产品说明书未提到的功能。这些预料不到的操作，虽然有了更好，但会增加测试的工作，甚至可能带来更多的缺陷。

产品说明书可能写明计算器永远不会崩溃、锁死或者停止反应。假如你狂敲键盘使计算器停止接受输入，根据第 3 条规则，这是一个缺陷。

第 4 条规则中的双重否定让人感觉有些奇怪，但其目的是捕获那些产品说明书上的遗漏之处。在测试计算器时，会发现电池没电能导致计算不正确。没有人会考虑到这种情况下计算器会如何反应，而是想当然地假定电池一直都是充足了电的。测试要考虑到让计算器持续工作直到电池完全没电，或者至少用到出现电力不足的提醒。电力不足时无法正确计算，但产品说明书未指出这个问题。根据第 4 条规则，这是个缺陷。

第 5 条规则是全面的。如果软件测试员发现某些地方不对劲，则无论什么原因，都要认定为缺陷。在计算器例子中，也许测试员觉得按键太小，也许“=”键布置的位置使其极其不好按，也许在明亮光下显示屏难以看清。根据第 5 条规则，这些都是缺陷。

8.1.5　软件缺陷的修复费用

软件不仅仅是表面上的那些东西，通常要靠有计划、有条理的开发过程来实现。从开始到计划、编程、测试，再到公开使用的过程中，都有可能发现缺陷。图 8.3 显示了修复软件缺陷的费用是如何随着时间的推移而增加的。

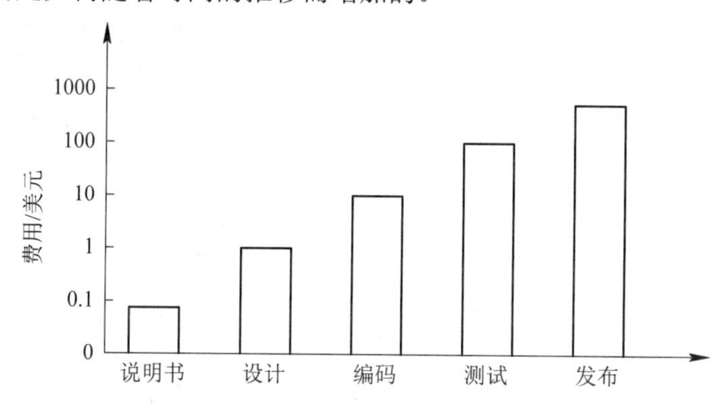

图 8.3　修复软件缺陷的费用随着时间的推移惊人地增长

费用指数级地增长，也就是说，随着时间的推移，费用以十倍增长。在我们的例子中，当早期编写产品说明书时发现并修复缺陷，费用只要 1 美元甚至更少。同样的缺陷如果直到软件编写完成开始测试时才发现，则费用可能要 10～100 美元。如果是客户发现的，则费用可能达到数千甚至数百万美元。

8.1.6　对测试人员的技术要求及测试人员的配备情况

1. 对测试人员的技术要求

软件测试是软件开发的重要环节，贯穿着整个软件开发周期。软件测试是一项非常严谨、复杂、艰苦和具有挑战性的工作，随着软件技术的发展，进行专业、高效率软件测试的要求越来越迫切，对软件测试人员所具备的知识结构和基本素质要求也越来越高。

1) 软件测试人员必须具备的知识结构

软件测试人员必须具备以下的知识结构：

(1) 熟悉软件工程的知识。由于软件测试贯穿了整个软件开发过程，在软件开发的每个阶段都要做相应的测试准备或测试工作，因此，软件测试人员必须熟知软件开发过程和各阶段的特征。

(2) 具有良好的计算机编程基础，并且了解软件设计的过程及设计内容。在测试软件时，这些专业知识对寻找软件的缺陷有很大的帮助，会使测试工作更加高效。

(3) 精通软件测试理论及测试技术，熟悉软件测试每个阶段的文档编写技巧，掌握测试用例的设计和编写方法，掌握软件测试的策略和各种测试方法，掌握测试过程中每个阶段的测试技术。具有根据测试计划和方案进行软件测试、安排测试计划、搭建测试环境、进行基本测试的能力。

(4) 会使用软件测试工具。掌握或能快速掌握主流专业化测试工具的使用方法。

2) 软件测试人员的素质要求

软件测试人员应具备以下素质要求：

(1) 交流和沟通能力。软件测试人员在测试过程中需要与各种人员进行交流，因此软件测试人员必须能够与测试涉及的所有人员进行沟通交流，具有与技术(开发人员)人员和非技术(客户、管理人员)人员交流的能力。软件测试人员既要设身处地为客户着想，又要和开发人员很好地沟通合作，同时考虑问题要全面。测试人员能结合客户的需求、业务的流程、系统的构架等多方面考虑问题；在研究故障报告和问题时，要清晰地表达自己的观点；在发现软件的缺陷被认为是不重要的时候，应该耐心地说明软件缺陷为何必须修复。良好的交流和沟通能力可以将测试人员与相关人员之间的冲突和对抗减少到最低程度。

(2) 创新精神和洞察力。软件测试人员的工作通常是以富有创意的甚至超常的手段寻找软件缺陷。根据测试过程和测试结果，应善于发现问题的症结所在，对错误的类型和错误的性质做出准确的分析和判断。并不是所有错误和缺陷都很容易找出，因此，软件测试人员必须具备敏锐的洞察力、严谨的精神、强烈追求高质量的意识、对细节的关注能力和对高风险区的判断能力，以便将有限的测试聚集于重点环节。

(3) 良好的技术能力。软件测试人员应该在开发人员的基础上更好地理解新技术，读懂程序，要做到这一点需要有几年以上的编程经验，前期的开发经验可以帮助软件测试人员对软件开发过程有较深入的理解，使得测试工作高效、高质量地完成。

(4) 追求完美并且不断努力。软件测试人员应该尽全力接近目标，并且在测试过程中不断尝试。测试时可能会碰到转瞬即逝或难以重建的软件缺陷，这时绝不能心存侥幸，应该尽一切可能去寻找。

(5) 自信心与幽默感。开发者指责测试者出错是常有的事，测试必须对自己的观点有足够的自信心，并且好的软件测试人员必须具备幽默感，在遇到争执的情况下，一个幽默的批评将是非常有帮助的。

(6) 团队合作精神。软件开发离不开团队的合作，软件测试也不例外。团队合作精神能否良好地在工作中体现出来决定了一个项目开发的成功与否。软件测试人员应该与软件开发人员密切合作，共同努力才能确保软件工程的顺利进行。

2. 测试人员的配备情况

一般情况下，软件测试人员的配备如表 8.1 所示。

表 8.1　软件测试人员配备情况表

工作角色	具 体 职 责
测试项目负责人	管理监督测试项目，提供技术指导，获取适当的资源，制定基线，技术协调，负责项目的安全保密和质量管理
测试分析员	确定测试计划、测试内容、测试方法、测试数据生成方法、测试(软、硬件)环境、测试工具，评价测试工作的有效性
测试设计员	设计测试用例，确定测试用例的优先级，建立测试环境
测试程序员	编写测试辅助软件
测试员	执行测试、记录测试结果
测试系统管理员	对测试环境和资产进行管理和维护
配置管理员	设置、管理和维护测试配置管理数据库

注：(1) 当软件的供方实施测试时，配置管理员由软件开发项目的配置管理员承担；当独立的测试组织实施测试时，应配备测试的配置管理员。

(2) 一个人可承担多个角色的工作，一个角色可由多个人承担。

3. 软件测试在软件开发中的地位

软件测试在软件开发中的地位是非常重要的，微软公司经过几十年的软件开发经验得到一个结论：为那些出现问题的产品去修一个补丁程序所花费的费用，比在软件上市之前多雇用几个测试人员所花的费用要多得多。从表 8.2 可以看出，微软公司对软件测试的重视程度。

表 8.2　软件开发人员与测试人员的比例

人　　员	Exchang 2000	Windows 2000
项目管理人员	25 人	约 250 人
开发人员	140 人	约 1700 人
测试人员	350 人	约 3200 人
测试人员∶开发人员	2.5	1.9

从表 8.2 中可以看出，通常在一个软件项目中，软件测试人员与软件开发人员的比例为 2∶1 左右。

8.2　软件测试的定义和目的

8.2.1　软件测试的定义

国家标准 GB/T 11457—2006《软件工程术语》定义了“软件测试(Testing)”：软件测试是指“由人工或自动方法来执行或评价系统或系统部件的过程，以验证它是否满足规定的需求；或识别出期望的结果和实际结果之间有无差别”。与之相关，所谓排错、调试(Debugging)，是指“查找、分析和纠正错误的过程”。

8.2.2 软件测试的目的

软件测试的目的如下：

(1) 验证软件是否满足软件开发合同或项目开发计划、系统/子系统设计文档、软件需求规格说明、软件设计说明、软件产品说明等规定的软件质量要求。

(2) 通过测试，发现软件缺陷。

(3) 为软件产品的质量测量和评价提供依据。

8.3 软件测试的任务和目标

8.3.1 软件测试的任务

测试阶段的基本任务应该是根据软件开发各阶段的文档资料和程序的内部结构，精心设计一组“高产”的测试用例(一组输入数据和与之对应的预期的输出结果，在设计测试用例时，应包括合理的输入数据和不合理的输入数据)，利用这些测试用例执行程序，找出软件潜在的缺陷。Grenford J.Myers 提出：一个好的测试用例是很可能找到至今为止尚未发现的缺陷的用例；一个成功的测试则是指揭示了至今为止尚未发现的缺陷的测试。

主观上由于开发人员思维的局限性，客观上由于目前开发的软件系统都具有相当的复杂性，因此，决定了在开发过程中出现软件错误是不可避免的。若能及早排除开发中的错误，就可以排除给后期工作带来的麻烦，也就避免了付出高昂的代价，从而大大地提高了系统开发过程的效率。因此，软件测试在整个软件开发生命周期各个环节中都是不可缺少的。

8.3.2 软件测试的目标

软件缺陷的产生主要是由软件产品的特点和开发过程决定的，如软件的需求经常不够明确，而且需求变化频繁，开发人员不太了解软件需求，不清楚应该“做什么”，常常做出不符合需求的事情，产生的问题最多。同时，软件竞争非常厉害，技术日新月异，使用新的技术，也容易产生问题。而且对于很多软件企业，“争取时间上取胜”常常是其主要市场竞争策略之一，实现新功能、使用新技术，被认为比质量更为重要，导致日程安排很紧，需求分析、设计等投入的时间和精力远远不够，也是产生软件错误的主要原因之一。

软件错误的产生可能还有其他一些原因，例如，软件设计文档不清楚，文档本身就存在错误，导致使用者产生更多的错误。还有沟通上的问题、开发人员的态度问题、项目管理问题等。软件错误的引入可归为以下这 7 项主要原因：

(1) 项目期限的压力。

(2) 产品的复杂度。

(3) 沟通不良。

(4) 开发人员的疲劳、压力或受到干扰。

(5) 缺乏足够的知识、技能和经验。

(6) 不了解客户的需求。

(7) 缺乏动力。

这些原因，会引起下列主要领域的主要错误(缺陷)：

(1) 需求规格说明书(Requirement Specification or Functional Specification)包含错误的需求，或漏掉一些需求，或没有准确表达客户所需要的内容。

(2) 需求规格说明书中有些功能是不可能或无法实现的。

(3) 系统设计(System Design)中的不合理性。

(4) 程序设计中的错误、程序代码中的问题，包括错误的算法、复杂的逻辑等。

若能及早排除软件开发中的错误，有效地减少后期工作的麻烦，就可以尽可能地避免付出高昂的代价，从而大大提高系统开发过程的效率。

软件测试的目标就是为了更快、更早地将软件产品或软件系统中所存在的各种问题找出来，并促进开发各类人员尽快地解决问题，最终及时地向客户提供一个高质量的软件产品，使软件系统更好地满足用户的需求，同时满足软件组织自身的要求：

(1) 用户的需求包括：

① 能正常使用全部所需要的功能。

② 功能强大，而且界面美观、易用、好用。

③ 内容健康，有益于生活和工作。

④ 用户的数据安全、受保护和兼容。

⑤ 及时得到新的产品或得到更完美的软件服务。

⑥ 软件可靠性很高，使用软件服务没有时间障碍。

(2) 软件企业的需求包括：

① 软件质量是市场竞争的需要，质量好的软件是留住客户的最关键的手段之一，软件企业也必须依靠质量，才能立于不败之地。

② 高质量的软件可以大大降低“质量问题产生的成本”，增加公司的盈利。

③ 软件已是国际化的市场，质量是进入国际市场的一个关键门槛。

④ 容易维护、移植和扩充，以扩大市场或适应环境的变化。

这些要求的满足，最终体现在软件产品的质量上，主要表现在：

(1) 功能性。软件所实现的功能达到它的设计规范和满足用户需求的程度。

(2) 可用性。对于一个软件，用户学习、操作、准备输入和理解输出所作努力的程度，如安装简单方便、容易使用、界面友好，并能适用于不同特点的用户，包括对残疾人、有缺陷的人能提供产品使用的有效途径或手段。

(3) 可靠性。它是用户使用的根本，在规定的时间和条件下，软件所能维持其正常的功能操作、性能水平的程度。

(4) 性能。在指定条件下，用软件实现某种功能所需的计算机资源(包括内存大小、CPU占用时间等)的有效程度。

(5) 容量。系统的接受力、容纳或吸收的能力或某项功能的最大量或最大限度，有时需要确定系统的特定需求所能容纳的最大量、所能表现的最大值。如 Web 系统能承受多少并发用户访问，会议系统可以承受的与会人数等。

(6) 可测量性。系统某些特性可以通过一些量化的数据指标来描述其当前状态或理想状态。

(7) 可维护性。在一个运行软件中，当环境改变或软件发生错误时，进行相应修改所做努力的简易程度。可维护性取决于理解软件、更改软件和测试软件的简易程度，可维护性与灵活性密切相关。较高的可维护性对于那些经历周期性更改的产品或快速开发的产品很重要。

(8) 兼容性。软件从一个计算机系统或环境移植到另一个系统或环境的容易程度，或者是一个系统和外部条件共同工作的容易程度。兼容性表现在多个方面，如系统的软件和硬件的兼容性，软件的不同版本的系统、数据的兼容性。

(9) 可扩展性。它指将来功能增加、系统扩充的难易程度或能力。

8.3.3 测试类别

根据 GB/T 8566 的要求，软件测试可分为以下几个类别：

(1) 单元测试；

(2) 集成测试；

(3) 配置项测试(也称软件合格性测试或确认测试)；

(4) 系统测试；

(5) 验收测试。

可根据软件的规模、类型、完整性级别选择执行测试类别。

由于回归测试可出现在上述每个测试类别中，并贯穿于整个软件生存周期，故单独分类进行描述。

8.4 软件测试的基本原则

在设计有效的测试用例进行测试之前，测试人员必须理解软件测试的基本原则，以此作为测试工作的指导。软件测试有以下基本原则：

(1) 所有的测试都应可追溯到客户需求。软件测试的目标是发现错误，而最严重的错误是那些导致程序无法满足需求的错误。

(2) 应该把尽早地和不断地进行软件测试作为开发人员的座右铭。只有将软件测试贯穿到软件开发的各个阶段中，坚持进行软件开发各个阶段的技术评审，才能在开发过程中尽早发现和预防错误，把出现的错误克服在早期，杜绝更大的隐患。

(3) 在真正的测试开始之前必须尽可能地完善测试计划，测试计划原则上应该在需求模型刚完成就开始，详细的测试用例定义可以在设计模型被确定后立即开始。

(4) Pareto(柏拉图)原则亦可用于软件测试。Pareto 原则通常也称为 80:20 原则，即“关键的少数与次要的多数原则”。按照这一原则软件错误中的 80%起源于 20%的程序模块，但问题在于如何去分离这有问题的 20%的模块。

(5) 从心理学的角度讲，创建系统的开发人员并不是进行软件测试的最佳人选。程序员应避免测试自己开发的程序，注意不要与程序调试的概念混淆。

(6) 测试应该由小到大。最初的测试通常将焦点放在单个的程序模块上，进一步测试的焦点则转向在集成的模块簇中去寻找错误，最后在整个的系统中寻找错误。

(7) 完全的测试是不可能的，即使是最简单的程序也不能做到完全的测试，这是因为：

① 输入量太多；

② 输出结果太多；

③ 实现的途径或路径太多；

④ 判定软件缺陷并没有一个客观的标准。

但是，充分覆盖程序逻辑并确保能够使用程序设计中的所有条件倒是可能的。

(8) 严格执行测试计划，对每一个测试结果做全面的检查，要仔细地分析检查以暴露错误。

(9) 妥善保存测试计划、测试用例、测试分析报告，并作为软件文档的组成部分，同时也可以为维护提供方便。

8.5　软件测试的方法

软件测试的方法如图 8.4 所示。

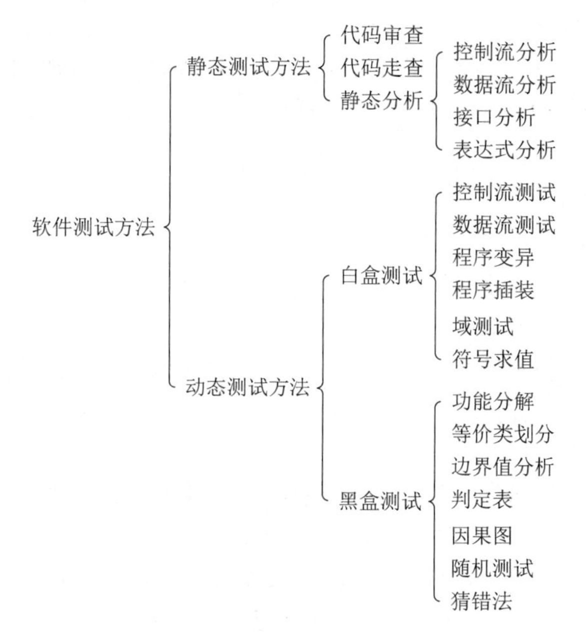

图 8.4　软件测试方法

8.5.1　静态测试方法

1. 代码审查

代码审查的测试内容：检查代码和设计的一致性；检查代码执行标准的情况；检查代码逻辑表达的正确性；检查代码结构的合理性；检查代码的可读性。

代码审查的组织：由 4 人以上组成，分别为组长、资深程序员、程序编写者与专职测试人员。组长不能是被测试程序的编写者，组长负责分配资料、安排计划、主持开会、记录并保存被发现的差错。

代码审查的过程如下：

(1) 准备阶段：组长分发有关材料，被测程序的设计和编码人员向审查组详细说明有关材料，并回答审查组成员所提出的有关问题。

(2) 程序阅读：审查组人员仔细阅读代码和相关材料，对照代码审查单，记录问题及明显缺陷。

(3) 会议审查：组长主持会议，程序员逐句阐明程序的逻辑，其他人员提出问题，利用代码审查单进行分析讨论，对讨论的各个问题形成结论性意见。

(4) 形成报告：会后将发现的差错形成代码审查问题表，并交给程序开发人员。对发现差错较多或发现重大差错的，在改正差错之后再次进行会议审查。

这种静态测试方法是一种多人一起进行的测试活动，要求每个人尽量多提出问题，同时讲述程序者也会突然发现一些问题，这时要放慢进度，把问题分析出来。

2. 代码走查

1) 代码走查的测试内容

代码走查的测试内容与代码审查的基本一样。

2) 代码走查的组织

一般由 4 人以上组成，分别为组长、秘书、资深程序员与专职测试人员。被测试程序的编写者可以作为走查组成员。组长负责分配资料、安排计划、主持开会，秘书记录被发现的差错。

3) 代码走查的过程

代码走查的过程如下：

(1) 准备阶段：组长分发有关材料，走查组详细阅读材料和认真研究程序。

(2) 生成实例：走查小组人员提出一些有代表性的测试实例。

(3) 会议走查：组长主持会议，其他人员对测试实例用头脑来执行程序，也就是测试实例沿程序逻辑走一遍，并由测试人员讲述程序执行过程，在纸上或黑板上监视程序状态，秘书记录下发现的问题。

(4) 形成报告：会后将发现的差错形成报告，并交给程序开发人员。对发现差错较多或发现重大差错的，在改正差错之后再次进行会议走查。

这种静态测试方法是一种多人一起进行的测试活动，要求每个人尽量多提供测试实例，这些测试实例是作为怀疑程序逻辑与计算差错的启发点，在随着测试实例游历程序逻辑时，在怀疑程序的过程中发现差错。这种方法不如代码审查检查的范围广，差错覆盖全。

3. 静态分析

静态分析一般包括控制流分析、数据流分析、接口分析和表达式分析。此外，静态分析还可以完成下述工作：

(1) 提供间接涉及程序缺陷的信息。

(2) 进行语法、语义分析，提出语义或结构要点，供进一步分析。

(3) 进行合同无法号求值。

(4) 为动态测试选择测试用例进行预处理。

静态分析常需要使用软件工具进行。静态分析是在程序编译通过之后，其他静态测试之前进行的。

1) 控制流分析

控制流分析是使用控制流程图系统地检查被测程序的控制结构的工作。控制流按照结构化程序规则和程序结构的基本要求进行程序结构检查。这些要求是被测程序不应包含：

(1) 转向并不存在的语句标号；

(2) 没有使用的语句标号；

(3) 没有使用的子程序定义；

(4) 调用并不存在的子程序；

(5) 从程序入口进入后无法达到的语句；

(6) 不能达到停止语句的语句。

控制流程图是一种简化的程序流程图，控制流程图由“节点”和“弧”两种图形符号构成。

2) 数据流分析

数据流分析是用控制流程图来分析数据发生的异常情况，这些异常包括被初始化、被赋值或被引用过程中行为序列的异常。数据流分析也作为数据流测试的预处理过程。

数据流分析首先建立控制流程图，然后在控制流程图中标注某个数据对象的操作序列，遍历控制流程图，形成这个数据对象的数据流模型，并给出这个数据对象的初始状态，利用数据流异常状态图分析数据对象可能的异常。

数据流分析可以查出引用未定义变量、对以前未使用的变量再次赋值等程序差错或异常情况。

3) 接口分析

接口分析主要用于程序静态分析和设计分析。接口一致性的设计分析涉及模块之间接口的一致性以及模块与外部数据库之间的一致性。程序的接口分析涉及子程序以及函数之间的接口一致性，包括检查形参与实参的类型、数量、维数、顺序以及使用的一致性。

4) 表达式分析

表达式错误主要有以下几种(但不仅限于)：

括号使用不正确，数据组引用错误，作为除数的变量可能为零，作为开平方的变量可能为负，作为正切值的变量可能为 π/2 以及浮点数变量比较时产生的错误。

8.5.2　动态测试方法

1. 概述

动态测试建立在程序的执行过程中，根据对被测对象内部情况的了解与否，分为黑盒测试和白盒测试。

黑盒测试又称功能测试、数据驱动测试或基于规格说明的测试，这种测试不必了解被测对象的内部情况，而依靠需求规格说明中的功能来设计测试用例。

白盒测试又称结构测试、逻辑测试或基于程序的测试，这种测试应了解程序的内部构造，并且根据内部构造设计测试用例。

在单元测试时一般采用白盒测试，在配置项测试或系统测试时一般采用黑盒测试。

2. 黑盒测试方法

黑盒测试法把程序看作一个黑盒子，完全不考虑程序的内部结构和处理过程。也就是说，黑盒测试是在程序接口进行的测试，它只检查程序功能是否能按照规格说明书的规定正常使用，程序是否能适当地接收输入数据并产生正确的输出信息，程序运行过程中能否保持外部信息的完整性，黑盒测试又被称为功能测试。

1) 功能分解

功能分解是将需求规格说明中每一个功能加以分解，确保各个功能被全面地测试，功能分解是一种较常用的方法。功能分解的步骤如下：

(1) 使用程序设计中的功能抽象方法把程序分解为功能单元。

(2) 使用数据抽象方法产生测试每个功能单元的数据。

功能抽象中程序被看成一种抽象的功能层次，每个层次可标识被测试的功能 ，层次结构中的某一功能由其下一层功能定义。 按照功能层次进行分解，可以得到众多的最低层次的子功能，以这些子功能为对象，进行测试用例设计。

数据抽象中，数据结构可以由抽象数据类型的层次图来描述，每个抽象数据类型有其取值集合。程序的每一个输入和输出量的取值集合用数据抽象来描述。

2) 等价类划分

等价类划分是在分析需求规格说明的基础上，把程序的输入域划分成若干部分，然后在每部分中选取代表性数据形成测试用例。等价类划分的步骤如下：

(1) 划分有效等价类：对规格说明是有意义、合理的输入数据所构成的集合。

(2) 划分无效等价类：对规格说明是无意义、不合理的输入数据所构成的集合。

(3) 为每一个等价类定义一个唯一的编号。

(4) 为每一个等价类设计一组测试用例，确保覆盖相应的等价类。

3) 边界值分析

边界值分析是针对边界值进行测试的。使用等于、小于或大于边界值的数据对程序进行测试的方法就是边界值分析方法。边界值分析的步骤如下：

(1) 通过分析规格说明，找出所有可能的边界条件。

(2) 对每一个边界条件，给出满足边界值的输入数据。

(3) 设计相应的测试用例。

(4) 对满足边界值的输入可以发现计算差错，对不满足的输入可以发现域差错。该方法会为其他测试方法补充一些测试用例，绝大多数测试都会用到本方法。

4) 判定表

判定表由 4 部分组成：条件桩、条件条目、动作桩和动作条目。任何一个条件组合的取值及其相应要执行的操作构成规则，条目中的每一列是一条规则。

条件引用输入的等价类，动作引用被测试软件的主要功能处理部分，规则就是测试用例。

建立并优化判定表，把判定表中每一列表示的情况写成测试用例。

该方法的使用有以下要求：

(1) 规格说明以判定表形式给出，或是很容易转换成判定表。

(2) 条件的排列顺序不会影响执行哪些操作。

(3) 规则的排列顺序不会影响执行哪些操作。

(4) 每当某一规则的条件已经满足，并确定要执行的操作后，不必检验别的规则。

(5) 如果某一规则的条件得到满足，将执行多个操作，这些操作的执行与顺序无关。

5) 因果图

因果图方法是通过画因果图，把用自然语言描述的功能说明转换为判定表，然后为判定表的每一列设计一个测试用例。因果图的步骤如下：

(1) 分析程序规格说明，引出原因(输入条件)和结果(输出结果)，并给每个原因和结果赋予一个标识符。

(2) 分析程序规格说明中语义的内容，并将其表示成连接各个原因和各个结果的“因果图”。

(3) 在因果图上标明约束条件。

(4) 通过跟踪因果图中的状态条件，把因果图转换成有限项的判定表。

(5) 把判定表中每一列表示的情况生成测试用例。

如果需求规格说明中含有输入条件的组合，则宜采用本方法。有些软件的因果图可能非常庞大，以至于根据因果图得到的测试用例数目非常大，此时不宜使用本方法。

6) 随机测试

随机测试指测试输入数据是在所有可能输入值中随机选取的。测试人员只需规定输入变量的取值区间，在需要时提供必要的变换机制，使产生的随机数据服从预期的概率分布。该方法获得预期输出比较困难，多用于可靠性测试和系统强度测试。

7) 猜错法

猜错法是有经验的测试人员，通过列出可能有的差错和易错情况表，写出测试用例的方法。

8) 正交实验法

正交实验法是从大量的实验点中挑出适量的、有代表性的点，应用正交表，合理地安排实验的一种科学的实验设计方法。

利用正交实验法来设计测试用例时，首先要根据被测软件的规格说明书找出影响功能实现的操作对象和外部因素，把它们当作因子，而把各个因子的取值当作状态，生成二元的因素分析表。然后，利用正交表进行各因子的状态的组合，构造有效的测试输入数据集，并由此建立因果图。这样得出的测试用例的数目将大大减少。

3. 白盒测试方法

白盒测试法与黑盒测试法相反，它的前提是可以把程序看成装在一个透明的白盒子里，测试者完全知道程序的结构和处理算法。这种方法按照程序内部的逻辑测试程序，检测程序中的主要执行通路是否都能按预定要求正确工作，又称为结构测试。

1) 控制流测试

控制流测试依据控制流程图产生测试用例，通过对不同控制结构成分的测试验证程序的控制结构。所谓验证某种控制结构即指使这种控制结构在程序运行中得到执行，也称这一过程为覆盖。以下介绍几种覆盖：

(1) 语句覆盖：要求设计适当数量的测试用例，运行被测程序，使得程序中每一条语句至少被执行一次，语句覆盖在测试中主要发现出错语句。

(2) 分支覆盖：要求设计适当数量的测试用例，运行被测程序，使得程序中每个真值分支和假值分支都至少执行一次，分支覆盖也称判定覆盖。

(3) 条件覆盖：要求设计适当数量的测试用例，运行被测程序，使得每个判断中的每个条件的可能取值都至少满足一次。

(4) 条件组合覆盖：要求设计适当数量的测试用例，运行被测程序，使得每个判断中条件的各种组合至少出现一次，这种方法包含了“分支覆盖”的各种要求。

(5) 路径覆盖：要求设计适当数量的测试用例，运行被测程序，使得程序沿所有可能的路径执行，较大程序的路径可能很多，所以在设计测试用例时，要简化循环次数。

以上各种覆盖的控制流测试步骤如下：

(1) 将程序流程图转换成控制流图；

(2) 经过语法分析求得路径表达式；

(3) 生成路径树；

(4) 进行路径编码；

(5) 经过译码得到执行的路径；

(6) 通过路径枚举产生特定路径的测试用例。

2) 数据流测试

数据流测试是用控制流程图对变量的定义和引用进行分析，查找出未定义变量或定义了而未使用的变量，这些变量可能是拼错的变量、变量混淆或丢失了语句。数据流测试一般使用工具进行。

数据流测试通过一定的覆盖准则，检查程序中每个数据对象的每次定义、使用和消除的情况。数据流测试步骤如下：

(1) 将程序流程图转换成控制流图；

(2) 在每个链路上标注对有关变量的数据操作的操作符号或符号序列；

(3) 选定数据流测试策略；

(4) 根据测试策略得到测试路径；

(5) 根据路径可以获得测试输入数据和测试用例。

动态数据异常检查在程序运行时执行，获得的是对数据对象的真实操作序列，克服了静态分析检查的局限，但动态方式检查是沿着与测试输入有关的一部分路径进行的，检查的全面性和程序结构覆盖有关。

3) 程序变异

程序变异是一种差错驱动测试，是为了查出被测软件在做过其他测试后还剩余的一些小差错。本方法一般用工具进行。

4) 程序插装

程序插装是向被测程序中插入操作以实现测试目的的方法。程序插装不应该影响被测程序的运行过程和功能。

有很多的工具有程序插装功能，由于数据记录量大，因此手工进行较为烦琐。

5) 域测试

域测试是要判别程序对输入空间的划分是否正确。该方法限制太多，使用不方便，供有特殊要求的测试使用。

6) 符号求值

符号求值是允许数值变量取“符号值”以及数值。符号求值可以检查公式的执行结果是否达到程序预期的目的，也可以通过程序的符号执行，产生出程序的路径，用于产生测试数据。符号求值最好使用工具，在公式分支较少时手工推导也是可以的。

8.5.3 测试用例

任何软件的测试都必须是有计划、有组织的，不能是随意的。软件测试计划就是组织调控整个测试过程的指导性文件。在软件测试计划中有一个重要的组成部分就是测试用例的说明。所谓测试用例是为某个测试目标而编制的一组测试输入、执行条件以及预期结果的方案，以便测试某个程序路径或核实是否满足某个特定需求。

1. 使用测试用例的好处

使用测试用例有以下好处：

(1) 测试用例反映了用户的需求。

(2) 对测试过程可以进行有效的监督，可以准确、有效地评估测试的工作量。

(3) 可以对测试结果进行评估，并且对测试是否完成产生一个量化的结果。

(4) 可以在回归测试的过程中准确、快速地进行正确的回归。

(5) 测试用例的使用令软件测试的实施重点突出、目的明确。

(6) 在开始实施测试之前设计好测试用例，可以避免盲目测试并提高测试效率。

2. 测试用例的设计

测试用例的设计是一项艰苦而又细致的工作，其目标是以最少的耗费和最少的时间来发现最多的错误。测试用例的设计首先应考虑用户的需求，其次是用例的使用对象，再次是测试用例的设计要由粗到细，最后所有的测试用例设计都必须经过评审。一般情况下，测试用例设计按照不同的测试技术可以使用不同的方法。如果是黑盒测试，则可以使用等价类划分法、边界值分析法、错误推测法和因果图法；如果是白盒测试，则可以使用逻辑覆盖法、基本路径测试法等。

3. 测试用例的编写

测试用例的编写至今没有一个统一的格式与标准，也没有一个通用的编写工具。在实际工作中，通常可采用字处理软件或电子表格软件来编写。但无论使用何种软件去编写，通常应包含以下的内容：

(1) 编号：唯一编号。

(2) 前置条件：说明测试路径。

(3) 输入：输入的条件。

(4) 期望输出：期望输出的结果。

(5) 实际输出：实际输出的结果。

(6) 是否正确：是/否。

(7) 执行人：测试用例的执行人标志。

(8) 执行时间：测试用例执行的时间。

【案例 8.1】 本书案例“学生成绩管理系统”的典型功能测试用例如下。

典型功能测试用例

被测对象：数据采集表单、数据存储页面。

被测范围与目的：验证成绩数据的采集与存储。

测试环境与辅助测试工具：实际应用环境，人工进行测试。

测试驱动程序描述：数据提交的目标页面将所接收到的所有成绩录入对象名称、课程名称及得分，并按行显示。

功能测试用例如表 8.3 所示。

表 8.3 功能测试用例

<table>
<tr><td>功能描述</td><td colspan="2">数据采集表单列出录入的班级及录入处理子项目，每个子项目使用单选按钮列出可选班级，用户根据评分标准为学生各项目输入分值，该分值应正确提交到服务器指定页面</td><td>测试编号</td><td>Evalfrm-2</td></tr>
<tr><td>用例目的</td><td colspan="2">接收用户输入的数据</td><td>执行人</td><td>×××</td></tr>
<tr><td>前提条件</td><td colspan="2">数据采集表单能够根据学生学号及班级编号正确生成。表单中各控件的名称无误</td><td>执行时间</td><td>10 分钟</td></tr>
<tr><td colspan="2">输入/动作</td><td>期望的输出响应</td><td colspan="2">实际情况</td></tr>
<tr><td colspan="2">有效输入：复选一个班级，为该班级的每个学生的子项目输入分值。并单击“提交成绩数据”按钮</td><td>数据接收页面列出该被录入学生姓名、各子项名称及得分，得分与输入分值一致</td><td colspan="2">正确</td></tr>
<tr><td colspan="2">无效输入：复选一个班级，为该班级的每个学生的子项目输入分值。并单击“提交成绩数据”按钮
重复上述动作，直到每个子项目都曾漏选过</td><td>本表单所属页面弹出对话框，指出缺分值的子项目名称及学生学号。数据不提交到接收页面。只要有一项遗漏则数据无法提交</td><td colspan="2">正确</td></tr>
<tr><td colspan="2">边界输入：复选第一个学生，所有子项得分为最高分
复选最后一个学生，所有子项得分均为最低分。并单击“提交成绩数据”按钮</td><td>数据接收页面列出第一位及最后一位学生及各子项得分，得分与输入分值一致</td><td colspan="2">正确</td></tr>
</table>

8.5.4 黑盒测试法

黑盒测试相当于将程序封装在一个黑盒子里，测试人员并不知道程序的具体情况，他只了解程序的功能、性能及接口状态等，所以这种测试是功能性测试，也就是说测试人员只需知道软件能做什么即可，而不需要知道软件内部(盒子里)是如何运作的。只要进行一些输入，就能得到某种输出结果。因此黑盒测试主要在软件的接口处进行。其目的是发现以下几类错误：

(1) 是否有遗漏或不正确的功能，性能上是否满足要求。

(2) 输入能否被正确接收，能否得到预期的输出结果。

(3) 能否保持外部信息的完整性，是否有数据结构错误。

(4) 是否有初始化或终止性错误。

使用黑盒测试首先必须知道被测试的程序模块的功能(输入什么，应该得到什么)，之后就可以选择合适的测试用例对其进行测试了。在黑盒测试中如何去设计和选择测试用例呢？很显然最理想的方法是采用穷举法测试，即将所有可能的输入信息(包括有效的与无效的)都输入一遍，测试其输出结果是否是预期的结果。但这种测试方法由于其测试工作量异常巨大而无法完成。因此在实际的测试中，一般是使用具有代表性的测试用例来进行有限的测试，只要这些具有代表性的测试用例通过了测试，就可以证明程序对于其他相似的用例肯定也是正确的。测试用例主要是面向软件文档说明中的功能、性能、接口、用户界面等。一般有 3 种方法来设计测试用例：等价类划分法、边界值分析法和错误推测法。

应用黑盒测试技术，能够设计出满足下述标准的测试用例集：

(1) 所设计出的测试用例能够减少为达到合理测试所需要设计的测试用例的总数；

(2) 所设计出的测试用例能够告诉我们，是否存在某些类型的错误，而不是仅仅指出与特定测试相关的错误是否存在。

下面介绍黑盒测试的常用技术。

1. 等价类划分法

等价类划分法是一种最为典型的黑盒测试方法，它基于输入的信息来设计不同的测试用例。它的基本思想是：

将所有可能的输入数据划分成若干个等价类，可以假设：每类中的一个典型值在测试中的作用与这一类中所有其他值的作用是相同的。因此可以从每个等价类中只取一组数据作为测试数据。这样选取的测试数据最具有代表性，最有可能发现程序中的错误。

例如，如果想测试 Windows 下的“计算器”上的加法程序，在已经测试了 1 + 1、1 + 2、1 + 3 和 1 + 4 之后，还有必要测试 1 + 5 和 1 + 6 吗？显然已经没有必要了。但对于极端的数据 1 + 9999999999999999999999999999999 就需要进行测试了，因为这与其他普通的数据不是一个等价类。

所以等价类划分测试方法的关键是如何划分等价类。等价类的划分首先要研究程序的设计说明，确定输入数据的有效等价类与无效等价类。等价类的确定没有一成不变的定理，主要依靠的是经验，但可以参考以下几条原则：

(1) 如果规定了输入值的范围，则可将这些范围内的输入划分为一个有效的等价类；并将输入值小于最小值和输入值大于最大值的两种情况划分为两个无效的等价类。

(2) 如果规定了输入数据的个数，亦可依上述规则将输入划分为一个有效的等价类与两个无效的等价类。

(3) 如果规定了输入数据是一组值，而且程序对不同的输入会作不同的处理，则对每一个允许的输入值都是一个有效等价类，而对所有不允许输入的值则是一个无效等价类。

(4) 如果规定了输入数据应该遵守的规则，则可以将符合规则的输入划分为一个有效的等价类，而将不符合规则的输入作为一个无效的等价类。

(5) 如果规定输入的数据是布尔值，则可以划分一个有效等价类与一个无效等价类。

(6) 如果规定输入的数据必须是整数，则可以划分出正整数、零、负整数 3 个有效等价类。

在确定输入等价类后，常常还需要分析输出数据的等价类，以便根据输出数据的等价类导出输入数据的等价类。

等价类划分后，就可以根据等价类来设计测试用例了。其过程如下：

(1) 为每一个等价类规定一个唯一的编号。

(2) 设计一个新的测试用例，使其尽可能多地覆盖尚未被覆盖的有效等价类，重复该步直到所有的有效等价类都被覆盖。

(3) 设计一个新的测试用例，使其仅覆盖一个尚未被覆盖的无效等价类，重复该步直到所有的无效等价类都被覆盖。

对无效等价类之所以要一个一个地测试，是因为通常情况下程序发现一类错误后就不再检查是否还有其他的错误。例如规定电话号码的区号必须由以 0 开头的 4 个数字字符构成，显然非 0 开头的数字就是一个无效等价类，而非数字字符的是另一个无效等价类。如果测试用例选择“123B”，它覆盖了两个无效等价类，则当程序检查到开头字符错误时，就不可能再检查字符构成是否有错误了。

【案例 8.2】 设学号由以下 3 个部分构成：

(1) 入学年份：4 位数字(1900～2999)之间的数字。

(2) 专业编码：0 或 1 开头的 4 位数字。

(3) 序号：2 位数字。

学生信息管理子系统具有可分别接收学号 3 个部分的 3 个输入框，该程序的功能是可以接受一切符合以上规定的学号，拒绝所有不符合规定的学号。

例如：2008224501、2009224632 等都是有效的学号，系统可以接受；但 1000321123 就是无效的学号，系统不予接收。试划分该测试的等价类。

第一步：划分等价类(见表 8.4)，共有 3 个有效等价类，11 个无效等价类。

表 8.4 学号输入等价类表

输入条件	有效等价类	无效等价类
入学年份	a. 1900～2999 之间的所有数字	d. 有非数字字符 e. 小于 1900 或大于 2999 的数字 f. 少于 4 位的数字 g. 多于 4 位的数字
专业编号	b. 以 0 或 1 开头的 4 位数字	h. 有非数字字符 i. 起始位非 0 或 1 j. 少于 4 位的数字 k. 多于 4 位的数字
序号	c. 2 位任意数字	l. 有非数字字符 m. 少于 2 位的数字 n. 多于 2 位的数字

第二步：确定测试用例(见表 8.5)，对 3 个有效等价类可设计出 1 个测试用例，而对每一个无效等价类都必须分别设计 1 个测试用例，所以一共要设计至少 11 个测试用例(表 8.5 中只设计了前 2 个无效等价类的测试用例)。

表 8.5　测试用例表

用例编号	覆盖等价类	输入数据	期望结果
NO.1	a、b、c	2009012311	有效数据，正常接收
NO.2	d	202b125812	无效数据，拒绝接收
NO.3	e	1899345678	无效数据，拒绝接收
…	…	…	…

2. 边界值分析法

经验证明，大量的错误出现在输入或输出的边界值附近，而不是中间值。为此可用边界值分析法作为一种测试技术，以此作为等价类划分法的补充。边界值分析法是使用一些输入/输出值正好等于、小于或大于边界值的测试用例对程序进行测试的。

设计边界值分析法的测试用例时，不是选择某个等价类的任意元素，而是选择边界值。它不仅注重输入条件，而且也关注程序的输出，因此需要首先确定边界条件。边界条件的确定与等价类的确定有共同之处：

(1) 能够作为边界条件的数据类型通常是数值、字符、位置、数量、速度、尺寸等。

(2) 对这些数据类型可以用如下方法来确定边界：

第一个减 1/最后一个加 1　　开始减 1/完成加 1
空了再减/满了再加　　慢上加慢/快上加快
最大数(值)加 1/最小数(值)减 1　　刚好超过/刚好在内
短了再短/长了再长　　早了更早/晚了更晚

总之，确定边界的原则是测试最后一个合法的数据和刚超过边界的非法数据。

(3) 有些边界值并不是软件的说明或功能上可以得到的，而是隐含在程序内部或数据结构内的。例如，ASCII 码表中数字、小写字母、大写字母并不完全连续，所以如果涉及代码转换时，0 的前一个、9 的后一个、A(a)的前一个与 Z(z)的后一个都应该是边界值。

(4) 如果在程序中使用了内部数据结构，如数组，则应该选择这个结构的边界值进行测试(如数组下标的上界与下界)。

3. 错误推测法

使用边界值分析和等价类划分方法，有助于设计出具有代表性的、能有效暴露程序错误的测试方案。但是，不同类型、不同特点的程序通常又有一些特殊的容易出错的情况。此外，有时分别使用每组测试数据时程序都能正常工作，这些输入数据的组合却可能检测出程序的错误。一般说来，即使是一个比较小的程序，可能的输入组合数也往往巨大，因此必须依靠测试人员的经验和直觉，从各种可能的测试方案中选出一些最可能引起程序出错的方案。对于程序中可能存在哪类错误的推测，是挑选测试方案时的一个重要因素。

错误推测法在很大程度上靠直觉和经验进行。它的基本想法是列举出程序中可能有的错误和容易发生错误的特殊情况，并且根据它们选择测试方案。

等价类划分法和边界值分析法都只孤立地考虑各个输入数据的测试功效，而没有考虑多个输入数据的组合效应，可能会遗漏了输入数据易于出错的组合情况。选择输入组合的一个有效途径是利用判定表或判定树为工具，列出输入数据各种组合与程序应完成的动作(及相应的输出结果)之间的对应关系，然后为判定表的每一列至少设计一个测试用例。选择输入组合的另一个有效途径是把计算机测试和人工检查代码结合起来。例如，通过代码检查发现程序中两个模块使用并修改了某些共享的变量，如果一个模块对这些变量的修改不正确，则会引起另一个模块出错，因此这是程序发生错误的一个可能的原因。应该设计测试方案，在程序的一次运行中同时检测这两个模块，特别要着重检测一个模块修改了共享变量后，另一个模块能否像预期的那样正常使用这些变量。反之，如果两个模块相互独立，则没有必要测试它们的输入组合情况。通过代码检查也能发现模块间相互依赖的关系。

8.5.5　白盒测试法

设计测试方案是测试阶段的关键技术问题。测试方案包括具体的测试目的(例如预定要测试的具体功能)、应该输入的测试数据和预期的结果。通常又把测试用的输入数据和预期的输出结果称为测试用例。其中最困难的问题是设计测试用的输入数据。

不同的测试数据发现程序错误的能力差别很大，为了提高测试效率，降低测试成本，应该选用高效的测试数据。因为不可能进行穷尽的测试，所以选用少量“最有效的”测试数据，做到尽可能完备的测试就更重要了。

设计测试方案的基本目标是，确定一组最可能发现某个错误或某类错误的测试数据。已经研究出许多设计测试数据的技术，这些技术各有优缺点，没有哪一种是最好的，更没有哪一种可以代替其余所有技术；同一种技术在不同的应用场合效果可能相差很大，因此，通常需要联合使用多种设计测试数据的技术。所谓的白盒测试(White-box Testing)是指通过程序的源代码进行测试而不使用用户界面。这种类型的测试需要从代码句法发现内部代码在算法、溢出、路径、条件等中的缺点或者错误，进而加以修正。

白盒测试的主要方法有代码检查法、静态结构分析法、静态质量度量法、逻辑覆盖法、基本路径测试法、域测试、符号测试、Z 路径覆盖和程序变异，其中运用最为广泛的是基本路径测试法。这些测试方法的测试用例根据其测试方法的不同也有不同的导出方法。

本小节主要讲授逻辑覆盖法与基本路径测试法两种方法。

1. 逻辑覆盖法

所谓逻辑覆盖法，是对一系列覆盖测试方法的总称，其测试用例的设计是以程序流程图为基础的，它要求测试人员对程序内部的逻辑结构有清楚的了解。覆盖测试的目标包括语句覆盖、判断覆盖、条件覆盖、判定-条件覆盖、条件组合覆盖和循环覆盖 6 种形式。

【案例 8.3】 有一简单的 C 语言函数如下，对应的程序流程图如图 8.5 所示。试对其进行各种覆盖测试并设计相应的测试用例。

```
void DoWork(int x,int y,int z)
{
```

```
    int   k=0, j=0;
    if((x>3)&&(z<10))
    {
        k=x*y-1;                //语句块 1
        j=sqrt(k);
    }
    if((x= =4)||(y>5))
    {
         j=x*y+10;              //语句块 2
    }
    j=j%3;                      //语句块 3
}
```

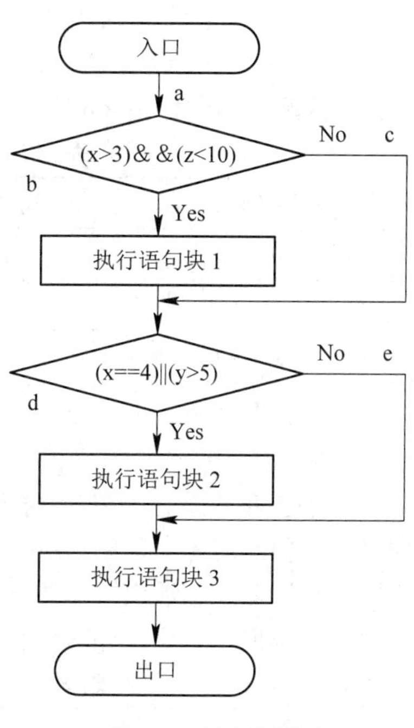

图 8.5　程序流程图

(1) 语句覆盖。语句覆盖就是设计若干个测试用例，运行被测试程序，使得每一条可执行语句至少执行一次。对案例 8.3，为了说明简略，分别将各个判断的取真、取假分支编号为 b、c、d、e。为了保证使每条语句都能被执行一次，显然程序的执行路径只要走 abd 即可。

只要设计一个测试用例，就可以把 3 个执行语句块中的语句覆盖了。测试用例可设计为：

{ x=4、y=5、z=5}

该测试用例虽然覆盖了可执行语句，但并不能检查判断逻辑是否有问题，例如在第一个判断中把“&&”错误地写成“||”，则上面的测试用例仍可以覆盖所有的执行语句。可以说语句覆盖是最弱的逻辑覆盖准则。

(2) 判定覆盖(也称为分支覆盖)。判定覆盖就是设计若干个测试用例，运行所测程序，使程序中每个判断的取真分支和取假分支都至少执行一次。

对于上面的程序，如果设计两个测试用例，则可以满足条件覆盖的要求。测试用例可设计为：

{ x=4, y=5, z=5}，通过的路径为 abd

{ x=2, y=5, z=5}，通过的路径为 ace

上面的两个测试用例虽然能够满足条件覆盖的要求，但是也不能对判断条件进行检查，例如把第二个条件 $y > 5$ 错误地写成 $y < 5$，上面的测试用例同样满足了分支覆盖。

(3) 条件覆盖。条件覆盖就是设计足够多的测试用例，运行所测程序，使程序中每个判断的每个条件的每个可能取值都至少执行一次。

为了便于说明，对例子中的所有条件取值加以标记，如下所示：

对于第一个判断：

条件 $x > 3$　取真值为 T1，取假值为 -T1

条件 $z < 10$ 取真值为 T2，取假值为 -T2

对于第二个判断：

条件 x = 4　取真值为 T3，取假值为 -T3

条件 y > 5　取真值为 T4，取假值为 -T4

设计的测试用例如表 8.6 所示。

表 8.6　条件覆盖的测试用例设计

测试用例	通过路径	条件取值	覆盖分支
x=4，y=6，z=5	abd	T1，T2，T3，T4	bd
x=2，y=5，z=5	ace	-T1，T2，-T3，-T4	ce
x=4，y=5，z=15	acd	T1，-T2，T3，-T4	cd

表 8.6 的测试用例不但覆盖了所有分支的真假两个分支，而且覆盖了判断中的所有条件的可能值。

(4) 判定-条件覆盖。判定-条件覆盖就是设计足够多的测试用例，运行所测程序，使程序中每个判断的每个条件的所有可能取值至少都执行一次，并且每个可能的判断结果也至少执行一次，换句话说，即要求各个判断的所有可能的条件取值组合至少执行一次。

对上例来说，只要设计两个测试用例就可以实现了(见表 8.7)。

表 8.7　判定-条件覆盖测试用例设计

测试用例	通过路径	条件取值	覆盖分支
x=4，y=6，z=5	abd	T1，T2，T3，T4	bd
x=2，y=5，z=11	ace	-T1，-T2，-T3，-T4	ce

从表面来看，这种覆盖方法测试了所有条件的取值，但是实际上某些条件掩盖了另一些条件。例如对于条件表达式(x>3)&&(z<10)来说，必须两个条件都满足才能确定表达式为真。如果(x > 3)为假，则一般的编译器就不再判断是否 z < 10 了。对于第二个表达式(x==4)||(y>5)来说，若 x==4 测试结果为真，就认为表达式的结果为真，这时不再检查(y > 5)条件了。因此，采用判定-条件覆盖，逻辑表达式中的错误不一定能够查出来了。

(5) 条件组合覆盖。条件组合覆盖就是设计足够多的测试用例，运行所测程序，使程序中每个判断的所有可能的条件取值组合至少都执行一次。从上例来看，有两个判断，每个判断分别有两个条件，因此可能的条件组合应该是 8 种。所选择的测试用例如表 8.8 所示。

表 8.8　条件组合覆盖测试用例设计

测试用例	通过路径	条件取值	覆盖分支
x=4，y=6，z=5	abd	T1，T2，T3，T4	bd
x=4，y=5，z=15	acd	T1，-T2，T3，-T4	cd
x=2，y=6，z=5	acd	-T1，T2，-T3，T4	cd
x=2，y=5，z=15	ace	-T1，-T2，-T3，-T4	ce

这种测试既覆盖了各种条件的可能取值的组合，又覆盖了所有判断的可取分支，但仍不全面。因为有一条通路还没有测试，即 abe。

(6) 循环覆盖测试。案例 8.3 是一个简单的、只包含判断的程序段，只有 4 条可能的路径，而且还不包括循环结构。实际程序中循环结构的使用是非常普遍的。程序中的循环使用基本可分为 3 种情况(图 8.6)。

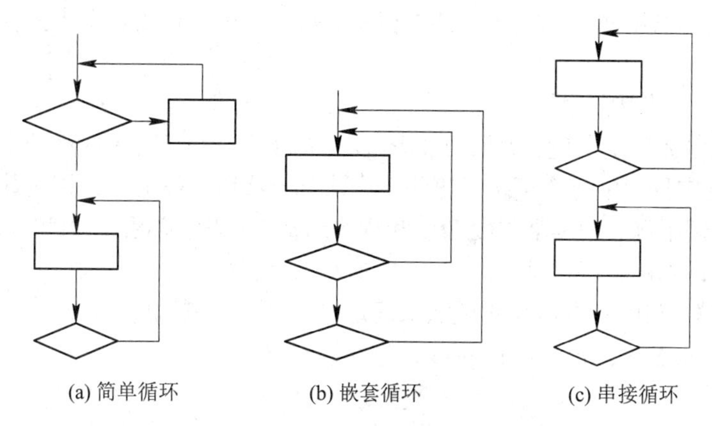

图 8.6　循环的基本分类

对循环结构的测试显然不可能覆盖到每一种可能，只能采用有限次的测试来覆盖。

对简单循环可选择如下的测试用例(其中 n 是允许通过循环的最大次数)：

① 整个跳过循环。

② 只有一次通过循环。

③ 两次通过循环。

④ m 次通过循环，其中 $m<n$。

⑤ $n-1$，n，$n+1$ 次通过循环。

如果将简单循环的测试方法用于嵌套循环，则可能的测试数就会随嵌套层数成几何级数增加，这会导致不实际的测试数目。下面的方法可以减少测试次数：

① 从最内层循环开始，将其他循环设置为最小值。

② 对最内层循环使用简单循环，而使外层循环的循环计数为最小，并为范围外或排除的值增加其他测试。

③ 由内向外进行下一层循环的测试，但仍要保持所有的外层循环为最小值，并使其他的嵌套循环为“一般”值。

④ 继续测试，直到测试完所有的循环。

对串接循环而言，如果串接循环的循环都彼此独立，则可以使用简单循环的策略测试。但是如果两个循环串接起来，而第一个循环是第二个循环的初始值，则这两个循环并不是独立的。如果循环不独立，则推荐使用嵌套循环的方法进行测试。

2. 基本路径测试法

逻辑覆盖测试对于简单的程序是有效的，因为其可能的路径不多。但在实践中，一个不太复杂的程序，其路径数都是一个庞大的数字，要在测试中覆盖所有的路径是不现实的。考察一个不太复杂的程序：具有两个嵌套循环，循环次数均为 20 次，在内层循环中有 4 个 if…then…else 判断结构，这样的程序其可能的路径大约有 1014 条。显然要想使用穷举法来进行测试是不可能的。

为了解决这一难题，只得把覆盖的路径数压缩到一定限度内，例如，让程序中的循环体只执行一次。下面介绍的基本路径测试就是这样一种测试方法，它在程序控制流图的基础上，通过分析控制构造的环形复杂性，导出基本可执行路径集合，从而设计测试用例的方法。设计出的测试用例要保证在测试中程序的每一个可执行语句至少执行一次。具体来说有以下4步：

(1) 绘制程序的控制流图。

(2) 计算程序环形复杂度。从程序的环形复杂度可导出程序基本路径集合中的独立路径条数，这是确定程序中每个可执行语句至少执行一次所必需的测试用例数目的上界。

(3) 导出测试用例。根据环形复杂度和程序结构设计用例数据输入和预期结果。

(4) 准备测试用例。确保基本路径集中的每一条路径的执行。

【案例8.4】 利用基本路径测试法来确定以下程序的测试用例。

```
void   Sort(int iRecordNum,int iType)
1 {
2      int x=0;
3      int y=0;
4      while (iRecordNum-- > 0)
5      {
6            if(0= =iType)
7                  x=y+2;
8            else
9                  if(1= =iType)
10                       x=y+10;
11             else
12                 x=y+20;
13      }
14 }
```

分析步骤如下：

(1) 程序的控制流图。程序的控制流图即流图，流图使用如图8.7所示的符号描述逻辑控制流，每一种结构化构成元素有一个相应的流图符号，每个圆环代表一个或多个无分支的语句。

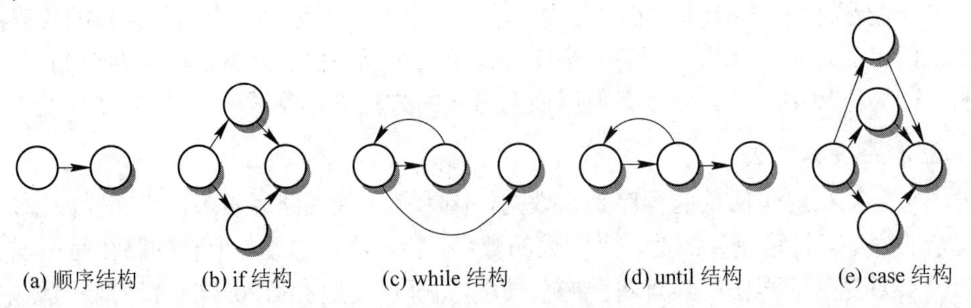

图8.7 程序控制流图的符号

根据程序控制流图的规定，可绘制案例8.4程序的流图和控制流图，如图8.8所示。图8.8中的每一个圆称为流图的结点，代表一条或多条语句。流图中的箭头称为边或连接，代表控制流。

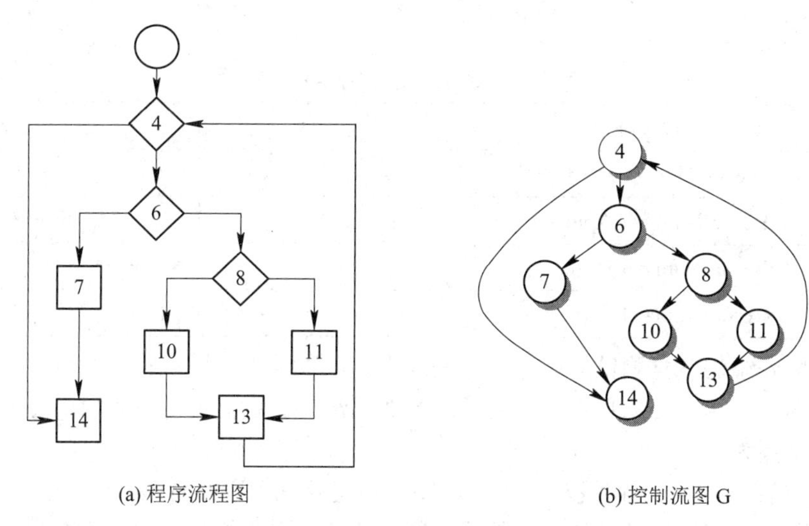

图 8.8 程序流程图与控制流图

为了说明流图的画法，我们采用过程设计表示法。此处，程序流程图用来描述程序控制结构。可将流程图映射为一个相应的流图(假设流程图的菱形决定框中不包含复合条件)。在流图中，每一个圆都被称为流图的一个结点，代表一个或多个语句。一个处理方框序列和一个菱形框决策框可被映射为一个结点，流图中的箭头被称为边或连接，代表控制流，类似于流程图中的箭头。一条边必须终止于一个结点，即使该结点并不代表任何语句。

(2) 计算环形复杂度。环形复杂度是一种为程序逻辑复杂性提供定量测度的软件度量，该度量可用于计算程序的基本的独立路径数目，以确保所有语句至少执行一次的测试数量的上界。独立路径必须包含一条在定义之前不曾用到的边。常用以下两种方法计算环形复杂度：

① 给定流图 G 的环形复杂度 V(G)，定义为 $V(G) = E - N + 2$，E 是流图中边的数量，N 是流图中结点的数量；

② 给定流图 G 的环形复杂度 V(G)，定义为 $V(G) = P + 1$，P 是流图 G 中判定结点的数量。

对图 8.8 所示的控制流图，可以计算其环形复杂度 V(G)如下：

按第一种算法：$E = 10$，$N = 8$，$V(G)=10 - 8 + 2 = 4$；

按第二种算法：流图中有 3 个判定结点 4、6、8，所以 $V(G) = 3 + 1 = 4$。

(3) 根据以上计算导出测试用例。根据上面的计算方法，可得出 4 个独立的路径。所谓独立路径，是指程序中至少引进一个新的处理语句集合或一个新条件的任一路径。从流图上看，每条独立路径都必须至少包含一条新的边，独立路径不能重复，也不能是其他独立路径的简单合并。图 8.8 有以下 4 条路径：

① 路径 1：4→14。

② 路径 2：4→6→7→14。

③ 路径 3：4→6→8→10→13→4→14。

④ 路径 4：4→6→8→11→13→4→14。

根据确定的独立路径设计测试用例，使程序分别执行上面 4 条路径。

(4) 设计测试用例。为了确保基本路径集中的每一条路径的执行，根据判断结点给出的条件，选择适当的数据以保证某一条路径可以被测试到，满足上面例子的基本路径集的测试用例如表 8.9 所示。

表 8.9 案例 8.4 测试用例表

路径编号	输入数据	期望结果	测试路径
1	iRecordNum = 0 或 = −1	x=0	4→14
2	iRecordNum = 1,iType = 0	x=2	4→6→7→14
3	iRecordNum = 1,iType = 1	x=10	4→6→8→10→13→4→14
4	iRecordNum = 1,iType = 2	x=20	4→6→8→11→13→4→14

从前面所介绍的白盒测试的概念、方法及举例可以看出，要进行白盒测试需要投入巨大的测试资源，包括人力、物力、时间等。既然已经有了黑盒测试，为什么还要进行白盒测试呢？这是因为：

① 逻辑错误和不正确假设与一条程序路径被运行的可能性成反比。在进行程序设计时，通常对程序主流以外的功能、条件或控制往往会存在马虎意识，很容易出现错误。正常处理往往被很好地了解(和很好地细查)，而“特殊情况”的处理则难于发现。

② 人们经常相信某逻辑路径不可能被执行，而事实上，它可能在正常的基础上被执行。程序的逻辑流有时是违反直觉的，这意味着我们关于控制流和数据流的一些无意识的假设可能导致设计错误，只有路径测试才能发现这些错误。

③ 黑盒测试只能观察软件的外部表现，即使软件的输入输出都是正确的，也并不能说明软件就是正确的，因为程序有可能用错误的运算方式得出正确的结果，例如“负负得正，错错得对”，只有白盒测试才能发现真正的原因。

④ 白盒测试能发现程序里的隐患，像内存泄漏、误差累计问题。黑盒测试在这方面是无能为力的。

因此，不管黑盒测试多么全面，都可能忽略前面提到的某些类型的错误。正如著名的测试专家 Beizer 所说：“错误潜伏在角落里，聚集在边界上”。白盒测试更可能发现它们。在实践中，由于白盒测试是一种粒度很小的程序级的测试，而黑盒测试则是一种宏观功能上的测试，因此一般系统集成人员用黑盒测试技术对系统进行测试，而开发人员用白盒测试技术对程序进行测试。

8.6 软件测试的步骤

除非是测试一个小程序，否则一开始就把整个系统作为一个单独的实体来测试是不现实的。根据本书 8.4 节中介绍的软件测试的第(6)条测试原则，测试过程也必须分步骤进行，后一个步骤在逻辑上是前一个步骤的继续。大型软件系统通常由若干个子系统组成，每个子系统又由许多模块组成，因此，大型软件系统的测试过程基本上由下述 5 个步骤组成。

8.6.1 单元测试

单元测试也称模块测试，它是软件测试的第一步，通常在编码阶段进行。单元测试以详细设计为指南，对模块进行正确性检验，其目的在于发现模块内部可能存在的各种错误。

单元测试一般都采用白盒测试法，辅之以一定的黑盒测试用例。它要求对所有的局部和全局的数据结构、外部接口与程序代码的关键部分都要进行严格的审查。测试用例应设计成能够发现由于计算错误、不正确的比较或者不正常的控制流而产生的错误。因此，基本路径测试和循环测试是单元测试的最有效的技术。

1. 单元测试的主要内容

单元测试的主要内容有以下 5 个方面：

(1) 模块接口测试。模块不是独立存在的，它都要与其他模块进行数据交换。所以单元测试的第一步是要测试穿越模块接口的数据流，如果数据不能正确地输入/输出，其他测试也就无法进行。测试的重点在于参数表、调用子模块的参数、全局数据、文件的输入/输出等。

(2) 局部数据结构测试。局部数据结构的错误往往是模块错误的来源，应设计合适的测试用例来检查数据类型说明、初始化、缺省值、数据类型的一致性等方面可能存在的错误，若有条件，则还应该检查全局数据对模块的影响。

(3) 路径测试。由于不可能做到路径的穷举测试，因此可以采用基本路径测试法与循环测试法来设计一些重要的执行路径，这样可以发现大量的计算错误、控制流错误、循环错误等，如不同数据类型的比较、不正确的逻辑运算符或优先级、相等比较时精度的影响、不正确的变量比较、不正确或者不存在的循环终止、遇到分支循环时不能正确退出、不适当地修改循环变量、不正确地多循环一次或少循环一次等。

(4) 错误处理测试。完善的模块设计要求能预见程序运行时可能出现的错误并对错误作出适当的处理以保证其逻辑上的正确性。因此，出错处理程序也应该是模块功能的一部分。这样的测试用例应该设计成能够模拟错误发生的条件，引诱错误的发生，借以观察程序对错误的处理行为以发现此类缺陷。错误处理的缺陷主要有：出错的描述不清晰不具体、信息与错误张冠李戴、错误处理不正确、在对错误处理之前系统已经对错误进行了干预等。

(5) 边界测试。边界测试是单元测试中最后也是最重要的工作。要特别处理数据流、控制流刚好等于、大于或小于确定的比较值时出错的可能性。显然，采用黑盒测试的边界值分析法可以有效地测试边界错误。

另外，如果软件项目对运行时间有比较严格的要求，则模块测试还要进行关键路径测试以确定在最坏情况下和平均意义下影响模块运行时间的关键因素，这些信息对评价软件的性能是十分有用的。

2. 单元测试的规程

单元测试通常是附属于编码步骤的。在代码编写完成后，单元测试工作主要分为两个步骤：静态白盒分析即代码审查和动态测试。代码审查是测试的第一步，这个阶段的主要工作是保证代码算法的逻辑正确性(尽量通过人工检查发现代码的逻辑错误)、清晰性、规范性、一致性和高效性，并尽可能发现程序中没有发现的错误。第二步是通过设计测试用例，执行待测程序，比较实际结果与预期结果以发现错误。经验表明，尽管使用静态分析能够有效地发现大量的逻辑设计和编码错误，但是代码中仍会有大量的隐性错误无法通过视觉检查发现，必须通过动态测试法细心分析才能够捕捉到。所以，动态测试方法的应用及测试用例的设计也就成了单元测试的重点与难点。

【案例 8.5】 单元测试案例。

本案例的测试用例如表 8.10 所示。

表 8.10 单元测试用例

<table>
<tr><td>功能描述</td><td colspan="2">把根据约定的接口标准由 HTML 表单提交的数据存储到数据表 evaldatabydepart 以及 evaldataitem 中</td><td>测试编号</td><td>Scoresave-1</td></tr>
<tr><td>用例目的</td><td colspan="2">将采集到的数据存储到数据库中</td><td>执行人</td><td>测试员 2</td></tr>
<tr><td>前提条件</td><td colspan="2">提交的数据类型及格式符合要求</td><td>执行时间</td><td>1 小时</td></tr>
<tr><td colspan="2">输入/动作</td><td>期望的输出响应</td><td colspan="2">实际情况</td></tr>
<tr><td colspan="2">{学号、课程编号、子项目名称、子项目分值}
实际数据：
共 5 个课程，选中其中一个，且输入下列数据：
学号 1 课程编号 002034 子项名称 平时 10
⋮</td><td>提交同一用户对同一课程成绩的数据。第一次提交的响应为：存储提交的数据，返回“成绩结果已保存”的提示
清空用户此次会话记录值
第二次重复提交的响应为：不存储新提交的数据，返回“不能多次提交数据”的提示</td><td colspan="2"></td></tr>
</table>

由于模块并不是一个独立的程序，模块本身是不能直接运行的，因此它要靠其他程序来调用或驱动，在进行模块测试时必须考虑它与外界的联系。换句话说，要进行模块测试首先必须为每个模块开发两种辅助模块来模拟与所测模块的关系，这就是驱动模块与桩模块。驱动模块(driver)相当于被测模块的主程序。它接收测试数据，把这些数据传送给被测模块，最后再输出实际测试结果。桩模块(stub)用于代替被测模块调用的子模块。桩模块可以做少量的数据操作，不需要把子模块所有功能都带进来，但不容许什么事情也不做。被测模块与它相关的驱动模块及桩模块共同构成了一个“测试环境”，如图 8.9 所示。驱动模块和桩模块的编写会给测试带来额外的开销，因为它们在软件交付时并不作为产品的一部分一同交付，而且它们的编写需要一定的工作量。特别是桩模块，不能只简单地给出“曾经进入”的信息。为了能够正确地测试软件，桩模块可能需要模拟实际子模块的功能，这样桩模块的建立就不是很轻松了。

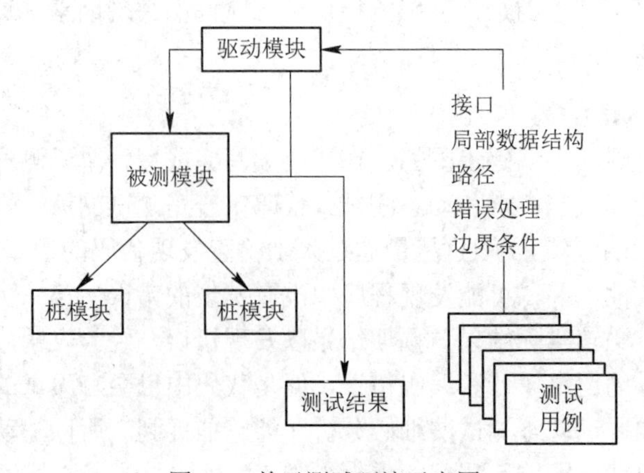

图 8.9 单元测试环境示意图

8.6.2　集成测试

集成测试是测试和组装软件的系统化技术。例如，子系统测试即是在把模块按照设计要求组装起来的同时进行测试的，主要目标是发现与接口有关的问题(系统测试与此类似)。这些问题包括数据穿过接口时可能丢失，一个模块对另一个模块可能由于疏忽而造成有害影响，把子功能组合起来可能不产生预期的主功能，个别看来是可以接受的误差可能积累到不能接受的程度，全程数据结构可能有问题，等等。不幸的是，可能发生的接口问题多得不胜枚举。

由模块组装成程序时有两种方法。一种方法是先分别测试每个模块，再把所有模块按设计要求放在一起，结合成所要的程序，这种方法称为非渐增式测试方法。另一种方法是把下一个要测试的模块同已经测试好的那些模块结合起来进行测试，测试完以后再把下一个应该测试的模块结合进来测试，这种每次增加一个模块的方法称为渐增式测试，它实际上同时完成了单元测试和集成测试。这两种方法哪种更好一些呢？下面对比它们的主要优缺点。

非渐增式测试同时把所有模块放在一起，并把庞大的程序作为一个整体来测试，测试者面对的情况十分复杂。测试时会遇到许许多多的错误，改正错误更是极端困难，因为在庞大的程序中想要诊断、定位一个错误是非常困难的。而且一旦改正一个错误之后，马上又会遇到新的错误，这个过程将继续下去，看起来好像永远也没有尽头。

渐增式测试与“一步到位”的非渐增式测试相反，它把程序划分成小段来构造和测试，在这个过程中比较容易定位和改正错误，对接口可以进行更彻底的测试，可以使用系统化的测试方法。因此，目前在进行集成测试时普遍采用渐增式测试方法。当使用渐增方式把模块结合到程序中去时，有自顶向下和自底向上两种集成策略。

1. 自顶向下集成

自顶向下的集成方法是使用日益广泛的一种模块组装方法，模块的集成顺序是首先集成主控模块(主程序)，然后按照系统结构图的层次结构逐步向下集成。各个子模块的装配顺序有深度优先和宽度优先两种策略。图 8.10 显示了一个系统结构层次图，其集成过程如下：

(1) M1 是主控模块，作为测试驱动程序，所有的桩模块替换为直接从属于主控模块的模块。

(2) 采用不同的优先策略(深度优先或宽度优先)，M1 下层的桩模块一次一个地被替换为真正的模块。

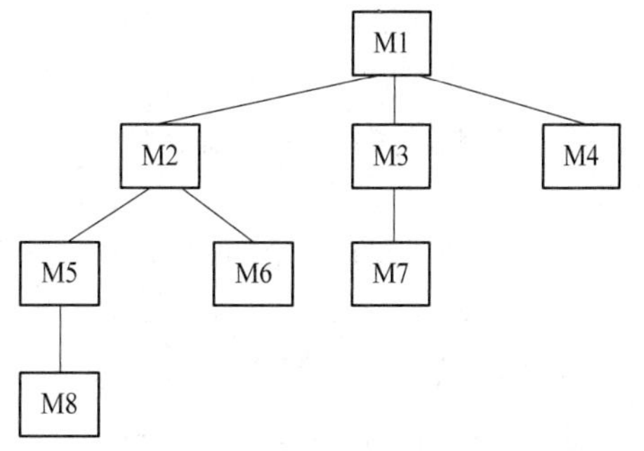

图 8.10　系统结构层次图

深度优先：即首先集成某一个主控路径下的所有模块，至于选择哪一个路径可随意，主要依赖于应用程序的特性。例如可以选择最左边的路径：M1→M2→M5，下一个是 M8 或 M6(取决于 M2 对 M6 的依赖程度)，然后构造中间和右边的路径。

宽度优先：即按照层次组装，路径为 M1→M2→M3→M4→……

(3) 组装一个模块的同时进行测试。

(4) 为了保证在组装过程中不引入新的错误，应该进行回归测试(重新执行以前做过的全部或部分测试)。

(5) 完成每一次测试后，又一个桩模块被真正的模块所替换，再进行测试，如此循环，直到所有的模块组装完成。

这种组装方式不需要设计驱动模块，可在程序测试的早期实现并验证系统的主要功能，及早发现上层模块中接口的错误。但它必须设计桩模块，使低层关键模块中的错误发现得较晚，并且在测试早期难以充分展开测试的人力。

2. 自底向上集成

顾名思义，自底向上集成是从系统结构的最底层的模块开始来构造系统的，逐步安装，逐步测试。由于模块是自底向上组装的，对于一个给定的层次，要求从属于它的所有子模块都已经组装并测试完毕，因此这种组装方式不再需要桩模块，但它需要驱动模块。为了简化驱动模块的设计量，可以把最底层的多个模块组合起来实现某一个功能簇，为每一个簇设计一个驱动模块，以协调测试用例的输入/输出，如图 8.11 所示。

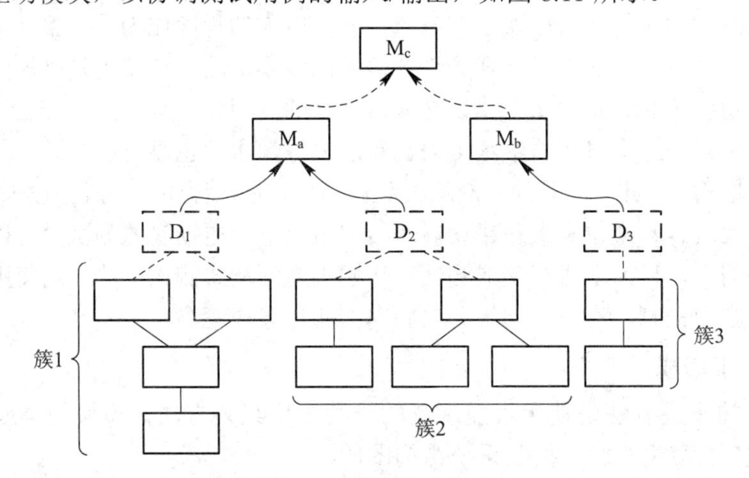

图 8.11 自底向上集成

自底向上集成的优缺点与自顶向下集成正好相反，优点是设计测试用例比较容易，并且不需要桩模块；主要缺点是只有将最后一个模块组装完成后，系统才能作为一个整体存在。

在实践中，可将这两种组装方法结合使用，形成一种混合组装方式，即对软件的较上层使用自顶向下的方式，而对较下层使用自底向上的方式。

集成测试一般采用黑盒测试技术，测试的重点是模块组装后能否按既定意图协作运行，能否达到设计要求。测试用例设计则主要集中在模块之间的接口及集成后系统的功能上。

集成测试阶段应完成以下测试：

(1) 接口的完整性：在每一个模块集成到整个系统中去的时候，要对其内部和外部接口都进行测试。

(2) 功能有效性：进行以发现功能性错误为目的的测试。

(3) 信息内容：进行以发现和局部或全局数据结构相关的错误为目的的测试。

(4) 性能：设计用来验证在进行软件设计的过程中建立的性能边界测试。

3. 不同集成测试策略的比较

一般说来，一种方法的优点正好对应于另一种方法的缺点。自顶向下测试方法的主要优点是不需要测试驱动程序，能够在测试阶段的早期实现并验证系统的主要功能，而且能在早期发现上层模块的接口错误。自顶向下测试方法的主要缺点是需要存根程序，可能遇到与此相联系的测试困难，如低层关键模块中的错误发现较晚，而且用这种方法在早期不能充分展开人力。可以看出，自底向上测试方法的优缺点与上述自顶向下测试方法的优缺点刚好相反。在测试实际的软件系统时，应该根据软件的特点以及工程进度安排，选用适当的测试策略。一般说来，纯粹自顶向下或纯粹自底向上的策略可能都不实用，因此人们在实践中创造出许多混合策略：

(1) 改进的自顶向下测试方法。基本上使用自顶向下的测试方法，但是在早期使用自底向上的方法测试软件中的少数关键模块。一般的自顶向下方法所具有的优点在这种方法中也都有，而且能在测试的早期发现关键模块中的错误；但是，它的缺点也比自顶向下方法多一条，即测试关键模块时需要驱动程序。

(2) 混合法。这种方法将软件结构中较上层使用的自顶向下方法与软件结构中较下层使用的自底向上方法相结合。这种方法兼有两种方法的优点和缺点，当被测试的软件中关键模块比较多时，这种混合法可能是最好的折中方法。

4. 回归测试

在集成测试过程中每当一个新模块结合进来时，程序就发生了变化：建立了新的数据流路径，可能出现了新的 I/O 操作，激活了新的控制逻辑。这些变化有可能使原来工作正常的功能出现问题。在集成测试的范畴中，所谓回归测试，是指重新执行已经做过的测试的某个子集，以保证上述这些变化没有带来非预期的副作用。

更广义地说，任何成功的测试都会发现错误，而且错误必须被改正。每当改正软件错误的时候，软件配置的某些成分(程序、文档或数据)也被修改了。回归测试就是用于保证由于调试或其他原因引起的变化，不会导致非预期的软件行为或额外错误的测试活动。

回归测试可以通过重新执行全部测试用例的一个子集人工地进行，也可以使用自动化的捕获回放工具自动进行。利用捕获回放工具，软件工程师能够捕获测试用例和实际运行结果，然后可以回放(即重新执行测试用例)，并且比较软件变化前后所得到的运行结果。

回归测试集(已执行过的测试用例的子集)包括下述 3 类不同的测试用例：

(1) 检测软件全部功能的代表性测试用例；

(2) 专门针对可能受修改影响的软件功能的附加测试；

(3) 针对被修改过的软件成分的测试。

在集成测试过程中，回归测试用例的数量可能变得非常大。因此，应该把回归测试集设计成只包括可以检测程序每个主要功能中的一类或多类错误的那样一些测试用例。一旦修改了软件之后，就重新执行检测程序每个功能的全部测试用例是低效而且不切实际的。

8.6.3　确认测试

确认测试用于验证软件的功能和性能及其他特性是否与用户的要求一致，对商品化软件的品质从功能、性能、可靠性、易用性等方面作全面的质量检测，帮助软件企业找出产品存在的问题，出具相应的产品质量报告。确认测试也称为验收测试，它的目标是验证软件的有效性。上面出现了确认(Validation)和验证(Verification)这样两个不同的术语，为了避免混淆，首先扼要地解释一下这两个术语的含义。通常，验证指的是保证软件正确地实现了某个特定要求的一系列活动，而确认指的是为了保证软件确实满足了用户需求而进行的一系列活动。

那么，什么样的软件才是有效的呢？软件有效性的一个简单定义是：如果软件的功能和性能如同用户所合理期待的那样，则软件就是有效的。

需求分析阶段产生的软件需求规格说明书，准确地描述了用户对软件的合理期望，因此是软件有效性的标准，也是进行确认测试的基础。

1. 确认测试的范围

确认测试必须有用户的积极参与，或者以用户为主进行。用户应该参与设计测试方案，使用用户界面输入测试数据并且分析评价测试的输出结果。为了使得用户能够积极主动地参与确认测试，特别是为了使用户能有效地使用这个系统，通常在验收之前由开发单位对用户进行培训。

确认测试通常使用黑盒测试法。应该仔细设计测试计划和测试过程，测试计划包括要进行的测试的种类及进度安排，测试过程规定了用来检测软件是否与需求一致的测试方案。通过测试和调试要保证软件能满足所有功能要求，能达到每个性能要求，文档资料是准确而完整的。此外，还应该保证软件能满足其他预定的要求，例如安全性、可移植性、兼容性、可维护性等。

确认测试有下述两种可能的结果：

(1) 功能和性能与用户要求一致，软件是可以接受的；

(2) 功能和性能与用户要求有差距。

在这个阶段发现的问题往往和需求分析阶段的差错有关，涉及的面通常比较广，因此解决起来也比较困难。为了制定解决确认测试过程中发现的软件缺陷或错误的策略，通常需要和用户充分协商。

2. 软件配置复查

确认测试的一个重要内容是复查软件配置。复查的目的是保证软件配置的所有成分都齐全，质量符合要求，文档与程序完全一致，具有完成软件维护所必需的细节，而且已经编好了目录。

除了按合同规定的内容和要求由人工审查软件配置之外，在确认测试过程中还应该严格遵循用户指南及其他操作程序，以便检验这些使用手册的完整性和正确性。必须仔细记录发现的遗漏或错误，并且适当地补充和改正。

3. α和β测试

事实上，软件开发人员不可能完全预见用户实际使用程序的情况。例如，用户可能错误地理解命令，或输入一些奇怪的数据组合，亦可能对设计者自认明了的输出信息迷惑不解等。因此，软件是否真正满足最终用户的要求，应由用户进行一系列“验收测试”。验收测试既可以是非正式的测试，也可以是有计划、有系统的测试。有时，验收测试长达数周甚至数月，不断暴露错误，这样就有可能导致开发延期。

但对于非订单软件，可能拥有众多用户，不可能由每个用户验收，此时多采用称为 α 测试、β 测试的过程，以期发现那些似乎只有最终用户才能发现的问题。

α 测试是指软件开发公司组织内部人员模拟各类用户或由某些用户在开发场所对即将面市的软件产品(称为 α 版本)进行测试，试图发现错误并修正。α 测试的关键在于尽可能逼真地模拟实际运行环境和用户对软件产品的操作并尽最大努力涵盖所有可能的用户操作方式。α 测试是在受控的环境下进行的测试，其目的是评价软件的功能、可使用性、可靠性、性能及支持等方面，尤其注重产品的界面与特色。经过 α 测试调整的软件产品称为 β 版本。

紧随 α 测试其后的是 β 测试，它是指软件开发公司组织各方面的典型用户在日常工作中实际使用 β 版本，并要求用户报告异常情况、提出批评意见。然后软件开发公司再对 β 版本进行改错和完善。与 α 测试不同的是，在进行 β 测试时开发者一般不在测试现场，因此他也无法控制测试环境。在 β 测试中，由用户记录软件使用过程中出现的所有问题(包括真实存在或主观认为的)，并在规定的时间内将这些问题反馈给开发者。开发人员再根据 β 测试中所出现的问题进行相应的修改，然后才能向其他所有的用户发布该软件。β 测试由于不是专业的测试人员或开发人员进行的，因此其测试的重点只能侧重于产品的支持方面(如文档、客户培训、产品支持能力)、配置方面与兼容性方面的软件缺陷以及易用性方面的缺陷或建议等。

8.6.4　系统测试

系统测试(System Test，ST)是将经过测试的子系统装配成一个完整系统来测试。它是检验系统是否确实能提供系统方案说明书中指定功能的有效方法。

系统测试的目的是对最终软件系统进行全面的测试，确保最终软件系统满足产品需求并且遵循系统设计。系统测试一般采用黑盒测试方法。

1. 系统测试介绍

系统测试流程如图 8.12 所示。由于系统测试的目的是验证最终的软件系统是否满足产品需求并且遵循系统设计，因此当产品需求和系统设计文档完成之后，系统测试小组就可以提前开始制订测试计划和设计测试用例，而不必等到“实现与测试”阶段结束。这样可以提高系统测试的效率。系统测试过程中发现的所有缺陷必须用统一的缺陷管理工具来管理，开发人员应当及时消除缺陷。

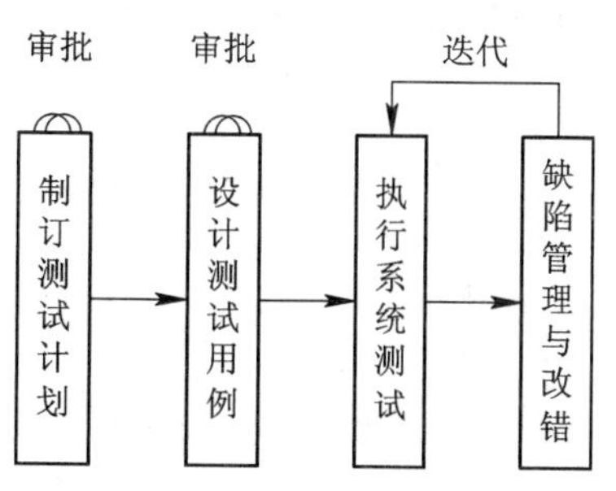

图 8.12　系统测试流程图

项目经理设法组建富有成效的系统测试小组。系统测试小组成员的主要来源是：

(1) 机构独立的测试小组(如果存在的话)。

(2) 邀请其他项目的开发人员参与系统测试。

(3) 本项目的部分开发人员。

(4) 机构的质量保证人员。

系统测试小组应当根据项目的特征确定测试内容。一般地，系统测试的主要内容包括：

(1) 功能测试，即测试软件系统的功能是否正确，其依据是需求文档，如《产品需求规格说明书》。由于正确性是软件最重要的质量因素，因此功能测试必不可少。

(2) 健壮性测试，即测试软件系统在异常情况下能否正常运行的能力。健壮性有两层含义：一是容错能力，二是恢复能力。

(3) 性能测试，即测试软件系统处理事务的速度，一是为了检验性能是否符合需求，二是为了得到某些性能数据供人们参考(例如用于宣传)。

(4) 用户界面测试，重点是测试软件系统的易用性、视觉效果等。

(5) 安全性(security)测试，是指测试软件系统防止非法入侵的能力。“安全”是相对而言的，一般地，如果黑客为非法入侵花费的代价(考虑时间、费用、危险等因素)高于得到的好处，那么这样的系统可以认为是安全的。

(6) 安装与反安装测试。

2. 系统测试规程

1) 目的

对最终软件系统进行全面的测试，确保最终软件系统满足产品需求并且遵循系统设计。

2) 角色与职责

项目经理组建系统测试小组，并指定一名成员任测试组长；系统测试小组各成员共同制订测试计划，设计测试用例，执行测试，并撰写相应的文档；测试组长管理上述事务；开发人员及时消除测试人员发现的缺陷。

3) 启动准则

产品需求和系统设计文档完成之后。

4) 输入

产品需求和系统设计文档。

5) 主要步骤

(1) 制订系统测试计划。系统测试小组各成员共同协商测试计划。测试组长按照指定的模板起草《系统测试计划》。该计划主要包括：

① 测试范围(内容)。

② 测试方法。

③ 测试环境与辅助工具。

④ 测试完成准则。

⑤ 人员与任务表。

项目经理审批《系统测试计划》。该计划被批准后，转向步骤(2)。

(2) 设计系统测试用例，步骤如下：

① 系统测试小组各成员依据《系统测试计划》和指定的模板，设计(撰写)《系统测试用例》。

② 测试组长邀请开发人员和同行专家，对《系统测试用例》进行技术评审。该测试用例通过技术评审后，转向步骤(3)。

(3) 执行系统测试，步骤如下：

① 系统测试小组各成员依据《系统测试计划》和《系统测试用例》执行系统测试。

② 将测试结果记录在《系统测试报告》中，用“缺陷管理工具”来管理所发现的缺陷，并及时通报给开发人员。

(4) 缺陷管理与改错，步骤如下：

① 在步骤(1)～(3)中，任何人发现软件系统中的缺陷时都必须使用指定的“缺陷管理工具”。该工具将记录所有缺陷的状态信息，并可以自动产生《缺陷管理报告》。

② 开发人员及时消除已经发现的缺陷。

③ 开发人员消除缺陷之后应当马上进行回归测试，以确保不会引入新的缺陷。

6) 输出

输出的内容包括：

(1) 消除了缺陷的最终软件系统。

(2) 系统测试用例。

(3) 系统测试报告。

(4) 缺陷管理报告。

7) 结束准则

对于非严格系统可以采用“基于测试用例”的准则：

(1) 功能性测试用例通过率达到 100%。

(2) 非功能性测试用例通过率达到 80%。

对于严格系统，应当补充“基于缺陷密度”的规则：

相邻 n 个 CPU 小时内“测试期缺陷密度”全部低于某个值 m。例如 n 大于 10，m 小于等于 1。

本规程所有文档已经完成。

8) 度量

测试人员和开发人员统计测试和改错的工作量、文档的规模以及缺陷的个数与类型，并将此度量数据汇报给项目经理。

8.6.5 验收测试

1. 测试对象和目的

验收测试是以需方为主的测试，其对象是完整的、集成的计算机系统。验收测试的目的是在真实的用户(或称系统)工作环境下检验完整的软件系统，是否满足软件开发技术合同(或软件需求规格说明)规定的要求。其结论是软件的需方确定是否接收该软件的主要依据。

2. 测试内容

验收测试主要从适合性、准确性、互操作性、安全保密性、成熟性、容错性、易测试性、适应性、易安装性、共存性、易替换性和依从性方面进行选择，确定测试的内容。

验收测试一般采用黑盒测试方法。

8.7 回归测试

回归测试可出现在上述每个测试类别中，并贯穿于整个软件生存周期。

1. 回归测试的对象

回归测试的对象包括：

(1) 未通过软件单元测试的软件，在变更之后，应对其进行单元测试。

(2) 未通过软件配置项测试的软件，在变更之后，首先应对变更的软件单元进行测试，然后再进行相关的集成测试和配置项测试。

(3) 未通过系统测试的软件，在变更之后，首先应对变更的软件单元进行测试，然后再进行相关的集成测试、软件配置项和系统测试。

(4) 因其他原因进行变更之后的软件单元，也首先应对变更的软件单元进行测试，然后再进行相关的软件测试。

2. 回归测试的目的

回归测试的目的是：

(1) 测试软件变更之后，变更部分的正确性和对变更需求的符合性。

(2) 测试软件变更之后，软件原有的、正确的功能、性能和其他规定的要求的不损害性。

3. 回归测试的类别

回归测试的类别有：

(1) 单元回归测试。

(2) 配置项回归测试。

(3) 系统回归测试。

4. 回归测试的内容和方法

(1) 单元回归测试内容和方法如下：

一般应根据软件单元的变更情况确定软件单元回归测试的测试内容。可能存在以下 3 种情况：

① 仅重复测试原软件单元测试做过的测试内容；

② 修改原软件单元测试做过的测试内容；

③ 在前两者的基础上增加新的测试内容。

单元回归测试方法如下：

当未增加新的测试内容时，软件单元回归测试应采用原软件单元测试的测试方法；否则，应根据情况选择适当的测试方法。

(2) 配置项回归测试内容和方法如下：

软件配置项回归测试的测试内容分 3 种情况考虑：

① 对变更的软件单元的测试可能存在以下 3 种情况：一是仅重复测试原软件单元测试做过的测试内容；二是修改原软件单元测试做过的测试内容；三是在前两者的基础上增加新的测试内容。

② 对于变更的软件单元和受变更影响的软件进行集成测试，测试分析员应分析变更对软件集成的影响域，并据此确定回归测试内容。可能存在以下 3 种情况：一是仅重复测试与变更相关的，并已在原软件集成测试中做过的测试内容；二是修改与变更相关的，并已在原软件集成测试中做过的测试内容；三是在前两者的基础上增加新的测试内容。

③ 对于变更后的软件配置项的测试，测试分析员应分析变更对软件配置项的影响域，并据此确定回归测试内容。可能存在以下 3 种情况：一是仅重复测试与变更相关的，并已在原软件配置项测试中做过的测试内容；二是修改与变更相关的，并已在原软件配置项测试中做过的测试内容；三是在前两者的基础上增加新的测试内容。

配置项回归测试方法如下：

软件配置项回归测试不排除使用标准测试集和经认可的系统功能测试方法。在此描述的测试方法是重复软件配置项开发各阶段的相关工作的方法。这种方法分 3 种情况：

① 对于变更的软件单元的测试，当未增加新的测试内容时，对变更的软件单元的测试采用原软件单元测试方法；否则，根据情况选择适当的测试方法。

② 对于变更的软件单元和受变更影响的软件进行集成测试，当未增加新的测试内容时，对受影响的软件集成测试采用原软件集成测试的测试方法；否则，根据情况选择适当的测试方法。

③ 对于变更后的软件配置项的测试，当未增加新的测试内容时，对软件配置项的测试采用原软件配置项测试的测试方法；否则，根据情况选择适当的测试方法。

(3) 系统回归测试内容和方法如下：

系统回归测试的内容分为 4 种情况考虑：

① 对于变更的软件单元的测试可能存在以下 3 种情况：一是仅重复测试在原软件单元测试中做过的测试内容；二是修改在原软件单元测试中做过的测试内容；三是在前两者的基础上增加新的测试内容。

② 对于变更的软件单元和受变更影响的软件进行集成测试，测试分析员应分析变更的软件单元对软件集成的影响域，并据此确定回归测试内容。可能存在以下 3 种情况：一是仅重复测试与变更相关的，并在原软件集成测试中做过的测试内容；二是修改与变更相关的，并在原软件集成测试中做过的测试内容；三是在前两者的基础上增加新的测试内容。

③ 对于变更的和受变更影响的软件配置项的测试，测试分析员应分析变更的软件配置项的影响域，并据此确定回归测试内容。可能存在以下 3 种情况：一是仅重复测试与变更相关的，并在原软件配置项测试中做过的测试内容；二是修改与变更相关的，并在原软件配置项测试中做过的测试内容；三是在前两者的基础上增加新的测试内容。

④ 对于变更的系统的测试，测试分析员应分析软件系统受变更影响的范围，并据此确定回归测试内容。可能存在以下 3 种情况：一是仅重复测试与变更相关的，并在原系统测试中做过的测试内容；二是修改与变更相关的，并在原系统测试中做过的测试内容；三是在前两者的基础上增加新的测试内容。

系统回归测试方法如下：

系统回归测试不排除使用标准测试集和经认可的系统功能测试方法。在此描述的测试方法是重复软件系统开发各阶段的相关工作的方法。这种测试方法分 4 种情况：

① 对于变更的软件单元的测试，当未增加新的测试内容时，对变更的软件单元的测

试采用原软件单元测试方法；否则，根据情况选择适当的测试方法。

② 对于变更的软件单元和受变更影响的软件进行集成测试，当未增加新的测试内容时，对受影响的软件测试采用原软件集成测试的测试方法；否则，根据情况选择适当的测试方法。

③ 对于变更的和受变更影响的软件配置项的测试，当未增加新的测试内容时，对受变更影响的软件配置项的测试采用原软件配置项测试的测试方法；否则，根据情况选择适当的测试方法。

④ 对于变更的系统的测试，当未增加新的测试内容时，系统测试采用原系统测试方法；否则，根据情况选择适当的测试方法。

8.8 程序调试

8.8.1 程序调试技术

调试(即排错)与成功的测试形影相随。测试成功的标志是发现了错误，测试的目的是对程序进行调试与排错。根据错误迹象确定错误的原因和准确位置并加以改正，主要依靠的是调试技术。

调试过程开始于一个测试用例的执行，若测试结果与期望结果有出入，即出现了错误征兆，调试过程首先要找出错误原因，然后对错误进行修正。因此调试过程可能有两种结果：一是找到了错误原因并纠正了错误；另一种可能是错误原因不明，调试人员只得做某种推测，然后再设计测试用例证实这种推测，若一次推测失败，则再做第二次推测，直到发现并纠正了错误。实际调试中，判断、寻找错误的位置需要的工作量最大，一般占调试工作量的95%。

调试是一个相当艰苦的过程，究其原因除了开发人员心理方面的障碍外，还因为隐藏在程序中的错误具有下列特殊的性质：

(1) 错误的外部特征有时会远离引起错误的内部原因，对于高度耦合的程序结构，此类现象更为严重。

(2) 纠正一个错误造成了另一错误现象(暂时)的消失。

(3) 某些错误征兆只是一种假象。

(4) 因操作人员一时疏忽造成的某些错误征兆不易追踪。

(5) 错误是由于时间而不是程序引起的。

(6) 输入条件难以精确地再构造(例如某些实时应用的输入次序不确定)。

(7) 错误征兆时有时无，此现象对嵌入式系统尤其普遍。

(8) 错误是由于把任务分布在若干台不同处理机上运行而造成的。

在软件调试过程中，可能遇到大大小小、形形色色的问题，随着问题的增多，调试人员的压力也随之增大，过分紧张致使开发人员在排除一个问题的同时又引入更多的新问题。

尽管调试不是一门好学的技术(有时人们更愿意称之为艺术)，但还是有以下若干行之有效的方法和策略。

(1) 输出存储器内容。通过某些工具可以将程序运行过程中存储器指定位置的内容输出以便检查。由于输出的内容是八进制或十六进制的形式而且信息量较大，因此这种调试技术的效率较低。

(2) 适当插入输出语句。在程序中的错误疑似位置插入一些输出关键变量信息的标准语句，这样程序在执行时将输出这些信息，显示了程序的动态行为，便于确认错误的位置。

(3) 使用专用的调试工具。目前绝大部分程序开发平台都提供了功能相当强大的程序调试工具，另外还有专门的软件分析工具，利用这些工具也可以有效地分析程序的动态行为。可以设置断点，当程序执行到断点时程序暂停，程序员可以观察程序当前的运行状态，如有关语句的输出信息、关键变量的值、子程序的调用情况、参数传递情况等。

8.8.2 程序调试策略

无论采用哪种调试方法，目标只有一个，即发现并排除引起错误的原因，这要求调试人员能把直观想象与系统评估很好地结合起来。

常用的调试策略分为 3 类：

(1) 试探策略。试探调试方法是最常用也是最低效的方法，只有在万般无奈的情况下才使用它，主要思想是“通过计算机找错”。例如，输出存储器、寄存器的内容，在程序安排若干输出语句等，凭借大量的现场信息，从中找到出错的线索，虽然最终也能成功，但难免要耗费大量的时间和精力。

(2) 回溯策略。回溯法能成功地用于程序的调试。该方法是从出现错误征兆处开始，人工地沿控制流程往回追踪，直至发现出错的根源。不幸的是，程序变大后，可能的回溯路线显著增加，以致人工进行完全回溯可望而不可即。

(3) 排除策略。排除法基于归纳和演绎原理，采用“分治”的概念，首先收集与错误出现有关的所有数据，假想一个错误原因，用这些数据证明或反驳它；或者一次列出所有可能的原因，通过测试一一排除。只要某次测试结果说明某种假设已呈现端倪，则立即精化数据，乘胜追击。

上述每一类方法均可辅以调试工具。目前，调试编译器、动态调试器(追踪器)、测试用例自动生成器、存储器映象及交叉访问示图等到一系列工具已广为使用。然而，无论什么工具也替代不了一个开发人员在对完整的设计文档和清晰的源代码进行认真审阅和推敲之后所起的作用。此外，不应荒废调试过程中最有价值的一个资源，那就是开发小组中其他成员的评价和忠告，正所谓“当事者迷，旁观者清”。

一旦找出了错误的原因，就必须纠正。但在纠正过程中特别要注意：修改一处错误可能引入新的其他的错误，有时程序会越改越乱、错误越来越多。因此，程序员在每次纠错前都问自己以下 3 个问题，会有效地避免此类问题的发生：

(1) 导致这个错误的原因在程序其他部分还可能存在吗？

(2) 本次修改可能对程序中相关的逻辑和数据造成什么影响？引起什么问题？

(3) 上次遇到的类似问题是如何排除的？

程序的调试与排错在某种程度上由于有许多的不确定性，因此比测试更为困难，要求调试人员必须具备良好的心理素质、严谨的工作态度、科学的工作作风并辅之以高效的调试工具才能达到排错的目的。

8.9 实战训练

1. 目的

根据白盒测试法对单元模块进行测试用例设计。

2. 任务

下面是“图书管理系统”中的超期罚金计算模块的伪代码，M、N 分别表示超期天数与信用级别，X 表示罚金数目。如果超期天数大于 20 天，则罚金 10 元；否则罚金 5 元。如果信用级别高于 10 点，则罚金减半，信用点数减 1。

```
START
INPUT (M,N)
IF M>=20
  THEN X=12
  ELSE X=5
ENDIF
IF N>=10
  THEN
    X=X/2
    N=N-1
  ELSE N=N-1
ENDIF
PRINT(X,Y)
STOP
```

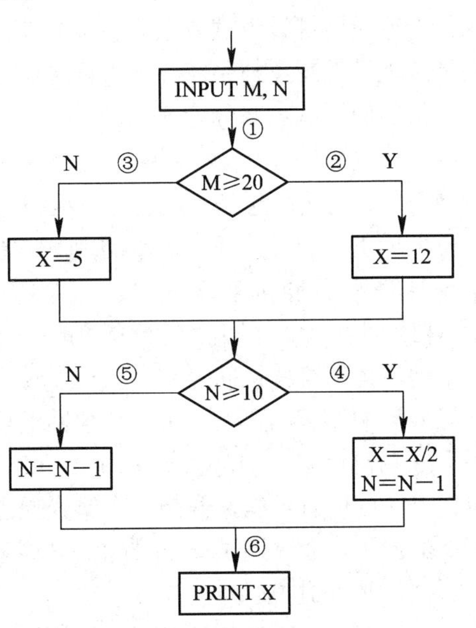

图 8.13　程序流程图

画出该伪代码的程序流程图，并标注①②…等路径号，如图 8.13 所示。设计该程序的语句覆盖测试用例和路径覆盖测试用例。

(1) 语句测试用例为：①③⑤⑥和①②④⑥，分别为 M = 5，N = 9，X = 5 和 M = 20，N = 10，X = 6；或者①③④⑥和①②⑤⑥，分别为 M = 5，N = 10，X = 2.5 和 M = 20，N = 8，X = 5。

(2) 路径测试用例为：①③⑤⑥，分别为 M = 5，N = 9，X = 5；或者①②④⑥，分别为 M = 20，N = 10，X = 6；或者①③④⑥，分别为 M = 5，N = 10，X = 2.5；或者①②⑤⑥，分别为 M = 20，N = 8，X = 5。

3. 讨论

按照逻辑覆盖标准进行测试用例设计时，首先应画出程序流程图清晰地表达出程序的逻辑结构，然后根据测试需求选择测试覆盖标准。应利用尽量少的测试数据来达到我们需要的测试效果。

本 章 小 结

软件测试就是在软件投入运行或发布前，对软件需求分析、设计规格说明和编码进行最终复审的活动。软件测试的目的是检验软件系统是否满足需求。软件测试应该根据软件开发各阶段的规格说明和程序的内部结构而精心设计一批测试用例(即输入数据及其预期的输出结果)，并利用这些测试用例去运行程序，以发现程序错误或缺陷。

测试后要对所有的测试结果进行分析并与预期的结果进行比较，如果发现有不符的情况就要进行纠正，进入排错与纠错的过程。

任何软件的测试都必须是有计划、有组织的，不能是随意的。软件测试计划就是组织调控整个测试过程的指导性文件。在软件测试计划中有一个重要的组成部分就是测试用例的说明。所谓测试用例是为某个测试目标而编制的一组测试输入、执行条件以及预期结果的方案，以便测试某个程序路径或核实是否满足某个特定需求。

为了提高测试的效率，减少测试的成本，人们提出了许多测试的方法和技术。归纳起来测试方法主要分为两种：黑盒测试法和白盒测试法。黑盒测试相当于将程序封装在一个黑盒子里，测试人员并不知道程序的具体情况，他只了解程序的功能、性能及接口状态等，所以这种测试是功能性的测试，也就是说测试人员只需要知道软件能做什么即可，而不需要知道软件内部(盒子里)是如何运作的。白盒测试是基于程序逻辑所进行的测试，测试人员必须完全了解程序的结构与处理过程。测试按照程序内部逻辑来进行，检验程序中的每条通路是否都能按照预定的要求正确工作，所以白盒测试也称为结构测试。白盒测试也可以分为静态白盒分析和动态白盒测试两种。

调试(即排错)与成功的测试形影相随。测试成功的标志是发现了错误，测试的目的是对程序进行调试与排错。根据错误迹象确定错误的原因和准确位置，并加以改正主要依靠的是调试技术。

调试过程开始于一个测试用例的执行，若测试结果与期望结果有出入，即出现了错误征兆，则调试过程首先要找出错误原因，然后对错误进行修正。因此调试过程有两种可能，一是找到了错误原因并纠正了错误，另一种可能是错误原因不明，调试人员只得做某种推测，然后再设计测试用例证实这种推测，若一次推测失败，则再做第二次推测，直到发现并纠正了错误。实际调试中，判断寻找错误的位置需要的工作量最大，一般占调试工作量的 95%左右。

习　题　8

一、选择题

1. 为了提高测试的效率，应该(　　)。

A. 随机地选取测试数据

B. 取一切可能的输入数据作为测试数据库

C. 在完成编码后制订软件的测试计划

D. 选择发现错误可能性大的数据作为测试数据

2. 与设计测试数据无关的文档是(　　)。

A. 需求说明书　　B. 数据说明书　　C. 源程序　　D. 项目开发设计

3. 排错一般是在测试发现错误后进行，其中找到错误位置占排错总工作量的(　　)。

A. 95%　　B. 5%　　C. 50%　　D. 20%

4. 软件测试中设计测试实例(test case)主要由输入数据和(　　)两部分组成。

A. 测试规则　　B. 测试计划

C. 预期输出结果　　D. 以往测试记录分析

5. 成功的测试是指(　　)。

A. 运行测试实例后未发现错误项　　B. 发现程序的错误

C. 证明程序正确　　D. 改正程序的错误

6. 单独测试一个模块时，有时需要一个(Ⅰ)程序(Ⅰ)被测试的模块，有时还要有一个或几个(Ⅱ)模块模拟由被测试模块调用的模块。

Ⅰ. A. 理解　　B. 驱动　　C. 管理　　D. 传递

Ⅱ. A. 子(Sub)　　B. 仿真(Initation)　　C. 栈(Ssack)　　D. 桩(Ssub)

7. 软件测试中，白盒测试方法是通过分析程序的(Ⅰ)来设计测试用例的方法，除了测试程序外，还适用于对(Ⅱ)阶段的软件文档进行测试。黑盒测试方法是根据程序的(Ⅲ)来设计测试用例的方法，除了测试程序外，它适用于对(Ⅳ)阶段的软件文档进行测试。

Ⅰ、Ⅲ. A. 应用范围　　B. 内部逻辑　　C. 功能　　D. 输入数据

Ⅱ、Ⅳ. A. 编码　　B. 软件详细设计　　C. 软件概要设计　　D. 需求分析

8. 软件工程中，只根据程序的功能说明而不关心程序内部的逻辑结构的测试方法，称为(　　)测试。

A. 白盒法　　B. 灰盒法　　C. 黑盒法　　D. 综合法

9. 月收入小于等于 800 元者免税，现用输入数 800 元和 801 元测试程序，则采用的是(　　)方法。

A. 边界值分析　　B. 条件覆盖　　C. 错误推测　　D. 等价类

10. 采用黑盒法测试程序是根据(　　)。

A. 程序的逻辑　　B. 程序的功能说明　　C. 程序中的语句　　D. 程序中的数据

11. 在软件测试中，确认(验收)测试主要用于发现(　　)阶段的错误。

A. 软件计划　　B. 需求分析　　C. 软件设计　　D. 编码

12. 在有集成(组装)测试的叙述中，(　　)是正确的。

A. 测试底层模块时不需要桩模块

B. 驱动模块的作用是模拟被调模块

C. 自顶向下测试方法易于设计测试结果

D. 自底向上测试方法有利于提前预计测试结果

二、简答题

1. 名词解释

(1) 软件缺陷；(2) 软件测试；(3) 测试用例；(4) 黑盒测试；(5) 白盒测试；(6) 单元

测试；(7) 集成测试；(8) 系统测试；(9) α 测试与 β 测试；(10) 静态分析；(11) 动态测试；(12) 桩模块；(13) 程序调试

2. 软件测试的目标是什么？软件缺陷有哪些情况？缺陷产生的原因是什么？

3. 软件测试的输入与输出分别是什么？

4. 软件测试能否消除软件中的缺陷与错误？为什么？

5. 为什么一般开发人员并不是进行软件测试的最佳人选？

6. 有哪些典型的测试技术？各用于什么情况？

7. 黑盒测试有哪些测试用例设计方法？白盒测试呢？

8. 等价分类法测试的基本思想是什么？如何确定等价类？

9. 根据等价类怎样设计测试用例？

10. 试比较白盒测试与黑盒测试的不同。

11. 代码审查的目的与思路是什么？

12. 软件测试的流程是什么？什么情况下测试才能停止？

13. 测试计划的作用与内容是什么？

14. 集成测试一般有几种策略？各有什么特点？

15. 确认测试的目的是什么？系统测试中包括哪些内容？

16. 在因特网相关资源里搜索有关“测试自动化”方面的信息，并写一篇小论文。

三、分析题

1. 程序功能说明书指出，某程序的输入条件为：每个学生可以选修 1～3 门课程，试用黑盒法设计测试用例。

(1) 按等价分类法设计测试用例(要求列出设计过程)。

(2) 按边界值分析法设计测试用例。

2. 设被测试的程序段如下：

```
begin
    s1;
    if  (x=0)  and  (y>2)
        then  s2;
    if  (x<1)  or  (y=1)
        then  s3 ;
    s4 ;
end
```

可供选择的测试数据组如下：

	x	y
Ⅰ	0	3
Ⅱ	1	2
Ⅲ	−1	2
Ⅳ	3	1

找出实现语句覆盖、条件覆盖、判定覆盖至少要选择的数据组。

第9章 软件维护

本章主要内容：

- 软件维护及分类
- 软件维护过程
- 软件可维护性
- 软件维护副作用
- 软件重用

本阶段的产品：修改并经过复审后所交付使用的软件

参与角色：项目经理、软件维护人员

9.1 软件维护的概念

软件维护是指软件系统交付使用以后，为了改正软件错误或满足用户新的需要而修改软件的过程。在整个软件生存周期中，软件维护是最费时，也是最重要的一个阶段。据有关资料统计，软件维护占软件总的开发工作量的60%以上，而维护费用可能占开发费用的55%～70%。因此，对软件维护工作必须给予足够的重视。

软件维护的作用如下：

(1) 在运行中发现软件错误和设计缺陷，这些错误和缺陷在测试阶段未能发现；改进设计，以便增强软件的功能，提高软件的性能。

(2) 要求已经运行的软件能够适应特定的硬件、软件、外部设备、通信设备等的工作环境，或者是要求适应已变动的数据或文件。

(3) 使已经投入运行的软件与其他相关的程序有良好的接口，以利于协同工作。

(4) 使运行软件的应用范围得到必要的扩充等。

9.2 软件维护的特点

1. 结构化维护与非结构化维护

软件的开发过程对软件的维护有较大的影响。根据软件开发的过程可以把软件维护分为结构化维护和非结构化维护两类，如图9.1所示。

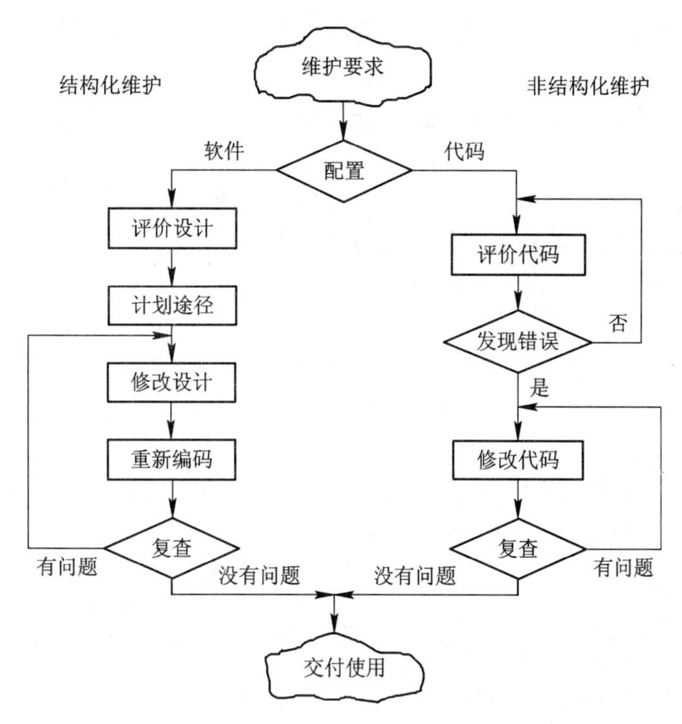

图 9.1　结构化维护与非结构化维护的对比

1) 非结构化维护

对于非结构化维护，软件配置的唯一成分是程序代码，没有文档。

维护活动从艰苦地评价程序代码开始，常常由于程序内部文档不足而使评价更困难，对于软件结构、全程数据结构、系统接口、性能和(或)设计约束等经常会产生误解。

因为没有测试方面的文档，所以不可能进行回归测试(指为了保证所做的修改没有在以前可以正常使用的软件功能中引入错误而重复过去做过的测试)。

2) 结构化维护

对于结构化维护，软件配置完整，维护工作从评价设计文档开始，确定软件重要的结构特点、性能特点以及接口特点；估计要求的改动将带来的影响，并且计划实施途径。然后首先修改设计并且对所做的修改进行仔细复查。接下来编写相应的源程序代码；使用在测试说明书中包含的信息进行回归测试。最后，把修改后的软件再次交付使用。

2. 软件的维护成本

在过去的几十年中，软件维护的费用稳步上升。1970 年用于维护已有软件的费用只占软件总预算的 35%～40%，1980 年上升为 40%～60%，1990 年上升为 70%～80%。有形的维护费用只不过是软件维护的最明显的代价，其他一些现在还不明显的代价将来可能更为人们所关注。

因为可用的资源必须供维护任务使用，以致耽误甚至丧失了开发的良机，这是一个无形的代价。其他无形的代价(维护成本)还有：

(1) 一些看起来是合理的改错或修改的要求不能及时满足，使得用户不满意；

(2) 维护时产生的改动，可能会带来新的潜伏的故障，从而降低软件的整体质量；

(3) 当必须把软件开发人员抽调去进行维护工作时，将在开发过程中造成混乱。

软件维护的最后一个代价是生产率的大幅度下降，这种情况在维护旧程序时常常遇到。例如，软件每条指令的开发成本是75元，而维护成本大约是每条指令4000元，生产率下降了50倍以上。

维护工作量可以分成生产性活动(如分析评价、修改设计、编写程序代码等)和非生产性活动(如理解程序代码的功能，解释数据结构、接口特点、性能限度等)。

维护工作量的计算表达式如下：

$$M = P + K \times \mathrm{e}^{c-d}$$

其中：M——维护中消耗的总工作量；

P——生产性工作量；

K——经验常数；

c——复杂程度(非结构化设计和缺少文档都会增加软件的复杂程度)；

d——维护人员对软件的熟悉程度。

通过这个模型可以看出，如果使用了不好的软件开发方法(没有使用软件工程方法论)，而且参加维护的人员都不是原来开发的人员，那么维护工作量(及成本)将按指数级增加。

此外，还涉及以下成本的附加因素：

(1) 到用户处的差旅费；

(2) 对维护者以及用户的培训费；

(3) 软件工程环境和软件测试环境的成本和年度维护费；

(4) 薪水和津贴之类的人员成本。

建立维护概念时，要根据有限的可用数据估算成本。随着开发工作的推进，估算要进一步细化，历史度量数据应用作估算维护成本的输入。

3. 软件维护工具

控制软件维护成本的潜在方法是使用CASE工具，这些工具辅助软件维护活动。CASE可以看成是一套相互关联的、支持软件开发和维护所有各方面的工具。这些相互关联的CASE工具最好以软件工程环境的形式汇集在一起，以支持那些支持软件维护活动的方法、策略、指南及标准。最好也为维护者提供软件测试环境，以便修改后的软件产品能在非运行环境中测试。软件工程环境提供初始开发和修改软件产品的工具。软件测试环境提供测试环境，应用于在非运行环境中测试修改后的软件产品。

注明成功运用CASE工具的日期。维护者应仔细策划这些工作。

4. 软件维护中的问题

与软件维护有关的绝大多数问题，都可归因于软件定义和软件开发的方法有缺点。在软件生命周期的前两个时期没有严格而又科学的管理和规则，几乎必然会导致在最后阶段出现问题。下面列出和软件维护有关的部分问题。

(1) 理解他人编写的程序一般都有一定的困难性。

(2) 软件配置的文档严重不足甚至没有，或者没有合格的文档。

(3) 当需要对软件进行维护时，由于软件人员经常流动，维护阶段持续的时间又很长，因此一般不能指望由原来的开发人员来完成或提供对软件的解释。

(4) 绝大多数软件在设计时没有考虑到将来的修改问题。

(5) 追踪软件的建立过程非常困难，或根本做不到。

(6) 软件维护可以说是一项毫无吸引力的工作。之所以形成这样一种观念，一方面是因为软件维护工作量大，看不到什么“成果”，更主要的原因是因为维护工作难度大，又经常遭受挫折，且从事这项工作缺乏成就感。

上述种种问题在现有的没有采用软件工程思想开发出来的软件中，都或多或少地存在着。而软件工程部分地解决了与维护有关的各种问题。

9.3　软件维护的类型及比例

根据软件维护的不同原因，软件维护可以分成改正性维护、适应性维护、完善性维护和预防性维护4种类型。

1. 改正性维护(Corrective)

因为软件测试不可能暴露出一个大型软件系统所有潜藏的错误，所以必然会有第一项维护活动：在任何大型程序的使用期间，用户在某些特定的使用环境下必然会发现这些潜藏的程序错误，并且把他们遇到的问题报告给维护人员。诊断和改正错误的过程称为改正性维护。

2. 适应性维护(Adaptive)

计算机科学技术领域的各个方面都在迅速进步，外部环境(新的硬件、软件配置、政策法规等)、数据环境(操作系统、数据库、数据格式、数据输入/输出方式、数据存储介质)可能发生变化；另一方面，应用软件的使用寿命很容易超过10年，远远长于最初开发这个软件时的运行环境的寿命。因此，适应性维护也就是为了和变化了的环境适当地配合而进行的修改软件的活动，是既必要又经常的维护活动。

3. 完善性维护(Perfective)

当一个软件系统顺利运行时，常常出现第3项维护活动：在使用软件的过程中用户往往提出增加新功能或修改已有功能的建议，还可能提出一般性的改进意见。为了满足这类要求，需要进行完善性维护。这项维护活动通常占软件维护工作的大部分。

4. 预防性维护(Preventive)

当为了改进未来的可维护性和可靠性，或为了给未来的改进奠定更好的基础而修改尚未引起问题的产品缺陷时，将出现第4项维护活动。这项维护活动通常称为预防性维护，它被定义为“把今天的方法学应用到昨天的系统，以支持明天的需求”。千年虫问题就是一个很好的例子，许多程序预计将无法判断日期2000/02/18与1999/02/18的先后，因为它们在计算机内部的表示形式分别是00-02-18和99-02-18。为此，在世界范围内采取了预防性措施，发现并更正了许多缺陷，也因此避免了严重问题。

5. 维护类型的比例

在维护阶段的前期，改正性维护的工作量较大。随着错误发现率急剧降低，并趋于稳定，就进入正常使用期。然而，由于改造的要求，适应性维护和完善性维护的工作量逐步增加，在这些维护过程中又会引入新的错误，从而加重了维护的工作量。实践证明，在这4项维护活动中，完善性维护所占的比例最大，即大部分维护工作是改变和加强软件，而不是纠错。所以，维护并不一定是救火式的紧急维修，而可以是有计划的一种再开发活动。统计事实证明，完善性维护活动约占整个维护工作的50%，改正性维护占20%，适应性维护占25%，其他维护活动只占5%左右，如图9.2所示。

应该注意，上述4类维护活动都必须应用于整个软件配置，维护软件文档和维护软件的可执行代码是同样重要的。从图9.3中可看到，软件维护活动的工作量占整个生存周期的70%以上，这是因为漫长的软件运行过程中需要不断对软件进行修改，以满足用户的扩充要求，加强软件功能、性能的维护活动以及适应新的环境要求，它们需要花费很多精力和时间，而且有时修改不正确，经常还会引入新的错误。同时，软件维护技术不像开发技术那样成熟、规范化，自然消耗工作量就比较多。

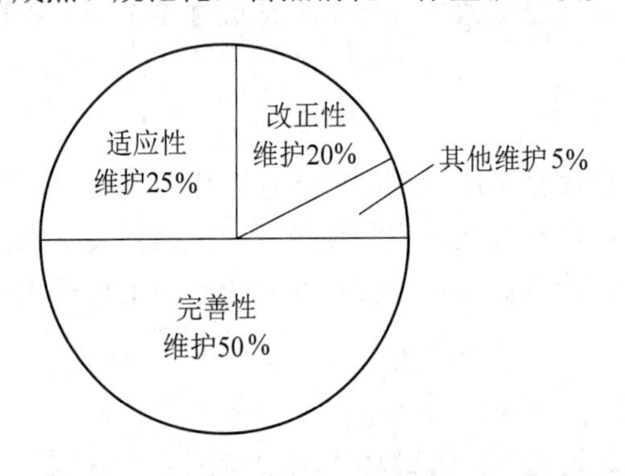

图9.2　各类维护占总维护的比例

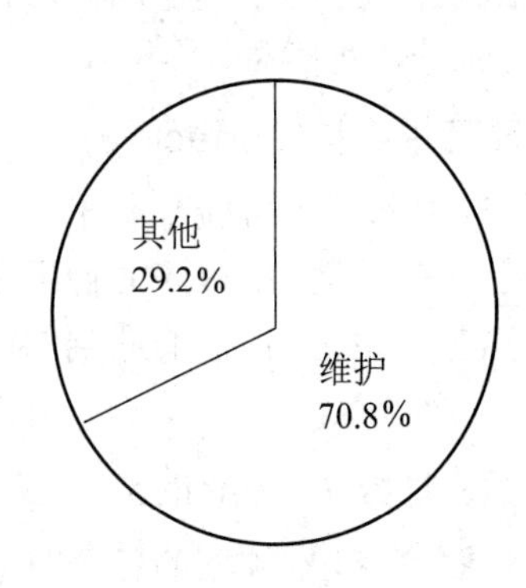

图9.3　维护在软件生存周期中所占的比例

9.4　区分维护类型的原则

维护的部分任务是确定用户的请求是属于缺陷改正，还是适应性或完善性修改。开发方通常必须免费更正软件缺陷，用户则要支付适应性或完善性软件修改的费用。在实践中，区分它们可能非常困难，以下是一些指导原则。

(1) 若系统不能按程序员的意图工作，则这是一个程序错误，属于产品缺陷。

(2) 若系统没有实现陈述的需求，则这是另一类缺陷，属于违背需求。

(3) 若用户有未说明的期望，但系统并不支持，则这属于灰色区域。在实践中，说明所有需求是不现实的。因此，对于用户的合理期望，应属于产品缺陷问题。

(4) 若问题不属于开发时的合理期望，那么它是一项适应性或完善性修改。

(5) 若系统能够完成用户任务，但用户想不出该如何执行，则这属于可用性问题。它通常不作为产品缺陷，除非指定了可用性需求。

由此可见，在维护问题上存在灰色区域，这些灰色区域可能引发争执。为避免发生这种情况，合同可以包含这样一项声明：关于缺陷的争执应交由双方共同提出的仲裁者仲裁。

9.5 软件维护的步骤

9.5.1 填写维护申请报告

所有软件维护申请应按规定的方式提出。软件维护组织通常提供维护申请报告(MRF，Maintenance Request Form)，或称软件问题报告(见表 9.1)，由申请维护的用户填写。

表 9.1 软件维护申请表

<table>
<tr><td colspan="2">项目编号</td><td colspan="2"></td><td>项目名称</td><td></td></tr>
<tr><td rowspan="6">维护类别</td><td rowspan="4">软件维护</td><td>改正性</td><td></td><td colspan="2" rowspan="6">问题说明：

维修要求：</td></tr>
<tr><td>完善性</td><td></td></tr>
<tr><td>适应性</td><td></td></tr>
<tr><td>预防性</td><td></td></tr>
<tr><td rowspan="2">硬件维护</td><td>系统设备</td><td></td></tr>
<tr><td>外围设备</td><td></td></tr>
<tr><td colspan="2">维修优先级</td><td colspan="2"></td><td colspan="2" rowspan="3">申请评价结论：

评价负责人：　　　　评价时间：</td></tr>
<tr><td colspan="2">维护方式</td><td colspan="2">远程/现场</td></tr>
<tr><td colspan="2">申请人</td><td colspan="2"></td></tr>
</table>

如果遇到一个错误，则用户必须完整地说明产生错误的情况，包括输入数据、错误清单以及其他有关材料。如果申请的是适应性维护或完善性维护，则用户必须提出一份修改说明书，列出所有希望的修改。维护申请报告将由维护管理员和系统监督员来研究处理。

维护申请报告是由软件组织外部提交的文档，它是计划维护工作的基础。软件组织内部应相应地做出软件修改报告(Software Change Report，SCR)，报告中应指明：

(1) 所需修改变动的性质；

(2) 申请修改的优先级；

(3) 为满足某个维护申请报告所需的工作量；

(4) 预计修改后的状况。

软件修改报告应提交修改负责人，经批准后才能开始进一步安排维护工作。

9.5.2 维护计划

维护计划在软件开发期间由维护者制订，宜包含用户如何提出更改软件产品的请求。维护计划应包含：

(1) 为何需要维护；

(2) 由谁做什么工作；

(3) 所参与的每个人的角色和职责是什么；

(4) 工作如何执行；

(5) 可用于维护的资源是什么；

(6) 维护在何处执行；

(7) 维护何时开始。

9.5.3 维护工作实施

对于一项具体的软件维护任务，在维护工作开始之前，应该建立一个维护小组，接着制订维护的报告，并且为这项维护任务建立事件流模型，在维护完成后要保存维护的记录，最后还应当评价本次维护活动。

维护小组由若干名维护人员组成，其中包括一名维护管理员和数名系统管理员。所有的维护请求由维护管理员经过分析后传给系统管理员去完成。系统管理员是熟悉软件某一部分的软件技术人员。所有的维护必须在修改批准人员允许的范围内进行。维护小组的组成如图 9.4 所示。

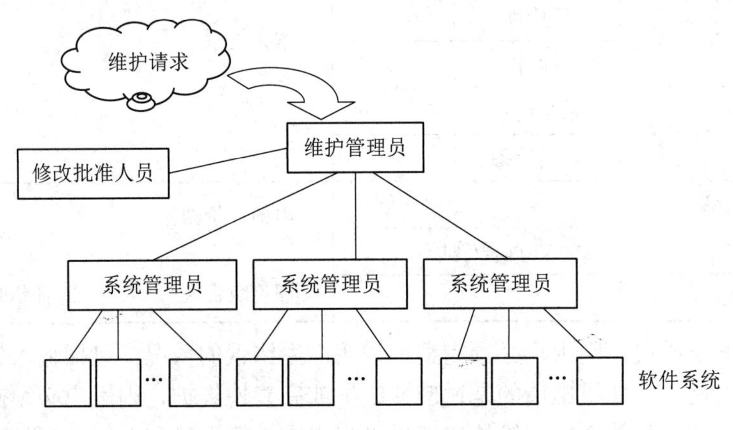

图 9.4 维护小组的组成

在维护过程中，维护人员要各司其职，明确维护责任，以减少维护过程中的混乱。

软件维护所需要的一种报告是维护请求表。这是由软件开发人员提供，由软件用户填写的表格。如果软件运行遇到问题，则用户必须详细描述出错时的情况，包括输入数据、输出数据和其他有关资料。

维护请求表是制订软件维护计划的依据。在维护小组内部还应该指定一个软件修改报告，内容包括：本次维护所需要的工作量、维护的性质、维护的优先级等。在制订维护计划之前，软件修改报告要交给修改批准人进行审查。

上述工作完成后，就可以为维护活动建立事件流模型了。图 9.5 表示从提出维护请求到维护结束所出现的事件流。

首先要判断维护请求的类型。在这点上用户和维护人员可能有不同的看法，用户可能认为这次维护是改正性维护，而维护人员可能更愿意把它看成是适应性维护或完善性维护。对于这些不同意见，双方必须协商解决。

如果是改正性维护，那么接着要判断错误的严重程度，如果属于严重错误，系统的一部分无法运行，则维护管理员应该立即对问题进行分析，并分配人员进行维护。如果问题不严重，则这次维护和其他软件开发任务放在一起，统一安排时间进行。

对于完善性维护和适应性维护，可以当作同一性质的维护。首先判断维护要求的优先级，如果优先级不高，则可以同其他开发任务放在一起，统一安排时间进行；否则，维护管理员应立即对问题进行分析，并分配人员进行维护。

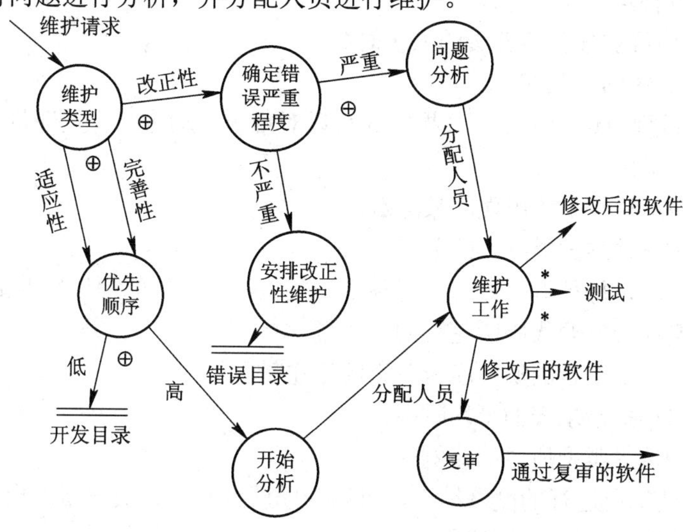

图 9.5 维护工作的事件流模型

无论是什么性质的维护，当分配具体的系统管理员实施时，所需要的工作是大致相同的，包括复查软件设计、修改代码、单元测试、整体测试、有效性测试、系统测试和复审。就其本质而言，维护工作就相当于一次开发，因为在开发阶段用到的文档、开发方法，这里都会重新用到。

在软件维护事件流中的最后一步是复审，它再次验证软件的所有成分是否有效，是否满足用户在维护请求表中所提的要求。

维护工作完成后，就该保存维护记录。如果没有维护记录，就无法评价一个软件使用的完好程度，也无法评价维护工作的有效性，难以估计维护的实际代价。

维护记录一般包括以下信息：

(1) 程序标识。
(2) 源程序代码的行数。
(3) 机器代码的数目。
(4) 编码使用的程序设计语言。
(5) 程序完成的日期。
(6) 自从交付使用以来程序运行的次数。
(7) 自从交付使用以来程序出现故障的次数。
(8) 程序修改的次数和标识。
(9) 因程序修改而增加的源代码数目。
(10) 因程序修改而删除的源代码数目。
(11) 每个修改所花费的人・时数。
(12) 程序修改的日期。
(13) 软件工程师的名字。

(14) 维护请求表的标识。

(15) 维护类型。

(16) 维护开始和结束的日期。

(17) 用于完成维护任务所耗费的人·时数。

(18) 与维护有关的纯利润。

如果在维护过程中记录了以上数据，就可以对维护活动进行定量评价，可以从以下几个方面度量维护活动：

(1) 每次程序运行时平均出现的故障数。

(2) 花费在每一种维护类型上的总工作量。

(3) 对每个程序、每种编程语言、每种维护类型平均进行的程序修改数。

(4) 增加或删除一条源代码所花费的工作量。

(5) 维护各种编程语言的源程序所花费的工作量。

(6) 处理一张维护请求表的平均时间。

(7) 各种维护请求类型所占的比例。

根据对维护活动所进行的度量结果，可以帮助软件开发人员重新做出关于开发技术、编程语言选择、资源分配等方面的决定。

9.5.4 维护文档整理

在软件维护活动进行的同时，需要记录一些与维护工作有关的数据信息，这些信息可作为估计软件维护的有效程度，确定软件产品的质量，确定维护的实际开销等工作的原始数据。其具体内容应包括：

(1) 程序标识符。

(2) 源语句数。

(3) 机器指令条数。

(4) 使用的程序设计语言。

(5) 程序安装的日期。

(6) 自从安装以来程序运行的次数。

(7) 自从安装以来程序失效的次数。

(8) 程序变动的层次和标识。

(9) 因程序变动而增加的源语句数。

(10) 因程序变动而删除的源语句数。

(11) 每个改动耗费的人·时数。

(12) 程序改动的日期。

(13) 软件工程师的名字。

(14) 维护要求表的标识。

(15) 维护类型。

(16) 维护开始和完成的日期。

(17) 累计用于维护的人·时数。

(18) 与完成的维护相联系的纯效益。

应该为每项维护工作都收集上述数据，以便填写维护记录表(见表9.2)。可以利用这些数据构成一个维护数据库的基础，并且用各种方法对它们进行评价。

表9.2 维护记录表

产品名称：

序号	维护请求日期	问题描述	提交日期	维护规模	维护人

9.5.5 维护活动评价

如果已经开始进行维护活动，则可以对维护工作做一些定量的评价。至少可以从7个方面来度量维护工作。

(1) 每次程序允许平均失效的次数。

(2) 用于每一类维护活动的总人•时数。

(3) 平均每个程序、每种语言、每种维护类型所做的程序变动数。

(4) 维护过程中增加或删除一个源语句平均花费的人•时数。

(5) 维护每种语言平均花费的人•时数。

(6) 一张维护表的平均周转时间。

(7) 不同维护类型所占的百分比。

根据对维护工作定量度量的结果，可以做出关于开发技术、语言选择、维护工作量规划、资源分配及其他许多方面的决定，而且可以利用这样的数据去分析评价维护任务。

9.6 软件的可维护性

所谓软件的可维护性，就是维护人员理解、掌握和修改被维护软件的难易程度。具有可维护性的软件，应具备如表9.3所示的4条性质。

表9.3 软件的可维护性

序号	可维护性名称	可维护性内容
1	可理解性	软件模块化、结构化、编码风格一致化，文档清晰化
2	可测试性	文档规范化，代码注释化，测试回归化
3	可修改性	模块间低耦合、高内聚，程序块的单入口和单出口，数据局部化，公用模块组件化
4	可迁移性	例如用ODBC、ADO来屏蔽对数据库管理系统的依赖，用3层结构来简化对客户浏览层的维护

符合上述4个条件的软件其可维护性很好，反之，可维护性就差。由此可知，可维护性与开发人员的素质关系极大。低素质的开发人员开发出低质量的软件，其可维护性差，维护难度系数大，市场潜力就会十分渺茫。

1. 决定软件可维护性的因素

决定软件可维护性的因素有：

(1) 可理解性：软件的可理解性表现为人们通过阅读源程序代码和相关文档，了解程序的结构、功能及使用的容易程度。一个可理解性好的程序应具备的特性有：模块化、编码风格一致，不使用令人捉摸不定或含糊不清的代码，使用有意义的数据名和过程名，结构化，具有完整性等。

(2) 可靠性：表明一个程序按照用户的要求和设计目标在给定的一段时间内正确执行的概率。关于可靠性，度量的标准主要有：

① 平均失效间隔时间(MITF)。

② 平均修复时间(MTTR)。

③ 有效：A = MTBD(MTBD + MDT)，其中 MTBD 为系统平均不工作间隔时间，MDT 为平均不工作时间。

(3) 可测试性：诊断和测试系统的难易程度。

(4) 可修改性：可修改性表明程序容易修改的程度。一个可修改的程序应当是可理解的、通用的、灵活的、简单的。其中，通用性是指程序适用于各种功能变化而无须修改。灵活性是指能够容易地对程序进行修改。

2. 可维护性复审

在软件工程的每一个阶段、每一项活动的复审环节中，应该着重对可维护性进行复审，尽可能提高可维护性，至少要保证不降低可维护性。

9.7 软件维护的副作用

所谓软件维护的副作用，是指因修改软件而造成的错误或其他不希望发生的情况。软件维护的副作用主要有 3 种，即修改软件源程序的副作用、修改数据的副作用和修改文档资料的副作用。

1. 修改软件源程序的副作用

在使用程序设计语言修改源代码时，都可能引入错误。例如，删除或修改一个子程序，删除或修改一个标号，删除或修改一个标识符，改变程序代码的时序关系，改变占用存储的大小，改变逻辑运算符，修改文件的打开或关闭，改进程序的执行效率，把设计的改变翻译成代码的改变，以及为边界条件的逻辑测试做出改变时，都容易引入错误。

2. 修改数据的副作用

在修改数据结构时，有可能造成软件设计与数据结构不匹配，因而导致软件出错。修改数据的副作用就是修改软件信息结构导致的结果。例如，在重新定义局部或全局常量，重新定义记录或文件格式，增大或减小一个数组或高层数据结构的大小，修改全局或公共数据，重新初始化控制标志或指针，重新排列输入 / 输出或子程序的参数时，容易导致设计与数据不相容的错误。修改数据的副作用可以通过详细的设计文档加以控制。在此文档中描述了一种交叉引用，把数据元素、记录、文件和其他结构联系起来。

3. 修改文档资料的副作用

对数据流、软件结构、模块逻辑或任何其他有关特性进行修改时，必须对相关技术文档进行相应修改，否则会导致文档与程序功能不匹配，缺省条件改变，新错误信息不正确等错误，使得软件文档不能反映软件的当前状态。对于用户来说，软件事实上就是文档。如果对可执行软件的修改不反映在文档里，就会产生修改文档的副作用。例如，对交互输入的顺序或格式进行的修改，如果没有正确地记录在文档中，就可能引起重大的问题。过时的文档内容、索引和文本可能造成冲突，引起用户的失败和不满。因此，必须在软件交付之前对整个软件配置进行评审，以减少文档的副作用。

软件维护的方式及其副作用的表现如表9.4所示。

表9.4 软件维护的方式及其副作用的表现

序号	软件维护的方式	副作用的表现
1	修改编码	使编码更加混乱，程序结构更不清晰，可读性更差，而且有连锁反应
2	修改数据结构	数据结构是系统的“骨架”，修改数据结构是对系统“伤筋动骨”的大手术，在数据冗余与数据不一致方面，可能顾此失彼
3	修改用户数据	需要与用户协商，一旦有疏忽，可使系统发生意外
4	修改文档	对非结构化维护不适应，对结构进行维护要严防程序与文档的不匹配

9.8 软件重用

1. 软件重用的概念

软件重用是指在两次或多次不同的软件开发过程中重复使用相同或相似软件元素的过程。软件元素包括程序代码、测试用例、设计文档、设计过程、需求分析文档甚至领域知识。对于新的软件开发项目而言，它们或者是构成整个目标软件系统的部件，或者在软件开发过程中发挥某种作用。通常将这些软件元素称为软部件。

为了能够在软件开发过程中重用现有的软部件，必须在此之前不断地进行软部件的积累，并将它们组织成软部件库。这就是说，软件重用不仅要讨论如何检索所需的软部件以及如何对它们进行必要的修剪，还要解决如何选取软部件、如何组织软部件库等问题。因此，软件重用方法学通常要求软件开发项目既要考虑重用已有软部件的机制，又要系统地考虑生产可重用软部件的机制。这类项目通常被称为软件重用项目。

2. 软件重用技术的意义

软件重用技术的意义有：

(1) 可以减少软件开发过程中大量的重复性工作，提高软件生产率，降低开发成本，缩短开发周期。

(2) 通过软部件严格的质量认证，使采用软件重用技术开发的软件系统有更可靠的质量保证。

(3) 使用可重用软部件有利于软件系统的结构优化，提高软件的灵活性和标准化程度。

3. 软件重用的过程

按照重要活动是否跨越相似性较小的多个应用领域，软件重用可区别为横向重用和纵向重用。横向重用(horizontalreuse)是指重用不同应用领域中的软件元素，如数据结构、分类算法、人机界面构件等。标准函数库是一种典型的、原始的横向重用机制。纵向重用是指在一类具有较多公共性的应用领域之间进行软部件重用。因为在两个截然不同的应用领域之间实施软件重用的潜力不大，所以纵向重用才广受瞩目，并成为软件重用技术的真正所在。不难理解，纵向重用活动的主要关键点即是域分析；根据应用领域的特征及相似性预测软部件的可重用性。一旦根据域确认了软部件的重用价值，即可进行软部件的开发并对具有重用价值的软部件进行一般化，以便它们能够适应新的类似的应用领域。然后，软部件及其文档即可进入软部件库，成为可供后续开发项目使用的可重用资源。这些部件构成软部件构造活动。显然，它是一个软部件不断积累、不断完善的渐进过程。随着软部件的不断丰富，软部件库的规模会不断扩大，因此，库的组织结构将直接影响软部件的检索效应，特别是当检索手段并不局限于标准函数库所采用的简单名字匹配方法时更是如此。可供候选的软部件从库中检索出来以后，用户还必须理解其功能及行为，以判别它是否真正适用于当前项目。必要时可考虑对某个与期望的功能/行为匹配程度最佳的软部件进行稍许修改，甚至可以将修改后的软部件加进软部件库以替代原有的软部件。当然，这要求修改后的软部件比原有软部件具有更高的重用价值。上述软件重用方法如图 9.6 所示。

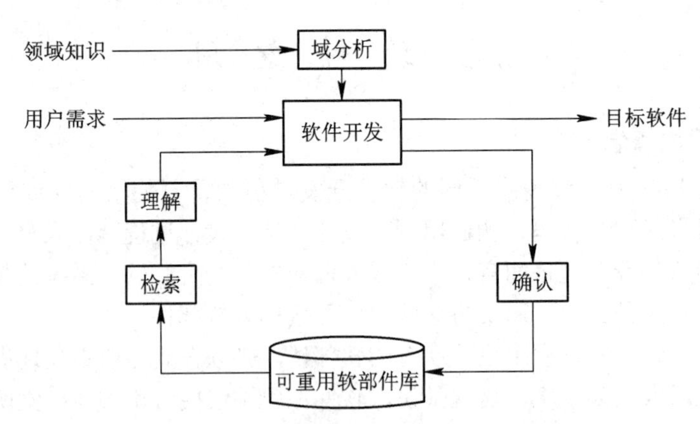

图 9.6　面向重用的软件开发

显然，软件重用过程可借助计算机的帮助。支持软件重用的 CASE 工具的主要任务是，用某种组织结构实现软部件库的存储，提供友好的人机界面，帮助用户浏览、检索和修改软部件库，并且对用户感兴趣的问题进行解释。事实上，现在几乎所有的软件重用活动都是在 CASE 工具的帮助下进行的。

使用重用技术可以减少软件开发活动中大量的重复性工作，这样就能够提高软件的生产率，降低开发成本，缩短开发周期。同时，由于软部件大都经过严格的质量认证，并在实际运行环境中得到检验，因此，重用软部件有助于改善软件质量。此外，大量使用软部件后，软件的灵活性和标准化程度也可望得到提高。

本章小结

软件的可维护性常常随着时间的推移而降低，如果没有为软件维护工作制定严格的规范和策略，许多软件都将蜕变到无法维护的地步。通过将软件工程原理运用于实际的软件维护活动中可以得出一些实用的软件维护策略。这些策略基于维护管理和维护技术，运用这些策略能够以较少的代价最有效地实现维护活动。

软件维护最终落实在修改源程序和文档上。为了正确、有效地修改源程序，通常要先分析和理解源程序，然后修改源程序，最后重新检查和验证源程序。

对软件的维护改正了软件中存在的潜在错误，改进了性能，但同时也会带来很大的风险。因为软件是一个复杂的逻辑系统，哪怕是做微小的改动，都有可能引入新的错误。虽然设计文档化和细致的测试有助于排除错误，但是软件维护仍然会产生副作用。

习题9

一、选择题

1. 人们常用的评价软件质量的4个因素是(　　)。

A. 可维护性、可靠性、健壮性、效率

B. 可维护性、可靠性、可理解性、效率

C. 可维护性、可靠性、完整性、效率

D. 可维护性、可靠性、移植性、效率

2. 软件可移植性是用来衡量软件的(　　)的重要尺度之一。

A. 通用性　　B. 效率　　C. 质量　　D. 人机界面

3. 为了提高软件的可移植性，应注意提高软件的(　　)。

A. 通用性　　B. 简洁性　　C. 可靠性　　D. 设备独立性

4. 使用(　　)语言开发的系统软件具有较好的可移植性。

A. COBOL　　B. APL　　C. C　　D. PL/I

5. 设计高质量的软件是软件设计追求的重要目标。可移植性、可维护性、可靠性、效率、可理解性和可使用性等都是评价软件质量的重要方面。

可移植性是反映出把一个原先在某种硬件或软件环境下正常运行的软件移植到另一个硬件或软件环境下，使该软件也能正确地运行的难易程度。为了提高软件的可移植性，应注意提高软件的 __A__。

可维护性通常包括 __B__。通常认为，软件维护工作包括改正性维护、__C__ 维护和 __D__ 维护。其中 __C__ 维护则是为了扩充软件的功能或提高原有软件的性能而进行的维护活动。__E__ 是指当系统万一遇到未预料的情况时，能够按照预定的方式做合适的处理。

供选择的答案：

A. ① 使用方便性；② 简洁性；③ 可靠性；④ 设备不依赖性

B. ① 可用性和可理解性；② 可修改性、数据独立性和数据一致性；③ 可测试性和稳定性；④ 可理解性、可修改性和可测试性

C、D. ① 功能性；② 扩展性；③ 合理性；④ 完善性；⑤ 合法性；⑥ 适应性

E. ① 可用性；② 正确性；③ 稳定性；④ 健壮性

6. 在软件工程中，当前用于保证软件质量的主要技术手段还是(　　)。

A. 正确性证明　　B. 测试

C. 自动程序设计　　D. 符号证明

7. 在软件质量因素中，软件在异常条件下仍能运行的能力称为软件的(　　)。

A. 可靠性　　B. 健壮性　　C. 可用性　　D. 安全性

8. 软件维护工作的最主要部分是(　　)

A. 改正性维护　　B. 适应性维护

C. 完善性维护　　D. 预防性维护

9. 软件维护工作中大部分的工作是由于(　　)而引起的。

A. 程序的可靠性　　B. 适应新的硬件环境

C. 适应新的软件环境　　D. 用户的需求改变

10. 在软件生命周期中，(　　)阶段所占用的工作量最大，约占 70%。

A. 分析　　B. 维护　　C. 编码　　D. 测试

11. (　　)不是人们常用的评价软件质量的 4 个因素之一。

A. 可维护性　　B. 可靠性　　C. 可理解性　　D. 易用性

12. 对于软件产品来说，有 4 个方面影响着产品的质量，即开发技术、过程质量、人员素质及(　　)等条件。

A. 风险控制　　B. 项目管理

C. 配置管理　　D. 成本、时间和进度

13. 修改软件以适应外部环境(新的硬件、软件配置)或数据环境(数据库、数据格式、数据输出/输入方式、数据存储介质)发生变化是指(　　)。

A. 改正性维护　　B. 适应性维护

C. 完善性维护　　D. 预防性维护

二、填空题

1. 维护可分为 ________、________、________和________4 类。为了满足用户新需求的维护称为 ________ 维护。其中 ________ 占全部维护活动的一半以上。

2. 如果软件是可测试的、可理解的、可修改的、可移植的、可靠的、有效的、可用的，则软件一定是可 ________ 的。

3. ______ 是影响软件可维护性的决定因素，它是维护活动的依据。因此，______ 甚至比可执行的程序代码更重要。

4. 要提高软件的可维护性，关键在以下 5 方面：① 建立明确的软件 ________ 标准；② 利用先进的软件技术和 ________；③ 建立明确的软件 ________ 保障制度；④ 选择可维护的 ________ 语言；⑤ 加强文档管理及改进程序的文档。

5. 软件维护人员一般由维护领导者、________ 和 ________ 组成。

6. 文档可分为用户文档和 ________ 文档两大类，________ 文档面向系统开发人员。

7. 良好的设计、完善的资料以及一系列严格的 ________ 和测试，是软件可维护性的重要因素。

三、简答题

1. 软件维护的过程是什么？
2. 修改性维护与排错是不是一回事？为什么？
3. 纠错与维护的副作用有哪些方面？如何清除其副作用？
4. 影响软件可维护性的主要因素有哪些？其途径是什么？
5. 结构化维护和非结构化维护的根本区别是什么？
6. 如何将维护的副作用降到最低？
7. 软件维护分为哪几种类型？
8. 怎样度量软件的可维护性？
9. 进行软件维护成本估算时，涉及成本的附加因素有哪些？

第 10 章 面向对象方法学

本章主要内容：

- 面向对象的概念
- 面向对象分析
- 面向对象设计
- 面向对象实现
- 案例分析

本阶段的产品：软件需求规格说明书、设计说明书、软件产品

参与角色：系统分析员、用户、软件开发小组

10.1 面向对象的概念

面向对象(Object Oriented，OO)是 20 世纪 90 年代以来主流的软件开发方法。面向对象的概念和应用已超越了程序设计和软件开发，扩展到很宽的范围，如数据库系统、交互式界面、应用结构、应用平台、分布式系统、网络管理结构、CAD 技术、人工智能等领域。

起初，“面向对象”是专指在程序设计中采用封装、继承、抽象等设计方法。可是，这个定义显然不适合现在的情况。面向对象的思想已经涉及软件开发的各个方面，如面向对象的分析(Object Oriented Analysis，OOA)，面向对象的设计(Object Oriented Design，OOD)以及面向对象的编程实现(Object Oriented Programming，OOP)。

10.1.1 传统开发方法存在的问题

传统开发方法存在以下几个问题。

1. 软件重用性差

重用性是指同一事物不经修改或稍加修改就可多次重复使用的性质。传统的程序设计通过库函数的方式来实现重用，实践表明标准函数库缺乏灵活性，往往难以适应不同应用场合的不同要求。对于用户自己设计的功能模块，对它的重用也有限制，一方面要保证功能完全相同，否则需要进行修改，另一方面，过程和数据是相互依赖的，功能的变化往往涉及数据结构的改变，如果新的应用中的数据与原来模块中的数据不同，则对数据进行修改的同时，功能模块也需要修改。

2. 软件可维护性差

软件工程强调软件的可维护性，强调文档资料的重要性，规定最终的软件产品应该由

完整、一致的配置成分组成。在软件开发过程中，始终强调软件的可读性、可修改性和可测试性是软件的重要的质量指标。实践证明，用传统方法开发出来的软件，维护时其费用和成本仍然很高，其原因是可修改性差，维护困难，导致可维护性差。

3. 开发出的软件不能满足用户需要

用传统的结构化方法开发大型软件系统涉及各种不同领域的知识，在开发需求模糊或需求动态变化的系统时，所开发出的软件系统往往不能真正满足用户的需要。用结构化方法开发的软件，其稳定性、可修改性和可重用性都比较差，这是因为结构化方法的本质是功能分解，从代表目标系统整体功能的单个处理着手，自顶向下不断把复杂的处理分解为子处理，这样一层一层地分解下去，直到仅剩下若干个容易实现的子功能处理为止，然后用相应的工具来描述各个最底层的处理。因此，结构化方法是围绕实现处理功能的“过程”来构造系统的。然而，用户需求的变化大部分是针对功能的，因此，这种变化对于基于过程的设计来说是灾难性的。用这种方法设计出来的系统结构常常是不稳定的，用户需求的变化往往造成系统结构的较大变化，从而需要花费很大代价才能实现这种变化。

10.1.2　面向对象的基本概念

本小节介绍面向对象的基本概念。

1. 对象

对象是人们要进行研究的任何事物，从最简单的整数到复杂的飞机等均可看做对象，它不仅能表示具体的事物，还能表示抽象的规则、计划或事件。我们所指的对象是计算机中的对象，是对现实中对象的模拟，它抽象出现实世界中对象的特征和行为，分别用数据和函数刻画，并封装成一个整体。模拟后的计算机对象既能体现现实世界事物的状态，也具有相应的行为。

在不同领域中对于对象有不同理解。一般地认为，对象就是一种事物，一个实体。在面向对象的领域中，则应当从概念和实现形式两个角度来理解对象。

从概念上讲，对象是代表着正在创建的系统中的一个实体。例如，一个商品销售系统，像顾客、商品、柜台、厂家等都是对象，这些对象对于实现系统的完整功能都是必要的。

从实现形式上讲，对象是一个状态和操作(方法)的封装体。状态是由对象的数据结构的内容和值定义的，方法是一系列的实现步骤，它是由若干操作构成的。

对象实现了信息隐藏，对象与外部是通过操作接口联系的，方法的具体实现外部是不可见的。封装的目的就是阻止非法的访问，操作接口提供了这个对象的功能。

对象是通过消息与另一个对象传递信息的，每当一个操作被调用时，就有一条消息被发送到这个对象上，消息带来了将被执行的这个操作的详细内容。一般地讲，消息传递的语法随系统不同而不同，其他组成部分包括：目标对象、所请求的方法和参数。

2. 对象的状态和行为

对象具有状态，一个对象用数据值来描述它的状态。对象还有操作，用于改变对象的状态，对象及其操作就是对象的行为。对象实现了数据和操作的结合，使数据和操作封装于对象的统一体中。

3. 类

我们习惯上把具有相同或相似性质的对象划分成类。因此，对象的抽象是类，类的具体化就是对象，也可以说类的实例是对象。

类是创建对象的样板，它包含着所创建对象的状态描述和方法的定义。类的完整描述包含了外部接口和内部算法以及数据结构的形式。由一个特定的类所创建的对象被称为这个类的实例，因此类是对象的抽象及描述，它是具有共同行为的若干对象的统一描述体。类中要包含生成对象的具体方法。

类是抽象数据类型的实现。一个类的所有对象都有相同的数据结构，并且共享相同的实现操作的代码，而各个对象有着各自不同的状态，即私有的存储。因此，类是所有对象的共同的行为和不同状态的集合体。

类具有属性，它是对象的状态的抽象，用数据结构来描述类的属性。类具有操作，它是对象的行为的抽象，用操作名和实现该操作的方法来描述。

4. 类的结构

在客观世界中有若干类，这些类之间有一定的结构关系。通常有两种主要的结构关系，即一般—具体结构关系，整体—部分结构关系。

(1) 一般—具体结构称为分类结构，也可以说是“或”关系，或者是“isa”关系。

(2) 整体—部分结构称为组装结构，它们之间的关系是一种“与”关系，或者是“hasa”关系。

5. 消息和方法

对象之间进行通信的结构叫做消息。在对象的操作中，当一个消息发送给某个对象时，消息包含接收对象去执行某种操作的信息。发送一条消息至少要包括说明接受消息的对象名、发送给该对象的消息名(即对象名、方法名)。一般还要对参数加以说明，参数可以是认识该消息的对象所知道的变量名，或者是所有对象都知道的全局变量名。

类中操作的实现过程叫做方法，一个方法有方法名、参数和方法体。消息传递如图 10.1 所示。

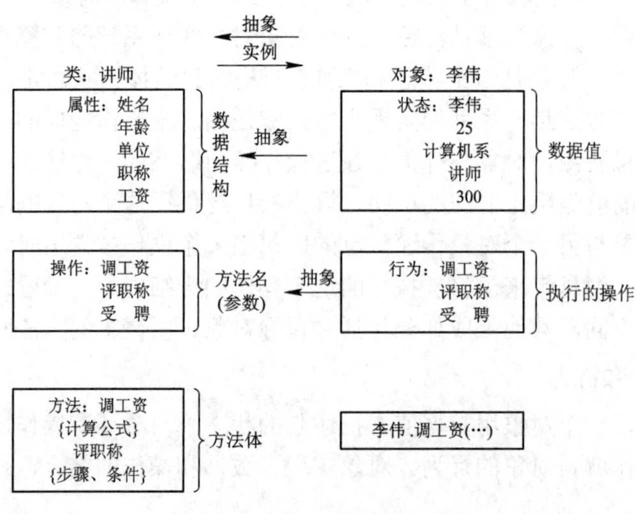

图 10.1　对象、类和消息传递

10.1.3　面向对象的特征

面向对象的特征包括：

(1) 对象唯一性。每个对象都有自身唯一的标识，通过这种标识，可找到相应的对象。在对象的整个生命期中，它的标识都不改变，不同的对象不能有相同的标识。

(2) 分类性。分类性是指将具有一致的数据结构(属性)和行为(操作)的对象抽象成类。一个类就是这样一种抽象，它反映了与应用有关的重要性质，而忽略其他一些无关内容。任何类的划分都是主观的，但必须与具体的应用有关。

(3) 继承性。继承性是子类自动共享父类数据结构和方法的机制，这是类之间的一种关系。在定义和实现一个类的时候，可以在一个已经存在的类的基础之上来进行，把这个已经存在的类所定义的内容作为自己的内容，并加入若干新的内容。继承性是面向对象程序设计语言不同于其他语言的最重要的特点，是其他语言所没有的。在类层次中，子类只继承一个父类的数据结构和方法，则称为单重继承。在类层次中，子类继承了多个父类的数据结构和方法，则称为多重继承。在软件开发中，类的继承性使所建立的软件具有开放性、可扩充性，这是信息组织与分类的行之有效的方法，它简化了对象、类的创建工作量，增加了代码的可重性。采用继承性，提供了类的规范的等级结构。通过类的继承关系，使公共的特性能够共享，提高了软件的重用性。

(4) 多态性。多态性是指相同的操作或函数、过程可作用于多种类型的对象上并获得不同的结果。不同的对象，收到同一消息可以产生不同的结果，这种现象称为多态性。多态性允许每个对象以适合自身的方式去响应共同的消息。多态性增强了软件的灵活性和重用性。

10.1.4　面向对象的要素

面向对象的要素包括：

(1) 抽象。抽象是指强调实体的本质、内在的属性。在系统开发中，抽象指的是在决定如何实现对象之前的对象的意义和行为。使用抽象可以尽可能避免过早考虑一些细节。类实现了对象的数据(即状态)和行为的抽象。

(2) 封装性(信息隐藏)。封装性是保证软件部件具有优良的模块性的基础。面向对象的类是封装良好的模块，类定义将其说明(用户可见的外部接口)与实现(用户不可见的内部实现)显式地分开，其内部实现按其具体定义的作用域提供保护。对象是封装的最基本单位。封装防止了程序相互依赖性而带来的变动影响。面向对象的封装比传统语言的封装更为清晰、更为有力。

(3) 共享性。面向对象技术在不同级别上促进了共享同一类中的共享。同一类中的对象有着相同的数据结构。这些对象之间是结构、行为特征的共享关系。在同一应用中共享。在同一应用的类层次结构中，存在继承关系的各相似子类中，存在数据结构和行为的继承，使各相似子类共享共同的结构和行为。使用继承来实现代码的共享，这也是面向对象的主要优点之一。另一种共享是在不同应用中的共享。面向对象不仅允许在同一应用中共享信息，而且为未来目标的可重用设计准备了条件。通过类库这种机制和结构来实现不同应用中的信息共享。

(4) 强调对象结构而不是程序结构。

10.1.5 面向对象的开发方法

目前，面向对象开发方法的研究已日趋成熟，国际上已有不少面向对象产品出现。面向对象开发方法有 Booch 方法、Coad 方法、OMT 方法等。

1. Booch 方法

Booch 最先描述了面向对象的软件开发方法的基础问题，指出面向对象开发是一种根本不同于传统的功能分解的设计方法。面向对象的软件分解更接近人对客观事务的理解，而功能分解只通过问题空间的转换来获得。

2. Coad 方法

Coad 方法是 1989 年 Coad 和 Yourdon 提出的面向对象开发方法。该方法的主要优点是通过多年来大系统开发的经验与面向对象概念的有机结合，在对象、结构、属性和操作的认定方面，提出了一套系统的原则。该方法完成了从需求角度进一步进行类和类层次结构的认定。尽管 Coad 方法没有引入类和类层次结构的术语，但事实上已经在分类结构、属性、操作、消息关联等概念中体现了类和类层次结构的特征。

3. OMT 方法

OMT 方法是 1991 年由 JamesRumbaugh 等 5 人提出来的，其经典著作为“面向对象的建模与设计”。该方法是一种新兴的面向对象的开发方法，开发工作的基础是对真实世界的对象建模，然后围绕这些对象使用分析模型来进行独立于语言的设计，面向对象的建模和设计促进了对需求的理解，有利于开发出更清晰、更容易维护的软件系统。该方法为大多数应用领域的软件开发提供了一种实际的、高效的保证，努力寻求一种问题求解的实际方法。

4. UML(Unified Modeling Language)语言

软件工程领域在 1995—1997 年取得了前所未有的进展，其成果超过软件工程领域过去 15 年的成就总和，其中最重要的成果之一就是统一建模语言(UML)的出现。UML 将是面向对象技术领域内占主导地位的标准建模语言。

UML 不仅统一了 Booch 方法、OMT 方法和 OOSE(面向对象软件工程)方法的表示方法，而且对其作了进一步的发展，最终统一为大众接受的标准建模语言。UML 是一种定义良好、易于表达、功能强大且普遍适用的建模语言。它融入了软件工程领域的新思想、新方法和新技术。它的作用域不限于支持面向对象的分析与设计，还支持从需求分析开始的软件开发全过程。

10.2 面向对象的模型

10.2.1 对象模型

对象模型表示了静态的、结构化的系统数据性质，描述了系统的静态结构，它是从客观世界实体的对象关系角度来描述，表现了对象的相互关系。该模型主要关心系统中对象的结构、属性和操作，它是分析阶段 3 个模型的核心，是其他两个模型的框架。

1. 对象和类

对象和类涉及以下内容：

(1) 对象。对象建模的目的就是描述对象。

(2) 类。通过将对象抽象成类，可以使问题抽象化，抽象增强了模型的归纳能力。类的符号表示如图 10.2 所示。

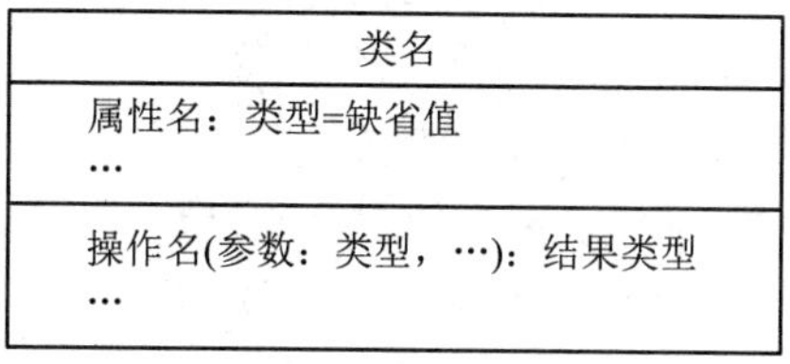

类名
属性名：类型=缺省值 …
操作名(参数：类型，…)：结果类型 …

图 10.2　类的符号表示

(3) 属性。属性指的是类中对象所具有的性质(数据值)。

(4) 操作和方法。操作是类中对象所使用的一种功能或变换。类中的各对象可以共享操作，每个操作都有一个目标对象作为其隐含参数。方法是类的操作的实现步骤。

2. 关联

关联用于描述类与类之间的连接。由于对象是类的实例，因此，类与类之间的关联也就是其对象之间的关联。类与类之间有多种连接方式，每种连接的含义各不相同(语义的连接)，但外部表示形式相似，故统称为关联。关联关系一般都是双向的，即关联的对象双方彼此都能与对方通信。反过来说，如果某两个类的对象之间存在可以互相通信的关系，或者说对象双方能够感知另一方，那么这两个类之间就存在关联关系。描述这种关系常用的字句是：“彼此知道”“互相连接”等。

根据不同的含义，关联可分为普通关联、递归关联、限定关联、或关联、有序关联、三元关联(见图 10.3)和聚合 7 种。比较常用的关联有普通关联、递归关联和聚合。

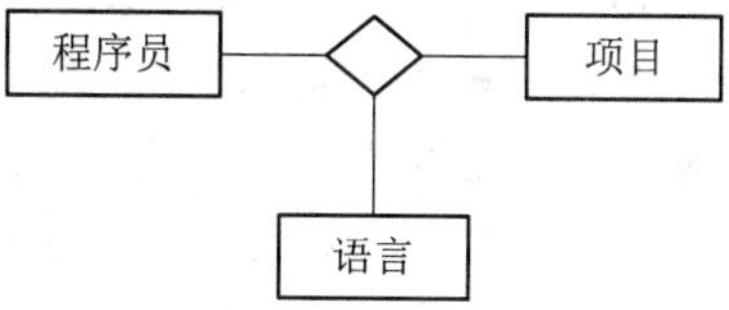

程序员　项目　语言

图 10.3　三元关联

1) 普通关联

普通关联是最常见的一种关联，只要类与类之间存在连接关系就可以用普通关联表示。比如，作家使用计算机，计算机会将处理结果等信息返回给作家，那么，在其各自所对应的类之间就存在普通关联关系。普通关联的图示是连接两个类之间的直线，如图 10.4 所示。

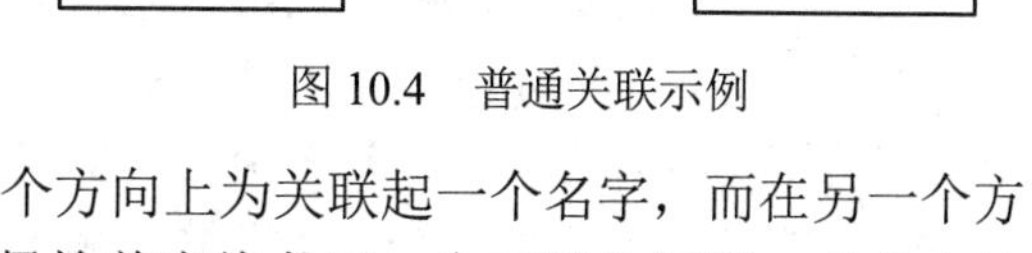

图 10.4　普通关联示例

由于关联是双向的，因此可以在关联的一个方向上为关联起一个名字，而在另一个方向上起另一个名字(也可不起名字)，名字通常紧挨着直线书写。为了避免混淆，在名字的前面或后面带一个表示关联方向的黑三角，黑三角的尖角指明这个关联只能用在尖角所指的类上。

如果类与类之间的关联是单向的，则称为导航关联。导航关联采用实线箭头连接两个类。只有箭头所指的方向上才有这种关联关系，如图 10.5 所示，图中只表示某人可以拥有汽车，但汽车被人拥有的情况没

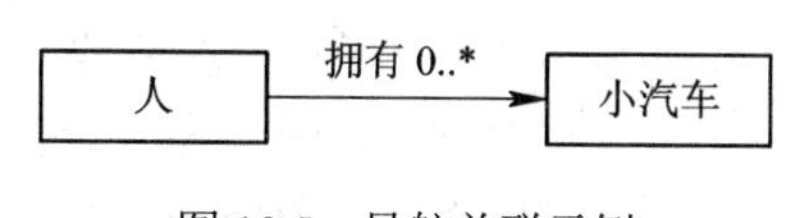

图 10.5　导航关联示例

有表示出来。其实，双向的普通关联可以看作导航关联的特例，只不过省略了表示两个关联方向的箭头罢了。

除了上述的图示方式外，还可以在类图中图示关联中的数量关系-重数，比如，一个人可以拥有零辆车或多辆车。表示数量关系时，用重数说明数量或数量范围，也就是说，有多少个对象能被连接起来。

0..1 表示零到 1 个对象。

0..* 或 * 表示零到多个对象。

5..17 表示 5 到 17 个对象。

2 表示 2 个对象。

如果图中没有明确标识关联的重数，那就意味着是 1。类图中，重数标识在表示关联关系的某一方向上直线的末端。图 10.6 中关联的含义是：人可以拥有零到多辆车，车可以被 1 至多个人拥有。而图 10.5 则只说明人可以拥有零至多辆车。

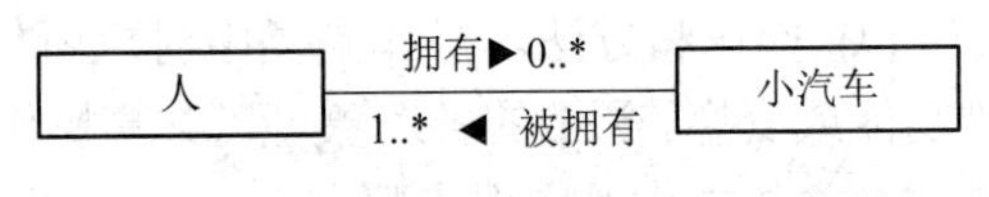

图 10.6 关联的重数示例

2) 递归关联

如果一个类与它本身有关联关系，那么这种关联称为递归关联。

任何关联关系中都涉及与此关联有关的角色，也就是与此关联相连的类中的对象所扮演的角色。比如，图 10.7 中的“结婚”递归关联关系，一个人与另一个人结婚，必然一个扮演的是丈夫角色，另一个是妻子角色。

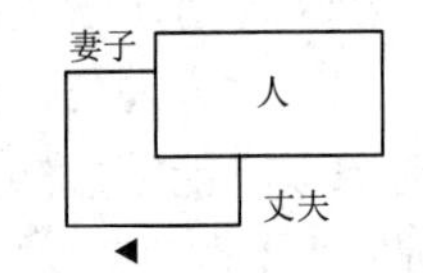

图 10.7 关联中的角色示例

关联中的角色通常用字符串命名。在类图中，把角色的名字放置在与此角色有关的关联关系(直线)的末端，并且紧挨着使用该角色的类。角色名是关联的一个组成部分，建模者可根据需要选用。引入角色的好处是能够指明类和类的对象之间的联系。注意，角色名不是类的组成部分，一个类可以在不同的关联中扮演不同的角色。

3) 聚合

聚合是关联的特例。如果类与类之间的关系具有“整体与部分”的特点，则把这样的关联称为聚合。例如，汽车由车轮、发动机、底盘等构成，则表示汽车的类与表示轮子的类、发动机的类、底盘的类之间的关系就具有“整体与部分”的特点，因此，这是一个聚合关系。识别聚合关系的常用方法是寻找“由……构成”“包含”“是……的一部分”等字句，这些字句很好地反映了相关类之间的“整体-部分”关系。

聚合的图示方式为，在表示关联关系的直线末端加一个空心的小菱形，空心菱形紧挨着具有整体性质的类，如图 10.8 所示，聚合关系中可以出现重数、角色(仅用于表示部分的类)和限定词，也可以给聚合关系命名，图 10.8 所示的聚合关系表示海军由许多军舰组成。

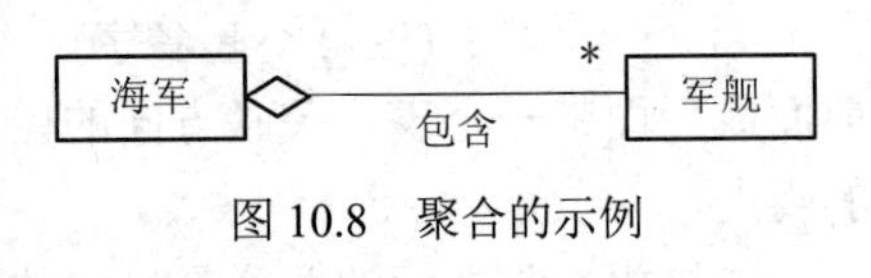

图 10.8 聚合的示例

除去上述的一般聚合外，聚合还有两种特殊的聚合方式，即共享聚合和复合聚合。

如果聚合关系中的处于部分方的对象同时参与了多个处于整体方对象的构成，则该聚合称为共享聚合。比如，一个球队(整体方)由多个球员(部分方)组成，但是一个球员还可能加入了多个球队，球队和球员之间的这种关系就是共享聚合。共享聚合关系可以通过聚合的重数反映出来(不必引入另外的图示符号)，如果作为整体方的类的重数不是 1，那么该聚合就是共享聚合，如图 10.9 所示。

如果构成整体类的部分类，完全隶属于整体类，则这样的聚合称为复合聚合。换句话说，如果没有整体类，则部分类也没有存在的价值，部分类的存在是因为有整体类的存在。

比如，窗口由文本框、列表框、按钮和菜单组成。整体方的重数必须是零或 1，部分方的重数可取任意范围值，如图 10.10 所示。

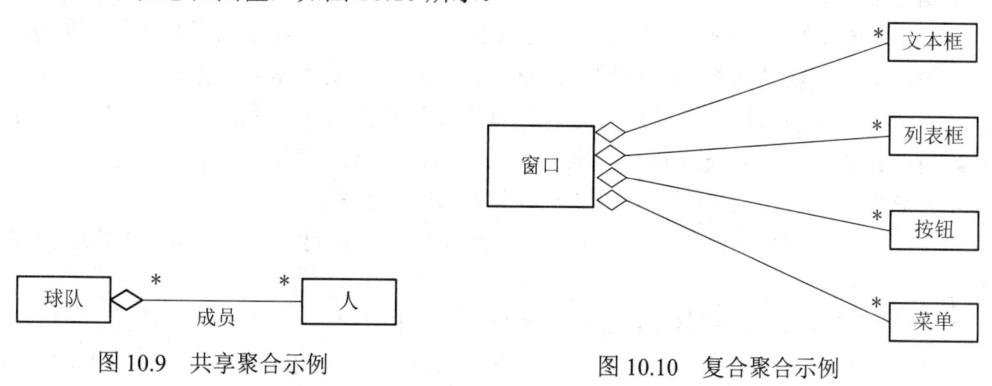

图 10.9　共享聚合示例　　图 10.10　复合聚合示例

3. 继承

一个类的所有信息(属性或操作)能被另一个类继承，继承某个类的子类中不仅可以有属于自己的信息，而且还拥有了被继承类中的信息。

比如，小汽车是交通工具，如果定义了一个交通工具类表示关于交通工具的抽象信息(发动、行驶等)，那么这些信息(通用元素)可以继承到小汽车类(具体元素)中。引入继承的好处在于由于把一般的公共信息放在父类中，因此处理某个具体特殊情况时只需要定义该情况的个别信息，公共信息从父类中继承得来，增强了系统的灵活性、易维护性和可扩充性。程序员只要定义新扩充或更改的信息就可以了，旧的信息完全不必修改(仍可继续使用)，大大缩短了维护系统的时间。

继承某类所有信息的具体类，称为子类，被继承类称为父类。可以从父类中继承的信息有属性、操作和所有的关联关系。

父类与子类的继承关系图示为一个带空心三角形的直线。空心三角形紧挨着父类，如图 10.11 所示。图中交通工具是父类，个类是从其派生出的子类。

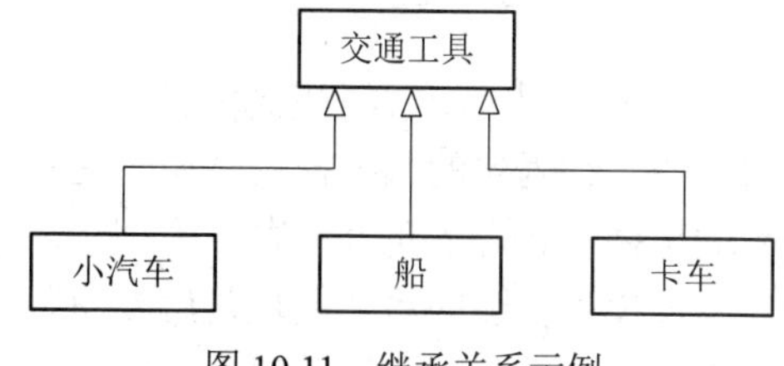

图 10.11　继承关系示例

类的继承关系可以是多层的。也就是说，一个子类本身还可以作另一个类的父类，层层继承下去，如图 10.12 所示。图中“车”是“交通工具”的子类，同时又是“卡车”的父类。

对于构建复杂系统的模型来说，能够从需求分析中抽象出类及其之间的关系是很重要的。

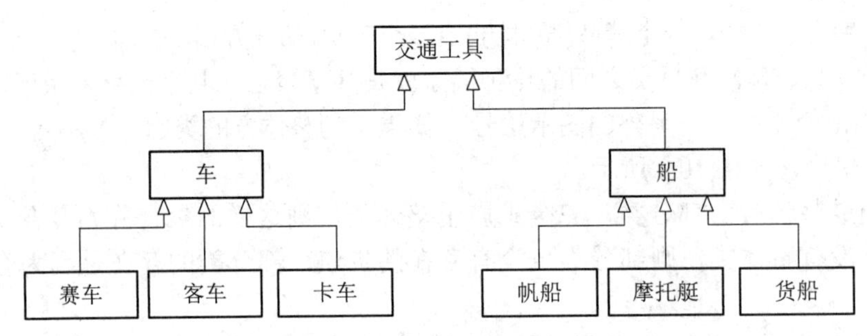

图 10.12 类的多层继承示例

建模过程如下：

(1) 识别继承关系。确定了类中应该定义的属性之后，就可以利用继承机制共享公共性质，并对系统中众多的类加以组织。继承关系的建立实质上是知识抽取的过程，它应该反映出一定深度的领域知识，因此必须有领域专家密切配合才能完成。许多归纳关系都是根据客观世界现有的分类模式建立起来的，只要可能，就应该使用现有的概念。

一般说来，可以使用以下两种方式建立继承(即归纳)关系。

① 自底向上：抽象出现有类的共同性质泛化出父类，这个过程实质上模拟人类归纳思维过程。

② 自顶向下：把现有类细化成更具体的子类，这模拟了人类的演绎思维过程。从应用域中常常能明显看出应该做的自顶向下的具体化工作。例如，带有形容词修饰的名词词组往往暗示了一些具体类。但是，在分析阶段应该避免过度细化。

使用多重继承机制时，通常应该指定一个主要父类，从它继承大部分属性和行为；次要父类只补充一些属性和行为。

(2) 反复修改。在实际的建模过程中，仅仅经过一次建模过程很难得到完全正确的对象模型。事实上，软件建模过程本身就是一个反复修改、逐步完善的过程。在建模的任何一个步骤中，如果发现了模型的缺陷，都必须返回到前期阶段进行修改。由于面向对象的概念和符号在整个开发过程中都是一致的，因此更容易实现反复修改及逐步完善的过程。

4. 对象模型

对象模型由一个或若干个模板组成。模板将模型分为若干个便于管理的子块，在整个对象模型和类及关联的构造块之间，模板提供了一种集成的中间单元，模板中的类名及关联名是唯一的。

10.2.2 动态模型

动态模型是与时间和变化有关的系统性质。该模型描述了系统的控制结构，它表示了瞬间的、行为化的系统控制性质，它关心的是系统的控制，操作的执行顺序，它表示从对象的事件和状态的角度出发，表现了对象的相互行为。

该模型描述的系统属性是触发事件、事件序列、状态、事件与状态的组织。使用状态图作为描述工具。它涉及事件、状态、操作等重要概念。

1. 事件

事件是指定时刻发生的某件事。图 10.13 为打电话事件跟踪图。

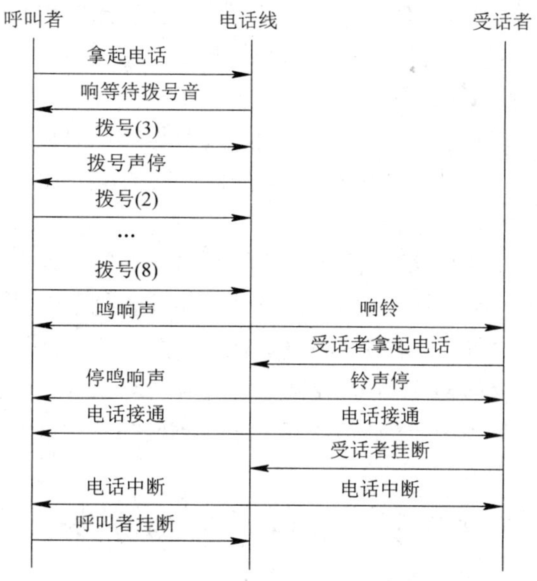

图 10.13　打电话事件跟踪图

2. 状态

状态是对象属性值的抽象。对象的属性值按照影响对象显著行为的性质将其归并到一个状态中去。状态指明了对象对输入事件的响应。

3. 状态图

状态图用来描述一个特定对象的所有可能状态及其引起状态转移的事件。大多数面向对象技术都用状态图表示单个对象在其生命周期中的行为。一个状态图包括一系列的状态以及状态之间的转移。

(1) 状态。所有对象都具有状态，状态是对象执行了一系列活动的结果。当某个事件发生后，对象的状态将发生变化。状态图中定义的状态有：初态、终态、中间状态和复合状态。其中，初态是状态图的起始点，而终态则是状态图的终点。一个状态图只能有一个初态，而终态则可以有多个。

中间状态包括两个区域：名字域和内部转移域，如图 10.14 所示，圆角矩形中上方为名字域，下方为内部转移域。图中内部转移域是可选的，其中所列的动作将在对象处于该状态时执行，且该动作的执行并不改变对象的状态。entry、exit 分别为入口动作、出口动作。

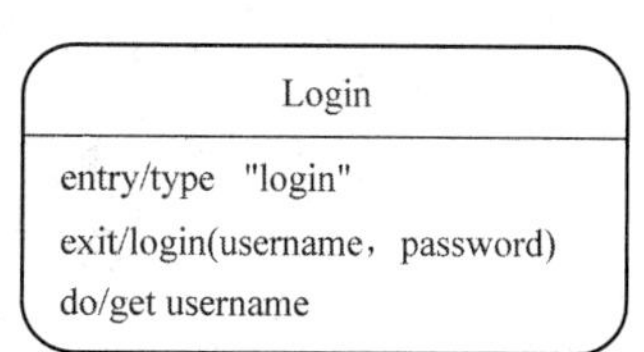

图 10.14　一个带有动作域的状态

(2) 转移。状态图中状态之间带箭头的连线被称为转移。状态的变迁通常是由事件触发的，此时应在转移上标出触发转移的事件表达式。如果转移上未标明事件，则表示在源状态的内部活动执行完毕后自动触发转移。

10.2.3 功能模型

功能模型描述了系统的所有计算。功能模型指出发生了什么，动态模型确定什么时候发生，而对象模型确定发生的客体。功能模型表明一个计算如何从输入值得到输出值，它不考虑计算的次序。功能模型由多张数据流图组成。数据流图用来表示从源对象到目标对象的数据值的流向，它不包含控制信息，控制信息在动态模型中表示，同时数据流图也不表示对象中值的组织，值的组织在对象模型中表示。

数据流图中包含有处理、数据流、动作对象和数据存储对象。

(1) 处理。数据流图中的处理用来改变数据值。最低层处理是纯粹的函数，一张完整的数据流图是一个高层处理。

(2) 数据流。数据流图中的数据流将对象的输出与处理、处理与对象的输入、处理与处理联系起来。在一个计算机中，用数据流来表示中间数据值，数据流不能改变数据值。

(3) 动作对象。动作对象是一种主动对象，它通过生成或者使用数据值来驱动数据流图。

(4) 数据存储对象。数据流图中的数据存储是被动对象，它用来存储数据。它与动作对象不一样，数据存储本身不产生任何操作，它只响应存储和访问的要求。

10.3 面向对象的分析

面向对象分析的目的是对客观世界的系统进行建模。以上面介绍的模型概念为基础，结合“银行网络系统”的具体实例来构造客观世界问题的准确、严密的分析模型。

分析模型有 3 种用途：用来明确问题需求；为用户和开发人员提供明确需求；为用户和开发人员提供一个协商的基础，作为后继的设计和实现的框架。

10.3.1 面向对象的分析过程

面向对象的分析过程如图 10.15 所示。

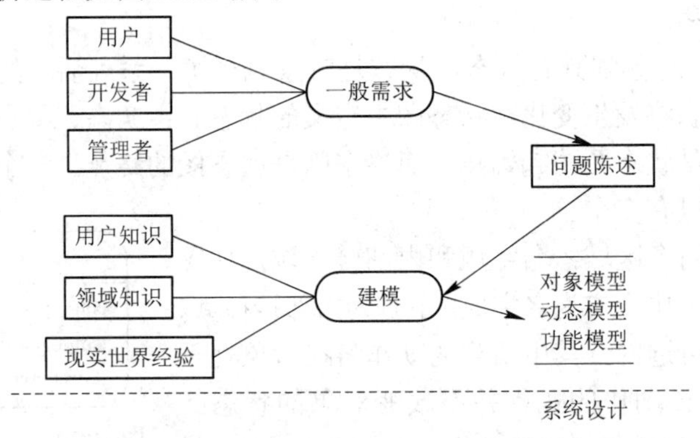

图 10.15 面向对象的分析过程

系统分析的第一步是：陈述需求。分析者必须同用户一起工作来提炼需求，因为这样才表示了用户的真实意图，其中涉及对需求的分析及查找丢失的信息。下面以“银行网络系统”为例，用面向对象方法进行开发。

银行网络系统问题陈述：设计一个支持银行 ATM 计算机网络系统的软件。这个网络包括柜员机和自动取款机(ATM)，由联营机构共享。每个营业部提供各自的计算机来维护它的账户和处理面临的事务。柜员机属于各营业部，并且直接与营业部计算机通信，柜员输入账务和处理数据。ATM 与中心处理机通信。中心处理机分理事务到相应的营业部。ATM

接收现金卡，与用户交互，与中心计算机通信完成事务处理，分配现金和打印收据。系统需要恰当的记录和安全保证。系统必须正确控制并发访问同一账号。营业部提供自己的计算机软件。共享系统的费用由各营业部根据现金卡数量来分担。

图 10.16 给出银行网络系统的示意图。

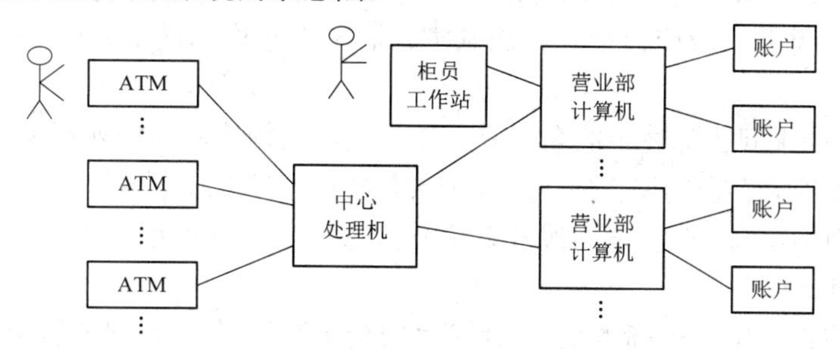

图 10.16　银行网络系统示意图

10.3.2　建立对象模型

首先标识和关联，因为它们影响了整体结构和解决问题的方法；其次是增加属性，进一步描述类和关联的基本网络，使用继承合并和组织类；最后操作增加到类中去作为构造动态模型和功能模型的副产品。

1. 确定类

构造对象模型的第一步是标出来自问题域的相关的对象类，对象包括物理实体和概念。所有类在应用中都必须有意义，在问题陈述中，并非所有类都是明显给出的。有些是隐含在问题域或一般知识中的。按图 10.17 所示的过程确定类。

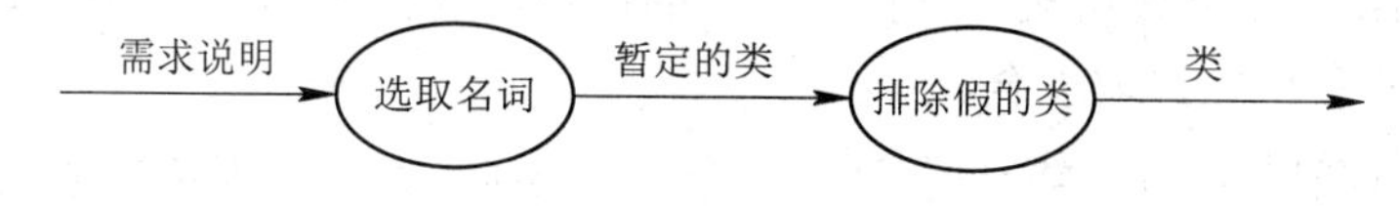

图 10.17　确定类的过程

查找问题陈述中的所有名词，产生如图 10.18 所示的暂定类。

图 10.18　暂定类

根据下列标准，去掉不必要的类和不正确的类。

(1) 冗余类：若两个类表述了同一个信息，则保留最富有描述能力的类。如“业务”“账务”和“事务”就是重复的描述，因为“业务”最富有描述性，所以保留它。

(2) 不相干的类：除掉与问题没有关系或根本无关的类。例如，“费用”超出了银行网络的范围。

(3) 模糊类：类必须是确定的，有些暂定类边界定义模糊或范围太广，如“记录保管”就模糊类，它是“事务”中的一部分。

(4) 属性：如果某些名词描述的是其他对象的属性，则从暂定类中删除。如果某一性质的独立性很重要，就应该把它归属到类，而不把它作为属性，例如“数据”“现金”和“收据”。

(5) 操作：如果问题陈述中的名词有动作含义，则描述的操作就不是类。但是具有自身性质而且需要独立存在的操作应该描述成类。如我们只构造电话模型，“拨号”就是动态模型的一部分而不是类，但在电话拨号系统中，“拨号”是一个重要的类，它有日期、时间、受话地点等属性。

在银行网络系统中，模糊类是“系统”“安全装置”“保存记录装置”“营业部网络”等。属于属性的有“数据”“收据”“现金”。属于实现的如“软件”“通信线”“业务日志”等。这些均应除去。

2. 准备数据字典

为所有建模实体准备一个数据字典。准确描述各个类的精确含义，描述当前问题中的类的范围，包括对类的成员、用法方面的假设或限制。

ATM 系统类数据字典如下：

(1) 账户：营业部的一个户头。账户可能有许多不同的类型，至少有支票账户和储蓄账户。

(2) ATM：允许客户使用现金卡作为身份证明，进入自己账户的一种机器。ATM 与客户交互，通过收集业务处理信息并把该信息送至中心处理机的方式，验明客户的合法性后进行处理，把现金分配给客户。这里假定 ATM 离开了网络就不能运行。

(3) 营业部：一个金融机构。它代管客户的账目，发行现金卡，并授权客户可以通过 ATM 网络进入自己的账户取现金。

(4) 营业部计算机：营业部所拥有的、与 ATM 网络以及该营业部柜员机相连接的计算机。一个营业部可能拥有一个用于处理内部账务的计算机网络，但我们只关注与网络通信的这台计算机。

(5) 现金卡：营业部分发给客户的卡片。客户可以通过 ATM 用现金卡访问自己的账户。每个卡包含一个营业部代码和卡片号码。营业部代码唯一确定联营机构中的一个营业部。卡片号决定了该卡可访问的账户。一张现金卡只属于一个客户，但可能会存在若干个拷贝，必须考虑在不同计算机上相同的现金卡同时使用的可能性。

(6) 柜员：营业部的雇员，该雇员负责把业务信息输入柜员机，接收或分配现金和支票给客户。柜员处理的业务、现金和支票必须记录，并对其全部负责。

(7) 柜员机：柜员机为客户输入业务信息的一套设备。柜员用此套设备开出支票和接收现金，并打印收据。柜员机与营业部计算机通信，使业务生效并进行处理。

(8) 中心处理机：由联营机构操纵的计算机。它协调 ATM 与营业部计算机之间的业务，中心处理机负责验明营业部代码的有效性，但并不直接处理业务。

(9) 联营机构：多个营业部组成的一个组织机构。授命指挥和操作 ATM 网络。该网络仅处理属于联营机构中的营业部之间的业务。

(10) 客户：在营业部有一个或多个账户的所有者。客户由一个或多个人或公司组成。通信方面与客户组成无关，在不同的营业部有账户的同一个人视为不同的客户。

(11) 业务：客户对账目的一个单一而完整的操作要求。我们只详述 ATM 必须分发现金，但不排除打印支票或者接收现金、支票的可能性，因为我们应该考虑为客户访问自己账目提供更多的方便和灵活性，尽管现在还不具备条件。不同的操作必须正确地结算。

3. 确定关联

两个或多个类之间的相互依赖就是关联。一种依赖表示一种关联，可用各种方式来实现关联，但在分析模型中应删除实现的考虑，以便设计时更为灵活。关联常用描述性动词或动词词组来表示，其中有物理位置的表示、传导的动作、通信、所有者关系、条件的满足等。从问题陈述中抽取所有可能的关联表述，把它们记下来，但不要过早去细化这些表述。

下面是银行网络系统中所有可能的关联，大多数是直接抽取问题中的动词词组而得到的。在陈述中，有些动词词组表述的关联是不明显的。最后，还有一些关联与客观世界或人的假设有关，必须同用户一起核实这种关联，因为这种关联在问题陈述中找不到。

银行网络问题陈述中的关联：

- 银行网络包括柜员机和自动取款机(ATM)；
- 联营机构共享自动取款机；
- 营业部提供营业部计算机；
- 营业部计算机保存账户；
- 营业部计算机处理事务；
- 营业部拥有柜员机；
- 柜员机与营业部计算机通信；
- 出纳员为账户录入事务；
- ATM 与中心处理机通信；
- ATM 接受现金卡；
- ATM 与用户交互；
- ATM 发放现金；
- ATM 打印收据；
- 系统处理并发访问；
- 营业部提供软件；
- 费用分摊给营业部。

隐含的动词词组：

- 联营机构由营业部组成；
- 营业部拥有账户；
- 联营机构拥有中心计算机；
- 系统提供记录保管；
- 系统提供安全；
- 客户有现金卡。

基于问题域知识的关联：

- 营业部雇佣出纳员；
- 现金卡访问账户。

使用下列标准去掉不必要和不正确的关联：

(1) 若某个类已被删除，那么与它有关的关联也必须删除或者用其他类来重新表述。在本例中，我们删除了“银行网络”，相关的关联也要删除。

(2) 不相干的关联或实现阶段的关联：删除所有问题域之外的关联或涉及实现结构中的关联。如“系统处理并发访问”就是一种实现的概念。

(3) 动作：关联应该描述应用域的结构性质而不是瞬时事件，因此应删除“ATM 接受现金卡”，“ATM 与用户接口”等。

(4) 派生关联：省略那些可以用其他关联来定义的关联。因为这种关联是冗余的。

4. 确定属性

属性是个体对象的性质，属性通常用修饰性的名词词组来表示。形容词常常表示具体的可枚举的属性值，属性不可能在问题陈述中完全表述出来，必须借助于应用域的知识及对客观世界的知识才可以找到它们。只考虑与具体应用直接相关的属性，不要考虑那些超出问题范围的属性。首先找出重要属性，避免那些只用于实现的属性，要为各个属性取有意义的名字。按下列标准删除不必要的和不正确的属性：

(1) 对象：若实体的独立存在比它的值重要，那么这个实体不是属性而是对象。如在邮政目录中，“城市”是一个属性，然而在人口普查中，“城市”则被看作是对象。在具体应用中，具有自身性质的实体一定是对象。

(2) 限定词：若属性值取决于某种具体上下文，则可考虑把该属性重新表述为一个限定词。

(3) 名称：名称常常作为限定词而不是对象的属性，当名称不依赖于上下文关系时，名称即为一个对象属性，尤其是它不唯一时。

(4) 标识符：在考虑对象模糊性时，引入对象标识符表示，在对象模型中不列出这些对象标识符，它是隐含在对象模型中的，只列出存在于应用域的属性。

(5) 内部值：若属性描述了对外不透明的对象的内部状态，则应从对象模型中删除该属性。

(6) 细化：忽略那些不可能对大多数操作有影响的属性。

5. 使用继承来细化类

使用继承来共享公共机构，以此来组织类，可以用两种方式来进行。

(1) 自底向上通过把现有类的共同性质一般化为父类，寻找具有相似的属性、关系或操作的类来发现继承。例如“柜员业务”和“远程事务”是类似的，可以一般化为“业务”。有些一般化结构常常是基于客观世界边界的现有分类，只要可能，尽量使用现有概念。对称性常有助于发现某些丢失的类。

(2) 自顶向下将现有的类细化为更具体的子类。具体化常常可以从应用域中明显看出来。应用域中各枚举字情况是最常见的具体化的来源。例如，菜单可以有固定菜单、顶部菜单、弹出菜单、下拉菜单等，这就可以把菜单类具体细化为各种具体菜单的子类。当同一关联名出现多次且意义也相同时，应尽量具体化为相关联的类，例如“输入设备”是“ATM”和“柜员机”的一般化。在类层次中，可以为具体的类分配属性和关联。各属性都应分配给最一般的适合的类，有时也加上一些修正。

6. 完善对象模型

对象建模不可能一次就能保证模型是完全正确的，软件开发的整个过程就是一个不断完善的过程。模型的不同组成部分多半是在不同的阶段完成的，如果发现模型的缺陷，就必须返回到前期阶段去修改，有些细化工作是在动态模型和功能模型完成之后才开始进行的。具有属性和继承的 ATM 对象模型如图 10.19 所示。

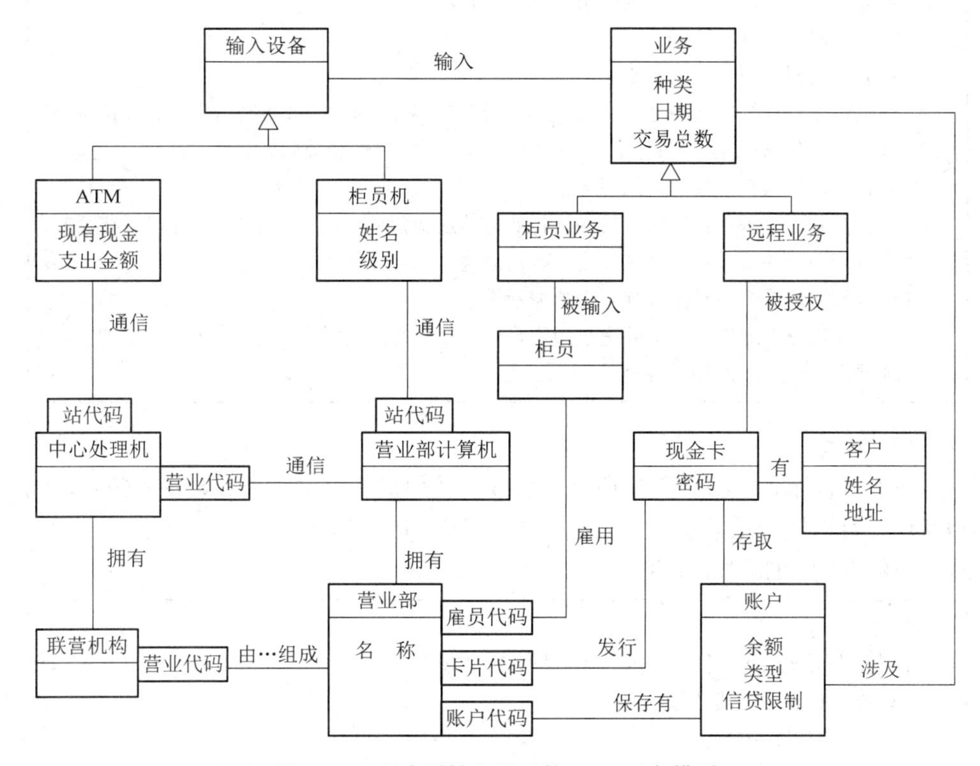

图 10.19　具有属性和继承的 ATM 对象模型

具体的完善过程如下：

(1) 对于丢失对象的情况分析及解决办法：

- 若同一类中存在毫无关系的属性和操作，则分解这个类，使各部分相互关联；
- 若一般化体系不清楚，则可能分离扮演两种角色的类；
- 若存在无目标类的操作，则找出并加上失去目标的类；
- 若存在名称及目的相同的冗余关联，则通过一般化创建丢失的父类，把关联组织在一起。

(2) 查找多余的类。

(3) 若类中缺少属性、操作和关联，则可删除这个类。

(4) 查找丢失的关联。

(5) 若丢失了操作的访问路径，则加入新的关联以回答查询。

10.3.3 建立动态模型

1. 准备脚本

动态分析从寻找事件开始，然后确定各对象的可能事件顺序。在分析阶段不考虑算法的执行，算法是实现模型的一部分。

ATM 通常情况下的脚本如下：

> 脚本：
> ATM 要求用户插入一张现金卡；用户插入一张现金卡
> ATM 接收磁卡并读其序号
> ATM 要求密码；用户输入密码
> ATM 通过联营机构核实序号和密码：联营机构联系对应的营业部鉴别密码后通知该 ATM
> ATM 要求用户选择业务方式(提款、汇兑、查询)；用户选择提款方式
> ATM 询问现金数额；用户输入现金数额
> ATM 核实数额范围：提交联营机构，将业务传送给营业部，确认成交返回账户新余额
> ATM 分配现金并要求用户提款；用户取走现金
> ATM 询问用户是否要继续提款；用户表示否定
> ATM 打印收据、退出现金卡并提示用户拿走，用户得到现金卡
> ATM 要求另一个用户插入现金卡

2. 确定事件

确定所有外部事件。事件包括所有来自或发往用户的信息、外部设备的信号、输入、转换和动作，可以发现正常事件，但不能遗漏条件和异常事件。

有例外情况的 ATM 脚本：

> 脚本：
> ATM 要求用户插入一张现金卡；用户插入一张现金卡
> ATM 接收磁卡并读其序号
> ATM 要求密码；用户输入密码
> ATM 通过联营机构核实序号和密码，联营机构联系对应的营业部鉴别密码后拒绝此密码
> ATM 提出密码错误并要求用户重新输入，用户输入密码，ATM 通过联营机构核实成功
> ATM 要求用户选择业务方式(提款、汇兑、查询)；用户选择提款方式
> ATM 询问现金数额；用户改变想法，输入“取消”
> ATM 退出现金卡并提示用户拿走，用户得到现金卡
> ATM 要求另一个用户插入现金卡

3. 准备事件跟踪表

把脚本表示成一个事件跟踪表，即不同对象之间的事件排序表，对象为表中的列，给每个对象分配一个独立的列，如图 10.20 所示。

4. 构造状态图

对各对象类建立状态图，反映对象接收和发送的事件，每个事件跟踪都对应于状态图中的一条路径，如图 10.21 所示。

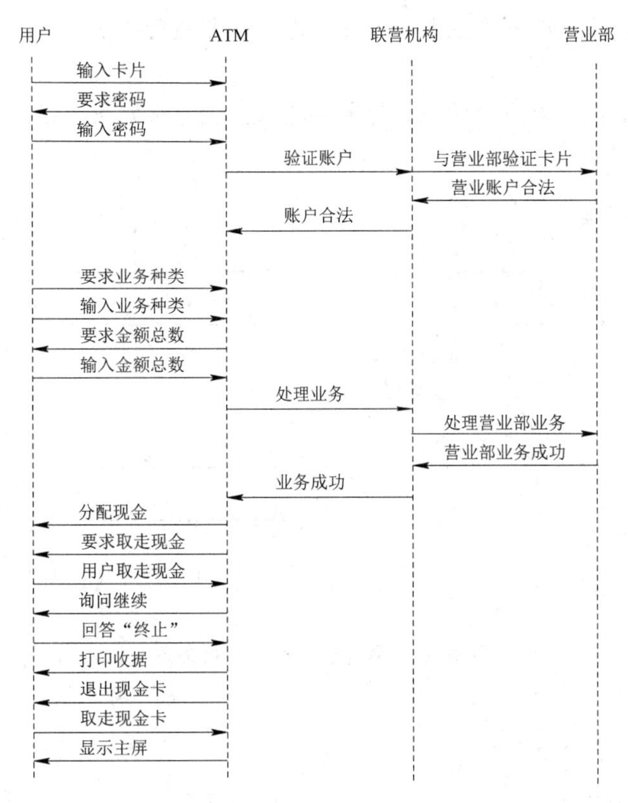

图 10.20　ATM 脚本的事件轨迹

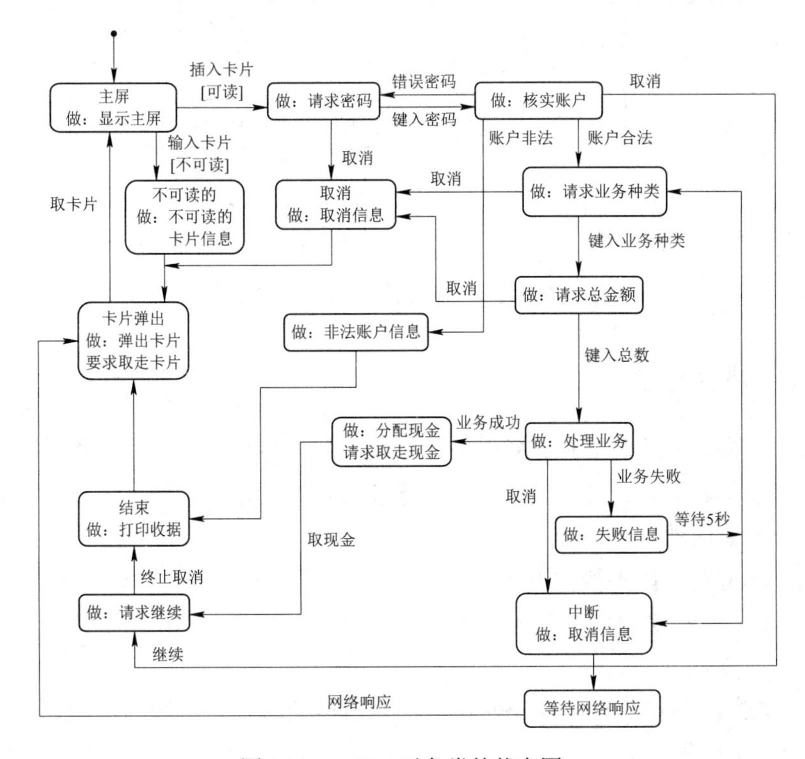

图 10.21　ATM 对象类的状态图

图 10.21 中，网络响应 = 合法账户、非法账户、非法营业部代码、非法密码、业务成功、业务失败。

联营机构对象类的状态图及营业部对象类的状态图分别如图 10.22 和图 10.23 所示。

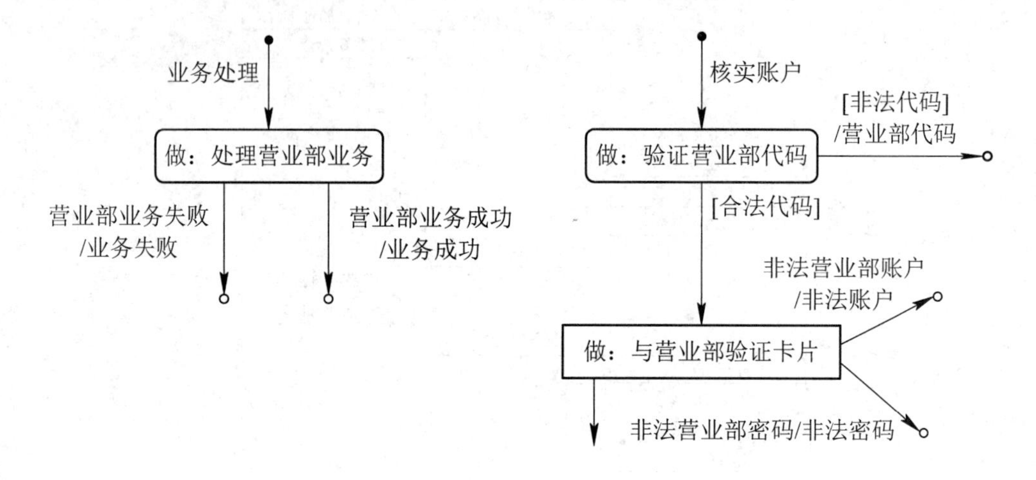

图 10.22　联营机构对象类状态图

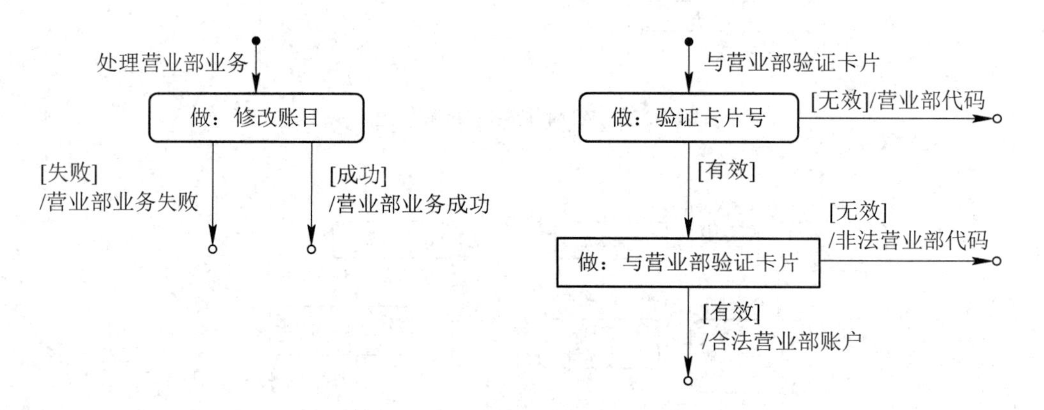

图 10.23　营业部对象类状态图

10.3.4 建立功能模型

功能模型用来说明值是如何计算的，表明值之间的依赖关系及相关的功能，数据流图有助于表示功能依赖关系，其中的处理对应于状态图的活动和动作，其中的数据流对应于对象图中的对象或属性。

建立功能模型的具体步骤如下：

(1) 确定输入值、输出值。先列出输入、输出值，输入、输出值是系统与外界之间的事件的参数。

(2) 建立数据流图。数据流图说明输出值是怎样从输入值得来的，数据流图通常按层次组织，如图 10.24 所示。

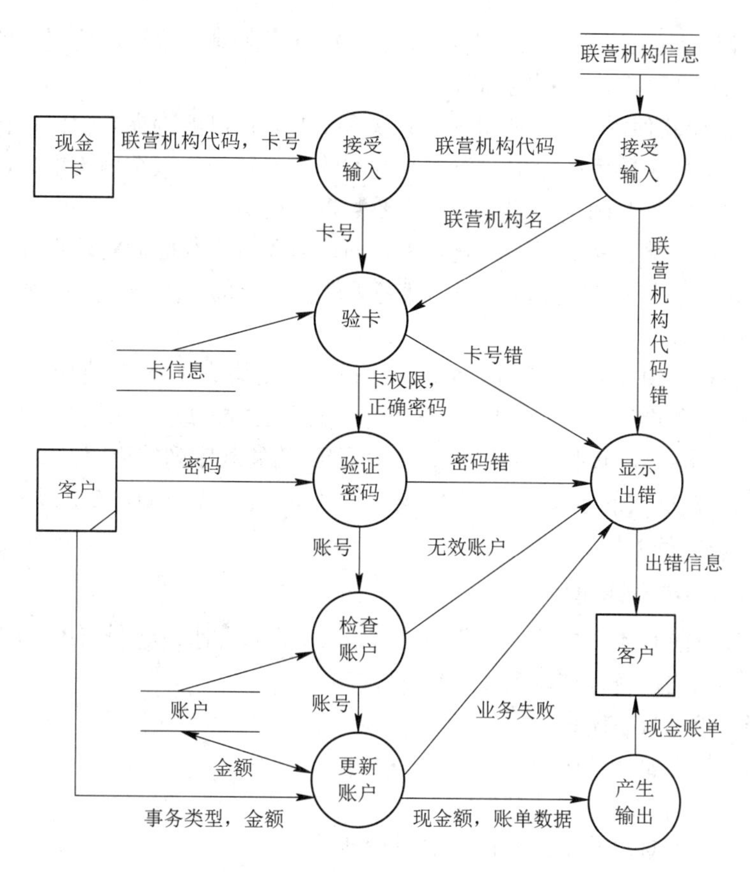

图 10.24　ATM 系统数据流图

10.3.5　确定操作

在建立对象模型时，确定了类、关联、结构和属性，还没有确定操作。只有建立了动态模型和功能模型之后，才可能最后确定类的操作。

10.4　面向对象的设计

1. 面向对象设计的概念

OOA 主要通过对类的认定和划分，以确定问题空间中存在的类、确定类和类的结构等，然后建立一个完整的分析模型。

OOD 将面向对象分析建立的分析模型变换成设计模型。软件设计人员需要发现相关的对象，将它们的因子化为适当粒度的类、定义类的接口和继承层次结构，并且建立它们之间的关系等。应避免重复设计，至少使重复设计降到最低程度。设计可重用的面向对象软件是困难的，但是，人们总是在设计过程中充分利用重用技术。软件设计完成后，设计人员都试图重用它，并不断地修改该设计，使它不断完善和成熟。

OOD 把主要的系统构件组织为子系统的系统级“模块”。数据和操作数据的方法被封装为对象，对象(类)是 OO 系统的构造积木块。OOD 必须具有描述对象属性的特定数据结构、数据组织以及个体操作过程的细节。

OOD 为了实现软件需求，可能引入其他类和对象，也可能为提高软件设计质量和效率而改进类结构。例如，重用类库中的类，通过类的认定和类层次结构的组织，确定解空间中存在的类和类结构，并确定外部接口和主要数据结构等。

OOA 和 OOD 很难截然分开，也就是说，面向对象分析与面向对象设计之间不会用阶段和时序来区分。但是，OOD 建造系统仍然基于软件设计的基本概念——抽象、信息隐藏、功能独立、模块性等。

在传统方法和 OOD 方法中有 10 种设计建模的主要构成成分，它们可以用于比较各种传统方法和面向对象设计方法。这 10 种设计建模的主要构成成分是：① 模块层次的表示；② 数据定义的规格；③ 过程逻辑的规格；④ 端到端处理序列的说明；⑤ 对象状态和变迁的表示；⑥ 类及层次的定义；⑦ 类中操作的表示；⑧ 操作的详细定义；⑨ 消息连接的规格；⑩ 排他服务的标识。

2. 面向对象系统设计模型

传统的设计方法有 4 个层次——体系结构设计、数据设计、接口设计和构件设计。OOD 方法与传统方法相比，也存在以下 4 个层次：

(1) 体系结构设计(系统设计)；

(2) 数据设计(当属性被确定)；

(3) 接口设计(当消息模型被开发)；

(4) 构件设计(当对象被认定后进行对象设计等)。

值得注意的是，OO 设计的“体系结构”更多的是关注对象之间的协助，而不是构件间的功能控制流。

系统模型设计过程如下：

(1) 子系统设计。一个软件系统往往有几个主要组成部分，可以按主题把主要的系统构件组织为子系统。子系统是可以相对独立运作的，各子系统之间具有尽可能简单的明确的接口。

子系统设计应包括每一个子系统的表示，这些子系统能够满足用户的软件需求，并且实现支持用户需求的技术设施。

(2) 类与对象设计。这里应该包括每一个类与对象的表示和类结构的创建。例如类的层次结构的创建，可以用一般化类以及不断逼近目标的特殊化类的机制实现；组装结构可以用分析类的聚集来实现。

(3) 消息设计。它包括每一个对象能够与协作对象通信的设计细节。通过消息设计建立系统的内部和外部接口。

(4) 责任设计。它包括每一个对象的所有属性和操作的数据结构以及算法设计(服务、方法的具体实现的细节)。

在面向对象系统中，存在着类和通信对象重复出现的模式，利用这些模式可以解决特定的问题，使得面向对象设计更灵活和重用性更好。设计模式是基于过去的经验而帮助设计者重用成功的设计，把设计模式应用于设计问题中，就不需要(或者减少)重复设计。

在面向对象系统中，设计模式可以通过应用继承和组合这两种不同的机制被使用。使用继承，现存的设计模式变成了新子类的模板，存在于模式中的属性和操作也被子类所继承而变成子类的一部分；组合导致对象的聚合概念。一个问题可能需要具有复杂功能的对象(例如子系统完成该功能)，复杂对象可以通过选择一组设计模式并且聚合适当的对象(或者子系统)组装而成。当然可以考虑继承和组合并存的方法，在实际设计中，往往组合要优先于继承。过分地使用继承会导致类层次越来越庞大而变得难以管理，组合关注的目标是小的类层次和对象，组合可以用不修改的方式使用现存的设计模式——重用构件。

每一个设计模式可以被处理为黑盒，在模式之间的通信仅仅通过良好的接口来实现。Rumbaugh 方法中的对象建模技术提出的设计活动，有两个不同抽象的级别，即系统设计和对象设计。

(1) 系统设计。它着重于构造一个完整的软件产品或者系统所有构件的布局。具体来说，系统分析模型被划分为若干个子系统，然后被分配给处理器和任务，实现数据管理的策略被定义，访问它们所需要的全局资源和控制被标识。

(2) 对象设计。它着重于个体对象的详细布局。具体来说，从系统分析模型中，为对象选择出操作，并且为每一个操作定义算法；适合于属性和算法的数据结构被表示；类和类属性的设计应该能够优化对数据的访问，并提高计算的功效；消息模型被创建，用以实现对象关联。

由 Coad/Yourdon 提出的 OOD 模型如图 10.25 所示。

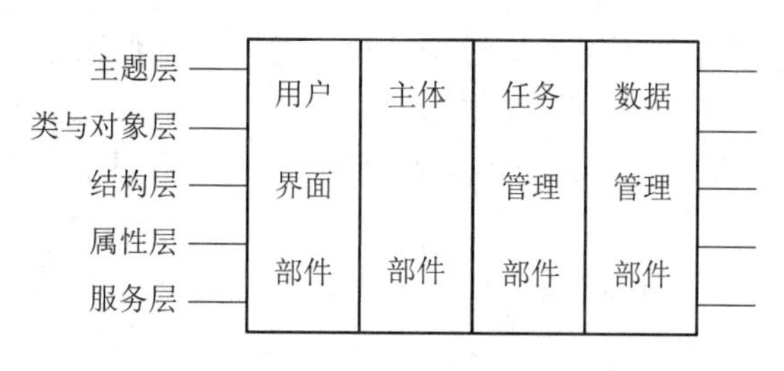

图 10.25　OOD 模型

该模型表示系统由 4 个部件组成，即垂直分成 4 个部分：① 主体部件(PDC)设计(问题领域部分)；② 用户界面部件(HIC)设计(人机交互部分)；③ 任务管理部件(TMC)设计；④ 数据管理部件(DMC)设计。

每一个部件又有 5 个层次，即水平切片分成 5 层：① 主题层；② 类与对象层；③ 结构层(分类、聚集)；④ 属性层；⑤ 服务层。

虽然有各种各样的设计方法，每一种设计方法有各自不同的术语。但是，整体的 OOD 过程是基本一致的。为了完成面向对象设计，软件设计人员应该完成下列步骤：

(1) 描述每个子系统并将其分配到处理器或任务；

(2) 选择实现数据管理、界面支持和任务管理的设计策略；

(3) 为系统设计合适的控制机制；

(4) 通过创建每个操作的过程表示和类属性的数据结构，从而完成对象设计；

(5) 使用对象间的协作和对象关系，完成消息设计；

(6) 创建消息模型；

(7) 评审设计模型并在需要时迭代。

3. 面向对象设计原则

在传统设计中，有5种标准用于判断设计方法的模块化能力，它也可以用于面向对象设计中。

(1) 分解性(Decomposability)：设计方法帮助设计者将一个大型问题分解为易于求解的子问题的程度。

(2) 组装性(Composability)：设计方法保证程序构件(模块)一旦被设计和建造后，可被重用创建其他系统的程度。

(3) 易理解性(Understandability)：程序构件在不参考其他信息或者其他模块的情况下，易于理解的程度。

(4) 连贯性(Continuity)：在程序中进行小修改的能力，这些修改展示它们自己与一个或少数几个模块中对应修改的能力。

(5) 保护性(Protection)：如果一个错误在特定的模块中发生，将减少副作用传播的能力。优秀的面向对象设计应该权衡各种因素，降低设计成本，提高软件的可维护性。

根据以上5个设计标准可导出以下的基本原则：

(1) 模块化。与传统的设计方法一样，面向对象设计方法也支持系统分解和系统模块化的设计原理。实际上对象就可以理解为构件(模块)，它是把数据结构和操作这些数据方法紧密地结合在一起的构件(模块)。

(2) 抽象。面向对象方法不仅支持过程抽象，而且支持数据抽象。类实际上就是一种抽象数据类型，类的公共接口构成了类的规格说明，使用者通过类的接口就可以使用类中定义的数据，无须知道类中具体算法的实现细节和数据元素表示方法，通常把这类抽象称为规格说明抽象。

有一些面向对象语言支持参数化抽象。C++语言提供的“模板”机制就是一种参数化抽象机制。由模板定义的类称为参数化类，也称为类属类。类属类本身不依赖具体的数据类型，即与实际操作的基本数据类型无关，它主要描述数据结构的特征。例如，类属栈的主要特征是栈中的元素先进后出，而元素的数据类型作为类属类的参数，在类属类实例化时才确定。这意味着把数据类型作为参数传递。参数化抽象使得类的抽象程度更高，应用范围更广，可重用性更高。

(3) 信息隐藏。在面向对象方法中，信息隐藏体现在封装性，封装性是重要机制之一，也是软件设计的重要原则之一。把属性和操作封装为对象，对于类的用户而言，属性的表示方法和具体操作的算法实现细节都应该是隐藏的。

(4) 低耦合。耦合指一个软件结构内不同模块之间互连的紧密程度。在面向对象方法中，对象是最基本的模块，因此，耦合主要指不同对象之间相互关联的紧密程度。低耦合是优秀设计的重要标准之一，低耦合使得系统中某一部分的变化对其他部分的影响降到最低程度。在理想情况下，对某一部分的理解、测试或修改，无须涉及系统的其他部分。

如果一个类(对象)过多地依赖其他类(对象)来完成自己的工作，则不仅给理解、测试或修改这个类带来很大困难，而且还将大大降低类的可重用性和可移植性。

为了达到低耦合，模块之间应该有很少的接口、很小的接口和显式的接口。很少的接口是指模块之间接口的数量应该最小化；很小的接口就是某一个接口移动的信息量应该最小化；显式的接口就是当模块通信时应该用明显的和直接的方式。

如果对象之间的耦合通过消息连接来实现，则这种耦合就是交互耦合。交互耦合应该尽量减少消息中包含的参数个数，降低消息连接的复杂程度，应减少对象发送或接收的消息数。

继承耦合是一般化类与特殊类之间的一种耦合形式，应该提高继承耦合程度。为获得紧密的继承耦合，特殊类应该确实是对它的一般化类的一种具体化。在设计时应该使特殊类尽量多继承并使用其一般化类的属性和服务，从而更紧密地耦合到它的一般化类。

(5) 高内聚。内聚是衡量一个模块内各个元素彼此结合的紧密程度，或者说，设计中使用的一个构件内的各个元素，对完成一个定义明确的目的所做出的贡献程度。设计中应该力求做到高内聚。

在面向对象设计中，服务内聚是指一个服务应该完成一个且仅完成一个功能。类内聚就是它的属性和服务应该是高内聚的，而且应该全都是完成该类对象的任务所必需的。一般来说，紧密的继承耦合与高度的一般化类与特殊化类内聚是一致的。

(6) 可重用。软件重用是提高软件生产率和质量的重要途径之一。在面向对象设计中，重用性占有非常重要的地位。重用意味着一方面尽量使用目前已有的类，包括开发环境提供的类和开发者过去创建的类；另一方面是在创建新类时，在设计中应该考虑它们的可重用性。

10.5　面向对象的实现

1. 程序设计语言

采用面向对象方法开发软件的基本目的和主要优点是通过重用提高软件的生产率。因此，应该优先选用能够最完善、最准确地表达问题域语义的面向对象语言。

在选择编程语言时，应该考虑的其他因素还有：对用户学习面向对象分析、设计和编码技术所能提供的培训操作；在使用这个面向对象语言期间能提供的技术支持；能提供给开发人员使用的开发工具、开发平台；对机器性能和内存的需求；集成已有软件的容易程度。

2. 程序设计风格

良好的面向对象程序设计风格，既包括结构化程序设计风格准则，也包括为适应面向对象方法所特有的概念(如继承性)而必须遵守的一些新准则：① 提高重用性；② 提高可扩充性；③ 提高健壮性。

3. 类的实现

在开发过程中，类的实现是核心问题。在用面向对象风格所写的系统中，所有的数据都被封装在类的实例中。而整个程序则被封装在一个更高级的类中。在使用既存部件的面向对象系统中，可以只花费少量时间和工作量来实现软件。只要增加类的实例，开发少量的新类和实现各个对象之间互相通信的操作，就能建立需要的软件。

一种方案是先开发一个比较小、比较简单的类，作为开发比较大、比较复杂的类的基础。

类的实现方案有以下几种：

(1) “原封不动”重用。

(2) 进化性重用。一个能够完全符合要求特性的类可能并不存在。

(3) “废弃性”开发。不用任何重用来开发一个新类。

(4) 错误处理。一个类应是自主的，有责任定位和报告错误。

4. 应用系统的实现

应用系统的实现是在所有的类都被实现之后的事。实现一个系统是一个比用过程性方法更简单、更简短的过程。有些实例将在其他类的初始化过程中使用。而其余的则必须用某种过程显式地加以说明，或者当作系统最高层的类的表示的一部分。

在C++和C中有一个main()函数，可以使用这个过程来说明构成系统主要对象的那些类的实例。

5. 面向对象测试

面向对象测试步骤如下：

(1) 算法层。

(2) 类层。测试封装在同一个类中的所有方法和属性之间的相互作用。

(3) 模板层。测试一组协同工作的类之间的相互作用。

(4) 系统层。把各个子系统组装成完整的面向对象软件系统，在组装过程中同时进行测试。

10.6 面向对象和基于对象的区别

很多人没有区分“面向对象”和“基于对象”这两个不同的概念。面向对象的3大特点(封装、继承、多态)缺一不可。通常“基于对象”是使用对象，但是无法利用现有的对象模板产生新的对象类型，继而产生新的对象，也就是说“基于对象”没有继承的特点。而“多态”表示为父类类型的子类对象实例，没有了继承的概念也就无从谈论“多态”。现在的很多流行技术都是基于对象的，它们使用一些封装好的对象，调用对象的方法，设置对象的属性。但是它们无法让程序员派生新对象类型。他们只能使用现有对象的方法和属性。所以当你判断一个新的技术是不是面向对象的时候，通常可以使用后两个特性来加以判断。“面向对象”和“基于对象”都实现了“封装”的概念，但是面向对象实现了“继承和多态”，而“基于对象”没有实现这些。

从事面向对象编程的人按照分工来说，可以分为“类库的创建者”和“类库的使用者”。使用类库的人并不都是具备了面向对象思想的人，通常知道如何继承和派生新对象就可以使用类库了，然而我们的思维并没有真正地转过来，使用类库只是在形式上是面向对象，而实质上只是库函数的一种扩展。

面向对象是一种思想，是考虑事情的方法，通常表现为我们是将问题的解决按照过程方式来解决呢，还是将问题抽象为一个对象来解决它。很多情况下，我们会不知不觉地按照过程方式来解决它，而不是考虑将要解决的问题抽象为对象去解决它。

10.7 实战训练

1. 目的

利用面向对象的分析设计方法对“图书管理系统”进行分析。

2. 任务

建立对象模型。

“图书管理系统”需求陈述如下：

在图书管理系统中，管理员要为每个读者建立借阅账户，并给读者发放不同类别的借阅卡(借阅卡可提供卡号、读者姓名)，账户内存储读者的个人信息和借阅记录信息。持有借阅卡的读者可以通过管理员(作为读者的代理人与系统交互)借阅、归还图书，不同类别的读者可借阅图书的范围、数量和期限不同，可通过互联网或图书馆内查询终端查询图书信息和个人借阅情况，以及续借图书(系统审核符合续借条件)。

借阅图书时，先输入读者的借阅卡号，系统验证借阅卡的有效性和读者是否可继续借阅图书，无效则提示其原因，有效则显示读者的基本信息(包括照片)，供管理员人工核对。然后输入要借阅的书号，系统查阅图书信息数据库，显示图书的基本信息，供管理员人工核对。最后提交借阅请求，若被系统接受，则存储借阅记录，并修改可借阅图书的数量。归还图书时，输入读者借阅卡号和图书号(或丢失标记号)，系统验证是否有此借阅记录以及是否超期借阅，无则提示，有则显示读者和图书的基本信息供管理员人工审核。如果有超期借阅或丢失情况，则先转入过期罚款或图书丢失处理。然后提交还书请求，系统接受后删除借阅记录，并登记、修改可借阅图书的数量。

图书管理员定期或不定期对图书信息进行入库、修改、删除等图书信息管理以及注销(不外借)，包括图书类别和出版社管理。

3. 实现过程

使用本章介绍的 OMT 技术，通过寻找系统需求陈述中的名词，结合图书管理的领域知识，首先给出候选的对象类，经过筛选、审查，可确定“图书管理系统”的类有：读者、图书、借阅记录、图书注销记录、读者类别、图书类别、出版社等。然后，经过标识责任、协作者和复审，定义类的属性、操作和类之间的关系。

类之间的关系如图 10.26 所示。

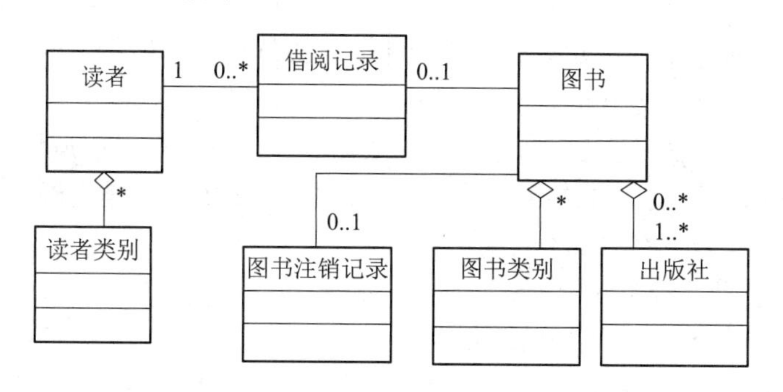

图 10.26　“图书管理系统”类图

4. 讨论

我们使用面向对象的分析方法，首先，需要划分出系统内待解决问题域中的类。确定系统中存在的类及类之间的关系，并定义了子系统的接口及关系后，便完成了系统的静态建模工作。接下来需要描述待解决问题域中类的动态行为，从而建立问题解决过程的系统动态模型。

本章小结

面向对象的基本思想是将一个实际问题看成是一个对象或几个对象的集合。

面向对象分析方法是用面向对象的概念和方法为软件需求建造模型。面向对象分析的关键是识别问题空间的类(对象)、类之间相互关联的结构和交互方式、对象内部属性和操作以及对象之间的消息传递机制等。在面向对象分析中，系统分析员应该深入理解用户需求，抽象出系统的本质属性，提取系统需求规格说明，并用模型准确地表示出来。通常，面向对象分析模型包括对象模型、动态模型和功能模型 3 种子模型。其中，对象模型描述软件系统的静态结构；动态模型描述软件系统的控制结构；功能模型描述软件系统必须要完成的功能。

面向对象设计是把系统所要求解的问题分解为一些对象及对象间传递消息的过程。面向对象设计可分为系统设计和类设计。系统设计是高层设计，主要确定实现系统的策略和目标系统。类设计是低层设计，主要确定解空间中的类、关联、接口形式及实现服务的算法。高层设计主要确定系统的结构、用户界面，即用来构造系统的总的模型，并把任务分配给系统的各个子系统。

面向对象设计的结果是面向对象实现的依据。面向对象实现主要包括两个方面的工作：首先是把面向对象设计的结果翻译成用某种程序设计语言书写的面向对象程序，即编码；其次是为了确保其功能能够满足 OOA 的所有需求，对使用某种程序设计语言编写的面向对象的程序进行有效的测试。

习 题 10

一、选择题

1. OOA 模型规定了一组对象如何协同才能完成软件系统所指定的工作。这种协同在模型中是以表明对象通信方式的一组(　　)连接来表示的。

A. 消息　　B. 记录　　C. 数据　　D. 属性

2. 下列是面向对象设计方法中有关对象的叙述，其中(　　)是正确的。

A. 对象在内存中没有它的存储区

B. 对象的属性集合是它的特征表示

C. 对象的定义与程序中类型概念相当

D. 对象之间不能相互通信

3. 在面向对象软件方法中，“类”是(　　)。

A. 具有同类数据的对象的集合　　B. 具有相同操作的对象的集合

C. 具有同类数据的对象的定义　　D. 具有同类数据和相同操作的对象的定义

4. 面向对象程序设计中，基于父类创建的子类具有父类的所有特性(属性和方法)，这个特点称为类的(　　)。

A. 多态性　　B. 封装性　　C. 继承性　　D. 重用性

5. 面向对象分析时，所标识的对象为(　　)是错误的。

A. 与目标系统有关的物理实体

B. 与目标系统发生作用和人或组织的角色

C. 目标系统运行中需记忆的事件

D. 目标系统中环境场所的状态

6. 面向对象设计 OOD 模型的主要部件中，通常不包括(　　)。

A. 通信部件　　B. 人机交互部件

C. 任务管理　　D. 数据管理

7. 面向对象设计时，对象信息的隐藏主要是通过(　　)实现的。

A. 对象的封装性　　B. 子类的继承性

C. 系统模块化　　D. 模块的可重用

8. 面向对象方法的一个主要目标，是提高软件的(　　)。

A．可重用性　　B. 运行效率

C. 结构化程度　　D. 健壮性

9. 面向对象模型主要由以下哪些模型组成(　　)。

A. 对象模型、动态模型、功能模型

B. 对象模型、数据模型、功能模型

C. 数据模型、动态模型、功能模型

D. 对象模型、动态模型、数据模型

10．面向对象的开发方法中，(　　)将是面向对象技术领域内占主导地位的标准建模语言。

A. BOOCH 方法　　B. COAD 方法

C. UML 语言　　D. OMT 方法

二、简答题

1. 说明对象、类、类结构、消息的基本概念。

2. 说明面向对象的特征和要素。

3. 说明对象模型的特征，举现实世界的例子，给出它的一般关系、聚集关系的描述。

4. 说明动态模型的特征，说明事件、脚本、状态的含义。

5. 说明功能模型的特征，比较功能模型的 DFD 和结构化方法的 DFD 之间的异同。

6. 说明 3 种分析模型的关系。

7. 说明对象建模的过程。

8. 简述面向对象分析技术的主要步骤。

9. 试说明面向对象编程语言用哪些机制支持面向对象方法的基本概念。

三、分析题

用面向对象方法建立一个现实问题的分析模型。问题如下：

(1) 学校管理系统要存储下列数据：

系：系名，系主任

学生：学号，姓名，学生所属系

教师：工作证号，姓名，教师所属系

研究生：专业方向

教授：研究领域

课程：课程号，名称，学分

(2) 学生每学期要选修若干门课程，每门课有一个考试成绩；每个学期开设的每门课程只有一个任教教师；一个教师只任教一门课；一个教师有能力讲授多门课程，一门课程也可以有多位教师能够讲授；每个研究生只能跟随一位教授。

① 画出表示上述数据的对象模型(不必考虑服务)。

② 给出实现这个对象模型的对象类设计。

第 11 章　统一建模语言(UML)

本章主要内容：

- UML 的基本概念
- UML 的概念模型、静态模型和动态模型
- UML 的建模工具
- 案例分析

本阶段的产品：静态模型和动态模型
参与角色：项目设计人员

11.1　概　　述

11.1.1　什么是 UML

UML 是 Unified Modeling Language(统一建模语言)的简称，是基于对象管理组织(Object Management Group，OMG)进行标准化、软件成果的式样化和图形化的一种语言。Booch 在其经典的一书 *The Unified Modeling Language User Guide* 中对 UML 进行过详细的定义：UML 是对软件密集型系统中的制品进行可视化、详细、构造和文档化的语言。其中的制品是指在软件开发过程中的各个阶段所产生的各种各样的成果物，如模型、源代码、测试用例等。

UML 代表着面向对象技术的软件开发方法的发展方向，在国际上越来越得到重视，现已成为国际软件行业建模语言的标准，目前已经占有面向对象技术市场的 90%以上。

11.1.2　UML 的发展史

20 世纪 80 年代中期至 90 年代初面向对象技术正逐渐被普及和广泛应用中，伴随着面向对象技术的迅猛发展，也相继出现了各种各样的方法论，如 1988 年 Rebecca WirfsBrock 提出的职责驱动(RCR)卡片法、1991 年 PeterCoad 提出的 OOA/OOD 方法、1991 年 GradyBooch 提出的 Booch 方法等。由于方法论的不同使得对同一个问题的描述表示法也有所不同，这样就在软件行业中系统开发者之间产生了很大的混乱。

1994 年 10 月，由 Grady Booch 和 Jim Rumbaugh 首先将 Booch 和 OMT 统一起来，并于 1995 年发布了成为统一方法的 UM 0.8 版(Unified Method)，1996 年 6 月发布了统一建模语言 UML 0.9 版(Unified Modeling Language)，2002 年 11 月出现了 UML 1.4 版，此后，每隔几年就会进行版本更新，现在已经发布了最新的 UML 2.5 版。

UML 的发展历史如图 11.1 所示。

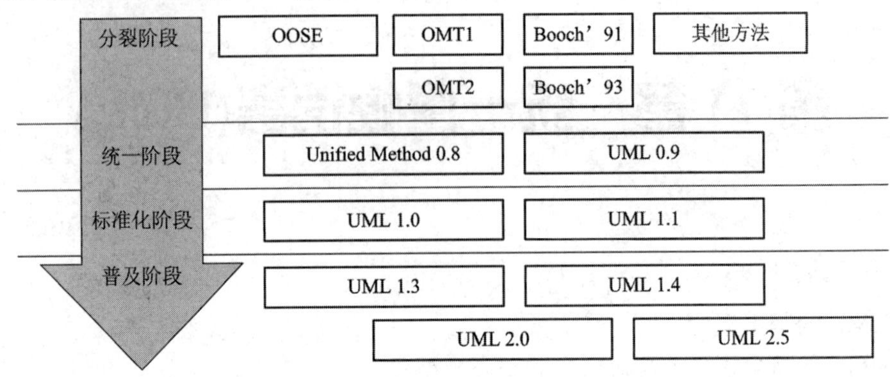

图 11.1 UML 的发展历史

11.1.3 UML 的特点

UML 具有以下特点：

(1) 面向对象。UML 支持面向对象技术的主要概念，提供了一批基本的模型元素的表示图形和方法，能简洁明了地表达面向对象的各种概念。

(2) 可视化，表示能力强。通过 UML 的模型图能清晰地表示系统的逻辑模型和实现模型，可用于各种复杂系统的建模。

(3) 独立于过程。UML 是系统建模语言，独立于开发过程。

(4) 独立于程序设计语言。用 UML 建立的软件系统模型可以用 Java、VC++、Smalltalk 等任何一种面向对象的程序设计来实现。

(5) 易于掌握使用。UML 图形结构清晰，建模简洁明了，容易掌握使用。

使用 UML 进行系统分析和设计，可以加速开发进程，提高代码质量，支持动态的业务需求。UML 适用于各种规模的系统开发。能促进软件复用，方便地集成已有的系统，并能有效处理开发中的各种风险。

11.1.4 UML 的应用领域

UML 的目标是以面向对象图的方式来描述任何类型的系统，具有很宽的应用领域。其中最常用的是建立软件系统的模型，但它同样可以用于描述非软件领域的系统，如机械系统、企业机构或业务过程，以及处理复杂数据的信息系统，具有实时要求的工业系统或工业过程等。总之，UML 是一个通用的标准建模语言，可以对任何具有静态结构和动态行为的系统进行建模。

UML 适用于系统开发过程中从需求规格描述到系统完成后测试的不同阶段。

(1) 在需求分析阶段，可以用用例来捕获用户需求。通过用例建模，描述对系统感兴趣的外部角色及其对系统(用例)的功能要求。

(2) 在分析阶段，主要关心问题域中的主要概念(如抽象、类、对象等)和机制，需要识别这些类以及它们相互间的关系，并用 UML 类图来描述。为实现用例，类之间需要相互协作，可以用 UML 动态模型来描述。在分析阶段，只对问题域的对象(现实世界的概念)

建模，而不考虑定义软件系统中技术细节的类(如处理用户接口、数据库、通信、并行性等问题的类)。这些技术细节将在设计阶段引入。

(3) 在设计阶段为构造阶段提供更详细的规格说明。编程(构造)是一个独立的阶段，其任务是用面向对象编程语言将来自设计阶段的类转换成实际的代码。

UML 模型还可作为测试阶段的依据。系统通常需要经过单元测试、集成测试、系统测试和验收测试。不同的测试小组使用不同的 UML 图作为测试依据：

(1) 单元测试使用类图和类规格说明；

(2) 集成测试使用部件图、合作图；

(3) 系统测试使用用例图来验证系统的行为；

(4) 验收测试由用户进行，以验证系统测试的结果是否满足在分析阶段确定的需求。

总之，UML 适用于以面向对象技术来描述任何类型的系统，而且适用于系统开发的不同阶段，从需求规格描述直至系统完成后的测试和维护。

11.1.5　基于 UML 的设计过程

运用 UML 进行面向对象的系统分析设计，其过程通常由以下 3 个部分组成：

(1) 识别系统的用例和角色。首先对项目进行需求调研，依据项目的业务流程图和数据流程图以及项目中涉及的各级操作人员，通过分析，识别出系统中的所有用例和角色；接着分析系统中各角色和用例间的联系，再使用 UML 建模工具画出系统的用例图，同时，勾画系统的概念层模型，借助 UML 建模工具描述概念层的类图和活动图。

(2) 进行系统分析，并抽取类。系统分析的任务是找出系统的所有需求并加以描述，同时建立特定领域模型。建立域模型有助于开发人员考查用例，从中抽取出类，并描述类之间的关系。

(3) 系统设计，并设计类及其行为。设计阶段由结构设计和详细设计组成。

① 结构设计是高层设计，其任务是定义包(子系统)，包括包间的依赖关系和主要通信机制。包有利于描述系统的逻辑组成部分以及各部分之间的依赖关系。

② 详细设计就是要细化包的内容，清晰描述所有的类，同时使用 UML 的动态模型描述在特定环境下这些类的实例的行为。

11.2　UML 概念模型

11.2.1　UML 的构成

UML 主要由 3 类元素构成：基本构造块 (Basic Building Block)、规则(Rule)和公共机制(Common Mechanism)。

11.2.2　UML 的基本构造块

UML 基本构造块包括 3 种类型：事物(Thing) 、关系(Relationship)和图(Diagram)。

事物又分为以下 4 种类型：

(1) 结构事物(Structural Thing)。UML 中的结构事物包括类(Class)、接口(Interface)、协作(Collaboration)、用例(Use Case)、主动类(Active Class)、构件(Component)和节点(Node)。

(2) 行为事物(Behavioral Thing)。UML 中的行为事物包括交互(Interaction)和状态机(State Machine)。

(3) 分组事物(Grouping Thing)。UML 中的事物是包(Package)。

(4) 注释事物(Annotational Thing)。UML 中的注释事物是注解(Note)。

关系有以下 4 种类型：

(1) 依赖(Dpendency)：表示一个 A 对象发生变化，可能会引起另一个 B 对象的变化，则称 B 对象依赖于 A 对象。

(2) 关联(Association)：表示一种对象和另一种对象有联系，是一种结构化关系。

(3) 泛化(Generalization)：表示对象的一般类和特殊类之间的关系，相当于 C++中的继承关系。

(4) 实现(Realization)：表示一种 A 模型元素(如类)与另一种 B 模型元素(如接口)连接起来，其中 B 模型只是行为的说明，而真正的实现则由 A 模型来完成。

UML 有 4 种视图和 9 种图：

(1) 用例视图(Use Case Diagram)：从用户角度描述系统功能，并指出各功能的操作者。

(2) 静态视图(Static Diagram)：包括类图、对象图和包图。

(3) 动态视图(Dynamic Diagram)：描述系统的动态模型和组成对象间的交互关系，包括状态图和活动图；描述对象间的交互关系，包括时序图和合作图。

(4) 实现图(Implementation Diagram)：包括组件图和配置图。

在 UML 中建模主要分为静态建模和动态建模两类。

(1) 静态建模主要是对客观事物静态结构的一种抽象，它所反映的是目标系统的静态数据。UML 提供了丰富的静态建模机制，包括用例图、类图、对象图、包图等，其中尤以用例图和类图最为重要。

(2) 动态建模则强调的是系统的行为，它所建立的模型或者可以执行，或者表示执行时的时序状态或交互关系。动态建模包括协作图、时序图、活动图、状态图 4 个图形，是 UML 的动态建模机制。

11.2.3 UML 的规则

和其他语言一样，UML 是有一套规则的，这些规则描述了一个结构良好的模型看起来应该像什么。一个结构良好的模型应该在语义上是前后一致的，并且与所有的相关模型协调一致。

UML 具有用于描述如下事物的语义规则：

(1) 命名：为事物、关系和图起名。

(2) 范围：给一个名称以特定含义的语境。

(3) 可见性：怎样让其他人使用或看见名称。

(4) 完整性：事物如何正确、一致地相互联系。

(5) 执行：运行或模拟动态模型的含义是什么。

UML 的规则鼓励(不是强迫)专注于最重要的分析、设计和实现问题，这些问题将促使模型随时间的推移而具有良好的结构。

11.2.4 UML 的公共机制

UML 有 4 种贯穿整个语言并且一致应用的公共机制：

(1) 规格说明。规格说明提供了一个语义底版，它包含了一个系统的各模型的所有部分，并且各部分相互联系，并保持一致性。因此，UML 的图只不过是对底版的简单视觉投影，每一个图展现了系统的一个特定的方面。

(2) 修饰。UML 表示法中的每一个元素都有一个基本符号，可以把各种修饰细节加到这个符号上。

(3) 通用划分。在对面向对象系统建模中，至少有两种划分方法，一种是对类和对象的划分，一种是接口和实现的分离。

(4) 扩展机制。它包括构造型、标记值和约束。构造型扩展了 UML 的词汇，它允许创造新的构造块，这个新构造块既可从现有的构造块派生，又专门针对要解决的问题；标记值扩展了 UML 构造块的特性，允许创建详述元素的新信息；约束扩展了 UML 构造块的语义，它允许增加新的规则或修改现有的规则。

11.3 UML 的静态建模机制

11.3.1 用例图

无论在面向对象开发中还是在传统的软件开发中，人们总是根据典型的使用情景来了解用户需求。这些使用情景是非正式的，难以建立正式文档。在 UML 中可以通过用例图(Use Case Diagram)来构造目标系统的用例模型，它通过用例来捕获用户需求，通过用例建模来描述对系统感兴趣的外部角色及其对系统(用例)的功能要求。它从系统外部观察系统，而不涉及技术上如何做这些事。

1. 用例模型

用例模型(Use Case Model)描述的是外部执行者(Actor)所理解的系统模型。用例模型用于需求分析阶段，它的建立是系统开发者和用户反复讨论的结果，表明了开发者和用户对需求规格达成的共识。首先，它描述了待开发系统的功能需求；其次，它将系统看作黑盒，从外部执行者的角度来理解系统；最后，它驱动了需求分析之后各阶段的开发工作，不仅在开发过程中保证了系统所有功能的实现，而且用于验证和检测所开发的系统，从而影响到开发工作的各个阶段和 UML 的各个模型。在 UML 中，一个用例模型由若干个用例图描述，用例图的主要元素是用例和执行者。

2. 用例

从本质上讲，一个用例(Use Case)是用户与计算机之间的一次典型交互过程。在 UML

中，用例被定义成系统执行的一系列动作，动作执行的结果能被指定执行者察觉到。

在UML中，用例表示为一个椭圆。概括地说，用例具有以下特点：

(1) 用例捕获某些用户可见的需求，实现一个具体的用户目标。

(2) 用例由执行者激活，并给执行者提供确切的值。

(3) 用例可大可小，但它必须是对一个具体的用户目标实现的完整描述。

3. 执行者

执行者是指用户在系统中所扮演的角色，其图形化的表示是一个小人。图11.2中有两个执行者：学生和管理员。在系统中有许多学生，但他们均起着同一种作用，扮演着相同的角色，所以用一个执行者表示。一个用户也可以扮演多种角色(执行者)，例如一个老师还可以是管理员。在处理执行者时，应考虑其作用，而不是人或工作名称。这一点是很重要的。

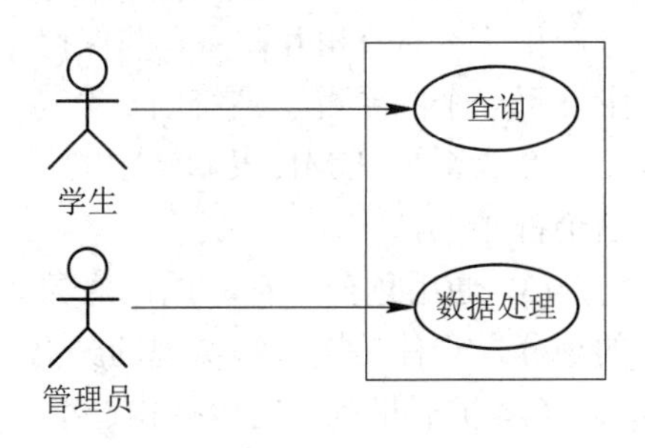

图11.2　学生成绩管理用例图

不带箭头的线段将执行者与用例连接到一起，表示两者之间交换信息，称之为通信联系。执行者触发用例，并与用例进行信息交换，单个执行者可与多个用例联系；反过来，一个用例也可与多个执行者联系。对同一个用例而言，不同执行者起着不同的作用，他们可以从用例中取值，也可以参与到用例中。

需要注意的是，尽管执行者在用例图中是用类似于人的图形来表示的，但执行者未必是人。例如，执行者也可以是一个外界系统，该外界系统可能需要从当前系统中获取信息而与当前系统进行交互。

通过实践，我们发现执行者对提供用例是非常有用的。面对一个大系统，要列出用例清单常常十分困难。这时可先列出执行者清单，再对每个执行者列出它的用例，这样问题就会变得很容易解决。

4. 使用和扩展

除了执行者与用例之间的连接外，还有另外两种类型的连接，用以表示用例之间的使用和扩展关系。使用和扩展(Use and Extend)是两种不同形式的继承关系。

当一个用例与另一个用例相似，但所做的动作多一些时，就可以用到扩展关系。当一个用例使用另一个用例时，这两个用例之间就构成了使用关系。一般来说，如果在若干个用例中有某些相同的动作，则可以把这些相同的动作提取出来单独构成一个用例(称为抽象用例)。例如，图11.3中学位课程的学习包括课程设计，因此二者构成了使用关系；学位课程的学习比专业课程的学习有更多的要求，因此二者构成了扩展关系。

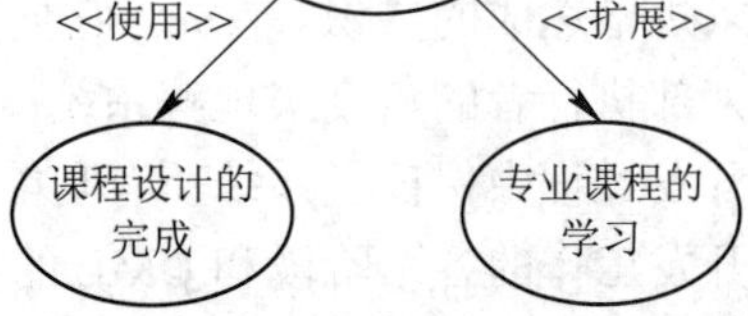

图11.3　用例图

扩展与使用都意味着从几个用例中抽取那些公共的行为并放入一个单独用例中，而这个用例被其他几个用例使用或扩展，但使用和扩展的目的是不同的。

5. 用例模型的获取

几乎在任何情况下都会使用用例。用例用来获取需求、规划和控制项目。用例的获取是需求分析阶段的主要任务之一，而且是首先要做的工作。大部分用例将在项目的需求分析阶段产生。随着工作的深入，更多的用例会被发现，这些用例都应及时增添到已有的用例集中。用例中的每个用例都是一个潜在的需求。

(1) 获取执行者。获取用例首先要找出系统的执行者。可以通过用户回答一些问题的答案来识别执行者。以下问题可模仿参考：

- 谁使用系统的主要功能(主要使用者)？
- 谁需要系统支持他们的日常工作？
- 谁来维护、管理以使系统正常工作(辅助使用者)？
- 系统需要操纵哪些硬件？
- 系统需要与其他哪些系统(包含其他计算机系统和其他应用程序)交互？
- 对系统产生的结果感兴趣的人或事物是什么？

(2) 获取用例。一旦获取了执行者，就可以对每个执行者提出问题以获取用例。以下问题可供参考：

- 执行者要求系统提供哪些功能(执行者需要做什么)？
- 执行者需要读、产生、删除、修改或存储的信息有哪些类型？
- 必须提醒执行者的系统事件有哪些？执行者必须提醒系统的事件有哪些？怎样把这些事件表示成用例中的功能？

为了完整地描述用例，还需要知道执行者的某些典型功能能否被系统自动实现。还有一些不针对具体执行者的问题(即针对整个系统的问题)：

- 系统需要何种输入、输出？输入从何处来？输出到何处？
- 当前运行系统(也许是一些手工操作而不是计算机系统)的主要问题是什么？

需要注意的是，最后两个问题并不是指没有执行者也可以有用例，只是获取用例时尚不知道执行者是什么。实际上一个用例必须至少与一个执行者关联。还需要注意：不同的设计者对用例的利用程度也不同。例如，Ivar Jacobson 说，对一个 10 人·年的项目，他需要 20 个用例。而在一个相同规模的项目中，Martin Fowler 则用了一百多个用例。我们认为：任何合适的用例都可使用，确定用例的过程是对获取的用例进行提炼和归纳的过程。对一个 10 人·年的项目来说，20 个用例似乎太少，一百多个用例则嫌太多，需要保持二者间的相对均衡。

11.3.2 类图

类图(Class Diagram)专门用于捕获系统的词汇表。

(1) 类：具有相同属性、操作、关系的对象集合的总称。在 UML 中类通常被画成矩形。

(2) 类图：描述类和类之间的静态关系，在系统的整个生命周期都是有效的。与数据模型不同，它不仅显示了信息的结构，同时还描述了系统的行为。类图是定义其他图的基础。在类图的基础上，状态图、协作图等进一步描述了系统其他方面的特性。

(3) 名称：每个类都必须有一个名字，用来区分其他的类。类名是一个字符串，称为简单名字。

(4) 属性：指类的命名的特性，常常代表一类取值。类可以有任意多个属性，也可以没有属性。可以只写上属性名，也可以在属性名后跟上类型甚至缺省取值。根据图的详细程度，每条属性可以包括属性的可见性、属性名称、类型、缺省值和约束特性。UML 规定类的属性的语法为：

可见性 属性名：类型 = 缺省值 {约束特性}

常用的可见性有 Public、Private 和 Protected 3 种，在 UML 中分别表示为“+”“-”和“#”。类型表示该属性的种类。它可以是基本数据类型，如整数、实数、布尔型等，也可以是用户自定义的类型。一般它由所涉及的程序设计语言确定。约束特性则是一个用户对该属性性质约束的说明。例如，“{只读}”说明该属性是只读属性。

(5) 操作：是类的任意一个实例对象都可以调用的，并可能影响该对象行为的实现。该项可省略。操作用于修改、检索类的属性或执行某些动作。它们被约束在类的内部，只能作用到该类的对象上。UML 规定操作的语法为：

可见性 操作名(参数表)：返回类型{约束特性}

(6) 约束：在 UML 中，可以用约束表示规则。约束是放在括号“{ }”中的一个表达式，表示一个永真的逻辑陈述。

(7) 组织属性和方法：在画类图时没有必要将全部的属性和操作都画出来。实际上，在大部分情况下也不可能在一个图中将类的属性和操作都画出来，只将感兴趣的属性和操作画出来就可以了。可以用“...”表示还有属性或方法没有画出来。

使用类图进行建模的几个建议如下：

(1) 不要试图使用所有的符号。在 UML 中，有些符号仅用于特殊的场合和方法中，只有当需要时才去使用。

(2) 根据项目开发的不同阶段，用正确的观点来画类图。如果处于分析阶段，则应画概念层类图；当开始着手软件设计时，应画说明层类图；当考察某个特定的实现技术时，则应画实现层类图。

(3) 不要为每个事物都画一个模型，应该把精力放在关键的领域。最好只画几张较为关键的图，经常使用并不断更新修改。

(4) 使用类图的最大危险是过早地陷入实现细节。为了避免这一危险，应该将重点放在概念层和说明层。

11.3.3 对象图

对象图(Object Diagram)用于捕获实例和连接。UML 中对象图与类图具有相同的表示形式。对象图可以看作是类图的一个实例。对象是类的实例。对象之间的链是类之间的关联的实例。链的图形表示与关联相似。对象与类的图形表示相似，即为划分成两个格子的长方形。下面的格子可省略，上面的格子显示对象名和类。

对象名格式为

对象名：类名

类名和对象名下面有下画线；下面的格子记录对象的属性以及值的列表，其格式为

属性：类型 = 值

类型可以省略。对象图常用于表示复杂的类图的一个实例。

11.3.4　包图

随着系统的逐渐变化，理解和修改这个系统也就变得更加困难，最好的方法是将复杂问题分解为多个简单的问题。包(Package)是一种组合机制，把许多类集合成一个更高层次的单位，形成一个高内聚、低耦合的类的集合。

不仅仅是类可以运用包的机制，任何模型元素都可以运用包的机制(比如用例)。如果没有任何启发性原则来指导类的分组，则分组方法就会很随意。在 UML 中，最有用和强调最多的原则就是依赖性。通常，包图所显示的是类的包以及这些包之间的依赖关系。严格地说，这里所讲的包和依赖关系都是类图中的元素，因此包图仅仅是另一种形式的类图。

包的图示类似于书签卡片的形状，由两个长方形组成。小长方形(标签)位于大长方形的左上角。如果包的内容(比如类)没被图示出来，则包的名字可以写在大长方形内，否则包的名字写在小长方形内，如图 11.4 所示。

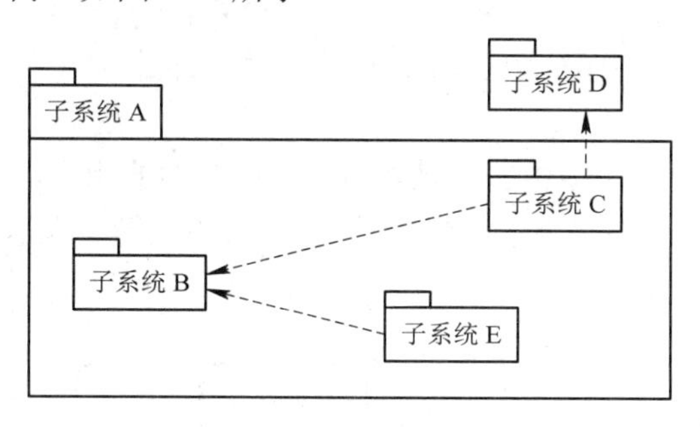

图 11.4　包的图示

如果两个包中的任意两个类之间存在依赖关系，则这两个包之间也存在依赖关系。包的依赖有一个重要的特性，即不传递性。例如，若包 C 依赖于包 B，包 B 依赖于包 A，则包 C 不依赖于 A，因为包 A 中的类的改变只直接影响到包 B 中的相应类，只要包 B 中被包 C 引用的类的接口不发生变化，包 C 就不会因包 A 的变化而受到影响。

层次结构的这种非传递特性正是人们经常采用层次结构的原因之一。显然，如果依赖关系具有传递性，则当底层包被修改后，其可能波及的范围会非常大，从而使修改的范围变得难以控制。

减小包与外界接口的一种方法是将包中与外界有联系的操作都取出来，组成一个小子集，对外只提供这个小子集。包的可见性限定了包中某些类只对本包中的类可见；同时，在包中可加入一些额外的公有类来表示包的公有行为。

包的概念本身对于减少依赖关系并没有必然的帮助。但是，利用这种机制有助于更方便地发现在何处存在依赖，从而有助于通过适当的分组、打包等手段来减少依赖关系。此外，包还是保持系统整体结构简明、清晰的重要工具。

对于一个已经存在的系统，通过查看包中的类就可以推断出包之间的依赖关系。包图是一个很有用的工具，特别是对于改进系统的结构非常有帮助。改进系统结构的基本步骤是：先将类划分成一些包并分析包的依赖关系，然后减少这些依赖关系。

11.4　UML的动态建模机制

11.4.1　协作图

协作图(Collaboration Diagram)是动态视图的另一种表现形式，它强调参加交互的各对象的组织。协作图只对相互间有交互作用的对象和这些对象间的关系建模，而忽略了其他对象和关联。

协作图可以被视为对象图的扩展，但它除了展现出对象间的关联外，还显示出对象间的消息传递过程。

协作图包含以下3个元素：

(1) 对象(Object)。协作图中的对象与时序图的概念是一样的，但是在协作图中，无法表示对象的创建和撤销，所以对于对象在图中的位置没有限制。在协作图中用矩形表示对象，内部是对象的名字。

(2) 链(Link)。协作图中的链和对象图中的链所用的符号是一样的，即一条连接两个类角色的实线。

(3) 消息(Message)。协作图中的消息类型与时序图中的相同，但是为了说明交互过程中消息的时间顺序，可以在消息上添加顺序号，也可以添加箭头表示接收消息的对象。UML中的协作图如图11.5所示。

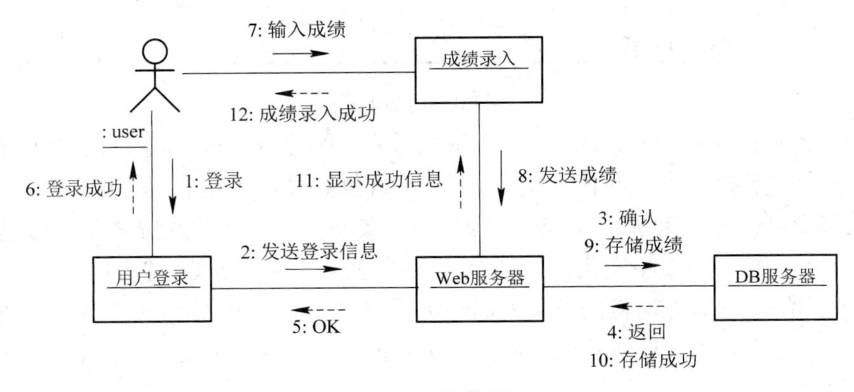

图11.5　协作图

11.4.2　时序图

时序图(Sequence Diagram)描述了对象之间传递消息的时间顺序，用来表示用例中的行为顺序，是强调消息时间顺序的交互图。

时序图包含以下4种元素：

(1) 对象(Object)。对象代表时序图中的对象在交互中扮演的角色。将对象置于时序图的顶部意味着在交互开始时对象就已经存在了，如果对象的位置不在顶部，那么表示对象是在交互的过程中被创建的。

(2) 生命线(Lifeline)。生命线代表时序图中的对象在一段时期内的存在。每个对象底部都有一条垂直的虚线，用于表示该对象的生命线。

(3) 激活(Activation)。激活代表时序图中的对象执行一次操作的时期。每条生命线上的窄条矩形表示活动期。

(4) 消息(Message)。消息用于表示对象之间的交换信息的类。

UML 中的时序图如图 11.6 所示。

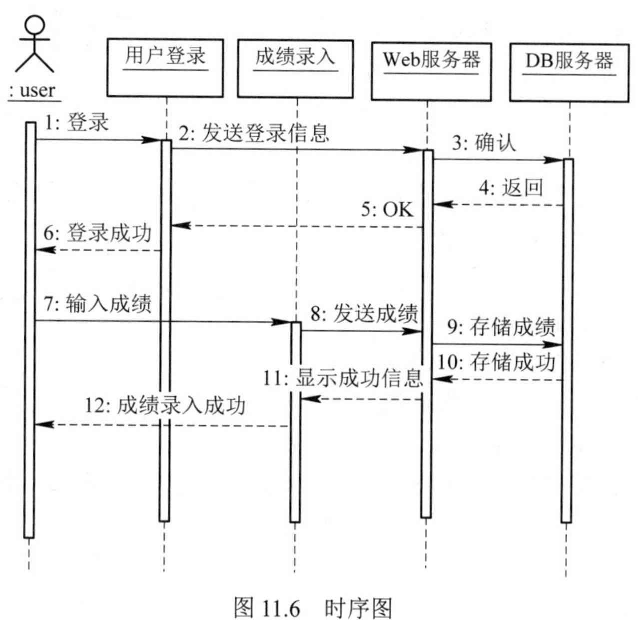

图 11.6　时序图

11.4.3　活动图

活动图(Activity Diagram)是一种描述系统行为的图，它用于展现参与行为的类所进行的各种活动的顺序关系，类似于程序流程图。

活动图包括以下 7 种元素：

(1) 动作状态(Action State)。对象的动作状态是活动图的最小单位的构成块，表示原子动作。动作状态使用平滑的圆角矩形表示，动作状态所表示的动作写在圆角矩形内部。

(2) 活动状态(Activity State)。对象的活动状态可以被理解成一个组合，它的控制流由其他活动状态或动作状态组成。活动状态的表示图标也是平滑的圆角矩形，并可以在图标中给出入口动作、出口动作等信息。

(3) 动作流(Action Flow)。所有动作状态之间的转换流称为动作流。与状态图的转换相同，活动图的转换也用带箭头的直线表示，箭头的方向指向转入的方向。

(4) 分支(Branch)与合并(Merge)。分支与合并描述了对象在不同的判断结果下所执行的不同动作。在活动图中分支与合并用小空心的菱形表示。

(5) 分叉(Fork)与汇合(Join)。分叉用于将动作流分成两个或者多个并发运行的分支，而汇合则用于同步这些并发分支，以达到共同完成一项事务的目的。分叉和汇合都使用加粗的水平线段表示。

(6) 泳道(Swimlane)。泳道将活动图中的活动划分为若干组，并把每一组指定给负责这组活动的业务组织即对象。泳道区分了负责活动的对象，明确地表示了哪些活动是由哪些对象进行的。每个活动只能明确地属于一个泳道。泳道用垂直实线绘出，垂直线分隔的区域就是泳道。

(7) 对象流(Object Flow)。对象流是动作状态或者活动状态与对象之间的依赖关系，表示动作使用对象或者动作对对象的影响。对象流用带有箭头的虚线表示。如果箭头从动作状态出发指向对象，则表示动作对对象施加了一定的影响。如果箭头从对象指向动作状态，则表示该动作使用对象流所指向的对象。

活动图与状态图的区别如下：

(1) 活动图着重表现从一个活动到另一个活动的控制流，是内部处理驱动的流程。

(2) 状态图着重描述从一个状态到另一个状态的流程，主要有外部事件的参与。

UML 中的活动图如图 11.7 所示。

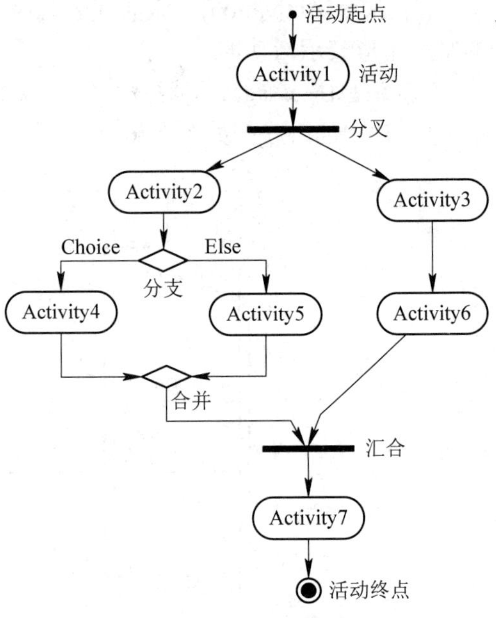

图 11.7　活动图

11.4.4　状态图

状态图(State Diagram)是描述一个实体基于事件反应的动态行为，显示了该实体如何根据当前所处的状态对不同的事件做出反应。通常，创建 UML 状态图是为了研究类、角色、子系统、或组件的复杂行为。状态图可由表示状态的节点和表示状态之间转换的带箭头的直线组成。

状态图包括 5 种元素：状态(State)、转换(Transition)、初始状态(Start State)、终结状态(End State)和判定(Decision)。

UML 中的状态图如图 11.8 所示。

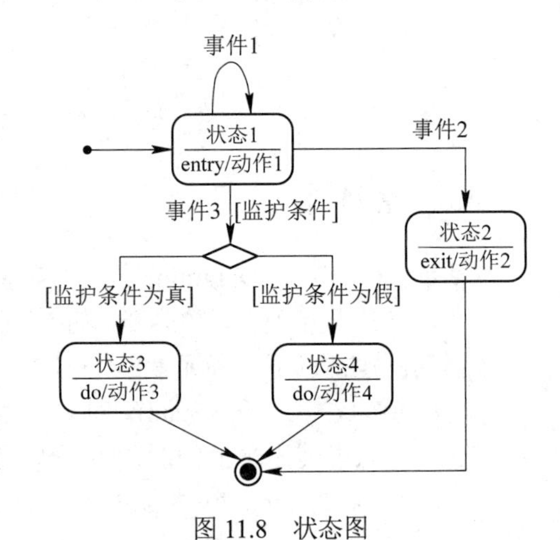

图 11.8　状态图

11.5　UML 面向实现机制

11.5.1　组件图

组件图描述了软件的各种组件和它们之间的依赖关系。每一个组件图只描述系统实现中的某一方面，是系统的代码物理模块，当系统中的所有组件结合起来后，就可以完整地表示整个系统的实现视图。

组件图中通常包含 3 个元素：组件(Component)、接口(Interface)和依赖关系(Dependency)。

UML 中的组件图如图 11.9 所示。

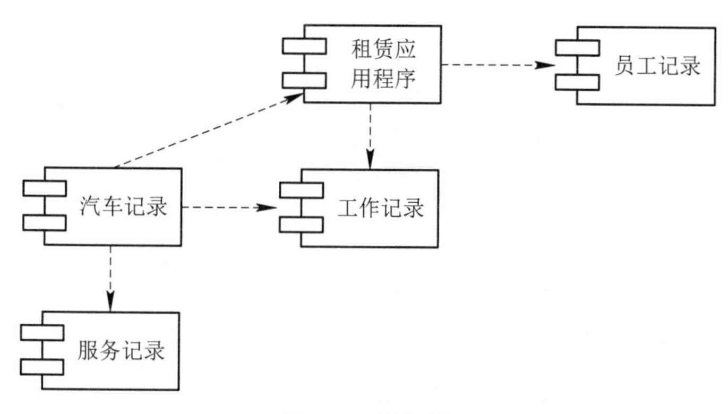

图 11.9　组件图

(1) 组件。组件是定义了良好接口的物理实现单元，是系统中可替换的物理部件。组件可以是源代码组件、二进制组件或一个可执行的组件。在 UML 中，组件用一个左侧带有突出两个小矩形的矩形来表示。

(2) 接口。接口是一个类提供给另一个类的一组操作。组件可以通过其他组件的接口来使用那些组件中定义的一些操作。

组件的接口分为两种：

① 导入接口(Import Interface)：提供给访问操作的组件使用。

② 导出接口(Export Interface)：由提供操作的组件提供。

接口和组件之间的关系分为两种：

① 实现关系(Realization)：接口和组件之间用实线连接表示实现关系。

② 依赖关系(Dependency)：接口和组件之间用虚线箭头连接。

(3) 依赖关系。依赖关系表示组件图中各组件之间存在的关系类型。

UML 的组件图中依赖关系的表示方法与类图中依赖关系的表示方法相同，都是一个由客户指向提供者的虚线箭头。组件图的依赖关系如图 11.10 所示。

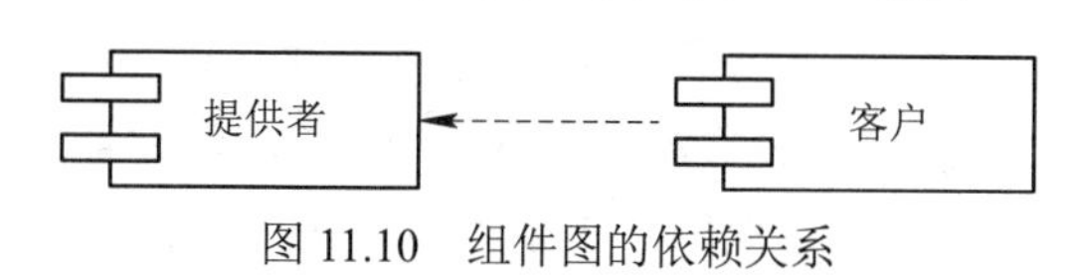

图 11.10　组件图的依赖关系

11.5.2　配置图

配置图描述了运行软件的系统中硬件和软件的物理结构。

配置图中包含两个元素：节点(Node)和关联关系(Association)。

配置图可以显示节点以及它们之间的必要连接，也可以显示这些连接的类型，还可以显示组件和组件之间的依赖关系，但是每个组件必须存在于某些节点上。UML 中的部署图如图 11.11 所示。

(1) 节点是表示在运行时代表计算资源的物理元素。节点通常拥有一些内存，并具有处理能力(如处理器、设备)，在 UML 中是用一个立方体来表示的。

(2) 关联关系是表示各节点之间的通信路径，在 UML 中是用一条实线来表示的。

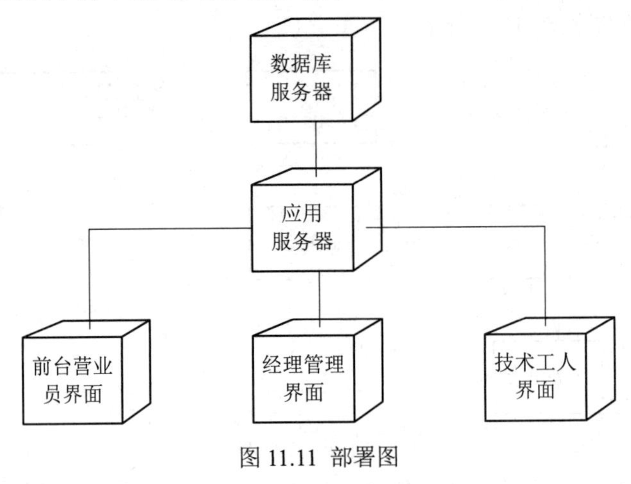

图 11.11 部署图

11.6 UML 建模工具

11.6.1 Rational Rose

Rational Rose 是由美国 Rational 公司开发的一种面向对象的统一建模语言的可视化建模工具。利用该工具可以建立用 UML 描述的软件系统模型，而且可以自动生成和维护 C++、Java、VB、Oracle 等语言和系统的代码。Rational Rose 包括了统一建模语言 UML、面向对象的软件工程 OOSE 以及对象建模技术 OMT。其中，统一建模语言 UML 是由 UML 业内的三位创始人、面向对象领域的大师级人物——Booch、Rumbaugh 和 Jacobson 通过对早期面向对象技术的研究而创建的，而这三位大师都曾经担任过 Rational 公司的首席工程师。2002 年，Rational 软件公司被 IBM 公司收购，现已成为 IBM 的第五大品牌。

Rational Rose 在建模方面具有以下特点：

(1) 保证模型和代码的高度一致，实现真正意义上的双向工程。

(2) 支持多种语言，如 C++、VB、VC++、Java、PB 等。

(3) 为团队开发提供了强有力的支持，提供了 SCM 软件配置管理功能。

(4) 支持模型的 Internet 发布，提供了基于 HTML 版本的发布功能。

(5) 生成使用简单且定制灵活的文档。

(6) 支持常用关系型数据库的无缝连接建模。

11.6.2 Microsoft Office Visio

Microsoft Office Visio 是微软公司开发的产品。它能够很好地帮助 IT 和商务专业人员轻松地可视化、分析和交流复杂信息。它能够将难以理解的复杂文本和表格转换为一目了然的 Visio 图表。该软件通过创建与数据相关的 Visio 图表(而不使用静态图片)来显示数据，这些图表易于刷新，并能够显著提高生产率。

目前 Office Visio 2007 有两种独立版本：Office Visio Professional 和 Office Visio Standard。Office Visio Standard 2007 与 Office Visio Professional 2007 的基本功能相同，但前者包含的功能和模板是后者的子集。Office Visio Professional 2007 提供了数据连接性和可视化功能等高级功能，而 Office Visio Standard 2007 并没有这些功能。

UML 模型图模板是 Microsoft Office Visio 中提供的一个轻量级的建模工具之一，它能够为创建复杂软件系统的面向对象的模型(模型是建模系统的一种抽象表示，它从特定的视角并在某一抽象级别上指定建模系统)提供全面的支持。该模板包括下列工具、形状和功能：

(1) UML 模型资源管理器：它提供模型的树视图(树视图是显示于 UML 导航器窗口中的一种层次结构，其中的各个 UML 元素或视图(图表)都用图标表示，UML 模板自动创建模型的树视图)和在视图间进行浏览的手段。

(2) 预定义的智能形状：这些形状表示 UML 标注中的元素并支持 UML 图类型的创建。通过对这些程序进行编程，使其行为方式同 UML 语义相符。

(3) 易于访问“UML 属性”对话框：可通过这些对话框将名称、特性、操作和其他属性添加到 UML 元素中。

(4) 动态语义错误检查：用于标识和诊断错误，例如缺少数据或错误地使用了 UML 表示法。

(5) 对用 Microsoft Visual C++ 6.0 或 Microsoft Visual Basic 6.0 创建的项目进行反向工程，以生成 UML 静态结构模型。

(6) 对 Microsoft Visual Studio. NET 中创建的项目进行反向工程并生成 UML 静态结构模型。

(7) 从 UML 模型中的类定义将代码框架生成到 C++、Visual C# 或 Microsoft Visual Basic 中。

(8) 标识特定语言错误的代码检查实用程序，该实用程序可以避免代码被指定的目标语言(为生成代码而指定)编译。

(9) 创建用于 UML 静态结构、活动、状态图、组件和部署图的报告。

当前市场上基于 UML 可视化建模的工具很多，如 Rational Rose、Microsoft Visio、Oracle Designer、PlayCase、CA BPWin、CA ERWin、Sybase PowerDesigner 等。

11.7　UML 建模实例

建模实例：ATM(自动柜员机)系统。

1. 系统用例图

对于银行的客户来说，他们可以通过 ATM 机启动几个用例：存款、取款、查阅结余、付款、转账和改变 PIN(密码)，如图 11.12 所示。银行官员也可以启动改变 PIN 这个用例。参与者可能是一个系统，这里的信用系统就是一个参与者，因为它是在 ATM 系统之外的。箭头从用例到参与者表示用例产生一些参与者要使用的信息。这里，付款用例向信用系统提供信用卡付款信息。

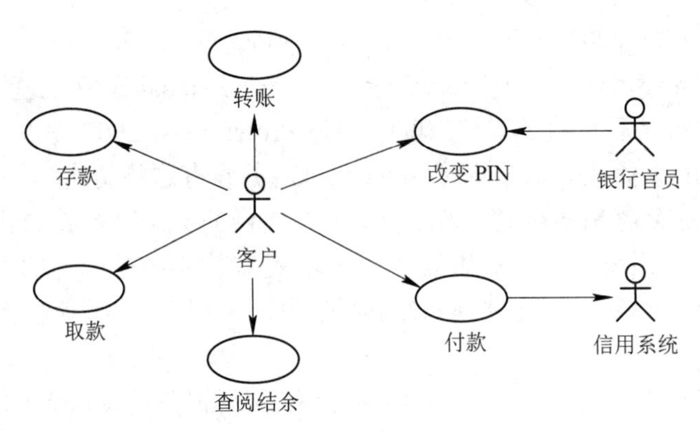

图 11.12　系统用例图

2. “客户插入卡”的活动图

客户插入信用卡之后,可以看到 ATM 系统运行了 3 个并发的活动:验证卡、验证 PIN(密码)和验证余额。这 3 个验证都结束之后，ATM 系统根据这 3 个验证的结果来执行下一步的活动。如果卡正常、密码正确且通过余额验证，则 ATM 系统接下来询问客户有哪些要求也就是要执行什么操作。如果验证卡、验证 PIN(密码)和验证余额这 3 个验证有任何一个通不过，则 ATM 系统就把相应的出错信息在 ATM 屏幕上显示给客户。“客户插入卡”的活动图如图 11.13 所示。

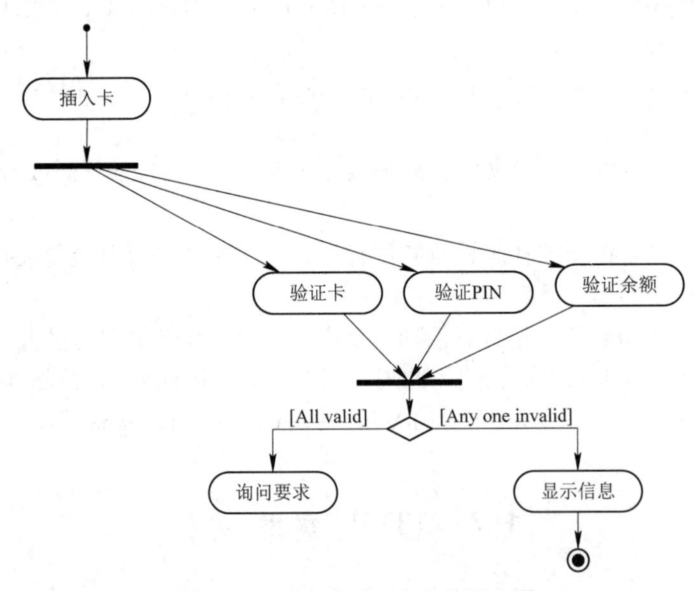

图 11.13　“客户插入卡”的活动图

3. 取款用例的类图

类图显示了取款这个用例中各个类之间的关系，由 4 个类完成：读卡机、账目、ATM 屏幕和取钱机。类图中每个类都是用方框表示的，分成 3 个部分：第一部分是类名；第二部分是类包含的属性，属性是类和相关的一些信息，如账目类包含了 3 个属性，即账号、PIN(密码)和结余；第三部分包含类的方法，方法是类提供的一些功能，例如账目类包含了 4 个方法，即打开、取钱、扣钱和验钱数。取款用例的类图如图 11.14 所示。

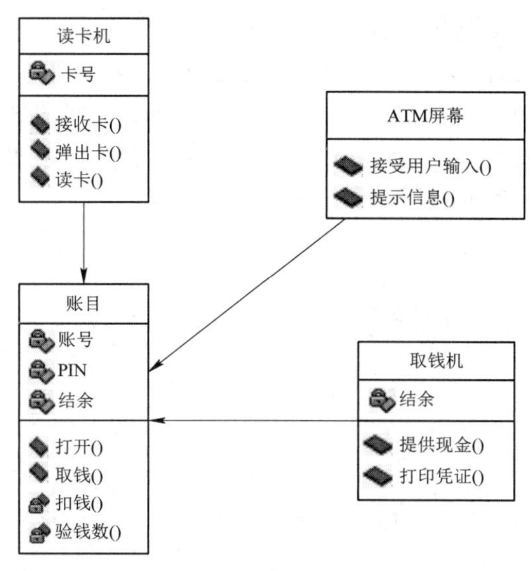

图 11.14　取款用例的类图

4. 交互图

交互图是描述对象之间的关系以及对象之间的信息传递的图，主要包括序列图和协作图。

(1) 某客户 Joe 取 20 美元的序列图如图 11.15 所示。序列图显示了用例中的功能流程。这里对取款这个用例进行分析，它有很多可能的程序，如想取钱而没钱，想取钱而 PIN 错等，正常的情况是取到了钱。

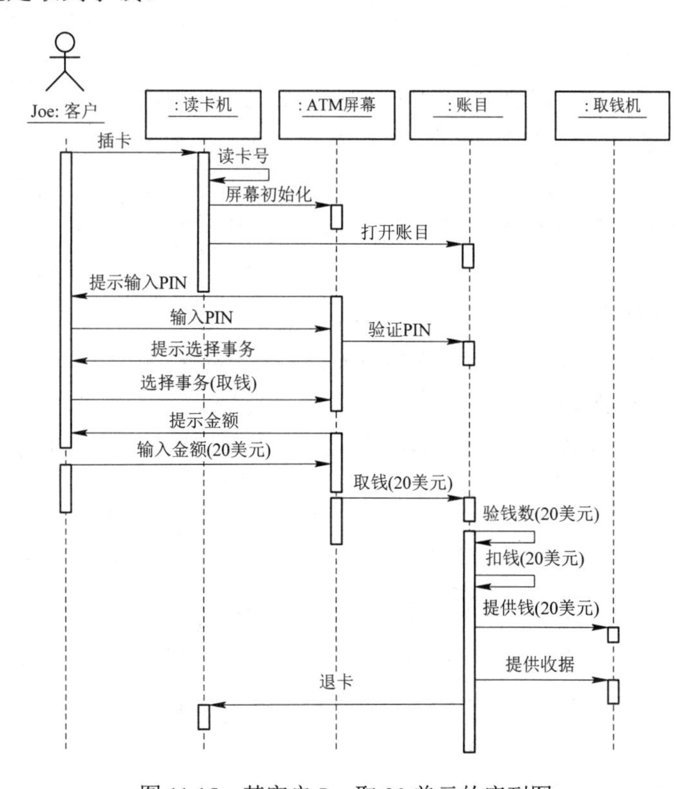

图 11.15　某客户 Joe 取 20 美元的序列图

序列图的顶部一般先放置的是取款这个用例涉及的参与者，然后放置系统完成取款用例所需的对象，每个箭头表示参与者和对象或对象之间为了完成特定功能而要传递的消息。

(2) 某客户 Joe 取 20 美元的协作图如图 11.16 所示。协作图显示的信息和序列图是相同的，只是协作图用不同的方式显示而已。序列图显示的是对象和参与者随时间变化的交互，而协作图则不参照时间而显示对象与参与者的交互。

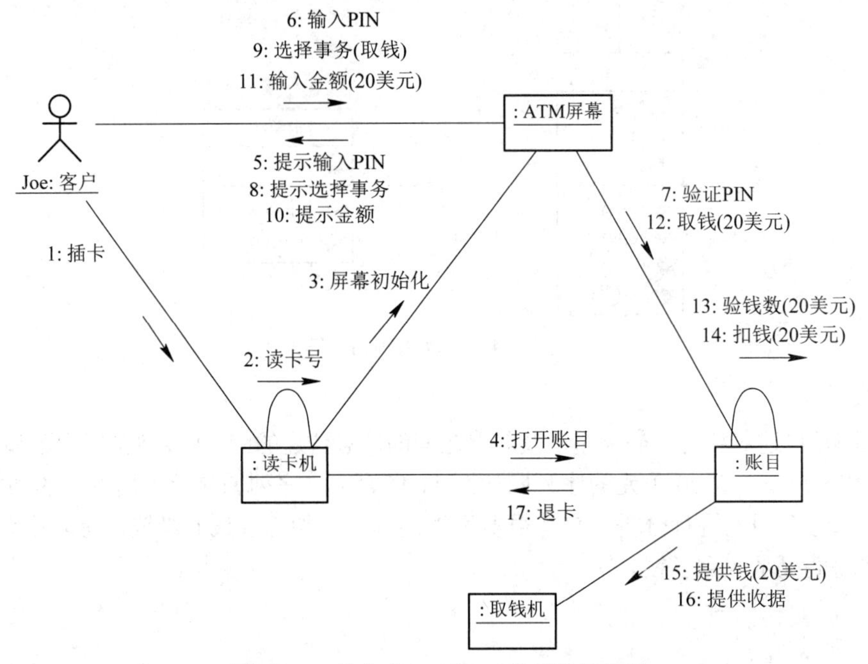

图 11.16　某客户 Joe 取 20 美元的协作图

例如，从 Joe 取 20 美元的协作图中可以看到，读卡机和 Joe 的账目两个对象之间的交互：读卡机指示 Joe 的账目打开，Joe 的账目让读卡机退卡。直接相互通信的对象之间有一条直线，例如 ATM 屏幕和读卡机直接相互通信，则其间画一条直线。没有画直线的对象之间不直接通信。

5. 账目类的状态图

银行账目可能有几种不同的状态，可以打开、关闭或透支。账目在不同状态下的功能是不同的，账目可以从一种状态变到另一种状态。例如，账目打开而客户请求关闭账目时，账目转入关闭状态。客户请求是事件，事件导致账目从一个状态过渡到另一个状态，如图 11.7 所示。

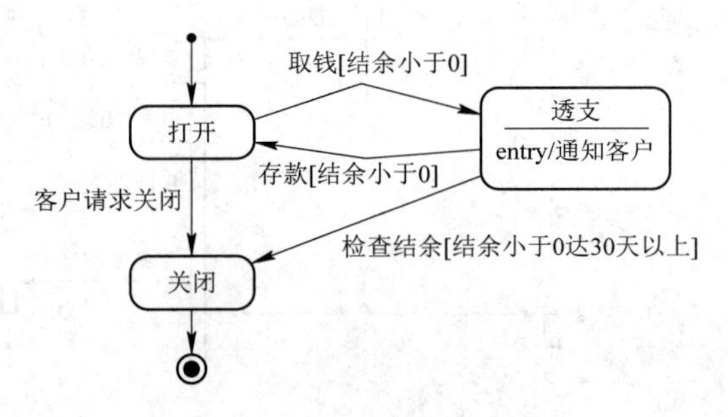

图 11.17　账目类的状态图

如果账目打开而客户要取钱，则账目可能转入透支状态。这发生在账目结余小于 0 时，图 11.17 中显示为[结余小于 0]。方括号中的条件称为保证条件，用于控制状态的过渡能不能发生。

对象处在特定状态时可能发生某种事件。例如，账目透支时，要通知客户。

11.8 实战训练

1. 目的

UML 作为软件工程中的建模语言，代表了面向对象方法的软件开发技术的发展方向。本实战训练通过对“图书管理系统”从系统需求分析到系统配置与实现的全过程进行建模，使读者能够较深入地理解和掌握 UML 建模的方法和意义。

2. 任务

“图书管理系统”是对学校图书馆的图书综合管理的平台系统，是一个学校和地区教育信息化的基础信息平台。

针对“图书管理系统”进行子系统(或功能模块)的分解，全班同学可以分成若干开发小组，每个小组承担其中的一个功能模块的全部 UML 建模。

3. 实现过程

建模过程及内容包括：

(1) 系统的需求分析。“图书馆管理系统”的需求陈述见 10.7 节。

(2) 系统的 UML 基本模型(用例建模)。

通过对系统需求陈述的分析，可以确定系统有两个执行者：管理员和读者。其简要描述如下：

① 管理员：按系统授权维护和使用系统的不同功能，可以创建、修改、删除读者信息和图书信息(即读者管理和图书管理)，实现借阅、归还图书以及罚款等功能(即借阅管理)。

② 读者：通过互联网或图书馆查询终端，查询图书信息和个人借阅信息，还可以在符合续借的条件下自己办理续借图书手续。

在确定执行者之后，结合图书管理的领域知识，进一步分析系统的需求，可以确定系统的用例——借阅管理，它包含借书、还书(可扩展过期和丢失罚款)、续借、借阅情况查询等功能。

下面是借书用例的详细描述：

用例名称：借书。

参与的执行者：管理员。

前置条件：一个合法的管理员已经登录到这个系统。

事件流：

A. 输入读者编号；
 提示超期未还的借阅记录；
B. 输入图书编号；

```
    if 选择“确定” then
        if 读者状态无效或该书“已”注销或已借书数>=可借书数 then
            给出相应提示；
        else
            添加一条借书记录；
            “图书信息表”中“现有库存量”-1；
            “读者信息表”中“已借书数量”+1；
            提示执行情况；
        endif
        清空读者、图书编号等输入数据；
    endif
    if 选择“重新输入”then
        清空读者、图书编号等输入数据；
    endif
    if 选择“退出”then
        返回上一级界面；
    endif
    返回 A.等待输入下一条；
```

后置条件：如果是有效借书，则在系统中保存借阅记录，并修改图书库存量和读者借书数量。

确定执行者和用例之后，进一步确定用例之间的关系，如图 11.18 所示。

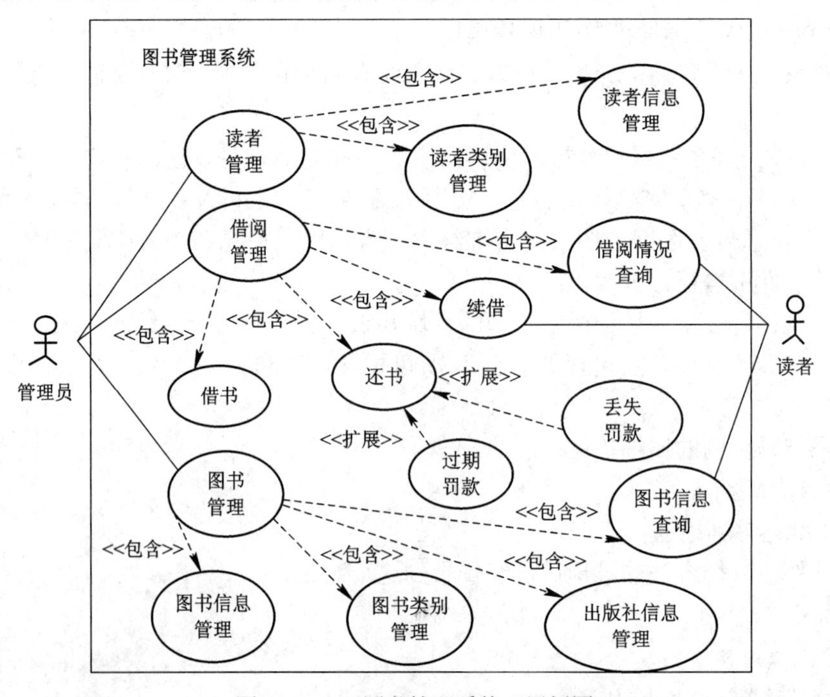

图 11.18 “图书管理系统“用例图

(3) 系统的核心类。该系统的类图如图 11.19 所示。

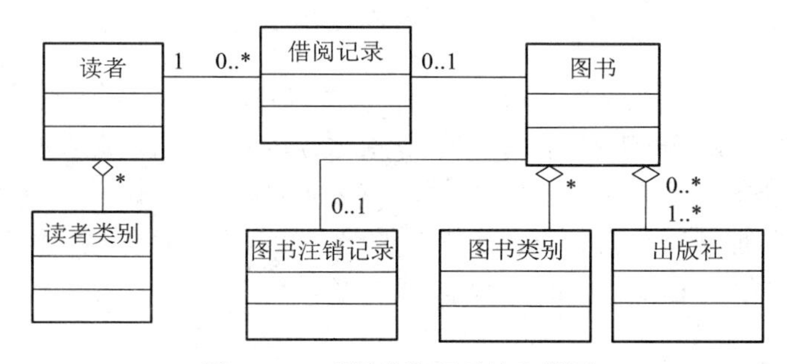

图 11.19　“图书管理系统”类图

必要时，可针对系统的某一功能画出完成此功能的对象之间交互消息的时序图，如“借书”功能的消息交互时序图如图 11.20 所示。

必要时，可针对系统的某一类对象画出表示该对象在系统中的状态变化过程，如“图书”对象的状态变化图如图 11.21 所示。

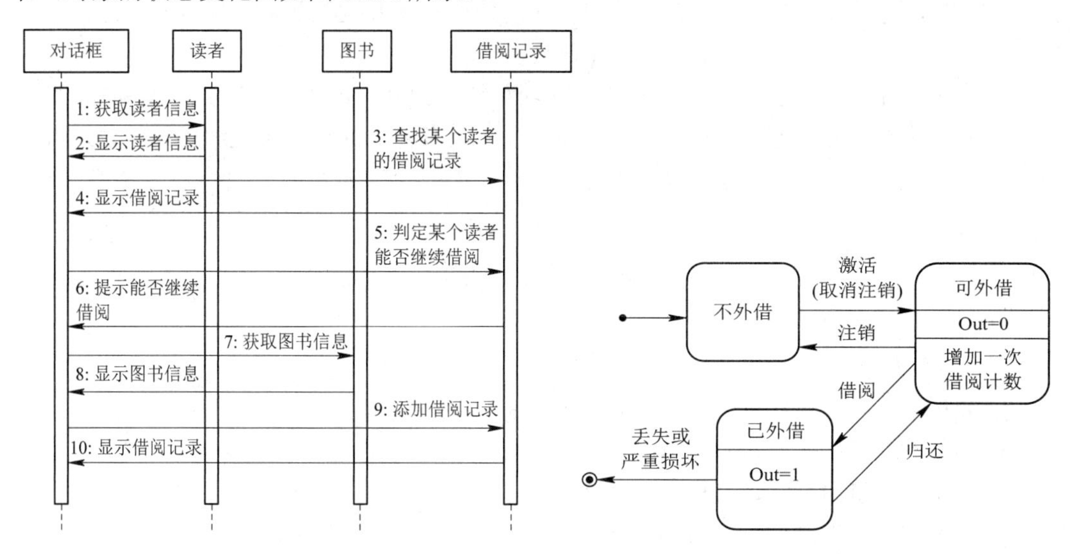

图 11.20　“借书”的时序图　　图 11.21　“图书”对象的状态变化图

(4) 系统的配置与实现。“图书管理系统”的配置图如图 11.22 所示。

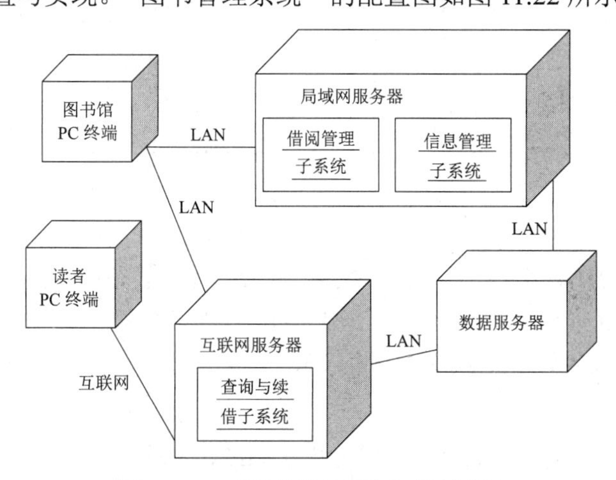

图 11.22　“图书管理系统”的配置图

4. 讨论

UML 的动态模型包括状态图、顺序图、合作图以及活动图。在商业信息系统中，顺序图对描述商业对象的交互非常有用，是商业信息系统分析、设计和实现阶段最重要的支持手段之一。UML 建模是很灵活的过程，使用者不必面面俱到地画出各种图。对于每一幅图，只有在必要时(比如能帮助分析、设计、指导编码、加深理解、促进交流等)才需要画出，这样的图对建模才有意义，否则会浪费精力而事倍功半。

本 章 小 结

UML 是一种功能强大的、面向对象的可视化系统分析的建模语言，它采用一整套成熟的建模技术，广泛地适用于各个应用领域。它的各个模型可以帮助开发人员更好地理解业务流程，建立更可靠、更完善的系统模型，从而使用户和开发人员对问题的描述达到相同的理解，以减少语义差异，保障分析的正确性。

通过对 ATM(自动柜员机)系统的开发可以看到，UML 作为软件工程中的建模语言，代表了面向对象方法的软件开发技术的发展方向，具有重大的经济价值和国防价值，并获得了国际上的广泛支持，具有非常好的应用前景。

习 题 11

一、选择题

1. 如果要对一个企业中的工作流程进行建模，则下面 4 个图中(　　)是最有用的。

A. 交互图　　B. 类图　　C. 活动图　　D. 部署图

2. 一个计算机由处理器、内存、硬盘、键盘等组成，那么它们之间的关系是(　　)。

A. 泛化关系　　B. 实现关系　　C. 包含关系　　D. 聚集关系

3. UML 的基本建筑块不包括(　　)。

A. 框架　　B. 事物　　C. 关系　　D. 图

二、填空题

1. UML 包括 5 种视图：_______、_______、_______、_______ 和 _______。

2. UML 包括 9 种图：_______、_______、_______、_______、_______、_______、______、_______ 和 _______。

三、简答题

1. 名词解释：UML、关联关系、依赖关系、泛化关系、静态视图、动态视图、双向工程。

2. 简述在需求分析和设计阶段如何使用 UML 技术进行建模。

3. 简述静态视图与动态视图的区别和联系。

四、分析题

针对“图书管理系统”中的“读者管理”子系统，在进行需求分析和设计的基础上，试画出系统的用例图、时序图、协作图、状态图和活动图。

第 12 章　软件项目管理

本章主要内容：

- 项目与项目管理的基本概念
- ISO 9000 和 CMMI 的基本概念
- 软件项目管理过程及各种文档模板
- 案例分析

本阶段的产品：参见 12.6 节项目管理过程中相关的模板和表格

参与角色：高层经理、项目经理、QA 人员、CM 人员、开发人员

12.1　项目与项目管理

1. 项目

项目是现代管理学中的一个重要分支。

美国项目管理协会(PMI)对项目的定义：项目是为完成某一独特的产品或服务所做的一次性努力。从根本上说，项目就是一系列的相关工作。

中国项目管理研究委员会对项目的定义是：项目是一个特殊的将被完成的有限任务。它是在一定时间内，满足一系列特定目标的多项相关工作的总称。根据这个定义，项目实际包含 3 层含义：

(1) 项目是一项有待完成的任务，有特定的环境和要求。

(2) 在一定的组织机构内，利用有限资源(人力、物力、财力等)，在规定的时间内(指项目有明确的开始时间和结束时间)为特定客户完成特定目标的阶段性任务。

(3) 任务要满足一定性能、质量、数量、技术指标等要求。

2. 项目管理

按 PMI 的定义：项目管理就是“在项目活动中运用一系列的知识、技能、工具和技术，以满足或超过相关利益者对项目的要求”。

中国项目管理研究委员会对项目管理总结为：“项目管理”一词具有两种不同的含义，其一是指一种管理活动，其二是指一种管理学科。前者是一种客观的实践活动，后者是前者的理论总结；前者以后者为指导，后者以前者为基础。

项目管理贯穿整个项目的生命期，是对项目的全过程管理。

项目管理具有以下基本特征：

(1) 项目管理的对象是项目。

(2) 系统工程思想贯穿项目管理的全过程。

(3) 项目管理的组织具有一定的特殊性。

(4) 项目管理的体制是基于团队管理的个人负责制，项目经理是整个项目组中协调、控制的关键。

(5) 项目管理的要点是创造和保持一个使项目顺利进行的环境，使置身于这个环境的人们能在集体中协调工作以完成预定的目标。

(6) 项目管理的方法、工具和技术手段具有先进性。

3. 项目管理的基本内容

PMI 编写的《项目管理知识体系》(PMBOK)将项目管理划分为 9 个知识领域：范围管理、时间管理、成本管理、质量管理、人力资源管理、沟通管理、采购管理、风险管理和综合管理。

(1) 项目综合管理：其包括 3 个基本的子过程，即制订项目计划、项目计划执行及综合变更控制。

(2) 项目范围管理：PMBOK 将其分成 5 个阶段，即启动、范围计划、范围界定、范围核实及范围变更控制。

(3) 项目时间管理：PMBOK 提出，项目时间管理由 5 项任务组成，即活动定义、活动排序、活动时间估计、项目进度编制及项目进度控制。

(4) 项目成本管理：包括 4 个过程，即制订资源计划、成本估计、成本预算及成本控制。

(5) 项目质量管理：主要包括 4 个过程，即质量规划、质量控制、质量保证及全面质量管理。

(6) 项目人力资源管理：包括这几个主要的过程，即人力资源规划、招聘与解聘、筛选、定向、培训、绩效评估、职业发展及团队建设。

(7) 项目风险管理：PMBOK 将其归纳为 4 个主要过程，即风险识别、风险估计、风险应对计划及风险控制。

(8) 项目沟通管理：包括一些基本的过程，即编制沟通计划、信息传递、绩效报告和管理收尾。

(9) 项目采购管理：主要包括编制采购计划、编制询价计划、询价、选择供应商、合同管理及合同收尾。

而中国项目管理研究委员会则将项目管理的内容概括为 2 个层次、4 个阶段、5 个过程、9 大知识领域、42 个要素及多个主体，具体内容如表 12.1 所示。

表 12.1 项目管理的基本内容

<table>
<tr><td>项目层次</td><td colspan="3">企业层次</td><td colspan="2">项目层次</td></tr>
<tr><td>项目主体</td><td>业主</td><td colspan="2">承包商</td><td>监理</td><td>用户</td></tr>
<tr><td>项目阶段</td><td>概念阶段</td><td colspan="2">开发阶段</td><td>实施阶段</td><td>收尾阶段</td></tr>
<tr><td>基本过程</td><td>启动过程</td><td>计划过程</td><td>执行过程</td><td>控制过程</td><td>结束过程</td></tr>
<tr><td rowspan="2">知识领域</td><td>综合管理</td><td>范围管理</td><td>时间管理</td><td>成本管理</td><td>质量管理</td></tr>
<tr><td colspan="2">人力资源管理</td><td>风险管理</td><td>沟通管理</td><td>采购管理</td></tr>
</table>

续表

项目层次	企业层次	项目层次	项目层次
知识要素	项目与项目管理	项目管理的运行	通过项目进行管理
	系统方法与综合	项目背景	项目阶段与生命周期
	项目开发与评估	项目目标与策略	项目成功与失败标准
	项目启动	项目收尾	项目结构
	范围与内容	时间进度	资源
	项目费用法与融资	技术状态与变化	项目风险
	效果度量	项目控制	信息、文档与报告
	项目组织	团队工作	领导
	沟通	冲突与危机	采购与合同
	项目质量管理	项目信息学	标准与规范
	问题解决	项目后评价	项目监理与监督
	业务流程	人力资源开发	组织的学习
	变化管理	项目投资体制	系统管理
	安全、健康与环境	法律与法规	财务与会计

4. 项目管理的要素

在项目管理过程中，是以 3 个要素为中心进行管理的：时间(Time)、成本(Cost)和质量(Quality)。

12.2　ISO 9000 国际标准简介

ISO 9000 族标准是国际标准化组织于 1987 年制定的，后经不断修改完善而成的系列标准。现已有 90 多个国家和地区将此标准等同转化为国家标准。我国等同采用 ISO 9000 族标准的国家标准是 GB / T19000 族标准。该标准是国际标准化组织承认的中文标准。

一般的软件企业的活动主要由 3 方面组成，即经营、管理和开发。在管理上又主要表现为行政管理、财务管理和质量管理。ISO 9000 标准族主要针对质量管理，同时涵盖了部分行政管理和财务管理的范畴。

ISO 9000 标准族并不是产品的技术标准，而是针对企业的组织管理结构、人员和技术能力、各项规章制度和技术文件、内部监督机制等一系列体现企业保证产品及服务质量的管理措施的标准。具体地讲 ISO 9000 标准族就是在以下 4 个方面规范质量管理的。

(1) 机构。标准明确规定了为保证产品质量而必须建立的管理机构及其职责权限。

(2) 程序。企业组织产品生产必须制定规章制度、技术标准、质量手册和质量体系操作检查程序，并使之文件化、档案化。

(3) 过程。质量控制是对生产的全部过程加以控制，是面的控制，不是点的控制。从根据市场调研确定产品、设计产品、采购原料，到生产检验、包装、储运，其全过程按程序要求控制质量，并要求过程具有标识性、监督性和可追溯性。

(4) 总结。不断地总结、评价质量体系，不断地改进质量体系，使质量管理呈螺旋式上升。

通俗地讲就是把企业的管理标准化，而标准化管理生产的产品及其服务，其质量是可以信赖的。

ISO 9000 族标准认证也可以理解为质量体系注册，它是由国家批准的、公正的第三方认证机构依据 ISO 9000 族标准，对企业的质量体系实施评定，向公众证明该企业的质量体系符合 ISO 9000 族标准，可提供合格产品，公众可以相信该企业的服务承诺和企业产品质量的一致性。

12.3 CMMI

12.3.1 CMMI 的基本概念

能力成熟度模型(Capbility Maturity Model，CMM)是由美国软件工程学会(Software Engineering Institute)制定的一套专门针对软件产品的质量管理和质量保证标准。该标准最初是为美国军方选择软件产品提供商时评价软件企业的软件开发质量保证能力而制定的，所以称为软件企业能力成熟度模型。该标准将软件企业的能力成熟度划分为 5 个等级，级别越高表明该企业在提供合格软件产品方面的能力越强。

CMMI 全称是 Capbility Maturity Model Integration，即软件能力成熟度模型集成，它由美国国防部与卡内基梅隆大学和美国国防工业协会共同开发和研制，于 2002 年 4 月推出了系统工程和软件工程的集成成熟度模型。CMMI 是一套融合多学科的、可扩充的产品集合，同时也是工程实践与管理方法。

CMMI 能够解决现有的不同 CMM 模型的重复性、复杂性，并降低由此引起的成本，缩短改进过程。它将软件 CMM 2.0 版草案(SW-CWW)、EIA 过渡标准 731(系统工程 CMM)及 IPD-CMM 集成为一体，同时还与 ISO 15504 相兼容。与原有的能力成熟度模型 CMM 相比，CMMI 的涉及面更广，专业领域覆盖软件工程、系统工程、集成产品开发和系统采购。

CMMI 有两种表现方法，一种是大家很熟悉的和软件 CMM 一样的阶段式表现方法，另一种是连续式的表现方法。这两种表现方法的区别是：阶段式表现方法仍然把 CMMI 中的若干个过程区域分成了 5 个成熟度级别，帮助实施 CMMI 的组织建立一条比较容易实现的过程改进发展道路。而连续式表现方法则将 CMMI 中过程区域分为 4 大类：过程管理、项目管理、工程以及支持。对于每个大类中的过程区域，又进一步分为基本的和高级的。这样，在按照连续式表示方法实施 CMMI 的时候，一个组织可以把项目管理或者其他某类的实践一直做到最好，而其他方面的过程区域可以完全不必考虑。

12.3.2　CMMI 的体系结构

CMMI 的体系结构由 5 个成熟度级组成(参见表 12.2)，具体定义如下：

(1) 初始级。初始级过程是无序的，有时甚至是混乱的。几乎没有什么软件过程是经过定义的(即没有一个定型的过程模型或软件过程管理制度)，项目能否成功完全取决于开发人员的个人能力。由于缺乏健全的管理制度和周密的计划，因此延期交付和费用超支的情况经常发生，结果是大多数的行动是应付危机而不是完成事先计划好的任务。

总之，其过程能力是不可预测的，软件过程是不稳定的，产品质量只能根据个人能力而不是过程能力来预测。

表 12.2　CMMI 软件成熟度能力等级

能力等级	特　征	关键过程
第 1 级：初始级	软件过程是混乱无序的，对过程几乎没有定义，成功依靠的是个人的才能和经验，管理方式属于反映式	
第 2 级：可重复级	建立了基本的项目管理，可跟踪进度、费用和功能特征，制定了必要的项目管理，能够利用以前的类似的项目应用取得成功	需求管理、项目计划、项目跟踪和监控、软件合同管理、软件配置管理、软件质量管理保障。
第 3 级：已定义级	已经将软件管理和过程文档化、标准化，同时综合成为该组织的标准软件过程，所有的软件开发都使用该标准软件过程	组织过程定义、组织过程交点、培训大纲、软件集成管理、软件产品过程、组织协调、专家评审
第 4 级：可管理级	收集软件过程的产品质量的详细度量，对软件过程和产品质量有定量的理解和控制	定量的软件过程管理和产品质量管理
第 5 级 优化级	软件过程的量化反馈及新的思想和技术促进过程的不断改进	缺陷预防、过程变更管理和技术变更管理

(2) 可重复级。软件机构建立了基本的项目管理过程(过程模型)，可以跟踪成本、进度、功能和质量。通过建立基本的过程规范，使得对新项目的策划和管理的过程建立在以前类似成功项目的实践经验基础之上，使新项目再次获得成功。此成熟度级应满足：

① 通过对以前项目的观察和分析，提出针对现行项目的约束条件，并提出为满足这些约束条件应解决的问题，从而跟踪项目的开发成本、进度、功能和质量。

② 已经制定了项目标准，并保证严格执行。

③ 项目组与客户已经建立起一个稳定的可管理的工作环境。

总之，其软件项目的策划和管理是稳定有效的，已经为一个有纪律的管理过程提供了可重复以前成功实践的项目环境。

(3) 已定义级。软件机构已经定义了完整的软件过程(过程模型)，软件过程已经文档化和标准化。所有的项目组都使用文档化的、经过批准的过程来开发和维护软件。有一个固定的过程小组从事软件过程工程活动，利用过程模型来针对某个项目进行过程实例化，并开展有效的软件项目工程实践。

总之，无论是管理和还是工程活动都是稳定的。软件开发的成本和进度等都受到控制，软件产品的质量是有可追溯性的。

(4) 可管理级。软件机构对软件过程(过程模型和过程实例)和软件产品都是建立了定量的质量目标，所有的项目的重要的过程活动都是可度量的。软件机构要搜集过程度量和产品度量的方法加以运用，为评定过程质量和产品质量奠定基础。

总之，软件过程是可度量的，软件过程在可度量的范围内运行。即在可定量的范围内预测过程和产品质量的趋势，并随时纠正偏差。

(5) 优化级。软件机构集中精力持续不断地改进软件过程。利用有效的统计数据对新技术进行成本/效益分析，再采用新技术和新方法优化软件过程。

模型的等级从低到高，可以预计企业的开发风险越来越低，开发能力越来越高。除模型的第 1 级外，其他每个等级都由不同的过程区域构成，而每个过程区域又由各种目标构成，每个目标由各种实践支持(实践分为该目标特有的特殊实践和各种目标均适用的通用实践两种形式)。

一个组织只要开始从事软件开发，即自动处于第 1 级，要通过其他等级，就需要达到统一的标准，即相对应等级中的各个区域过程。

CMM2 级过程区域有 7 个：需求管理、项目策划、项目监督和控制、供方协定管理、测量和分析、过程和产品质量保证及配置管理。

CMM3 级过程区域有 11 个：需求开发、技术解决、产品集成、验证、确认、组织过程聚焦、组织过程定义、组织培训、集成项目管理、风险管理以及决策分析和决定。

CMM4 级过程区域有两个：组织过程性能和定量项目管理。

CMM5 级过程区域有两个：组织革新和部署、原因分析和决定。

当一个软件组织按照 CMMI 的要求贯彻活动，并达到预期的效果后，该组织就可以被认为是达到 CMMI 的要求。

12.4 ISO 9000 与 CMMI 的比较

这里主要比较 CMMI 和 ISO 9000 质量标准体系中的 9001 的异同。

在基本原理方面，ISO 9001 和 CMMI 都十分关注软件产品质量和过程改进。尤其是 ISO 9000:2000 版标准增加持续改进、质量目标的量化等方面的要求后，在基本思路上和 CMMI 更加接近。它们之间的主要的差别是状态上的差别。ISO 9001 侧重于“机构保证在设计、开发、生产、安装及服务过程中与指定的要求一致”。而 CMMI 侧重于“支持一个机构评估及改进它们的系统的工程能力”及“指出机构选择的模型的不足之处”。

CMMI 和 ISO 9001 阐述了一个机构应该如何制定他们的标准，然后如何检查是否按照标准进行了实施。ISO 9001 所关注的是确保执行人员所完成的过程记录是否有效，并且开发的产品是否满足质量要求。CMMI 以成熟度能力为层次进行评价。

这两个标准都涉及了产品的开发和产品的质量，但 CMMI 对产品的设计和开发的细节作了较多要求，而 ISO 9001 则对产品的开发过程和产品本身的质量细节作了较多要求。

ISO 9001 要求与质量管理体系相关的所有工作人员的经过授权并签字的质量记录。它还要求足够的资源，包括提供必要的员工培训等。从 ISO 9001 的角度来看 CMMI，至少 CMMI 的第 2 级及以上级别才能和 ISO 9001 相提并论。

由此可见 ISO 9001 和 CMMI 既有区别又相互联系，两者不可简单地互相替代；取得 ISO 9001 认证并不意味着完全满足 CMMI 某个等级的要求，取得 CMMI 第 2 级(或第 3 级)并不能笼统地说满足了 ISO 9001 的要求。

CMMI 和 ISO 9001 的出发点都是通过对生产过程进行管理，来确保产品的质量。虽然它们之间有很多区别，但也有相似之处。比如，通过 ISO 9001 认证的组织，可以基本满足 CMMI 第 2 级的标准和很多 CMMI 第 3 级的要求。因为 CMMI 中的很多要求并没有列入 ISO 9000 标准之中，所以，CMMI 第 1 级的组织也可能获得 ISO 9001 的登记和注册。同样，有些 ISO 9001 规定的内容并没有列入 CMMI 标准。一个 CMMI 第 3 级组织获得 ISO 9001 认证几乎没有困难，一个 CMMI 第 2 级组织申请 ISO 9001 认证也有明显优势。

12.5　软件项目管理过程

项目管理的目的就是规范项目管理过程，使项目在预定成本之内，保质保量地按计划完成任务。

在软件项目开发过程和软件项目管理过程中经常容易出现以下问题：

(1) 对目标理解不清楚。

(2) 对需求定义不明确。

(3) 目标不合理。

(4) 没有策划任务。

(5) 资源和技能不充分。

(6) 沟通不是很有效。

(7) 优先级冲突。

(8) 没有控制的变更等。

基于以上容易出现的问题，建立项目管理过程，规范项目管理的过程就显得非常必要。本节将根据软件项目管理过程中的实际标准管理过程进行说明，请参见表 12.3。

表 12.3　软件项目管理过程

	No	过程活动	任　　务	成果物
启动	1	项目启动	明确项目的目的和目标，制订项目启动计划，进行初步的规模估计，明确项目的基本信息	工作陈述，立项建议报告，项目任务书，工作陈述，立项建议报告，项目任务书
项目定义	1	项目过程定义	选择生命周期模型，裁剪生命周期模型	项目计划的生命周期模型
	2	工作分解结构(WBS)	进行产品和任务分解，建立项目的工作分解结构； 进行软件估计	项目计划的工作分解结构，软件估计表

续表

	No	过程活动	任　务	成果物
制订项目计划	1	制订风险计划	识别风险：在项目进行过程中，不断地识别项目风险； 制订风险管理策略：确定风险管理负责人和风险管理工具，确定风险报告的机制，项目计划的资源； 分析风险：分析风险，确定风险的参数； 确定风险计划：根据风险分析结果，制订风险计划	风险管理表 项目计划的项目监控计划
	2	制订项目资料管理	在配置管理计划中列出清单，如有安全等方面的要求，自行定义规程	配置管理计划
	3	制订项目培训计划	人员技能是否符合项目要求，针对不符合要求的制订项目培训计划	项目计划的培训计划
	4	制订项目监控过程	确定项目监控报告的机制	项目监控计划
	5	制订项目进度表	根据 WBS 的结果，制订项目的进度表，确定里程碑	项目进度表
	6	制订项目计划	集成项目从属计划，制订完整项目计划	项目计划、项目进度表
	7	获得对计划的承诺	根据 WBS 的结果，制订项目的进度，确定里程碑，策划评审时间和评审类型	项目计划评审记录
	8	评审	评审：工作分解结构(WBS)，项目进度，里程碑； 获得对各个计划的承诺； 集成项目从属计划，制订完整的项目计划	项目计划评审记录
项目跟踪	1	跟踪项目策划中估计的参数	收集数据，分析项目状态，跟踪项目进展情况	项目状态报告
	2	跟踪风险	跟踪风险缓解计划执行情况，识别新的风险，标识风险状态	风险管理表
	3	跟踪资料管理	跟踪项目资料的管理情况，发现的问题记录在配置管理活动报告中	配置管理活动报告
	4	跟踪共同利益者参与	跟踪共同利益者的参与情况，发现的问题记录在项目状态报告的问题管理表中管理	项目状态报告的问题管理表
	5	里程碑总结	在里程碑处，对项目的工作量、进度、缺陷等方面进行总结	里程碑总结报告
	6	变更管理	在实施跟踪与监督过程中，当发现项目的状态与计划产生了较大偏离时，采取措施防止问题发生或使问题的影响最小，必要时修订项目计划，或与客户协商调整需求	项目计划变更报告
	7	问题管理	在项目进行过程中，发现的问题记录在问题管理表中，制订和实施纠正措施，直到关闭	项目周报的问题管理表 QA 票
总结	1	项目总结	总结项目总体情况，将工作产品、度量项目和文件化的经验充实到组织过程财富中	项目总结报告

12.5.1 项目组织结构

软件项目组织结构并不是固定不变的，可以根据项目的具体情况略有不同。一般的软件项目组织结构如图 12.1 所示。

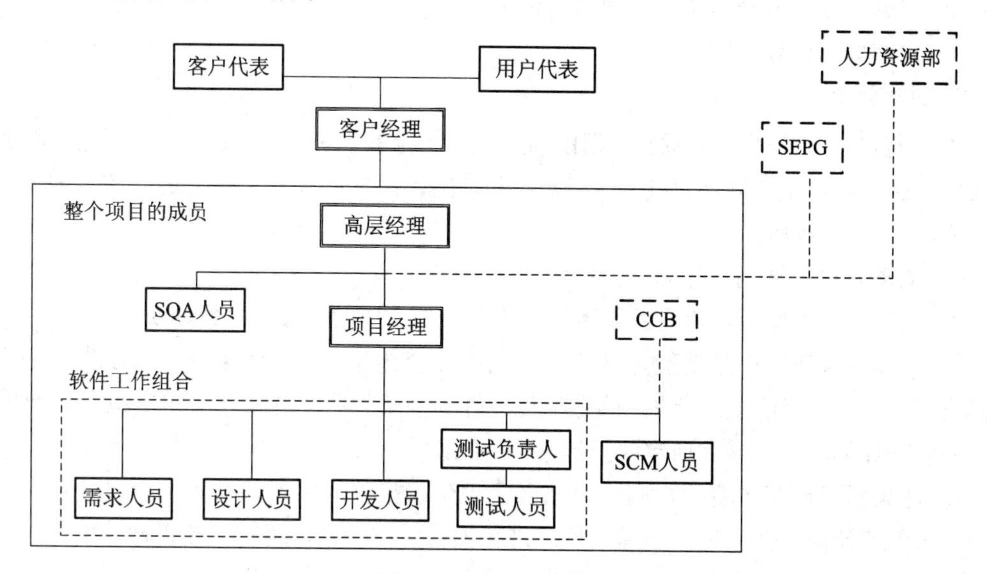

图 12.1 项目组织结构

高层经理：评审和批准项目计划，负责从组织层上监控和评审项目的进度、技术、质量等方面的状态，解决在项目内部无法解决的问题，实现组织预期的目标。

项目经理：负责协调和实施整个项目的策划和监控活动，可能同时也是度量负责人、风险管理负责人。对项目的总体负责，评审产品质量和项目状态，解决项目中存在的问题，实现项目预期的目标。

SQA 人员：负责策划实施对项目活动的评审和工作产品的审计，报告结果，对项目过程提供咨询。

SCM 人员：负责策划和实施项目的配置管理活动，实施产品配置项的变更，保证产品的一致性。

测试负责人：负责策划项目的测试活动，监控测试活动的进度。

项目组成员：包括需求人员、设计人员、开发人员、测试人员等。负责参与需求确认，协助项目经理进行软件估计、风险识别、度量等活动的策划。根据项目计划安排，按照组织规定的流程和方法完成软件项目活动，最终实现预期目标。

12.5.2 项目启动

明确项目目的、目标，制订项目启动计划，进行初步的规模估算，确定项目信息和目标，启动项目。

1. 参与角色

高层经理指定相关人员，根据合同书或立项的意向，编写《立项建议报告》或《工作陈述》，策划启动活动。

2. 启动准则

(1) 合同尚未签订，需要提前启动项目。

(2) 根据业务的需要，或高层经理的指示。

(3) 合同已经签订。

3. 过程活动

(1) 项目启动。若是产品项目，则由高层经理指定的人员，负责编写《立项建议报告》，申请项目启动；若是合同项目(包括外包项目)，则由高层经理指定的人员，负责编写《工作陈述》，申请项目启动。

(2) 启动阶段的计划，计划包括：

① 确定项目进行需求和项目整体策划活动需要使用的资源，分配职责。

② 在需求调研或产品功能定义前，不能进行全部开发过程的策划，可以先策划需求调研或产品功能定义阶段的计划，确定项目进行项目策划活动需要使用的资源，分配职责，称之为启动计划，并在《立项建议报告》(或《工作陈述》)中描述。

③ 如果需求已基本明确，则可以在《立项建议报告》中不编写需求阶段计划，只编写项目策划的计划，在立项评审通过后，进行项目整体策划，编写《项目计划》。

(3) 立项评审。高层经理对《立项建议报告》或《工作陈述》进行管理评审，评审通过后下达《项目任务书》。

(4) 下达项目任务书，内容包括项目编号、项目名称、项目经理、项目成员、具体项目任务等。

(5) 召开项目启动会议。参加会议的人员必须通过项目需求对项目进行基本了解，然后就可以召开项目启动会议。

项目启动会议可以包括如下议程：项目概况介绍和工作综述；相关共同利益者简介；项目成员及任务介绍；项目计划；阐述项目估算和进度安排的计算结果；需要共同探讨的技术细节；项目将要使用的工作过程；如何运用从以往项目中取得的经验教训；对公司定义的软件生命周期或标准工作过程的剪裁；对新工具和技术的使用；项目所需硬件资源和软件许可，并讨论是否从其他项目组获得或共享；如何验证软件需求；产品交付所包含内容；项目目前的状况。

(6) 确定项目基本信息。由项目经理、QAL、CML 及其他参与策划人员共同进行项目的策划，确定项目基本信息。

4. 工作产品

这个阶段的工作产品包括《工作陈述》《立项建议报告》《管理评审记录》和《项目任务书》。

5. 结束准则

这个阶段的结束准则是《立项建议报告》或《工作陈述》文档已经通过评审，下达了《项目任务书》，并已经纳入配置管理中，同时明确了项目的基本信息。

12.5.3 项目过程定义

根据项目的具体情况选择生命周期模型。

1. 参与角色

这个阶段的参与角色有项目经理及相关人员。

2. 启动准则

这个阶段的启动准则是项目的《需求分析报告》(《需求规格说明书》)、《立项建议报告》(《工作陈述》)已经完成。

3. 过程活动

(1) 选择生命周期模型：项目经理根据项目的特征从组织批准的生命周期模型中选择合适的生命周期模型。

(2) 描述项目定义过程：依据选定的生命周期模型对项目定义过程进行说明，如果选择了瀑布或迭代模型，还要说明每个阶段需要完成的主要工作内容。

4. 工作产品

这个阶段的工作产品为《项目计划》和项目生命周期模型。

5. 结束准则

这个阶段的结束准则是项目过程定义完成。

12.5.4 工作分解结构

进行产品和任务分解，建立项目的 WBS，同时进行软件估计。

1. 参与角色

项目经理根据《需求分析报告》(《需求规格说明书》)、《立项建议报告》(《工作陈述》)等，进行顶层工作结构分解，以便估计项目的范围。

2. 启动准则

这个阶段的启动准则是《需求分析报告》(《需求规格说明书》)、《立项建议报告》等文档已经完成。

3. 过程活动

项目经理负责分解项目的任务和产品。

(1) 根据任务分解的规则对产品开发工作进行结构分解。

(2) 根据《软件估计指南》进行软件估计。

4. 工作产品

这个阶段的工作产品为《项目进度表》《项目计划》工作分解结构和《软件估计表》。

5. 结束准则

这个阶段的结束准则是完成了工作分解结构。

12.5.5 制订风险计划

1. 参与角色

这个阶段的参与角色有项目经理、测试负责人、市场人员、QAL、CML以及其他相关风险分析人员。

2. 启动准则

收集项目的有关资料，包括项目的背景、项目的需求、项目的目标、系统的技术方案、WBS、对软件的估计结果等。

风险识别要针对这些对成本、资源、进度的策划进行，以保证识别的客观性。同时要保证风险管理活动的执行者具有这方面的经验或者接受必要的培训。

3. 过程活动

(1) 识别风险。项目经理向预先指定的风险分析小组成员分发需求文档、WBS、软件估计表以及《项目计划》，并分发《软件风险分类表》。风险分析人员可参照《软件风险分类表》辅助进行风险识别，填写此表作为风险识别工作产品提交给项目经理，由项目经理负责收集、合并成《风险管理表》。

(2) 制订风险管理策略，包括：

① 项目经理对风险进行跟踪并填写跟踪记录。

② 制订风险报告的机制。

(3) 分析风险。

① 分析小组成员对已经识别出来的风险逐条分析，主要分析方面包括：

- 分析每个风险对项目成本、进度、质量的影响。
- 分析风险发生的严重程度。风险严重程度通常分为 5 个等级：特别严重、严重、一般、轻微、基本可忽略。
- 分析风险发生的概率(风险概率以百分比计算，从1%～100%)。
- 分析风险发生的条件。
- 确定风险可能发生的生命周期(风险的生存期)。
- 确定每个风险的责任人以及其他相关共同利益者。

② 根据分析结果(风险发生的严重程度和发生概率)计算风险等级：

$$风险等级 = 风险严重程度 \times 发生概率$$

风险严重程度的原则：

A. 特别严重(5)　　B．严重(4)　　B．一般(3)

D. 轻微(2)　　E. 基本可以忽略(1)

风险发生概率分为3个区间：

A. 1%～35%(低)　　B. 36%～70%(中)　　C. 71%～100%(高)

③ 按照风险等级的高低排序，风险等级高的优级高。

④ 分析人员将分析结果记录至《风险管理表》中。

(4) 确定风险计划。

① 确定风险的基本策略可以分为以下几种：

- 避免风险：在满足用户要求的前提下改变或是降低要求。
- 控制风险：采取行动减小风险的影响。
- 转移风险：再分配风险需求以降低风险。
- 跟踪风险：监控并周期性地评估风险并调整风险参数。
- 接受风险：接受风险，不采取任何措施。

② 针对风险管理表中等级高(A 和 B)的风险给出风险缓解计划。

③ 根据对风险的分析，确定风险产生的原因，制订降低或避免风险的策略并记录在风险管理表中，同时相关的措施也应该体现到项目进度表中。

对风险等级为 A 的风险必须制订缓解计划，对风险等级为 B 的风险，可以视具体情况来确定是否制订缓解计划。由每个风险的责任者确定该风险管理计划(包括缓解计划和应对计划)，应该包括以下元素：负责人、所需要的资源、开始日期、活动、预计结束日期、取得的结果。

确定风险管理策略时，应该综合考虑为控制和缓解风险所投入的成本、人力资源和风险本身发生对项目的影响之间的差距。举例说明：同级评审耗费成本，但同级评审减少了工作产品中出现缺陷的可能性，同级评审减少了缺陷出现的后果——重复劳动，虽然同级评审耗费成本，但节约的超过了耗费的。

完成风险计划，填写《风险管理表模板》。

4. 工作产品

这个阶段的工作产品为《风险管理表》的风险计划部分。

5. 结束准则

这个阶段的结束准则是风险计划审查通过。

12.5.6　制订项目文档管理

识别需要收集的资料、资料的内容和形式，制定管理资料的规程。资料是用以支持项目在各方面所要求的各种资料。资料管理的对象包括：

(1) 客户提供的资料，如制度、报表、行业标准和资料等。

(2) 项目现有和待收集的参考资料，如网上资料、出版物、其他项目文档。

(3) 项目管理方面的资料，如项目周报、评审记录、会议纪要等。

(4) 采购方和供应方的资料，如合同、供应方评定资料等。

资料的形式包括电子媒体、印刷材料、多媒体、照片等。

1. 参与角色

项目经理或指定人员根据《需求分析报告》(《需求规格说明书》)、已完成的《项目计划》的内容，策划项目的资料管理。

2. 启动准则

这个阶段的启动准则是识别了项目资料。

3. 过程活动

(1) 策划常规的项目资料，记录在项目计划中的配置管理库层次结构及权限分配表中。

(2) 建立确保资料的专属性和安全性的要求和规程。

对应资料管理的要求，制定可行的管理方法，包括资料的恢复、复制和分发。资料复制可以利用复印、拷贝等手段。描述资料分发的范围和形式，确定是否需要分发记录。

(3) 建立对归档资料的借阅机制，具体规定各类资料的允许借阅人和审批机制。

(4) 确定项目资料的识别、收集和分发规则，以便具体实施项目资料管理。

4. 工作产品

这个阶段的工作产品为《项目计划》。

5. 结束准则

这个阶段的结束准则是已策划了项目资料管理。

12.5.7 制订项目培训计划

策划项目需要的知识和技能以支持项目执行。培训的成本虽然很高，但是不培训所需付出的代价更高。

1. 参与角色

项目经理与项目组成员等一起制订项目的培训计划。

2. 启动准则

项目的《需求分析报告》(《需求规格说明书》)、《工作陈述》、《项目计划》中的 WBS 等文档已经完成。

3. 过程活动

(1) 确定完成项目所需的知识领域和技能。

(2) 将所列知识领域归入以下类别：每人都应掌握的知识领域；组内一些成员掌握的知识领域，这些成员可以培训其他人员；公司内部其他项目组成员掌握，并可以提供培训的知识领域；公司内部没有人了解，但是可以通过自学掌握的知识领域；需要外部(也许来自客户)培训的知识领域；从上述领域中分离出那些需要任选培训的知识领域。

(3) 识别出可以提供培训的人员。

(4) 选择提供必要知识和技能的机制。

(5) 将所选择的机制纳入项目计划中，并估算各知识领域所需的培训时间，不包括组织级的培训需求。

(6) 实施培训，并将培训的经验和教训记录在《项目总结报告》中。

4. 工作产品

这个阶段的工作产品为《项目计划》中的培训计划。

5. 结束准则

这个阶段的结束准则是《项目计划》中的培训计划已经完成。

12.5.8 制订项目监控过程

制订项目监督计划和过程并控制活动，直到项目结束。

1. 参与角色

这个阶段的参与角色是项目经理。

2. 启动准则

这个阶段的启动准则是《项目计划》已经完成。

3. 过程活动

(1) 确定项目监控需要的资源，主要包括成本跟踪、工作量报告、项目管理和进度。

(2) 分配职责：确定项目监控人及职责和权限；确定有关人员，理解分配给他们的职责和权限并接受任务。对于小型项目，可能是项目经理作为项目监控人员，进行项目监控活动。

(3) 确定需求管理的共同利益者并确定其参与时机。项目经理列出项目监控相关的具体的共同利益者清单和参与时机。

共同利益者参与项目监控的主要活动包括对照计划评估项目，审查各项承诺并解决问题，审查项目风险，审查资料管理活动，审查项目进展以及管理纠正措施直到结束。

(4) 制订纠正措施审批规程。

4. 工作产品

这个阶段的工作产品为《项目计划》中的项目监控计划。

5. 结束准则

这个阶段的结束准则是《项目计划》中的项目监控计划文档已完成。

12.5.9　制订项目进度表

制订项目进度表时应以软件估计为基础，确保预算分配的任务复杂度和任务依赖性得到管理。

1. 参与角色

项目经理根据项目软件估计表、WBS 和策划结果编制项目进度表。

2. 启动准则

这个阶段的启动准则是项目的《需求分析报告》(《需求规格说明书》)、《软件估计表》、WBS 已经完成。

3. 过程活动

(1) 项目经理确定项目进度。编制和维护项目的预算和进度一般包括：确定对资源和设施的承诺的或预期的可用性； 确定各项活动的时间段落；确定突发的从属进度；确定活动之间的依赖性；确定活动进度和里程碑，以支持准确的度量进度；确定向顾客交付产品的里程碑；确定各个活动的持续时间；确定里程碑的时间跨度；根据实现该进度的置信度水平确定管理储备；利用适当的历史数据验证进度；确定可能增加的资金需求。

(2) 项目经理确定重大里程碑。规定里程碑是为了确保在该点完成某些可交付工作产品。里程碑可以按事件或按日期规定。如果是按日期规定的里程碑，一旦确定，往往很难更改。

(3) 项目经理确定约束条件。要尽可能早地确定限制项目管理者做出灵活选择的因素，通过检查工作产品和任务的属性(如任务工期、资源、输入和输出)，往往可以揭示出制约因素。

(4) 项目经理确定任务的依赖性。项目的各项任务一般可以按规定的顺序来完成。了解以前成功完成的任务有助于确定任务的依赖性。可以用来帮助确定任务活动最佳顺序的工具有关键路径法、大纲评价和审查技术、基于资源的进度安排法。

(5) QAL 根据策划结果，将项目实施阶段的质量保证任务写入项目进度表中。

(6) 项目经理与 CML 共同确定项目建立的计划、产品发布计划、配置审计的计划等。

(7) 评审策划的结果，并将其体现在《项目进度表》中，包括评审类型、参加评审的人员和评审时间。

(8) 项目经理负责将降低或避免风险策略的相关措施体现在《项目进度表》中。

(9) 项目经理负责将客户活动、供方管理、项目培训等活动体现在《项目进度表》中。

4. 工作产品

这个阶段的工作产品为《项目进度表》。

5. 结束准则

这个阶段的结束准则是《项目进度表》文档已经完成。

12.5.10 合成项目计划和从属计划

合成项目计划和从属计划，以描述项目已定义过程。合成项目计划时，要考虑组织、顾客以及最终用户的当前的和预计的需求和目标。

1. 参与角色

项目经理负责合成项目计划和从属计划。

2. 启动准则

这个阶段的启动准则是《项目计划》和从属计划已存在。从属计划可以包括《项目监控计划》、《度量计划》、《质量保证计划》、《配置管理计划》等。

3. 过程活动

(1) 项目经理评审项目从属计划，确定是否与项目计划一致。

(2) 项目经理将从属计划与项目计划相结合。

(3) 项目经理结合开发的关键因素和项目风险按顺序安排任务进度。在进度安排中要考虑的因素有以下内容：任务的规模和复杂程度、集成和测试问题、顾客和最终用户的需求、关键资源的可用性、关键人员的可用性。

(4) 项目经理在预计的资源与可用的资源之间求得平衡。

(5) 如果现有资源不足，一般通过以下方式实现它们之间的平衡：降低或延缓实现技术性能要求，协商得到更多的资源，寻求提高生产率的途径，采购，对项目人员的技能组合加以调整，修订从属计划或进度。

4. 工作产品

这个阶段的工作产品为合成后的《项目计划》和《项目进度表》。

5. 结束准则

这个阶段的结束准则是合成的《项目计划》已经完成。

12.5.11　获得对计划的承诺

让所有负责实施和支持该项目计划实施的相关者得到承诺。承诺活动涉及项目内、外所有相关共同利益者之间的互动行为。应该让作出承诺的个人或团体相信，这项工作能够在规定的成本、进度和性能条件下完成。

1. 参与角色

项目经理负责与项目组内人员、相关共同利益者协商，获得对项目计划的承诺。

2. 启动准则

这个阶段的启动准则是《项目计划》和项目从属计划等已经完成。

3. 过程活动

(1) 承诺的原则：承诺人自愿做出承诺；承诺是公开的；承诺人有责任执行承诺的内容；在承诺期限之间如果很清楚不可能按期完成，则必须通知相关方，应对承诺内容进行变更，协商新的承诺。

(2) 承诺方式：

① 组织内部承诺：请求承诺可以由项目经理或 QAL 负责组织项目计划的评审，以 E-mail 的形式发给高层经理、其他评审人员和项目组全体人员。

② 组织外部承诺：可以根据参加承诺的相关方的要求，选择适合的方式。

(3) 获得计划承诺主要进行以下步骤：

① 与相关的共同利益者共同确定必要的支持，协商承诺。为了保证所有的任务得到承诺，可以用项目进度表作为检查表。

② 将所有承诺形成文件。文件包括全部的承诺，确保相关人员在承诺文档上签字。承诺必须形成文件，以保证理解一致，保证可以溯源和维护。承诺可以附件说明，指出与这种承诺关系相关的风险。

承诺的方式可以是签字、邮件、传真等方式。如果有邮件或传真件，则高层经理及其他必要的人员可以不在文档上签字，打印名字即可。要将文档与承诺的证据(邮件或传真等)保存在一起。

③ 高层经理审查承诺。

4. 工作产品

这个阶段的工作产品为评审通过的《项目计划》。

5. 结束准则

这个阶段的结束准则是《项目计划》已评审通过，并已纳入配置管理。

12.5.12　评审

由于评审要评定项目的状态或技术，并对下一步的工作做出指导，因此评审必须做好充分的准备，并且评审后必须有明确的结论。

1. 参与角色

项目经理指定评审负责人，评审负责人负责组织评审。

2. 启动准则

这个阶段的启动准则是待评审的工作产品已经完成。

3. 过程活动

(1) 评审策划：项目经理根据项目的进展确定评审的时间、评审的主要内容和通过评审希望达到的目的，确定评审的负责人。将策划的结果记录到《项目进度表》中。

(2) 组织和准备：为了确保评审的成功和顺利，项目经理必须做好评审的组织和准备工作。

(3) 评审前沟通：在评审正式进行之前，负责人应该与参加评审的人员进行沟通并通知QAL，确定评审的时间、地点、内容、目标和议程，沟通的方式既可以是举行一个会议，也可以通过电子邮件或电话等方式来进行，同时将评审相关的材料提前分发给参加评审的人员，建议参加评审的人员在评审前要通过这些材料了解评审的内容，必要时可以向负责人索要进一步的材料。

(4) 评审：评审开始后，必要时负责人介绍背景和目标，然后根据议程使用适当的检查表进行评审。当所有的议程都得到了评审，有了明确的结论后，评审负责人向参加评审的全体人员重申对每项议程做出的结论，确保没有歧义后可以结束本次评审。必要时可以安排再次的评审。

(5) 评审记录：记录员记录评审的问题和做出的决定，评审结束后，将评审记录和评审问题管理表整理送评审负责人确认后分发给参加评审的所有人员，同时将评审记录归档。

(6) 评审问题管理：评审负责人按评审问题管理表的记录检查评审问题的处理结果，确认问题已经得到解决后，关闭这个问题。当所有问题都解决后，将评审问题管理表归档。

(7) 评审类型：包括管理评审、技术评审、同级评审和项目经理评审。

① 管理评审：管理评审的目的是监控项目的实际进展，确定项目在进度、成本、资源等方面的状态。项目当前的状态不能满足目标或要求时，应当采取适当的纠正措施，可参考的措施有变更项目的计划、变更项目的资源、变更项目的工作范围等。管理评审关注的焦点应当是项目的状态，而不应过多地涉及技术问题，技术问题应当通过技术评审来解决。

② 技术评审：技术评审的目标是检查软件工作产品是否满足规格要求和相关的标准，是否能够完成预定的目标，是否可以作为下一阶段工作的输入。技术评审一般要求参加者应当有相应的资历。 技术评审主要关注以下几个方面的问题：软件产品是否能够完成预定的功能；软件产品是否能够覆盖所有的需求；软件产品是否符合相关的标准和规范；软件工作产品是否一致并且完整等。技术评审的结果记录在《同级评审和技术评审记录》中。

③ 同级评审：同级评审需要《同级评审过程》和《同级评审工作指南》。

④ 项目经理评审：项目经理的评审主要指的是项目管理者在合适的层次上跟踪项目关键实践的执行。项目经理应定期地或事件驱动地参加项目里程碑处和项目组内部的评审，应评审以下方面：

- 评定项目的风险，评审技术、成本、人员、进度等性能。
- 评审项目的关键计算机资源的使用。
- 解决较低层次上无法解决的问题。
- 分配和评审措施条款并跟踪到结束。
- 将项目的状态通知受影响的组。

同时，项目经理也应当定期地参与对项目的需求管理、项目策划、项目跟踪与监督、QA、CM、工程过程、过程改进、培训等活动的评审。项目经理的评审结果可以记录在管理评审记录或会议纪要中，并对发现的问题跟踪解决。

4. 工作产品

这个阶段的工作产品为《项目进度表》。

5. 结束准则

这个阶段的结束准则是评审中发现的问题已全部关闭，质量保证人员评审和审计了项目跟踪与监控活动的工作产品及结果报告。

12.5.13　跟踪项目计划估计值

定期对项目计划中的估计参数在实际实施中的实际值进行跟踪，将实际值与计划中的估计值加以比较，从中识别明显的偏离并进行调整。

1. 参与角色

根据《项目计划》，项目经理跟踪项目策划中估计参数的实际值。

2. 启动准则

这个阶段的启动准则是《项目计划》等文档已经完成，项目已经开始执行。

3. 过程活动

(1) 跟踪项目进度，有以下几个步骤：

① 项目经理根据开发成员每天的《项目日报》，跟踪进度并更新项目进度表。

② 项目计划变更或重大事件发生时，重新估计里程碑的进度。每个里程碑结束时，项目经理将里程碑的实际完成日期填入《项目状态报告》中。

③ 如果实际进度数据超出阈值，则项目经理分析原因，采取纠正措施，必要时变更项目计划。项目进度表更新后，项目经理要注意项目关键路径的变化，调整关键任务保证关键路径长度满足项目工期要求。

(2) 跟踪项目工作量，有以下几个步骤：

① 每个里程碑结束时，项目经理从《项目日报》中汇总出项目的工作量数据，填入《项目状态报告》。当实际工作量超出阈值时，则分析原因并采取纠正措施，必要时变更项目计划。

② 项目计划变更或重大事件发生时，重新估计项目的工作量。项目结束时，项目经理根据汇总《项目日报》的工作量数据，填写项目各类活动的实际工作量，分析工作量的分布情况。对工作量的分布情况分析也可以作为组织财富的内容之一，为过程改进提供依据。

(3) 跟踪需求。在每个里程碑进行过程中如果发生需求变更，将需求变更数据及影响填写入《项目状态报告》中的需求跟踪表中。项目经理分析需求变更比率，当需求变更比率异常时，分析原因，定量分析需求变更对规模、工作量、进度等的影响，采取相应的纠正措施。

(4) 跟踪项目规模。当项目计划变更时或重大事件发生(如需求变更)时，重新对规模进行估计。里程碑结束时，将规模的实际值填入《项目状态报告》的项目数据汇总之《规模数据表》中。当规模发生较大偏差时，分析原因，采取纠正措施，必要时变更项目计划。

(5) 跟踪评审和测试的缺陷数据。项目经理将同级评审和技术评审发现的缺陷填入《同级评审和技术评审记录》中。开发人员或测试人员完成测试工作后，将缺陷数据填入BUGBASE 或其他缺陷记录工具中。

① 活动引入缺陷数据：项目经理在每个活动结束或里程碑结束时，将每个模块在每里程碑引入的实际缺陷数值填入《项目状态报告》的缺陷跟踪之《活动引入缺陷数据表》中。如果缺陷不能跟踪到模块级，则可以只跟踪到活动级。分析 PCE，监控缺陷的状态、原因、趋势，制订缺陷消除措施并跟踪措施的执行结果。

② 里程碑缺陷数据。根据活动引入缺陷的数据，可以自动计算出每个里程碑的缺陷数据：

$$\text{里程碑缺陷数} = \Sigma\,\text{该里程碑内各阶段的缺陷}$$

③ 模块缺陷数据。当项目计划变更或重大事件发生时，重新计算每个模块的缺陷数，填入《项目状态报告》的缺陷跟踪之《模块缺陷数据表》中，并根据活动引入缺陷的数据，自动计算出每个模块的实际缺陷数据：

$$\text{模块缺陷数} = \Sigma\,\text{各阶段该模块缺陷数}$$

④ 测试密度。测试的各个阶段的测试密度表明测试的覆盖性，其计算公式为

$$\text{测试密度} = \frac{\text{测试用例数}}{\text{测试规模}}$$

(6) 跟踪关键依赖关系，有以下几个步骤：

① 项目经理按计划向关键依赖产品的接收方通报产品的状态，例如开发进度、存在问题、可能提前或滞后完成的时间和原因等。

② 项目经理要及时向提供方通报对于关键依赖产品要求的变化情况，例如变更功能、可能会提前或滞后的时间和原因等。

③ 按计划根据验收准则验收关键依赖产品。

④ 当发生问题时，由问题涉及的双方或多方协商解决。如问题不能得到解决，项目经理向高层经理汇报，直到问题关闭。

(7) 跟踪项目培训：项目经理将培训实施的具体时间及培训讲义等资料，发给将要参加培训的所有人员。在培训期间，参加培训的人员要向项目经理汇报培训进展情况。汇报可以写在项目日报中。培训结束后，将培训的实际情况记录在《项目状态报告》的培训跟踪表中。

(8) 跟踪项目资料管理：将项目资料管理中发现的问题，记录在《配置管理活动报告》中，跟踪解决直到关闭。

4. 工作产品

这个阶段的工作产品为《项目状态报告》。

5. 结束准则

这个阶段的结束准则是整个项目结束。

12.5.14 跟踪风险

跟踪风险缓解计划执行情况，识别新的风险，标识风险状态。

1. 参与角色

这个阶段的参与角色有项目经理、测试负责人以及其他指定的风险负责人。

2. 启动准则

这个阶段的启动准则是风险管理计划经过评审批准。

3. 过程活动

(1) 定期对风险计划进行评审：在项目里程碑处对风险计划进行评审。

① 识别并分析新的风险。

② 重新评估原有风险的各项参数。

③ 将风险计划中所有的风险重新进行优先级的排定，并适当地调整风险措施。

④ 按照评审意见更新风险计划。

(2) 突发事件驱动地进行风险管理活动，应采取以下措施：

① 如果有突发事件引起的或是通过项目会议以及周报发现新的风险，风险识别者应该及时通知项目经理，项目经理补充到风险计划中。

② 对新增的风险仍然需要项目经理组织对其进行分析，并采取对应的措施。

(3) 风险管理责任者应该定期跟踪风险计划(缓解计划和应对计划)的执行状况，通常为一周或至少应该两周跟踪一次，主要工作包括：

① 关闭消失的风险，并更新风险计划。

② 跟踪风险计划中的活动实施状况，并将跟踪活动以及跟踪时间记录在风险计划表中。

③ 风险跟踪过程中发现问题应该及时通知相关的责任人并沟通解决。

④ 《风险管理表》中的所有开放的风险都需要跟踪直至关闭。

4. 工作产品

这个阶段的工作产品为《风险管理表》。

5. 结束准则

这个阶段的结束准则是风险管理活动都按照计划进行，风险管理所有活动都在风险管理表中进行了有效的记录。跟踪风险各种状态的数量，记录在《里程碑总结报告》中。

12.5.15 里程碑总结

在所确定的项目里程碑的地方总结和评审项目的完成情况和结果。

1. 参与角色

这个阶段的参与角色有项目经理、顾客、最终用户、供方以及组织内部受影响的其他共同利益者。

2. 启动准则

这个阶段的启动准则是到达里程碑事件点，且活动状态里程碑满足结束标准。

3. 过程活动

(1) 项目经理负责编制《里程碑总结报告》。

(2) 项目经理与相关的共同利益者共同评审。

(3) 项目经理、高层经理、QAL 和相关共同利益者对项目状态进行评审，评审内容一般包括：

① 评审里程碑目标是否达成。对比实际数据与项目策划数据，检查项目的工作量、成本、进度、关键计算机资源等方面在里程碑处是否与计划相符合。

② 评审数据收集的时间、频率、方式方法等是否能够满足项目管理活动的要求。

③ 评审需求稳定性和需求变更对项目的影响。

④ 评审项目使用的阈值是否合适。

⑤ 评审项目中使用的资源、人员、工具等是否满足项目的要求。

⑥ 评审项目中的风险状态和风险措施的效果。

⑦ QAL 总结 QA 工作。

⑧ CML 总结 CM 工作。

⑨ 评审里程碑工作安排。

⑩ 根据里程碑评审结果，必要时项目经理调整项目目标，变更项目计划。

4. 工作产品

这个阶段的工作产品为《里程碑总结报告》和评审记录。

5. 结束准则

这个阶段的结束准则是里程碑活动结束。

12.5.16 变更管理

在实施跟踪与监督过程中，当发现项目的状态与计划产生了较大偏离时，采取措施防止问题发生或使问题的影响最小，必要时调整项目计划或与客户协商调整需求。

1. 参与角色

项目经理或指定人员负责变更相关过程，高层经理和相关人员负责评审变更内容。

2. 启动准则

这个阶段的启动准则是产生的《项目周报》中的问题管理表等文档已经完成，或事件驱动。

3. 过程活动

(1) 分析《问题管理表》，分析问题的原因及问题发生后可能产生的影响。制订具体的解决措施，防止问题的发生或使问题的影响最小。将这些解决措施记录到《问题管理表》中，或根据《项目监控计划》制定的监控报告规则执行变更。

(2) 如果存在对项目需求的变更，则依据《需求管理过程》执行需求变更。

(3) 如果存在对项目定义、软件过程和《项目计划》的变更，则按照以下的流程进行：

① 填写《项目计划变更报告》，说明变更的原因和变更措施。

② 如果问题对项目定义软件过程产生影响，则依据《裁剪指南》修订项目定义软件过程，更新《项目计划》的过程裁剪表。

③ 如果问题对项目的技术方案产生影响，则修改项目的技术方案。

④ 如果问题对项目的 WBS 产生影响，则修订项目的 WBS。

⑤ 如果问题对项目的工作量和成本、规模、关键计算机资源、里程碑进度产生影响，则对项目剩余工作重新进行估计，更新《项目计划》中的估计表。

⑥ 重新识别和分析项目的风险，更新《风险管理表》。

⑦ 对变更的项目定义软件过程和《项目计划》进行同级评审。

⑧ 调整软件估计、项目进度表、风险管理计划、度量计划、配置管理计划、质量保证计划等项目计划，使之与更新后的项目定义软件过程和《项目计划》正文相一致。

⑨ 对《项目计划变更报告》和《项目计划》进行评审。

(4) 如果存在对项目基准的变更，则依据《配置管理过程》中的变更规定，执行基准变更。

(5) 跟踪评审记录中的问题，直至所有问题关闭。

(6) 依据修订后的《项目计划》继续实施跟踪与监督。

4. 工作产品

这个阶段的工作产品为修订后的需求文档、《项目计划变更报告》和修订后的《项目计划》。

5. 结束准则

这个阶段的结束准则是项目问题得到解决，并将变更后的《项目计划》纳入配置基准中管理。

12.5.17 问题管理

收集和分析问题，确定解决问题的纠正措施，实施纠正措施，管理纠正措施，直到结束。

1. 参与角色

项目经理收集并分析项目进行中的问题，并由相关人员确定和实施纠正措施。项目经理负责跟踪纠正措施的执行情况。

2. 启动准则

这个阶段的启动准则是在项目进行中发现问题。

3. 过程活动

(1) 收集项目进展过程中的问题并分析问题，确定是否采取纠正措施。

(2) 确定需要采取的相应纠正措施，避免不适当的纠正措施。

(3) 项目经理与相关共同利益者共同评审并达成一致。

(4) 项目经理协商改变内部和外部承诺。相关人员负责执行纠正措施。

(5) QAL 发现的不符合项，由相关人员负责对应解决。

(6) 在项目内部无法解决的问题，通过周报或其他方式向高层经理汇报。

(7) 项目经理跟踪纠正措施的完成情况。

4. 工作产品

这个阶段的工作产品为《项目周报》《QA 一览管理表》和《QA 票》。

5. 结束准则

这个阶段的结束准则是发现的问题已得到解决和跟踪管理，并关闭了问题，将问题管理的结果记录到《项目周报》的问题管理表中。

12.5.18 项目总结

总结项目完成情况并把项目总结经验充实到组织过程财富中。

1. 参与角色

项目经理总结项目实际的进展情况并把经验充实到组织过程财富中。

2. 启动准则

这个阶段的启动准则是项目定义的过程都已经完成，并总结出了项目进展过程的经验和教训以及度量数据。

3. 过程活动

(1) 对项目进行总结，内容包括项目目标、项目工作量情况、项目进度情况、项目缺陷情况、项目需求管理情况、风险管理情况、经验和教训。

(2) 项目经理负责召集项目全体人员，召开项目总结会。

(3) 项目经理编制《项目总结报告》，高层经理、SEPG、QAL 对项目总结报告进行管理评审。

(4) 项目经理提交可能纳入组织过程财富库的文件。

(5) CM 负责将所有项目工作产品归档。

4. 工作产品

这个阶段的工作产品为《项目总结报告》和《过程改进建议》。

5. 结束准则

这个阶段的结束准则是项目总结报告通过评审，且项目全部工作产品已经归档。

12.6 模板和表格

在项目管理过程中会根据项目的实际具体情况，使用许多相关的模板和表格，较常用的模板有：工作陈述模板、立项建议报告模板、管理评审记录模板、项目任务书模板、项目计划模板、项目进度表模板、软件估计表模板、风险管理表模板、项目监控计划模板、度量计划模板、质量保证计划模板、配置管理计划模板、项目状态报告模板、风险管理表模板、里程碑总结报告模板、管理评审记录模板、会议纪要模板、项目计划变更报告模板、项目周报模板、QA 一览管理表模板、QA 票模板、项目总结报告模板、过程改进建议模板等。

12.7 实战训练

1. 目的

项目管理的目的就是要规范项目，通过对一个开发项目“图书管理系统”的全过程管理的模拟，使同学们能够充分体会到：在项目管理过程中，为了使项目在预定成本范围内保质保量地按计划完成，我们应该关注哪些管理内容，以便全面深入地理解和掌握项目管理的精髓。

2. 任务

针对“图书管理系统”分解的功能模块，全班同学可以分成若干的开发小组，每个小组承担其中的一个功能模块的开发过程的项目管理。在各个小组中要求各种角色完备，按照管理过程进行管理并完成各个管理过程中的文档资料。

3. 实现过程

按照“12.5 软件项目管理过程”中的各个过程进行。

4. 讨论

针对项目管理过程，认真讨论在每个管理阶段中需要注意哪些管理内容。

本章小结

软件项目管理是一个复杂的过程管理，它需要涉及系统工程学、统计学、心理学、社会学、经济学以及法律等方面的内容，需要应用多方面的综合知识，特别是要涉及社会的因素、精神因素、人的因素，甚至比技术要复杂得多。在如今大规模的软件开发项目过程中，管理已经占相当重要的位置，通过软件项目管理，使开发小组在软件开发过程中，能够很好地协调各方面人员共同工作，以“时间”“成本”和“质量”为中心，按质保量地完成开发任务。

本章首先介绍了项目管理的基本概念，然后介绍了 ISO 9000 国际标准化组织制订的质量标准管理体系和 CMMI 软件成熟度模型，最后以实际项目开发过程为主线，逐个过程讲解了参与角色、启动准则、过程活动、工作产品和结束准则，使人们可以对实际项目的开发有较深刻的认识。

习 题 12

一、选择题

1. 下面(　　)不是项目管理者的职责。

A. 保证项目按期交付　　B. 项目投标
C. 保证项目在资金预算范围之内　　D. 监控项目执行效率

2. WBS 是(　　)。

A. 项目名称　　B. 项目组织结构类型
C. 将项目细分成的细目分类结构　　D. 项目管理方法

二、填空题

1. CMMI 软件成熟度模型分为 ______、______、______、______ 和 ______ 5 级。

2. 项目组织结构中通常包括的职位有________、________、________、________和________。

三、简答题

1. 名词解释：项目管理、ISO 9000、CMMI、项目管理过程、风险管理、WBS、配置管理、里程碑。

2. 简述软件项目管理过程需要经历哪些过程？每个过程中需要完成哪些工作产品？

3. 简述项目跟踪的意义，以及需要跟踪的主要过程和内容。

4. 软件项目组织结构有哪些类型？如何确定项目组织结构？

5. 进行成本估算时，需要考虑哪些因素？

6. 说明软件配置管理在软件项目管理中的重要地位。

7. 版本控制的作用是什么？你了解的版本控制工具有哪些？

四、分析题

假如你作为一个项目经理，你将如何以本书中的“图书管理系统”为例，组织和管理该项目的开发？你准备完成哪些文档资料？

附录 计算机软件文档编制规范

(GB/T 8567—2006)

附录A 可行性分析(研究)报告(FAR)

说明：

(1)《可行性分析(研究)报告》(FAR)是项目初期策划的结果，它分析了项目的要求、目标和环境，提出了几种可供选择的方案，并从技术、经济和法律各方面进行了可行性分析。FAR可作为项目决策的依据。

(2) FAR也可以作为项目建议书、投标书等文件的基础。

可行性分析报告的正文格式如下。

A.1 引言

本部分分为以下几条。

1.1 标识

本条应包含本文档适用的系统和软件的完整标识，(若适用)包括标识号、标题、缩略词语、版本号和发行号。

1.2 背景

本条说明项目在什么条件下提出，提出者的要求、目标、实现环境和限制条件。

1.3 项目概述

本条应简述本文档适用的项目和软件的用途，它应描述项目和软件的一般特性；概述项目开发、运行和维护的历史；标识项目的投资方、需方、用户、开发方和支持机构；标识当前和计划的运行现场；列出其他有关的文档。

1.4 文档概述

本条应概述本文档的用途和内容，并描述与其使用有关的保密性和私密性的要求。

A.2 引用文件

本部分应列出本文档引用的所有文档的编号、标题、修订版本和日期，本部分也应标识不能通过正常的供货渠道获得的所有文档的来源。

A.3 可行性分析的前提

3.1 项目的要求

3.2 项目的目标

3.3 项目的环境、条件、假定和限制

3.4 进行可行性分析的方法

A.4 可选的方案

4.1 原有方案的优缺点、局限性及存在的问题

4.2 可重用的系统、要求之间的差距

4.3 可选择的系统方案 1

4.4 可选择的系统方案 2

4.5 选择最终方案的准则

A.5 所建议的系统

5.1 对所建议的系统的说明

5.2 数据流程和处理流程

5.3 与原系统的比较(若有原系统)

5.4 影响(或要求)

5.4.1 设备

5.4.2 软件

5.4.3 运行

5.4.4 开发

5.4.5 环境

5.4.6 经费

5.5 局限性

A.6 经济可行性(成本—效益分析)

6.1 投资

投资包括基本建设投资(如开发环境、设备、软件、资料等)，其他一次性和非一次性投资(如技术管理费、培训费、管理费、人员工资、奖金、差旅费等)。

6.2 预期的经济效益

6.2.1 一次性收益

6.2.2 非一次性收益

6.2.3 不可定量的收益

6.2.4 收益/投资比

6.2.5 投资回收周期

6.3 市场预测

A.7 技术可行性(技术风险评价)

本公司现有资源(如人员、环境、设备、技术条件等)能否满足此工程和项目实施要求，若不满足，则应考虑补救措施(如需要分承包方参与，增加人员、投资、设备等)，涉及经济问题应进行投资、成本、效益可行性分析，最后确定此工程和项目是否具备技术可行性。

A.8 法律可行性

系统开发可能导致的侵权、违法和责任。

A.9 用户使用可行性

用户单位的行政管理和工作制度；使用人员的素质和培训要求。

A.10 其他与项目有关的问题未来可能的变化

A.11 注解

本部分应包含有助于理解本文档的一般信息(例如原理)。本部分应包含为理解本文档而需要的术语和定义、所有缩略语和它们在文档中的含义的字母序列表。

附录B　软件(或项目)开发计划(SDP)

说明：

(1) 《软件开发计划》(SDP)描述开发者实施软件开发工作的计划，本文档中“软件开发”一词涵盖了新开发、修改、重用、再工程、维护和由软件产品引起的其他所有的活动。

(2) SDP是向需求方提供了解和监督软件开发过程、所使用的方法、每项活动的途径、项目的安排、组织及资源的一种手段。

(3) 本计划的某些部分可视实际需要单独编制成册，例如，软件配置管理计划、软件质量保证计划、文档编制计划等。

软件开发计划的正文的格式如下。

B.1　引言

本部分分为以下几条。

1.1　标识

本条应包含本文档适用的系统和软件的完整标识，(若适用)包括标识号、标题、缩略词语、版本号和发行号。

1.2　系统概述

本条应简述本文档适用的系统和软件的用途，它应描述系统和软件的一般特性；概述系统开发、运行和维护的历史；标识项目的投资方、需方、用户、开发方和支持机构；标识当前和计划的运行现场；列出其他有关的文档。

1.3　文档概述

本条应概述本文档的用途和内容，并描述与其使用有关的保密性和私密性的要求。

1.4　与其他计划之间的关系

(若有)本条描述本计划和其他项目管理计划的关系。

1.5　基线

本条应给出编写本项目开发计划的输入基线，如软件需求规格说明。

B.2　引用文件

本部分应列出本文档引用的所有文档的编号、标题、修订版本和日期，本部分也应标识不能通过正常的供货渠道获得的所有文档的来源。

B.3　交付产品

3.1　程序

3.2　文档

3.3　服务

3.4　非移交产品

3.5　验收标准

3.6　最后交付期限

本条列出本项目应交付的产品，包括软件产品和文档。其中，软件产品应指明哪些是要开发的，哪些是属于维护性质的；文档是指随软件产品交付给用户的技术文档，例如用户手册、安装手册等。

B.4 所需工作概述

本部分根据需要分条对后续章描述的计划作出说明，(若适用)包括以下概述：

(1) 对所要开发系统、软件的需求和约束；

(2) 对项目文档编制的需求和约束；

(3) 该项目在系统生命周期中所处的地位；

(4) 所选用的计划/采购策略或对它们的需求和约束；

(5) 项目进度安排及资源的需求和约束；

(6) 其他的需求和约束，如项目的安全性、保密性、私密性、方法、标准、硬件开发和软件开发的相互依赖关系等。

B.5 实施整个软件开发活动的计划

本部分分以下几条。不需要的活动的条款用“不适用”注明，如果对项目中不同的开发阶段或不同的软件需要不同的计划，则这些不同之处应在此条加以注解。除以下规定的内容外，每条中还应标识可适用的风险和不确定因素，及处理它们的计划。

5.1 软件开发过程

本条应描述要采用的软件开发过程。计划应覆盖合同中论及它的所有合同条款，确定已计划的开发阶段(适用的话)、目标和各阶段要执行的软件开发活动。

5.2 软件开发总体计划

本条应分以下若干条进行描述。

5.2.1 软件开发方法

本条应描述或引用要使用的软件开发方法，包括为支持这些方法所使用的手工、自动工具和过程的描述。该方法应覆盖合同中论及它的所有合同条款。如果这些方法在它们所适用的活动范围有更好的描述，则可引用本计划的其他条。

5.2.2 软件产品标准

本条应描述或引用在表达需求、设计、编码、测试用例、测试过程和测试结果方面要遵循的标准。标准应覆盖合同中论及它的所有条款。如果这些标准在标准所适用的活动范围有更好的描述，则可引用本计划中的其他条。对要使用的各种编程语言都应提供编码标准，至少应包括：

(1) 格式标准(如缩进、空格、大小写和信息的排序)；

(2) 首部注释标准，例如(要求的代码的名称/标识符、版本标识、修改历史、用途)需求和实现的设计决策，处理的注记(例如使用的算法、假设、约束、限制和副作用)，数据注记(输入、输出、变量、数据结构等)；

(3) 其他注释标准(例如要求的数量和预期的内容)；

(4) 变量、参数、程序包、过程、文档等的命名约定；

(5) (若有)编程语言构造或功能的使用限制；

(6) 代码聚合复杂性的制约。

5.2.3 可重用的软件产品

本条应分为以下若干条。

5.2.3.1　吸纳可重用的软件产品

本条应描述标识、评估和吸纳可重用软件产品要遵循的方法，包括搜寻这些产品的范围和进行评估的准则。描述应覆盖合同中论及它的所有条款。在制定或更新计划时对已选定的或候选的可重用的软件产品应加以标识和说明，(若适用)同时应给出与使用有关的优点、缺陷和限制。

5.2.3.2　开发可重用的软件产品

本条应描述如何标识、评估和报告开发可重用软件产品的机会。描述应覆盖合同中论及它的所有条款。

5.2.4　处理关键性需求

本条应分以下若干条描述为处理指定关键性需求应遵循的方法。描述应覆盖合同中论及它的所有条款。

5.2.4.1　安全性保证

5.2.4.2　保密性保证

5.2.4.3　私密性保证

5.2.4.4　其他关键性需求保证

5.2.5　计算机硬件资源利用

本条应描述分配计算机硬件资源和监控其使用情况要遵循的方法。描述应覆盖合同中论及它的所有条款。

5.2.6　记录原理

本条应描述记录原理所遵循的方法，该原理在支持机构对项目作出关键决策时是有用的。应对项目的“关键决策”一词作出解释，并陈述原理记录在什么地方。描述应覆盖合同中论及它的所有条款。

5.2.7　需方评审途径

本条应描述为评审软件产品和活动，让需方或授权代表访问开发方和分承包方的一些设施要遵循的方法。描述应遵循合同中论及它的所有条款。

B.6　实施详细软件开发活动的计划

本部分分条进行描述。不需要的活动用“不适用”注明，如果项目的不同的开发阶段或不同的软件需要不同的计划，则在本条应指出这些差异。每项活动的论述应包括应用于以下方面的途径(方法/过程/工具)：

(1) 所涉及的分析性任务或其他技术性任务；

(2) 结果的记录；

(3) 与交付有关的准备(如果有)。

论述还应标识存在的风险和不确定因素，及处理它们的计划。如果适用的方法在 5.2.1 处已经描述了，则可引用它。

6.1　项目计划和监督

本条分成若干分条描述项目计划和监督中要遵循的方法。各分条的计划应覆盖合同中论及它的所有条款。

6.1.1 软件开发计划(包括对该计划的更新)

6.1.2 CSCI 测试计划

6.1.3 系统测试计划

6.1.4 软件安装计划

6.1.5 软件移交计划

6.1.6 跟踪和更新计划(包括评审管理的时间间隔)

6.2 建立软件开发环境

本条分成以下若干分条描述建立、控制、维护软件开发环境所遵循的方法。各分条的计划应覆盖合同中论及它的所有条款。

6.2.1 软件工程环境

6.2.2 软件测试环境

6.2.3 软件开发库

6.2.4 软件开发文档

6.2.5 非交付软件

6.3 系统需求分析

6.3.1 用户输入分析

6.3.2 运行概念

6.3.3 系统需求

6.4 系统设计

6.4.1 系统级设计决策

6.4.2 系统体系结构设计

6.5 软件需求分析

本条描述软件需求分析中要遵循的方法。应覆盖合同中论及它的所有条款。

6.6 软件设计

本条应分成若干分条描述软件设计中所遵循的方法。各分条的计划应覆盖合同中论及它的所有条款。

6.6.1 CSCI 级设计决策

6.6.2 CSCI 体系结构设计

6.6.3 CSCI 详细设计

6.7 软件实现和配置项测试

本条应分成若干分条描述软件实现和配置项测试中要遵循的方法。各分条的计划应覆盖合同中论及它的所有条款。

6.7.1 软件实现

6.7.2 配置项测试准备

6.7.3 配置项测试执行

6.7.4 修改和再测试

6.7.5 配置项测试结果分析与记录

6.8 配置项集成和测试

本条应分成若干分条描述配置项集成和测试中要遵循的方法。各分条的计划应覆盖合同中论及它的所有条款。

6.8.1 配置项集成和测试准备

6.8.2 配置项集成和测试执行

6.8.3 修改和再测试

6.8.4 配置项集成和测试结果分析与记录

6.9 CSCI 合格性测试

本条应分成若干分条描述 CSCI 合格性测试中要遵循的方法。各分条的计划应覆盖合同中论及它的所有条款。

6.9.1 CSCI 合格性测试的独立性

6.9.2 在目标计算机系统(或模拟的环境)上测试

6.9.3 CSCI 合格性测试准备

6.9.4 CSCI 合格性测试演练

6.9.5 CSCI 合格性测试执行

6.9.6 修改和再测试

6.9.7 CSCI 合格性测试结果分析与记录

6.10 CSCI/HWCI 集成和测试

本条应分成若干分条描述 CSCI/HWCI 集成和测试中要遵循的方法。各分条的计划应覆盖合同中论及它的所有条款。

6.10.1 CSCI/HWCI 集成和测试准备

6.10.2 CSCI/HWCI 集成和测试执行

6.10.3 修改和再测试

6.10.4 CSCI/HWCI 集成和测试结果分析与记录

6.11 系统合格性测试

本条应分成若干分条描述系统合格性测试中要遵循的方法。各分条的计划应遵循合同中论及它的所有条款。

6.11.1 系统合格性测试的独立性

6.11.2 在目标计算机系统(或模拟的环境)上测试

6.11.3 系统合格性测试准备

6.11.4 系统合格性测试演练

6.11.5 系统合格性测试执行

6.11.6 修改和再测试

6.11.7 系统合格性测试结果分析与记录

6.12 软件使用准备

本条应分成若干分条描述软件应用准备中要遵循的方法。各分条的计划应遵循合同中论及它的所有条款。

6.12.1 可执行软件的准备

6.12.2 用户现场的版本说明的准备

6.12.3 用户手册的准备

6.12.4 在用户现场安装

6.13 软件移交准备

本条应分成若干分条描述软件移交准备要遵循的方法。各分条的计划应遵循合同中论及它的所有条款。

6.13.1 可执行软件的准备

6.13.2 源文件准备

6.13.3 支持现场的版本说明的准备

6.13.4 “已完成”的CSCI设计和其他的软件支持信息的准备

6.13.5 系统设计说明的更新

6.13.6 支持手册准备

6.13.7 到指定支持现场的移交

6.14 软件配置管理

本条应分成若干分条描述软件配置管理中要遵循的方法。各分条的计划应遵循合同中论及它的所有条款。

6.14.1 配置标识

6.14.2 配置控制

6.14.3 配置状态统计

6.14.4 配置审核

6.14.5 发行管理和交付

6.15 软件产品评估

本条应分成若干分条描述软件产品评估中要遵循的方法。各分条的计划应覆盖合同中论及它的所有条款。

6.15.1 中间阶段的和最终的软件产品评估

6.15.2 软件产品评估记录(包括所记录的具体条目)

6.15.3 软件产品评估的独立性

6.16 软件质量保证

本条应分成若干分条描述软件质量保证中要遵循的方法。各分条的计划应覆盖合同中论及它的所有条款。

6.16.1 软件质量保证评估

6.16.2 软件质量保证记录(包括所记录的具体条目)

6.16.3 软件质量保证的独立性

6.17 问题解决过程(更正活动)

本条应分成若干分条描述软件更正活动中要遵循的方法。各分条的计划应覆盖合同中论及它的所有条款。

6.17.1 问题/变更报告

本条包括要记录的具体条目(可选的条目包括：项目名称、提出者、问题编号、问题名称、受影响的软件元素或文档、发生日期、类别和优先级、描述、指派的该问题的分析者、指派日期、完成日期、分析时间、推荐的解决方案、影响、问题状态、解决方案的批准、随后的动作、更正者、更正日期、被更正的版本、更正时间及已实现的解决方案的描述)。

6.17.2 更正活动系统

6.18　联合评审(联合技术评审和联合管理评审)

本条应分成若干分条描述进行联合技术评审和联合管理评审要遵循的方法。各分条的计划应覆盖合同中论及它的所有条款。

6.18.1　联合技术评审包括——组建议的评审

6.18.2　联合管理评审包括——组建议的评审

6.19　文档编制

本条应分成若干分条描述文档编制要遵循的方法。各分条的计划应覆盖合同中论及它的所有条款，应遵循本标准第5章文档编制过程中的有关文档编制计划的规定执行。

6.20　其他软件开发活动

本条应分成若干分条描述进行其他软件开发活动要遵循的方法。各分条的计划应覆盖合同中论及它的所有条款。

6.20.1　风险管理(包括已知的风险和相应的对策)

6.20.2　软件管理指标(包括要使用的指标)

6.20.3　保密性和私密性

6.20.4　分承包方管理

6.20.5　与软件独立验证与确认(IV&V)机构的接口

6.20.6　和有关开发方的协调

6.20.7　项目过程的改进

6.20.8　计划中未提及的其他活动

B.7　本部分应给出进度表和活动网络图

(1) 进度表：标识每个开发阶段中的活动，给出每个活动的初始点、提交的草稿和最终结果的可用性、其他的里程碑及每个活动的完成点。

(2) 活动网络图：描述项目活动之间的顺序关系和依赖关系，标出完成项目中有最严格时间限制的活动。

B.8　项目组织和资源

本部分应分成若干条描述各阶段要使用的项目组织和资源。

8.1　项目组织

本条应描述本项目要采用的组织结构，包括涉及的组织机构、机构之间的关系、执行所需活动的每个机构的权限和职责。

8.2　项目资源

本条应描述适用于本项目的资源，(若适用)应包括：

(1) 人力资源，包括：

① 估计此项目应投入的人力(人员/时间数)；

② 按职责(如管理、软件工程、软件测试、软件配置管理、软件产品评估、软件质量保证、软件文档编制等)分解所投入的人力；

③ 履行每个职责人员的技术级别、地理位置和涉密程度的划分。

(2) 开发人员要使用的设施，包括执行工作的地理位置、要使用的设施、保密区域和运用合同项目的设施的其他特性。

(3) 为满足合同需要，需方应提高的设备、软件、服务、文档、资料及设施，给出一张何时需要上述各项的进度表。

(4) 其他所需的资源，包括：获得资源的计划、需要的日期和每项资源的可用性。

B.9 培训

9.1 项目的技术要求

本条应根据客户需求和项目策划结果，确定本项目的技术要求，包括管理技术和开发技术。

9.2 培训计划

本条应根据项目的技术要求和项目成员的情况，确定是否需要进行项目培训，并制订培训计划。如不需要培训，则应说明理由。

B.10 项目估算

本部分应分若干条说明项目估算的结果。

10.1 规模估算

10.2 工作量估算

10.3 成本估算

10.4 关键计算机资源估算

10.5 管理预留

B.11 风险管理

本部分应分析可能存在的风险，所采取的对策和风险管理计划。

B.12 支持条件

12.1 计算机系统支持

12.2 需要需方承担的工作和提供的条件

12.3 需要分包商承担的工作和提供的条件

B.13 注解

本部分应包含有助于理解本文档的一般信息(例如原理)。本部分应包含为理解本文档而需要的术语和定义、所有缩略语和它们在文档中的含义的字母序列表。

附录C 软件需求规格说明(SRS)

说明：

(1) 《软件需求规格说明》(SRS)描述对计算机软件配置项CSCI的需求，及确保每个要求得以满足的所使用的方法。涉及该CSCI外部接口的需求可在本SRS中给出，或在本SRS引用的一个或多个《接口需求规格说明》(IRS)中给出。

(2) 这个SRS，可能还要用IRS加以补充，是CSCI设计与合格性测试的基础。

软件需求规格说明的正文的格式如下。

C.1 范围

本部分应分为以下几条。

1.1　标识

本条应包含本文档适用的系统和软件的完整标识，(若适用)包括标识号、标题、缩略词语、版本号和发行号。

1.2　系统概述

本条应简述本文档适用的系统和软件的用途，它应描述系统和软件的一般特性；概述系统开发、运行和维护的历史；标识项目的投资方、需方、用户、开发方和支持机构；标识当前和计划的运行现场；列出其他有关的文档。

1.3　文档概述

本条应概述本文档的用途和内容，并描述与其使用有关的保密性或私密性要求。

1.4　基线

本条应说明编写本系统设计说明书所依据的设计基线。

C.2　引用文件

本部分应列出本文档引用的所有文档的编号、标题、修订版本和发行日期，也应标识不能通过正常的供货渠道获得的所有文档的来源。

C.3　需求

本部分应分以下几条描述CSCI需求，也就是构成CSCI验收条件的CSCI的特性。CSCI需求是为了满足分配给该 CSCI 的系统需求所形成的软件需求。给每个需求指定项目唯一标识符以支持测试和可追踪性。并以一种可以定义客观测试的方式来陈述需求。如果每个需求有关的合格性方法(见 C.4)和对系统(或子系统，若适用)需求的可追踪性(见 C.5 第(1)条)在相应的章中没有提供，则在此进行注解。描述的详细程度遵循以下规则：应包含构成CSCI 验收条件的那些 CSCI 特性，需方愿意推迟到设计时留给开发方说明的那些特性。如果在给定条中没有需求，则本条应如实陈述。如果某个需求在多条中出现，则可以只陈述一次而在其他条直接引用。

3.1　所需的状态和方式

如果需要 CSCI 在多种状态和方式下运行，且不同状态和方式具有不同的需求，则要标识和定义每一状态和方式，状态和方式的例子包括空闲、准备就绪、活动、事后分析、培训、降级、紧急情况、后备等。

状态和方式的区别是任意的，可以仅用状态描述 CSCI，也可以仅用方式、方式中的状态、状态中的方式或其他有效方式描述。如果不需要多个状态和方式，则无须人为加以区分，应如实陈述；如果需要多个状态或方式，则还应使本规格说明中的每个需求或每组需求与这些状态和方式相关联，关联可在本条或本条引用的附录中用表格或其他的方法表示，也可在需求出现的地方加以注解。

3.2　需求概述

3.2.1　目标

(1) 本系统的开发意图、应用目标及作用范围(现有产品存在的问题和建议产品所要解决的问题)。

(2) 本系统的主要功能、处理流程、数据流程及简要说明。

(3) 表示外部接口和数据流的系统高层次图。说明本系统与其他相关产品的关系，是独立产品还是一个较大产品的组成部分(可用方框图说明)。

3.2.2 运行环境

简要说明本系统的运行环境(包括硬件环境和支持环境)的规定。

3.2.3 用户的特点

本条说明是哪一种类型的用户，从使用系统来说，有些什么特点。

3.2.4 关键点

本条应说明本软件需求规格说明书中的关键点(例如关键功能、关键算法、所涉及的关键技术等)。

3.2.5 约束条件

本条应列出进行本系统开发工作的约束条件，如经费限制、开发期限和所采用的方法与技术，以及政治、社会、文化、法律等。

3.3 需求规格

3.3.1 软件系统总体功能/对象结构

本条应对软件系统总体功能/对象结构进行描述，包括结构图、流程图或对象图。

3.3.2 软件子系统功能/对象结构

本条应对每个主要子系统中的基本功能模块/对象进行描述，包括结构图、流程图或对象图。

3.3.3 描述约定

通常使用的约定描述(数学符号、度量单位等)。

3.4 CSCI 能力需求

本条应分条详细描述与 CSCI 每一能力相关联的需求。“能力”被定义为一组相关的需求。可以用“功能”“性能”“主题”“目标”或其他适合用来表示需求的词来替代“能力”。

3.4.x (CSCI 能力)

本条应标识必需的每一个 CSCI 能力，并详细说明与该能力有关的需求。如果该能力可以更清晰地分解成若干子能力，则应分条对子能力进行说明。该需求应指出所需的 CSCI 行为，包括适用的参数，如响应时间、吞吐时间、其他时限约束、序列、精度、容量(大小/多少)、优先级别、连续运行需求和基于运行条件的允许偏差。(若适用)需求还应包括在异常条件、非许可条件或越界条件下所需的行为，错误处理需求和任何为保证在紧急时刻运行的连续性而引入到 CSCI 中的规定。在确定与 CSCI 所接收的输入和 CSCI 所产生的输出有关的需求时，应考虑在本文档 3.5.x 条中给出要考虑的主题列表。

对于每一类功能或者对于每一个功能，需要具体描写其输入、处理和输出的需求。

1. 说明

本条应描述此功能要达到的目标、所采用的方法和技术，还应清楚说明功能意图的由来和背景。

2. 输入

输入包括：

(1) 详细描述该功能的所有输入数据，如输入源、数量、度量单位、时间设定、有效输入范围等。

(2) 指明引用的接口说明或接口控制文件的参考资料。

3. 处理

本条应定义对输入数据、中间参数进行处理以获得预期输出结果的全部操作，包括：

(1) 输入数据的有效性检查。

(2) 操作的顺序，包括事件的时间设定。

(3) 异常情况的响应，例如溢出、通信故障、错误处理等。

(4) 受操作影响的参数。

(5) 用于把输入转换成相应输出的方法。

(6) 输出数据的有效性检查。

4. 输出

(1) 详细说明该功能的所有输出数据，例如输出目的地、数量、度量单位、时间关系、有效输出范围、非法值的处理、出错信息等。

(2) 有关接口说明或接口控制文件的参考资料。

3.5　CSCI 外部接口需求

本条应分条描述 CSCI 外部接口的需求。(如有)本条可引用一个或多个接口需求规格说明(IRS)或包含这些需求的其他文档。

外部接口需求，应分别说明：

(1) 用户接口的需求；

(2) 硬件接口的需求；

(3) 软件接口的需求；

(4) 通信接口的需求。

3.5.1　接口标识和接口图

本条应标识所需的 CSCI 外部接口，也就是 CSCI 和与它共享数据、向它提供数据或与它交换数据的实体的关系。(若适用)每个接口标识应包括项目唯一标识符，并应用名称、序号、版本和引用文件指明接口的实体(系统、配置项、用户等)。该标识应说明哪些实体具有固定的接口特性(因而要对这些接口实体强加接口需求)，哪些实体正被开发或修改(从而接口需求已施加给它们)。可用一个或多个接口图来描述这些接口。

3.5.x　(接口的项目唯一标识符)

本条(从 3.5.2 开始)应通过项目唯一标识符标识 CSCI 的外部接口，简单地标识接口实体，根据需要可分条描述为实现该接口而强加于 CSCI 的需求。该接口所涉及的其他实体的接口特性应以假设或“当[未提到实体]这样做时，CSCI 将……”的形式描述，而不描述为其他实体的需求。本条可引用其他文档(如数据字典、通信协议标准、用户接口标准)代替在此所描述的信息。(若适用)需求应包括下列内容，它们以任何适合于需求的顺序提供，并从接口实体的角度说明这些特性的区别(如对数据元素的大小、频率或其他特性的不同期望)：

(1) CSCI 必须分配给接口的优先级别。

(2) 要实现的接口的类型的需求(如实时数据传送、数据的存储和检索等)。

(3) CSCI 必须提供、存储、发送、访问、接收的单个数据元素的特性有：

① 名称/标识符，包括：

(a) 项目唯一标识符。

(b) 非技术(自然语言)名称。

(c) 标准数据元素名称。

(d) 技术名称(如代码或数据库中的变量或字段名称)。

(e) 缩写名或同义名。

② 数据类型(字母数字、整数等)。

③ 大小和格式(如字符串的长度和标点符号)。

④ 计量单位(如米、元、纳秒)。

⑤ 范围或可能值的枚举(如 0～99)。

⑥ 准确度(正确程度)和精度(有效数字位数)。

⑦ 优先级别、时序、频率、容量、序列和其他的约束条件，如数据元素是否可被更新和业务规则是否适用。

⑧ 保密性和私密性的约束。

⑨ 来源(设置/发送实体)和接收者(使用/接收实体)。

(4) CSCI 必须提供、存储、发送、访问、接收的数据元素集合体(记录、消息、文件、显示、报表等)的特性有：

① 名称/标识符，包括：

(a) 项目唯一标识符。

(b) 非技术(自然语言)名称。

(c) 技术名称(如代码或数据库的记录或数据结构)。

(d) 缩写名或同义名。

② 数据元素集合体中的数据元素及其结构(编号、次序、分组)。

③ 媒体(如盘)和媒体中数据元素/数据元素集合体的结构。

④ 显示和其他输出的视听特性(如颜色、布局、字体、图标和其他显示元素、蜂鸣器、亮度等)。

⑤ 数据元素集合体之间的关系，如排序/访问特性。

⑥ 优先级别、时序、频率、容量、序列和其他的约束条件，如数据元素集合体是否可被修改和业务规则是否适用。

⑦ 保密性和私密性约束。

⑧ 来源(设置/发送实体)和接收者(使用/接收实体)。

(5) CSCI 必须为接口使用通信方法的特性有：

① 项目唯一标识符。

② 通信链接/带宽/频率/媒体及其特性。

③ 消息格式化。

④ 流控制(如序列编号和缓冲区分配)。

⑤ 数据传送速率，周期性/非周期性，传输间隔。

⑥ 路由、寻址、命名约定。

⑦ 传输服务，包括优先级别和等级。

⑧ 安全性/保密性/私密性方面的考虑，如加密、用户鉴别、隔离、审核等。

(6) CSCI 必须为接口使用协议的特性有：

① 项目唯一标识符。

② 协议的优先级别/层次。

③ 分组，包括分段和重组、路由和寻址。

④ 合法性检查、错误控制和恢复过程。

⑤ 同步，包括连接的建立、维护和终止。

⑥ 状态、标识、任何其他的报告特征。

(7) 其他所需的特性，如接口实体的物理兼容性(尺寸、容限、负荷、电压、接插件兼容性等)。

3.6 CSCI 内部接口需求

本条应指明 CSCI 内部接口的需求(如果有)。如果所有内部接口都留待设计时决定，则需在此说明这一事实。如果要强加这种需求，则可考虑在本文档的 3.5 条中给出一个主题列表。

3.7 CSCI 内部数据需求

本条应指明对 CSCI 内部数据的需求，(若有)包括对 CSCI 中数据库和数据文件的需求。如果所有有关内部数据的决策都留待设计时决定，则需在此说明这一事实。如果要强加这种需求，则可考虑在本文档的 3.5.x.c 和 3.5.x.d 条中给出一个主题列表。

3.8 适应性需求

(若有)本条应指明要求 CSCI 提供的、依赖于安装的数据有关的需求(如依赖现场的经纬度)和要求 CSCI 使用的、根据运行需要进行变化的运行参数(如表示与运行有关的目标常量或数据记录的参数)。

3.9 保密性需求

(若有)本条应描述有关防止对人员、财产、环境产生潜在的危险或把此类危险减少到最低的 CSCI 需求，包括为防止意外动作(如意外地发出“自动导航关闭”命令)和无效动作(发出一个想要的“自动导航关闭”命令时失败)CSCI 必须提供的安全措施。

3.10 保密性和私密性需求

(若有)本条应指明保密性和私密性的 CSCI 需求，包括 CSCI 运行的保密性/私密性环境、提供的保密性或私密性的类型和程度、CSCI 必须经受的保密性/私密性的风险、减少此类危险所需的安全措施、CSCI 必须遵循的保密性/私密性政策、CSCI 必须提供的保密性/私密性审核、保密性/私密性必须遵循的确证/认可准则。

3.11 CSCI 环境需求

(若有)本条应指明有关 CSCI 必须运行的环境的需求。例如，包括用于 CSCI 运行的计算机硬件和操作系统(其他有关计算机资源方面的需求在下条中描述)。

3.12 计算机资源需求

本条应分以下各条进行描述。

3.12.1 计算机硬件需求

本条应描述 CSCI 使用的计算机硬件需求，(若适用)包括各类设备的数量、处理器、存储器、输入/输出设备、辅助存储器、通信/网络设备和其他所需的设备的类型、大小、容量及其他所要求的特征。

3.12.2 计算机硬件资源利用需求

本条应描述 CSCI 计算机硬件资源利用方面的需求，如最大许可使用的处理器能力、存储器容量、输入/输出设备能力、辅助存储器容量以及通信/网络设备能力。描述(如每个计算机硬件资源能力的百分比)还包括测量资源利用的条件。

3.12.3　计算机软件需求

本条应描述CSCI必须使用或引入CSCI的计算机软件的需求，例如操作系统、数据库管理系统、通信/网络软件、实用软件、输入和设备模拟器、测试软件及生产用软件。必须提供每个软件项的正确名称、版本和文档引用。

3.12.4　计算机通信需求

本条应描述CSCI必须使用的计算机通信方面的需求，例如连接的地理位置、配置和网络拓扑结构、传输技术、数据传输速率、网关、要求的系统使用时间、传送/接收数据的类型和容量、传送/接收/响应的时间限制、数据的峰值及诊断功能。

3.13　软件质量因素

(若有)本条应描述合同中标识的或从更高层次规格说明派生出来的对CSCI的软件质量方面的需求，例如包括有关CSCI的功能性(实现全部所需功能的能力)、可靠性(产生正确、一致结果的能力)、可维护性(易于更正的能力)、可用性(需要时进行访问和操作的能力)、灵活性(易于适应需求变化的能力)、可移植性(易于修改以适应新环境的能力)、可重用性(可被多个应用使用的能力)、可测试性(易于充分测试的能力)、易用性(易于学习和使用的能力)以及其他属性的定量需求。

3.14　设计和实现的约束

(若有)本条应描述约束CSCI设计和实现的那些需求。这些需求可引用适当的标准和规范。例如，需求包括：

(1) 特殊CSCI体系结构的使用或体系结构方面的需求，例如需要的数据库和其他软件配置项；标准部件、现有的部件的使用；需方提供的资源(设备、信息、软件)的使用。

(2) 特殊设计或实现标准的使用；特殊数据标准的使用；特殊编程语言的使用。

(3) 为支持在技术、风险或任务等方面预期的增长和变更区域，必须提供的灵活性和可扩展性。

3.15　数据

本条应说明本系统的输入、输出数据及数据管理能力方面的要求(处理量、数据量)。

3.16　操作

本条应说明本系统在常规操作、特殊操作以及初始化操作、恢复操作等方面的要求。

3.17　故障处理

本条应说明本系统在发生可能的软硬件故障时，对故障处理的要求，包括：

(1) 说明属于软件系统的问题；

(2) 给出发生错误时的错误信息；

(3) 说明发生错误时可能采取的补救措施。

3.18　算法说明

本条是用于实施系统计算功能的公式和算法的描述，包括：

(1) 每个主要算法的概况；

(2) 用于每个主要算法的详细公式。

3.19　有关人员需求

(若有)本条应描述与使用或支持CSCI的人员有关的需求，包括人员数量、技能等级、责任期、培训需求和其他的信息，如同时存在的用户数量的需求，内在帮助和培训能力的需求，(若有)还应包括强加 CSCI 的人力行为工程需求。这些需求包括对人员在能力与局限性方面的考虑：在正常和极端条件下可预测的人为错误，人为错误造成严重影响的特定区域，例如包括错误消息的颜色和持续时间、关键指示器或关键的物理位置以及听觉信号的使用的需求。

3.20 有关培训需求

(若有)本条应描述有关培训方面的 CSCI 需求，包括在 CSCI 中包含的培训软件。

3.21 有关后勤需求

(若有)本条应描述有关后勤方面的 CSCI 需求，包括系统维护、软件支持、系统运输方式、供应系统的需求、对现有设施的影响和对现有设备的影响。

3.22 其他需求

(若有)本条应描述在以上各条中没有涉及的其他 CSCI 需求。

3.23 包装需求

(若有)本条应描述需交付的 CSCI 在包装、加标签和处理方面的需求(如用确定方式标记和包装 8 磁道磁带的交付)，(若适用)可引用适当的规范和标准。

3.24 需求的优先次序和关键程度

(若适用)本条应给出本规格说明中需求的、表明其相对重要程度的优先顺序、关键程度或赋予的权值，如标识出那些认为对安全性、保密性或私密性起关键作用的需求，以便进行特殊的处理。如果所有需求具有相同的权值，则本条应如实陈述。

C.4 合格性规定

本部分定义一组合格性方法，对于 C.3 中的每个需求，指定所使用的方法，以确保需求得到满足。可以用表格形式表示该信息，也可以在 C.3 的每个需求中注明要使用的方法。合格性方法包括：

(1) 演示：运行依赖于可见的功能操作的 CSCI 或部分 CSCI，不需要使用仪器、专用测试设备或进行事后分析。

(2) 测试：使用仪器或其他专用测试设备运行 CSCI 或部分 CSCI，以便采集数据供事后分析使用。

(3) 分析：对从其他合格性方法中获得的积累数据进行处理，例如测试结果的归约、解释或推断。

(4) 审查：对 CSCI 代码、文档等进行可视化检查。

(5) 特殊的合格性方法。任何应用到 CSCI 的特殊合格性方法，如专用工具、技术、过程、设施和验收限制。

C.5 需求可追踪性

本部分应包括：

(1) 从本规格说明中每个 CSCI 的需求到其所涉及的系统(或子系统)需求的可追踪性(该可追踪性也可以通过对 C.3 中的每个需求进行注释的方法加以描述)。

注：每一层次的系统细化可能导致对更高层次的需求不能直接进行追踪。例如，建立多个 CSCI 的系统体系结构设计可能会产生有关 CSCI 之间接口的需求，而这些接口需求在

系统需求中并没有被覆盖，这样的需求可以被追踪到诸如“系统实现”这样的一般需求，或被追踪到导致它们产生的系统设计决策上。

(2) 从分配到被本规格说明中的 CSCI 的每个系统(或子系统)需求到涉及它的 CSCI 需求的可追踪性。分配到 CSCI 的所有系统(或子系统)需求应加以说明。追踪到 IRS 中所包含的 CSCI 需求可引用 IRS。

C.6　尚未解决的问题

如需要，则可说明软件需求中尚未解决的遗留问题。

C.7　注解

本部分应包含有助于理解本文档的一般信息(例如背景信息、词汇表、原理)。本部分应包含为理解本文档而需要的术语和定义、所有缩略语和它们在文档中的含义的字母序列表。

附录 D　软件(结构)设计说明(SDD)

说明：

(1) 《软件(结构)设计说明》(SDD)描述了计算机软件配置项(CSCI 的设计)。它描述 CSCI 级设计决策、CSCI 体系结构设计(概要设计)和实现该软件所需的详细设计。SDD 可用接口设计说明 IDD 和数据库(顶层)设计说明 DBDD 加以补充。

(2) SDD 连同相关的 IDD 和 DBDD 是实现该软件的基础。向需方提供了设计的可视性，为软件支持提供了所需要的信息。

(3) IDD 和 DBDD 是否单独成册抑或与 SDD 合为一份资料视情况繁简而定。

软件(结构)设计说明的正文的格式如下。

D.1　引言

本部分应分为以下几条。

1.1　标识

本条应包含本文档适用的系统和软件的完整标识，(若适用)包括标识号、标题、缩略词语、版本号和发行号。

1.2　系统概述

本条应简述本文档适用的系统和软件的用途。它应描述系统与软件的一般性质；概述系统开发、运行和维护的历史；标识项目的投资方、需方、用户、开发方和支持机构；标识当前和计划的运行现场；并列出其他有关文档。

1.3　文档概述

本条应概述本文档的用途与内容，并描述与其使用有关的保密性或私密性要求。

1.4　基线

说明编写本系统设计说明书所依据的设计基线。

D.2　引用文件

本部分应列出本文档引用的所有文档的编号、标题、修订版本和日期。本部分也应标识不能通过正常的供货渠道获得的所有文档的来源。

D.3　CSCI 级设计决策

CSCI 级设计决策应根据需要分条给出 CSCI 级设计决策，即 CSCI 行为的设计决策(忽略其内部实现，从用户的角度看，它如何满足用户的需求)和其他影响组成该 CSCI 的软件配置项的选择与设计的决策。

如果所有这些决策在 CSCI 需求中均是明确的，或者要推迟到 CSCI 的软件配置项设计时指出，则本部分应如实陈述。为响应指定为关键性的需求(如安全性、保密性、私密性需求)而作出的设计决策，应在单独的条中加以描述。如果设计决策依赖于系统状态或方式，则应指出这种依赖性。应给出或引用理解这些设计所需的设计约定。CSCI 级设计决策的例子如下：

(1) 关于 CSCI 应接受的输入和产生的输出的设计决策，包括与其他系统、HWCI，CSCI 和用户的接口(本文的 4.5.x 标识了本说明要考虑的主题)。如果该信息的部分或全部已在接口设计说明(IDD)中给出，则此处可引用。

(2) 有关响应每个输入或条件的 CSCI 行为的设计决策，包括该 CSCI 要执行的动作、响应时间及其他性能特性、被模式化的物理系统的说明、所选择的方程式/算法/规则和对不允许的输入或条件的处理。

(3) 有关数据库/数据文件如何呈现给用户的设计决策(本文的 4.5.x 标识了本说明要考虑的主题)。如果该信息的部分或全部已在数据库(顶层)设计说明(DBDD)中给出，则此处可引用。

(4) 为满足安全性、保密性、私密性需求而选择的方法。

(5) 对应需求所做的其他 CSCI 级设计决策，例如为提供所需的灵活性、可用性和可维护性所选择的方法。

D.4　CSCI 体系结构设计

本部分应分条描述 CSCI 体系结构设计。如果设计的部分或全部依赖于系统状态或方式，则应指出这种依赖性。如果设计信息在多条中出现，则可只描述一次，而在其他条引用。应给出或引用为理解这些设计所需的设计约定。

4.1　体系结构

4.1.1　程序(模块)划分

用一系列图表列出本 CSCI 内的每个程序(包括每个模块和子程序)的名称、标识符、功能及其所包含的源标准名。

4.1.2　程序(模块)层次结构关系

用一系列图表列出本 CSCI 内的每个程序(包括每个模块和子程序)之间的层次结构与调用关系。

4.2　全局数据结构说明

本条说明本程序系统中使用的全局数据常量、变量和数据结构。

4.2.1　常量

常量包括数据文件名称及其所在目录、功能说明、具体常量说明等。

4.2.2　变量

变量包括数据文件名称及其所在目录、功能说明、具体变量说明等。

4.2.3 数据结构

数据结构包括数据结构名称、功能说明、具体数据结构说明(定义、注释、取值)等。

4.3 CSCI部件

本条应包括：

(1) 标识构成该CSCI的所有软件配置项。应赋予每个软件配置项一个项目唯一标识符。

注：软件配置项是CSCI设计中的一个元素，如CSCI的一个主要的分支、该分支的一个组成部分、一个类、对象、模块、函数、例程或数据库。软件配置项可以出现在一个层次结构的不同层次上，并且可以由其他软件配置项组成。设计中的软件配置项与实现它们的代码和数据实体(例程、过程、数据库、数据文件等)或包含这些实体的计算机文件之间，可以有也可以没有一对一的关系。一个数据库可以被处理为一个CSCI，也可被处理为一个软件配置项。SDD可以通过与所采用的设计方法学一致的名字来引用软件配置项。

(2) 给出软件配置项的静态关系(如“组成”)。根据所选择的软件设计方法学可以给出多种关系(例如，采用面向对象的设计方法时，本条既可以给出类和对象结构，也可以给出CSCI的模块和过程结构)。

(3) 陈述每个软件配置项的用途，并标识分配给它的CSCI需求与CSCI级设计决策[需求的分配也可在D.6的第(1)条中提供]。

(4) 标识每个软件配置项的开发状态/类型(如新开发的软件配置项、重用已有设计或软件的软件配置项、再工程的已有设计或软件、为重用而开发的软件等)。对于已有设计或软件，本说明应提供标识信息，如名称、版本、文档引用、库等。

(5) 描述CSCI(每个软件配置项，若适用)计划使用的计算机硬件资源(例如处理器能力、内存容量、输入/输出设备能力、辅存容量和通信/网络设备能力)。这些描述应覆盖该CSCI的资源使用需求中提及的、影响该CSCI的系统级资源分配中提及的以及在软件开发计划的资源使用度量计划中提及的所有计算机硬件资源。

如果一给定的计算机硬件资源的所有使用数据出现在同一个地方，如在一个SDD中，则本条可以引用它。计算机硬件资源应包括如下信息：

① 得到满足的CSCI需求或系统级资源分配；

② 使用数据所基于的假设和条件(例如，典型用法、最坏情况用法、特定事件的假设)；

③ 影响使用的特殊考虑(例如虚存的使用、覆盖的使用、多处理器的使用或操作系统开销、库软件或其他的实现开销的影响)；

④ 所使用的度量单位(例如处理器能力百分比、每秒周期、内存字节数、每秒千字节)；

⑤ 进行评估或度量的级别(例如软件配置项、CSCI或可执行程序)。

(6) 指出实现每个软件配置项的软件放置在哪个程序库中。

4.4 执行概念

本条应描述软件配置项间的执行概念。为表示软件配置项之间的动态关系，即CSCI运行期间它们如何交互的，本条应包含图示和说明，(若适用)包括执行控制流、数据流、动态控制序列、状态转换图、时序图、配置项之间的优先关系、中断处理、时间/序列关系、异常处理、并发执行、动态分配与去分配、对象/进程/任务的动态创建与删除和其他的动态行为。

4.5　接口设计

本条应分条描述软件配置项的接口特性，既包括软件配置项之间的接口，也包括与外部实体，如系统、配置项及用户之间的接口。如果这些信息的部分或全部已在接口设计说明(IDD)、D.5 或其他地方被说明过了，则可在此处引用。

4.5.1　接口标识与接口图

本条应陈述赋予每个接口的项目唯一标识符，(若适用)并用名字、编号、版本、文档引用等标识接口实体(软件配置项、系统、配置项、用户等)。接口标识应说明哪些实体具有固定接口特性(从而把接口需求强加给接口实体)，哪些实体正在开发或修改(因而已把接口需求分配给它们了)。(若适用)应该提供一个或多个接口图以描述这些接口。

4.5.x　(接口的项目唯一标识符)

本条(从 4.5.2 开始编号)应用项目唯一标识符标识接口，应简要标识接口实体，并且应根据需要划分为几条描述接口实体的单方或双方的接口特性。如果一给定的接口实体在本文中没有被提到(例如，一个外部系统)，但是其接口特性需要在本 SDD 描述的接口实体时提到，则这些特性应以假设，或“当[未提到实体]这样做时，[提到的实体]将……”的形式描述。本条可引用其他文档(例如数据字典、协议标准、用户接口标准)代替本条的描述信息。本设计说明应包括以下内容，(若适用)它们可按适合于要提供的信息的任何次序给出，并且应从接口实体角度指出这些特性之间的区别(例如数据元素的大小、频率或其他特性的不同期望)。

(1) 由接口实体分配给接口的优先级。

(2) 要实现的接口的类型(例如实时数据传输、数据的存储与检索等)。

(3) 接口实体将提供、存储、发送、访问、接收的单个数据元素的特性有：

① 名称/标识符，包括：

(a) 项目唯一标识符。

(b) 非技术(自然语言)名称。

(c) 标准数据元素名称。

(d) 缩写名或同义名。

② 数据类型(字母数字、整数等)。

③ 大小与格式(例如字符串的长度与标点符号)。

④ 计量单位(如米、元、纳秒等)。

⑤ 范围或可能值的枚举(如 0～99)。

⑥ 准确度(正确程度)与精度(有效数位数)。

⑦ 优先级、时序、频率、容量、序列和其他约束，如数据元素是否可被更新，业务规则是否适用。

⑧ 保密性与私密性约束。

⑨ 来源(设置/发送实体)与接收者(使用/接收实体)。

(4) 接口实体将提供、存储、发送、访问、接收的数据元素集合体(记录、消息、文件、数组、显示、报表等)的特性有：

① 名称/标识符，包括：

(a) 项目唯一标识符。

(b) 非技术(自然语言)名称。

(c) 技术名称(如代码或数据库中的记录或数据结构名)。

(d) 缩写名或同义名。

② 数据元素集合体中的数据元素及其结构(编号、次序、分组)。

③ 媒体(如盘)及媒体上数据元素/集合体的结构。

④ 显示和其他输出的视听特性(如颜色、布局、字体、图标及其他显示元素、蜂鸣声、亮度等)。

⑤ 数据集合体之间的关系，如排序/访问特性。

⑥ 优先级、时序、频率、容量、序列和其他约束，如数据集合体是否可被更新，业务规则是否适用。

⑦ 保密性与私密性约束。

⑧ 来源(设置/发送实体)与接收者(使用/接收实体)。

(5) 接口实体为该接口使用通信方法的特性有：

① 项目唯一标识符。

② 通信链路/带宽/频率/媒体及其特性。

③ 消息格式化。

④ 流控制(如序列编号与缓冲区分配)。

⑤ 数据传输率、周期或非周期和传送间隔。

⑥ 路由、寻址及命名约定。

⑦ 传输服务，包括优先级与等级。

⑧ 安全性/保密性/私密性考虑，如加密、用户鉴别、隔离、审核等。

(6) 接口实体为该接口使用协议的特性有：

① 项目唯一标识符。

② 协议的优先级/层。

③ 分组，包括分段与重组、路由及寻址。

④ 合法性检查、错误控制、恢复过程。

⑤ 同步，包括连接的建立、保持、终止。

⑥ 状态、标识和其他报告特性。

(7) 其他特性，如接口实体的物理兼容性(尺寸、容限、负荷、电压、接插件的兼容性等)。

D.5 CSCI 详细设计

本部分应分条描述 CSCI 的每个软件配置项。如果设计的部分或全部依赖于系统状态或方式，则应指出这种依赖性。如果该设计信息在多条中出现，则可只描述一次，而在其他条引用。应给出或引用为理解这些设计所需的设计约定。软件配置项的接口特性可在此处描述，也可在 D.4 或接口设计说明(IDD)中描述。数据库软件配置项，或用于操作/访问数据库的软件配置项，可在此处描述，也可在数据库(顶层)设计说明(DBDD)中描述。

5.x (软件配置项的项目唯一标识符或软件配置项组的指定符)

本条应用项目唯一标识符标识软件配置项并描述它。(若适用)描述应包括以下信息。

作为一种变通，本条也可以指定一组软件配置项，并分条标识和描述它们。包含其他软件配置项的软件配置项可以引用那些软件配置项的说明，而无须在此重复。

(1) (若有)配置项设计决策，诸如(如果以前未选)要使用的算法。

(2) 软件配置项设计中的约束、限制或非常规特征。

(3) 如果要使用的编程语言不同于该 CSCI 所指定的语言，则应该指出，并说明使用它的理由。

(4) 如果软件配置项由过程式命令组成或包含过程式命令(如数据库管理系统 DBMS)中用于定义表单与报表的菜单选择、用于数据库访问与操纵的联机 DBMS 查询、用于自动代码生成的图形用户接口(GUI)构造器的输入、操作系统的命令或 shell 脚本，则应有过程式命令列表和解释它们的用户手册或其他文档的引用。

(5) 如果软件配置项包含、接收或输出数据，(若适用)则应有对其输入、输出和其他数据元素以及数据元素集合体的说明。(若适用)4.5.x 提供要包含主题的列表。软件配置项的局部数据应与软件配置项的输入或输出数据分开来描述。如果该软件配置项是一个数据库，应引用相应的数据库(顶层)设计说明(DBDD)。接口特性可在此处提供，也可引用 D.4 或相应接口设计说明。

(6) 如果软件配置项包含逻辑，则给出其要使用的逻辑，(若适用)包括：

① 该软件配置项执行启动时，其内部起作用的条件。

② 把控制交给其他软件配置项的条件。

③ 对每个输入的响应及响应时间，包括数据转换、重命名和数据传送操作。

④ 该软件配置项运行期间的操作序列和动态控制序列，包括：

(a) 序列控制方法。

(b) 该方法的逻辑与输入条件，如计时偏差、优先级赋值。

(c) 数据在内存中的进出。

(d) 离散输入信号的感知，以及在软件配置项内中断操作之间的时序关系。

⑤ 异常与错误处理。

D.6　需求的可追踪性

本部分应包括：

(1) 从本 SDD 中标识的每个软件配置项到分配给它的 CSCI 需求的可追踪性(亦可在 4.1 中提供)。

(2) 从每个 CSCI 需求到它被分配给的软件配置项的可追踪性。

D.7　注解

本部分应包含有助于理解本文档的一般信息(例如背景信息、词汇表、原理)。本部分应包含为理解本文档需要的术语和定义、所有缩略语和它们在文档中的含义的字母序列表。

附录 E　软件测试计划(STP)

说明：

(1) 《软件测试计划》(STP)描述对计算机软件配置项 CSCI、系统或子系统进行合格性测试的计划安排。其内容包括进行测试的环境、测试工作的标识、测试工作的时间安排等。

(2) 通常每个项目只有一个STP，使得需方能够对合格性测试计划的充分性作出评估。

软件测试计划的正文的格式如下。

E.1 引言

本部分应分成以下几条。

1.1 标识

本条应包含本文档适用的系统和软件的完整标识，(若适用)包括标识号、标题、缩略词语、版本号和发行号。

1.2 系统概述

本条应简述本文档适用的系统和软件的用途。它应描述系统与软件的一般性质；概述系统开发、运行和维护的历史；标识项目的投资方、需方、用户、开发方和支持机构；标识当前和计划的运行现场；并列出其他有关文档。

1.3 文档概述

本条应概括本文档的用途与内容，并描述与其使用有关的保密性或私密性要求。

1.4 与其他计划的关系

(若有)本条应描述本计划和有关的项目管理计划之间的关系。

1.5 基线

给出编写本软件测试计划的输入基线，如软件需求规格说明。

E.2 引用文件

本部分应列出本文档引用的所有文档的编号、标题、修订版本和日期。本部分还应标识不能通过正常的供货渠道获得的所有文档的来源。

E.3 软件测试环境

本部分应分条描述每一预计的测试现场的软件测试环境。可以引用软件开发计划(SDP)中所描述的资源。

3.x (测试现场名称)

本条应标识一个或多个用于测试的测试现场，并分条描述每个现场的软件测试环境。如果所有测试可以在一个现场实施，则本条及其子条只给出一次。如果多个测试现场采用相同或相似的软件测试环境，则应在一起讨论。可以通过引用前面的描述来减少测试现场说明信息的重复。

3.x.1 软件项

(若适用)本条应按名字、编号和版本标识在测试现场执行计划测试活动所需的软件项(如操作系统、编译程序、通信软件、相关应用软件、数据库、输入文件、代码检查程序、动态路径分析程序、测试驱动程序、预处理器、测试数据产生器、测试控制软件、其他专用测试软件、后处理器等)。本条应描述每个软件项的用途、媒体(磁带、盘等)，标识那些期望由现场提供的软件项，标识与软件项有关的保密措施或其他保密性与私密性问题。

3.x.2 硬件及固件项

(若适用)本条应按名字、编号和版本标识在测试现场用于软件测试环境中的计算机硬件、接口设备、通信设备、测试数据归约设备、仪器设备[如附加的外围设备(磁带机、打印机、绘图仪)、测试消息生成器、测试计时设备、测试事件记录仪等]和固件项。本条应描述每项的用途，陈述每项所需的使用时间与数量，标识那些期望由现场提供的项，标识与这些项有关的保密措施或其他保密性与私密性问题。

3.x.3　其他材料

本条应标识并描述在测试现场执行测试所需的任何其他材料。这些材料可包括手册、软件清单、被测试软件的媒体、测试用数据的媒体、输出的样本清单和其他表格或说明。本条应标识需交付给现场的项和期望由现场提供的项。(若适用)本描述应包括材料的类型、布局和数量。本条应标识与这些项有关的保密措施或其他保密性与私密性问题。

3.x.4　所有权种类、需方权利与许可证

本条应标识与软件测试环境中每个元素有关的所有权种类、需方权利与许可证等问题。

3.x.5　安装、测试与控制

本条应标识开发方为执行以下各项工作的计划，可能需要与测试现场人员共同合作：

(1) 获取和开发软件测试环境中的每个元素。

(2) 使用前，安装与测试软件测试环境中的每项。

(3) 控制与维护软件测试环境中的每项。

3.x.6　参与组织

本条应标识参与现场测试的组织和它们的角色与职责。

3.x.7　人员

本条应标识在测试阶段测试现场所需人员的数量、类型和技术水平，需要他们的日期与时间，及任何特殊需要，如为保证广泛测试工作的连续性与一致性的轮班操作与关键技能的保持。

3.x.8　定向计划

本条应描述测试前和测试期间给出的任何定向培训。此信息应与3.x.7所给的人员要求有关。培训可包括用户指导、操作员指导、维护与控制组指导和对全体人员定向的简述。如果预料有大量培训，则可单独制定一个计划而在此引用。

3.x.9　要执行的测试

本条应通过引用E.4来标识测试现场要执行的测试。

E.4　计划

本部分应描述计划测试的总范围并分条标识，并且描述本STP适用的每个测试。

4.1　总体设计

本条描述测试的策略和原则，包括测试类型、测试方法等信息。

4.1.1　测试级

本条描述要执行的测试的级别，例如CSCI级或系统级。

4.1.2　测试类别

本条应描述要执行的测试的类型或类别(例如定时测试、错误输入测试、最大容量测试)。

4.1.3　一般测试条件

本条应描述运用于所有测试或一组测试的条件，例如，每个测试应包括额定值、最大

值和最小值；每个 x 类型的测试都应使用真实数据(livedata)；应度量每个 CSCI 执行的规模与时间。并对要执行的测试程度和对所选测试程度的原理进行陈述。测试程度应表示为某个已定义总量(如离散操作条件或值样本的数量)的百分比或其他抽样方法，也应包括再测试/回归测试所遵循的方法。

4.1.4　测试过程

在渐进测试或累积测试情况下，本条应解释计划的测试顺序或过程。

4.1.5　数据记录、归约和分析

本条应标识并描述在本 STP 中标识的测试期间和测试之后要使用的数据记录、归约和分析过程。(若适用)这些过程包括记录测试结果，将原始结果处理为适合评价的形式，以及保留数据归约与分析结果可能用到的手工、自动、半自动技术。

4.2　计划执行的测试

本条应分条描述计划测试的总范围。

4.2.x　(被测试项)

本条应按名字和项目唯一标识符标识一个 CSCI、子系统、系统或其他实体，并分以下几条描述对各项的测试。

4.2.x.y　(测试的项目唯一标识符)

本条应由项目唯一标识符标识一个测试，并为该测试提供下述测试信息。根据需要可引用 4.1 中的一般信息。

(1) 测试对象；

(2) 测试级；

(3) 测试类型或类别；

(4) 需求规格说明中所规定的合格性方法；

(5) 本测试涉及的 CSCI 需求(若适用)和软件系统需求的标识符(此信息亦可在 E.6 中提供)；

(6) 特殊需求(例如，设备连续工作 48 小时、测试程度、特殊输入或数据库的使用)；

(7) 测试方法，包括要用的具体测试技术，规定分析测试结果的方法；

(8) 要记录的数据的类型；

(9) 要采用的数据记录/归约/分析的类型；

(10) 假设与约束，如由于系统或测试条件即时间、接口、设备、人员、数据库等原因而对测试产生的预期限制；

(11) 与测试有关的安全性、保密性与私密性要求。

4.3　测试用例

(1) 测试用例的名称和标识；

(2) 简要说明本测试用例涉及的测试项和特性；

(3) 输入说明，规定执行本测试用例所需的各个输入，规定所有合适的数据库、文件、终端信息、内存常驻区域和由系统传送的值，规定各输入间所需的所有关系(如时序关系等)；

(4) 输出说明，规定测试项的所有输出和特性(如响应时间)，提供各个输出或特性的正确值；

(5) 环境要求，见本文档 E.3。

E.5　测试进度表

本部分应包含或引用指导实施本计划中所标识测试的进度表，包括：

(1) 描述测试被安排的现场和指导测试的时间框架的列表或图表。

(2) 每个测试现场的进度表，(若适用)它可按时间顺序描述以下所列活动与事件，根据需要可附上支持性的叙述。

① 分配给测试主要部分的时间和现场测试的时间；

② 现场测试前，用于建立软件测试环境和其他设备，进行系统调试、定向培训和熟悉工作所需的时间；

③ 测试所需的数据库/数据文件值、输入值和其他操作数据的集合；

④ 实施测试，包括计划的重测试；

⑤ 软件测试报告(STR)的准备、评审和批准。

E.6　需求的可追踪性

本部分应包括：

(1) 从本计划所标识的每个测试到它所涉及的 CSCI 需求和(若适用)软件系统需求的可追踪性(此可追踪性亦可在 4.2.x.y 中提供，而在此引用)。

(2) 从本测试计划所覆盖的每个 CSCI 需求和(若适用)软件系统需求到针对它的测试的可追踪性。这种可追踪性应覆盖所有适用的软件需求规格说明(SRS)和相关接口需求规格说明(IRS)中的 CSCI 需求，对于软件系统，还应覆盖所有适用的系统/子系统规格说明(SSS)及相关系统级 IRS 中的系统需求。

E.7　评价

7.1　评价准则

7.2　数据处理

7.3　结论

E.8　注解

本部分应包含有助于理解本文档的一般信息(例如背景信息、词汇表、原理)。本部分应包含为理解本文档而需要的术语和定义、所有缩略语和它们在文档中的含义的字母序列表。

附录 F　软件测试报告(STR)

说明：

(1) 《软件测试报告》(STR)是对计算机软件配置项 CSCI、软件系统或子系统或与软件相关项目执行合格性测试的记录。

(2) 通过 STR，需方能够评估所执行的合格性测试及其测试结果。

软件测试报告的正文的格式如下。

F.1　引言

本部分应分成以下几条。

1.1　标识

本条应包含本文档适用的系统和软件的完整标识，(若适用)包括标识号、标题、缩略词语、版本号和发行号。

1.2　系统概述

本条应简述本文档适用的系统和软件的用途。它应描述系统与软件的一般性质，概述系统开发、运行和维护的历史，标识项目的投资方、需方、用户、开发方和支持机构，标识当前和计划的运行现场，并列出其他有关文档。

1.3　文档概述

本条应概括本文档的用途与内容，并描述与其使用有关的保密性与私密性要求。

F.2　引用文件

本部分应列出本文档引用的所有文档的编号、标题、修订版本和日期。本部分还应标识不能通过正常的供货渠道获得的所有文档的来源。

F.3　测试结果概述

本部分应分为以下几条提供测试结果的概述。

3.1　对被测试软件的总体评估

本条应描述：

(1) 根据本报告中所展示的测试结果，提供对该软件的总体评估。

(2) 标识在测试中检测到的任何遗留的缺陷、限制或约束。可用问题/变更报告提供缺陷信息。

(3) 对每一个遗留缺陷、限制或约束，应描述：

① 对软件和系统性能的影响，包括未得到满足的需求的标识。

② 为了更正它，将对软件和系统设计产生的影响。

③ 推荐的更正方案/方法。

3.2　测试环境的影响

本条应对测试环境与操作环境的差异进行评估，并分析这种差异对测试结果的影响。

3.3　改进建议

本条应对被测试软件的设计、操作或测试提供改进建议。应讨论每个建议及其对软件的影响。如果没有改进建议，则本条应陈述为“无”。

F.4　详细的测试结果

本部分应分为以下几条提供每个测试的详细结果。

注：“测试”一词是指一组相关测试用例的集合。

4.x　(测试的项目唯一标识符)

本条应由项目唯一标识符标识一个测试，并且分为以下几条描述测试结果。

4.x.1　测试结果小结

本条应综述该项测试的结果。应尽可能以表格的形式给出与该测试相关联的每个测试用例的完成状态(例如，“所有结果都如预期的那样”“遇到了问题”“与要求的有偏差”等)。当完成状态不是“所预期的”时，本条应引用以下几条提供详细信息。

4.x.2 遇到了问题

本条应分条标识遇到一个或多个问题的每一个测试用例。

4.x.2.y (测试用例的项目唯一标识符)

本条应用项目唯一标识符标识遇到一个或多个问题的测试用例，并提供以下内容：

(1) 所遇到问题的简述；

(2) 所遇到问题的测试过程步骤的标识；

(3) (若适用)对相关问题/变更报告和备份数据的引用；

(4) 试图改正这些问题所重复的过程或步骤次数，以及每次得到的结果；

(5) 重测试时，是从哪些回退点或测试步骤恢复测试的。

4.x.3 与测试用例/过程的偏差

本条应分条标识与测试用例/测试过程出现偏差的每个测试用例。

4.x.3.y (测试用例的项目唯一标识符)

本条应用项目唯一标识符标识出现一个或多个偏差的测试用例，并提供：

(1) 偏差的说明(例如，出现偏差的测试用例的运行情况和偏差的性质，诸如替换了所需设备、未能遵循规定的步骤、进度安排的偏差等，可用红线标记表明有偏差的测试过程)。

(2) 偏差的理由。

(3) 偏差对测试用例有效性影响的评估。

F.5 测试记录

本部分尽可能以图表或附录形式给出一个本报告所覆盖的测试事件的按年月顺序的记录。测试记录应包括：

(1) 执行测试的日期、时间和地点；

(2) 用于每个测试的软硬件配置，(若适用)包括所有硬件的部件号/型号/系列号、制造商、修订级和校准日期，所使用的软件部件的版本号和名称；

(3) (若适用)与测试有关的每项活动的日期和时间，执行该项活动的人和见证者的身份。

F.6 评价

6.1 能力

6.2 缺陷和限制

6.3 建议

6.4 结论

F.7 测试活动总结

本部分总结主要的测试活动和事件。总结如下资源消耗：

7.1 人力消耗

7.2 物质资源消耗

F.8 注解

本部分应包含有助于理解本文档的一般信息(例如背景信息、词汇表、原理)。本部分应包含为理解本文档而需要的术语和定义，所有缩略语和它们在文档中的含义的字母序列表。

附录G 开发进度月报(DPMR)

说明：

开发进度月报的编制目的是及时向有关管理部门汇报项目开发的进展和情况，以便及时发现和处理开发过程中出现的问题。一般地，开发进度月报是以项目组为单位每月编写的，如果被开发的软件系统规模比较大，整个工程项目被划分给若干个分项目组承担，则开发进度月报将以分项目组为单位按月编写。

开发进度月报的正文格式如下。

G.1 引言

本部分应分成以下几条。

1.1 标识

本条应包含本文档适用的系统和软件的完整标识，(若适用)包括标识号、标题、缩略词语、版本号和发行号。

1.2 系统概述

本条应简述本文档适用的系统和软件的用途。它应描述系统与软件的一般性质；概述系统开发、运行和维护的历史；标识项目的投资方、需方、用户、开发方和支持机构；标识当前和计划的运行现场；并列出其他有关文档。

1.3 文档概述

本条应概述本文档的用途与内容，并描述与其使用有关的保密性与私密性要求。

本条应说明：

(1) 开发中的软件系统的名称和标识符；

(2) 分项目名称和标识符；

(3) 分项目负责人签名；

(4) 本期月报编写人签名；

(5) 本期月报的编号及所报告的年月。

G.2 引用文件

本部分应列出本文档引用的所有文档的编号、标题、修订版本和日期，也应标识不能通过正常的供货渠道获得的所有文档的来源。

G.3 工程进度与状态

3.1 进度

本条列出本月内进行的各项主要活动，并且说明本月内遇到的重要事件，这是指一个开发阶段(即软件生存周期内各个阶段中的某一个，例如需求分析阶段)的开始或结束，要说明阶段的名称及开始(或结束)的日期。

3.2 状态

本条说明本月的实际工作进度与计划相比，是提前了、按期完成了或是推迟了？如果与计划不一致，则要说明原因及准备采取的措施。

G.4　资源耗用与状态

4.1　资源耗用

资源耗用主要说明本月份内耗用的工时与机时。

4.1.1　工时

工时分为3类：

(1) 管理用工时，包括在项目管理(制订计划、布置工作、收集数据、检查汇报工作等)方面耗用的工时；

(2) 服务工时，包括为支持项目开发所必需的服务工作及非直接的开发工作所耗用的工时；

(3) 开发用工时，要分各个开发阶段填写。

4.1.2　机时

本条说明本月内耗用的机时，以小时为单位，说明计算机系统的型号。

4.2　状态

本条说明本月内实际耗用的资源与计划相比，是超出了、相一致，还是不到计划数？如果与计划不一致，则说明原因及准备采取的措施。

G.5　经费支出与状态

5.1　经费支出

5.1.1　支持性费用

本条列出本月内支出的支持性费用，一般可按如下7类列出，并给出本月支持费用的总和。

(1) 房租或房屋折旧费。

(2) 工资、奖金、补贴。

(3) 培训费，包括教师的酬金及教室租金。

(4) 资料费，包括复印及购买参考资料的费用。

(5) 会议费，召集有关业务会议的费用。

(6) 旅差费。

(7) 其他费用。

5.1.2　设备购置费

本条列出本月内实际支出的设备购置费，一般可分为如下3类：

(1) 购买软件的名称与金额；

(2) 购买硬设备的名称、型号、数量及金额；

(3) 已有硬设备的折旧费。

5.2　状态

本条说明本月内实际支出的经费与计划相比较，是超过了、相符合，还是不到计划数？如果与计划不一致，则说明原因及准备采取的措施。

G.6　下个月的工作计划

(略)

G.7 建议

本条列出本月遇到的重要问题和应引起重视的问题及因此产生的建议。

G.8 注解

本部分应包含有助于理解本文档的一般信息(例如背景信息、词汇表、原理)。本部分应包含为理解本文档而需要的术语和定义、所有缩略语和它们在文档中的含义的字母序列表。

附录 H 项目开发总结报告(PDSR)

说明：

项目开发总结报告的编制是为了总结本项目开发工作的经验，说明实际取得的开发结果以及对整个开发工作的各个方面的评价。

项目开发总结报告的正文格式如下。

H.1 引言

本部分应分成以下几条。

1.1 标识

本条应包含本文档适用的系统和软件的完整标识，(若适用)包括标识号、标题、缩略词语、版本号和发行号。

1.2 系统概述

本条应简述本文档适用的系统和软件的用途。它应描述系统与软件的一般性质；概述系统开发、运行和维护的历史；标识项目的投资方、需方、用户、开发方和支持机构；标识当前和计划的运行现场；并列出其他有关文档。

1.3 文档概述

本条应概述本文档的用途与内容，并描述与其使用有关的保密性与私密性要求。

H.2 引用文件

本部分应列出本文档引用的所有文档的编号、标题、修订版本和日期，也应标识不能通过正常的供货渠道获得的所有文档的来源。

H.3 实际开发结果

3.1 产品

本条说明最终制成的产品，包括：

(1) 本系统(CSCI)中各个软件单元的名字，它们之间的层次关系，以千字节为单位的各个软件单元的程序量、存储媒体的形式和数量；

(2) 本系统共有哪几个版本，各自的版本号及它们之间的区别；

(3) 所建立的每个数据库。

如果开发计划中已经制订过配置管理计划，则要同这个计划相比较。

3.2 主要功能和性能

本条逐项列出本软件产品所实际具有的主要功能和性能，对照可行性分析(研究)报告、项目开发计划、功能需求说明书的有关内容，说明原定的开发目标是达到了、未完全达到或超过了。

3.3 基本流程

本条用图给出本程序系统的实际的基本的处理流程。

3.4 进度

本条列出原计划进度与实际进度的对比，明确说明实际进度是提前了，还是延迟了，分析主要原因。

3.5 费用

列出原定计划费用与实用支出费用的对比，包括：

(1) 工时，以人月为单位，并按不同级别统计。

(2) 计算机的使用时间，区别 CPU 时间及其他设备时间。

(3) 物料消耗、出差费等其他支出。明确说明经费是超过了，还是节余了，分析主要原因。

H.4 开发工作评价

4.1 对生产效率的评价

本条给出实际生产效率，包括：

(1) 程序的平均生产效率，即每人月生产的行数；

(2) 文件的平均生产效率，即每人月生产的千字数。

并列出原计划数作所对比。

4.2 对产品质量的评价

本条说明在测试中检查出来的程序编制中的错误发生率，即每千条指令(或语句数)中的错误指令数(或语句数)。如果开发中制订过质量保证计划或配置管理计划，要同这些计划相比较。

4.3 对技术方法的评价

本条给出在开发中所使用的技术、方法、工具、手段的评价。

4.4 出错原因的分析

本条给出对于开发中出现的错误的原因分析。

4.5 风险管理

风险管理包括：

(1) 初期预计的风险；

(2) 实际发生的风险；

(3) 风险消除情况。

H.5 缺陷与处理

本条分别列出在需求评审阶段、设计评审阶段、代码测试阶段、系统测试阶段和验收测试阶段发生的缺陷及处理情况。

H.6 经验与教训

本条列出从这项开发工作中得到的最主要的经验与教训及对今后的项目开发工作的建议。

H.7 注解

本部分应包含有助于理解本文档的一般信息(例如背景信息、词汇表、原理)。本部分应包含为理解本文档而需要的术语和定义、所有缩略语和它们在文档中的含义的字母序列表。

附录I 软件用户手册(SUM)

说明：

(1) 《软件用户手册》(SUM)描述手工操作该软件的用户应如何安装和使用一个计算机软件配置项(CSCI)、一组 CSCI、一个软件系统或子系统。它还包括软件操作的一些特别的方面，诸如，关于特定岗位或任务的指令等。

(2) SUM 是为由用户操作的软件而开发的，具有要求联机用户输入或解释输出显示的用户界面。如果该软件是被嵌入在一个硬件/软件系统中，则由于已经有了系统的用户手册或操作规程，因此可能不需要单独的 SUM。

软件用户手册的正文的格式如下。

I.1 引言

本部分应分为以下几条。

1.1 标识

本条应包含本文档适用的系统和软件的完整标识，(若适用)包括标识号、标题、缩略词语、版本号和发行号。

1.2 系统概述

本条应简述本文档适用的系统和软件的用途。它应描述系统和软件的一般特性；概述系统的开发、运行与维护历史；标识项目的投资方、需方、用户、开发方和支持机构；标识当前和计划的运行现场；并列出其他有关的文档。

1.3 文档概述

本条应概述本文档的用途和内容，并描述与其使用有关的保密性或私密性要求。

I.2 引用文件

本部分应列出本文档引用的所有文档的编号、标题、修订版本和日期，也应标识不能通过正常的供货渠道获得的所有文档的来源。

I.3 软件综述

本部分应分为以下几条。

3.1 软件应用

本条应简要说明软件预期的用途，应描述其能力、操作上的改进以及通过本软件的使用而得到的利益。

3.2 软件清单

本条应标识为了使软件运行而必须安装的所有软件文件，包括数据库和数据文件。标识应包含每份文件的保密性和私密性要求及在紧急时刻为继续或恢复运行所必需的软件的标识。

3.3 软件环境

本条应标识用户安装并运行该软件所需的硬件、软件、手工操作和其他的资源，(若适用)包括以下标识：

(1) 必须提供的计算机设备，包括需要的内存数量、需要的辅存数量及外围设备(诸如打印机和其他的输入/输出设备)；

(2) 必须提供的通信设备；

(3) 必须提供的其他软件，例如操作系统、数据库、数据文件、实用程序和其他的支持系统；

(4) 必须提供的格式、过程或其他的手工操作；

(5) 必须提供的其他设施、设备或资源。

3.4 软件组织和操作概述

本条应从用户的角度出发，简要描述软件的组织与操作，(若适用)描述应包括：

(1) 从用户的角度来看的软件逻辑部件和每个部件的用途/操作的概述。

(2) 用户期望的性能特性，包括：

① 可接受的输入的类型、数量和速率。

② 软件产生的输出的类型、数量、精度和速率。

③ 典型的响应时间和影响它的因素。

④ 典型的处理时间和影响它的因素。

⑤ 限制，例如可追踪的事件数目。

⑥ 预期的错误率。

⑦ 预期的可靠性。

(3) 该软件执行的功能与所接口的系统、组织或岗位之间的关系。

(4) 为管理软件而采取的监督措施(例如口令)。

3.5 意外事故以及运行的备用状态和方式

(若适用)本条应解释在紧急时刻以及在不同运行状态和方式下用户处理软件的差异。

3.6 保密性和私密性

本条应包含与该软件有关的保密性和私密性要求的概述，(若适用)应包括对非法制作软件或文档拷贝的警告。

3.7 帮助和问题报告

本条应标识联系点和应遵循的手续，以便在使用软件的过程遇到问题时获得帮助并报告问题。

I.4 访问软件

本部分应包含面向首次/临时的用户的逐步过程。应向用户提供足够的细节，以使用户在学习软件的功能细节前能可靠地访问软件。在合适的地方应包含用“警告”或“注意”标记的安全提示。

4.1 软件的首次用户

本条应分为以下几条。

4.1.1 熟悉设备

本条应描述以下内容：

(1) 打开与调节电源的过程；

(2) 可视化显示屏幕的大小与能力；

(3) 光标形状，如果出现了多个光标，则如何标识活动的光标，如何定位光标和如何使用光标；

(4) 键盘布局和不同类型键与点击设备的功能；

(5) 关电过程，如果需要特殊的操作顺序。

4.1.2 访问控制

本条应提供用户可见的软件访问与保密性特点的概述。(若适用)本条应包括以下内容：

(1) 怎样获得和从谁那里获得口令；

(2) 如何在用户的控制下添加、删除或变更口令；

(3) 与用户生成的输出报告及其他媒体的存储和标记有关的保密性和私密性要求。

4.1.3 安装和设置

本条应描述为标识或授权用户在设备上访问或安装软件、执行安装、配置软件、删除或覆盖以前的文件或数据和键入软件操作的参数必须执行的过程。

4.2 启动过程

本条应提供开始工作的步骤，包括任何可用的选项。万一遇到困难时，应包含一张问题定义的检查单。

4.3 停止和挂起工作

本条应描述用户如何停止或中断软件的使用和如何判断是否是正常结束或终止。

I.5 使用软件指南

本部分应向用户提供使用软件的过程。如果过程太长或太复杂，则按本部分相同的段结构添加 I.6、I.7 等，标题含义与所选择的部分有关。文档的组织依赖于被描述的软件的特性。例如，一种办法是根据用户工作的组织、他们被分配的岗位、他们的工作现场和他们必须完成的任务来划分章。对其他的软件而言，让 I.5 成为菜单的指南，让 I.6 成为使用的命令语言的指南，让 I.7 成为功能的指南更为合适。在 5.3 的子条中给出详细的过程。依赖于软件的设计，可能根据逐个功能、逐个菜单、逐个事务或其他的基础方式来组织条。在合适的地方应包含用“警告”或“注意”标记的安全提示。

5.1 能力

为了提供软件的使用概况，本条应简述事务、菜单、功能或其他的处理相互之间的关系。

5.2 约定

本条应描述软件使用的任何约定，例如使用的颜色、使用的警告铃声、使用的缩略词语表和使用的命名或编码规则。

5.3 处理过程

本条应解释后续条(功能、菜单、屏幕)的组织，应描述完成过程必需的次序。

5.3.x (软件使用的方面)

本条的标题应标识被描述的功能、菜单、事务或其他过程。(若适用)本条应描述并给出以下各项的选择与实例，包括菜单、图标、数据录入表、用户输入、可能影响软件与用户之间接口的来自其他软硬件的输入、输出、诊断或错误消息或报警和能提供联机描述或指导信息的帮助设施。给出的信息格式应适合于软件特定的特性，但应使用一种二致的描述风格，例如对菜单的描述应保持一致，对事务的描述应保持一致。

5.4 相关处理

本条应标识并描述任何关于不被用户直接调用，并且在 5.3 中也未描述的由软件所执行的批处理、脱机处理或后台处理。本条应说明支持这种处理的用户职责。

5.5 数据备份

本条应描述创建和保留备份数据的过程，这些备份数据在发生错误、缺陷、故障或事故时可以用来代替主要的数据拷贝。

5.6 错误、故障和紧急情况时的恢复

本条应给出从处理过程中发生的错误、故障中重启或恢复的详细步骤和保证紧急时刻运行的连续性的详细步骤。

5.7 消息

本条应列出完成用户功能时可能发生的所有错误消息、诊断消息和通知性消息，或引用列出这些消息的附录。本条应标识和描述每一条消息的含义和消息出现后要采取的动作。

5.8 快速引用指南

如果适用于该软件，则本条应为使用该软件提供或引用快速引用卡或页。如果合适，则快速引用指南应概述常用的功能键、控制序列、格式、命令或软件使用的其他方面。

I.6 注解

本部分应包含有助于理解本文档的一般信息(例如背景信息、词汇表、原理)。本部分应包含为理解本文档而需要的术语和定义、所有缩略语和它们在文档中的含义的字母序列表。如果 I.5 扩展到了 I.6 至 I.x，则本章应编号为 I.x 之后的下部分。

参 考 文 献

[1] PATTON R. 软件测试. 2 版. 北京：机械工业出版社，2019.
[2] 骆斌，丁二玉，刘钦. 软件工程与计算(卷二)：软件开发的技术基础. 北京：机械工业出版社，2012.
[3] 魏金岭，韩志科，周苏，等. 软件测试技术与实践. 北京：清华大学出版社，2013.
[4] PFLEEGER S L，ATLEE J M. 软件工程. 3 版. 北京：人民邮电出版社，2007.
[5] PRESSMAN R S，MAXIM B R. Software engineering: a practitioner’s approach.8th ed. 北京：机械工业出版社，2016.
[6] 中国质检出版社第四编辑室. 计算机软件工程国家标准汇编. 北京：中国质检出版社，中国标准出版社，2011.
[7] 王丽艳，霍敏霞，吴雨芯，等，数据库原理及应用(SQL Server 2012). 北京：人民邮电出版社，2018.
[8] 郭宁，郑小玲. 管理信息系统. 2 版. 北京：人民邮电出版社，2010.
[9] 肖孟强，王宗江. 软件工程：原理、方法与应用. 2 版. 北京：中国水利水电出版，2008.
[10] 樊海玮，吕进，杜瑾，等. 软件详细设计教程. 西安：西安电子科技大学出版社，2010.
[11] 骆斌，丁二玉. 需求工程：软件建模与分析. 北京：高等教育出版社，2009.
[12] 倪子伟. 软件开发过程. 北京：高等教育出版社，2005.
[13] 郑人杰，殷人昆，陶永雷. 实用软件工程. 2 版. 北京：清华大学出版社，1997.
[14] 孙家广，刘强. 软件工程：理论、方法与实践. 北京：高等教育出版社，2005.
[15] 龚波. 软件过程管理. 北京：中国水利水电出版社，2003.
[16] 陶华亭. 软件工程概论. 北京：高等教育出版社，2004.
[17] 韩万江，姜立新. 软件项目管理案例教程. 北京：机械工业出版社，2005.
[18] 卢潇. 软件工程. 北京：清华大学出版社，北京交通大学出版社，2005.
[19] 王健，苗勇，刘郢. 软件测试员培训教材. 北京：电子工业出版社，2003.
[20] 吴洁明. 软件工程基础实践教程. 北京：清华大学出版社，2007.
[21] 江开耀. 软件工程. 西安：西安电子科技大学出版社，2003.
[22] HAIGH A. 面向对象的分析与设计. 北京：机械工业出版社，2003.